国家电网公司

生产技能人员职业能力培训专用教材

配电线路带电作业

国家电网公司人力资源部　组编

宋　伟　主编

中国电力出版社

内 容 提 要

《国家电网公司生产技能人员职业能力培训教材》是按照国家电网公司生产技能人员模块化培训课程体系的要求，依据《国家电网公司生产技能人员职业能力培训规范》（简称《培训规范》），结合生产实际编写而成。

本套教材作为《培训规范》的配套教材，共 72 册。本册为专用教材部分的《配电线路带电作业》，全书共 6 个部分 17 章 52 个模块，主要内容包括配电线路带电作业专业图识读，线路结构型式及受力分析计算，配电线路结构及其元件，带电作业基础知识，规程、规范及标准，配电带电操作技能。

本书可作为供电企业配电线路带电作业工作人员的培训教学用书，也可作为电力职业院校教学参考书。

图书在版编目（CIP）数据

配电线路带电作业 / 国家电网公司人力资源部组编. —北京：中国电力出版社，2010.12（2025. 3 重印）

国家电网公司生产技能人员职业能力培训专用教材

ISBN 978-7-5123-1182-4

Ⅰ. ①配… Ⅱ. ①国… Ⅲ. ①配电线路–带电作业–技术培训–教材 Ⅳ. ①TM726

中国版本图书馆 CIP 数据核字（2010）第 245577 号

中国电力出版社出版、发行

（北京市东城区北京站西街 19 号 100005 http://www.cepp.sgcc.com.cn）

三河市航远印刷有限公司印刷

各地新华书店经售

*

2010 年 12 月第一版 2025 年 3 月北京第二十六次印刷

880 毫米×1230 毫米 16 开本 20 印张 632 千字

印数 46601—47600 册 定价 **60.00** 元

#《国家电网公司生产技能人员职业能力培训专用教材》

编　委　会

国家电网公司
生产技能人员职业能力培训专用教材

前　言

为大力实施“人才强企”战略，加快培养高素质技能人才队伍，国家电网公司按照“集团化运作、集约化发展、精益化管理、标准化建设”的工作要求，充分发挥集团化优势，组织公司系统一大批优秀管理、技术、技能和培训教学专家，历时两年多，按照统一标准，开发了覆盖电网企业输电、变电、配电、营销、调度等34个职业种类的生产技能人员系列培训教材，形成了国内首套面向供电企业一线生产人员的模块化培训教材体系。

本套培训教材以《国家电网公司生产技能人员职业能力培训规范》（Q/GDW 232—2008）为依据，在编写原则上，突出以岗位能力为核心；在内容定位上，遵循“知识够用、为技能服务”的原则，突出针对性和实用性，并涵盖了电力行业最新的政策、标准、规程、规定及新设备、新技术、新知识、新工艺；在写作方式上，做到深入浅出，避免烦琐的理论推导和验证；在编写模式上，采用模块化结构，便于灵活施教。

本套培训教材涵盖34个职业的通用教材和专用教材，共72个分册、5018个模块，每个培训模块均配有详细的模块描述，对该模块的培训目标、内容、方式及考核要求进行了说明。其中：通用教材涵盖了供电企业多个职业种类共同使用的基础、专业基础、基本技能及职业素养等知识，包括《电工基础》、《电力安全生产及防护》等38个分册、1705个模块，主要作为供电企业员工全面系统学习基础理论和基本技能的自学教材；专用教材涵盖了单一职业种类专用的所有专业知识和专业技能，按照供电企业生产模式分职业单独成册，每个职业分为Ⅰ、Ⅱ、Ⅲ等3个级别，包括《变电检修》、《继电保护》等34个分册、3313个模块，可以分别作为供电企业生产一线辅助作业人员、熟练作业人员和高级作业人员的岗位技能培训教材，也可作为电力职业院校的教学参考书。

本套培训教材的出版是贯彻落实国家人才队伍建设总体战略，充分发挥企业培养高技能人才主体作用的重要举措，是加快推进国家电网公司发展方式和电网发展方式转变的迫切要求，也是有效开展电网企业教育培训和人才培养工作的重要基础，必将对改进生产技能人员培训模式，推进培训工作由理论灌输向能力培养转型，提高培训的针对性和有效性，全面提升员工队伍素质，保证电网安全稳定运行、支撑和促进国家电网公司可持续发展起到积极的推动作用。

本套教材共72个分册，本册为专用教材部分的《配电线路带电作业》。

本书中第一部分配电线路带电作业专业图识读，由浙江省电力公司杨晓翔编写；第二部分线路结构型式及受力分析计算和第三部分配电线路结构及其元件，由河南省电力公司郭海云、陈德俊、孟昊编写；第四部分带电作业基础知识，由江苏省电力公司何晓亮编写；第五部分规程、规范及标准，由河南省电力公司宋伟、陈德俊、孟昊编写；第六部分配电带电操作技能，由吉林省电力有限公司于温方，江苏省电力公司何晓亮，陕西省电力公司潘胜利，浙江省电力公司杨晓翔，河南省电力公司宋伟、郭海云、陈德俊、孟昊编写。全书由河南省电力公司宋伟担任主编，国网电力科学研究院刘凯担任主审，上海市电力公司张锦秀、河南省电力公司赵志疆、张洋参审。

由于编写时间仓促，本套教材难免存在疏漏之处，恳请各位专家和读者提出宝贵意见，使之不断完善。

国家电网公司
生产技能人员职业能力培训专用教材

目　　录

第五部分　规程、规范及标准

第六部分　配电带电操作技能

第一部分

配电线路带电作业专业图识读

第一章 配电带电作业施工、安装图的识读

模块 1 识读线路平面图和杆型图（TYBZ00507001）

【模块描述】本模块介绍线路路径图和杆型一览图。通过图文讲解，掌握线路路径图和杆型一览图的识读方法和技巧，掌握线路路径图和杆型一览图在工程中的运用。

【正文】

一、配电线路平面图

1. 概念和作用

配电线路平面图也称配电线路平面路径图，它是配电线路在地面上某一区域的布置图，也就是线路的俯视图。主要表示线路的走向、杆位布置、档距、耐张段、拉线等情况。配电线路平面图是配电线路检修、测试、运行不可缺少的图纸。

低压电力线路平面图一般以配电台区为单位，所以又称台区图，表示台区的供电范围、供电半径、接户线的杆号等，能一目了然地看清全台区的设备情况。

中压电力线路平面图一般以某一变电所出线为主，表示该出线的走向、供电范围、杆位布置、主要设备等。

2. 图纸的基本组成要素

（1）图标。如图 TYBZ00507001-1 所示。

设计院名称				工程名称		设计阶段
总 工 程 师		主要设计人		图纸名称		
设 计 总 工		校　　核				
主任工程师		设 计 制 图				
科（组）长		CAD 制 图		图号		
日　　期		比　　例				
20	25	20	25	25		

（总宽 180；高度尺寸：10、40、10）

图 TYBZ00507001-1　图标

（2）图例。图例常用表格形式列出该系统中使用的图形符号（见表 TYBZ00507001-1）或文字符号，目的是使读者容易读懂图样。

表 TYBZ00507001-1　　常 用 图 形 符 号

序号	名　　称	图形符号	序号	名　　称	图形符号
1	架空线路	—○—	3	电杆 电杆的一般符号（单杆、中间杆），可加注文字符号表示：	○ A—B C

续表

序号	名　称	图形符号	序号	名　称	图形符号
4	特型杆 H 型杆，标注 H；L 型杆，标注 L；A 型杆，标注 A；转角杆，标注转角度数		8	有高桩拉线的电杆	
5	带撑杆的电杆		9	开闭（或开关）站	
6	带撑、拉杆的电杆		10	中压变电所	
7	拉线一般符号（示出单方向拉线）		11	杆上变、配电所	

图形符号的大小和所用图线规格不会影响符号的含义，因此符号大小没有严格规定。

（3）比例。电力行业规定的绘图比例见表 TYBZ00507001-2。当各视图采用同一种比例时，比例填写在图标中；当视图采用不同比例时，应在视图名称下标注相应比例。比例尺表示方法如图 TYBZ00507001-2 所示。

表 TYBZ00507001-2　　绘 图 比 例

种　类	比　例					
与实物相同	1:1					
缩小的比例	1:2	1:5	1:10	1:20	1:25	1:50
	1:60	1:100	1:150	1:200	1:250	1:300
	1:500	1:1000	1:2000	1:5000	1:10 000	
	1:20 000	1:50 000	1:100 000	1:200 000	1:500 000	
放大的比例	50:1	20:1	10:1	5:1	4:1	2.5:1	2:1

××平面图
1:100

××断面图
横　1:100
纵　1:1000

图 TYBZ00507001-2　比例尺表示方法示意图

（4）设备材料表。该表列出主要设备及材料的规格、型号、数量、具体要求或产地。

（5）设计说明。主要标注图中交代不清或没有必要用图表示的要求、标准、规范等。

3. 实例

平面图示例见图 TYBZ00507001-3。

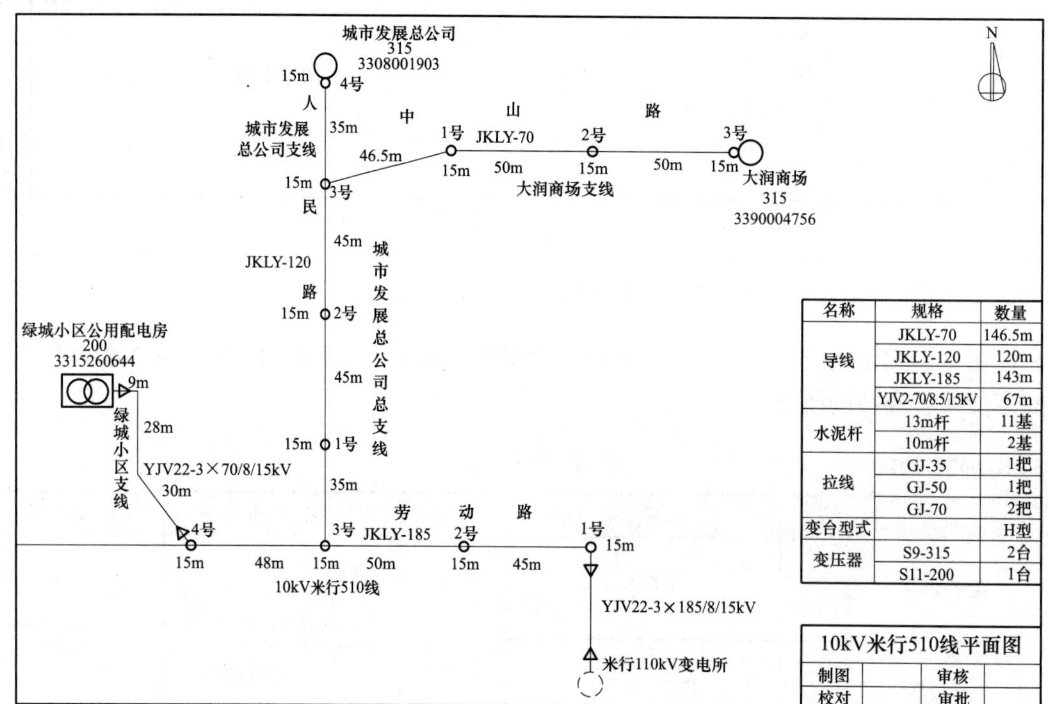

图 TYBZ00507001-3　平面图示例

二、配电线路杆型

可参加本模块表 TYBZ00507001-1 常用图形符号，不再赘述。

【思考与练习】

1. 什么叫平面图，低压和中压电力协调平面图各以什么作为一个图形单位？
2. 线路平面图中常用的表示各种杆型的符号有哪些？
3. 平面图及图中的图形符号是否需要按比例绘制？

模块 2　识读线路系统图（TYBZ00507002）

【模块描述】本模块介绍线路系统图。通过图文讲解，掌握线路系统图的概念、识读方法和技巧，掌握线路系统图在工程中的应用。

【正文】

一、概念和作用

配电线路系统图主要反映一条线路的主干线和分支线的连接杆号、变电所、变压器、开关等的连接关系和电能传输方向，以及各设备的型号等。不反映地理位置，不需要按比例绘制。

绘制配电线路系统图采用单线图的表示方式。所谓单线图，是利用交流三相系统的对称性（电气参量的对称性和设备接线的对称性），只画出 B 相。

二、图纸的基本组成要素，图形、文字符号

（1）图标。如图 TYBZ00507002-1 所示。

设计院名称				工程名称		设计阶段
总工程师		主要设计人		图纸名称		
设计总工		校　　核				
主任工程师		设计制图				
科（组）长		CAD制图		图号		
日　　期		比　　例				

尺寸：20、25、20、25、25；总宽 180；高 10、40、10

图 TYBZ00507002-1　图标

（2）图例。图例常用表格形式列出该系统中使用的图形符号或文字符号（见表 TYBZ00507002-1），目的是使读者容易读懂图样。

表 TYBZ00507002-1　　常用图形符号

序号	名　　称	图形符号	序号	名　　称	图形符号
1	变压器		5	柱上隔离开关	
2	电缆		6	柱上负荷开关	
3	跌落式熔断器		7	变电所	
4	柱上断路器				

图形符号的大小和所用图线规格不会影响符号的含义，因此图形符号大小没有严格规定。

（3）设计说明。主要标注图中交代不清或没有必要用图表示的要求、标准、规范等。

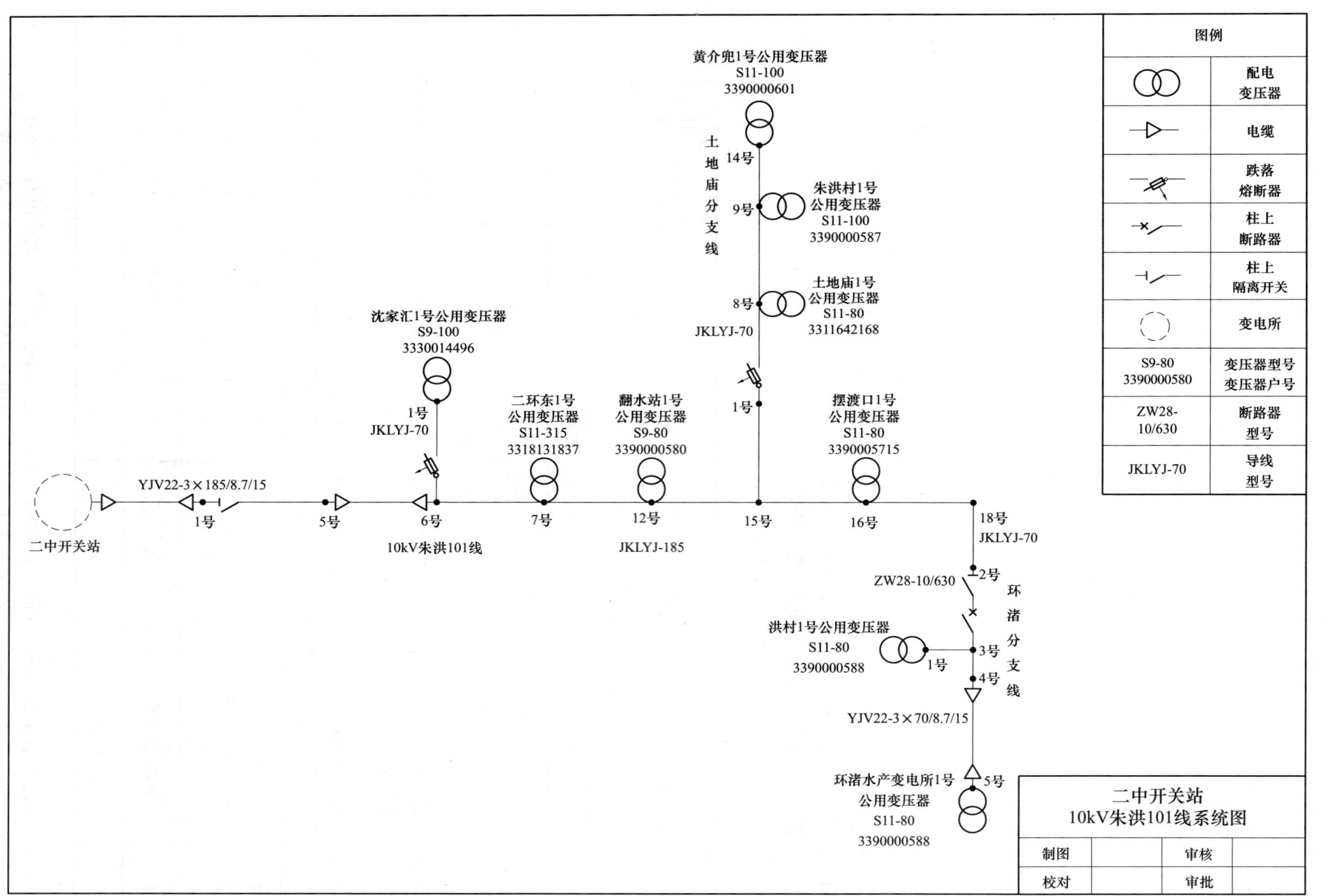

图 TYBZ00507002-2 配电线路系统图示例

【思考与练习】

1. 配电线路系统图主要表示哪些内容？
2. 什么是单线图？
3. 配电线路系统图中常用的图形符号有哪些？
4. S9-80 3390000580 12号 表示什么？

模块 3　识读线路杆塔结构和金具安装图（TYBZ00507003）

【**模块描述**】本模块介绍线路杆塔结构和金具安装图。通过图文介绍，掌握线路杆塔结构和金具安装图的识读方法和技巧，掌握线路杆塔结构和金具安装图在工程中的运用。

【**正文**】

一、终端杆

终端杆是耐张杆的一种，用于线路的首端和终端，其用耐张线夹和耐张绝缘子将导线固定在杆塔上并承受导线的拉力和重量，机械强度较大。

终端杆示例如图 TYBZ00507003-1 所示。

二、耐张杆

线路在运行过程中可能发生断线事故，从而使电杆承受一侧的拉力。为了防止故障的扩大，必须间隔一定距离装设强度较大、能承受一侧拉力的电杆即耐张杆，将线路分隔成若干耐张段，以便于线路施工和检修。耐张杆上的导线用耐张线夹和耐张绝缘子固定在横担上。

耐张杆示例如图 TYBZ00507003-2 所示。

三、直线杆

直线杆又称中间杆，用于线路直线中间部分，其导线采用针式绝缘子或棒式（柱式）绝缘子固定在横担上，它仅承受导线的重量。线路中的电杆大多数为直线杆，约占全部电杆的 80%。

直线杆示例如图 TYBZ00507003-3 所示。

四、分支杆

设在分支线路和干线相连接处的电杆称为分支杆。分支导线用耐张线夹和耐张绝缘子固定在分支横担上，分支杆除承受主导线质量外，还承受分支导线的拉力和重量。

分支杆示例如图 TYBZ00507003-4 所示。

五、配变变台

安装好的配电变压器及其附属部分组成的供电单元称为配变变台。通常情况下，配电变压器采用室外双电杆 H 型台架安装方式。

配变变台示例如图 TYBZ00507003-5 所示。

【思考与练习】

1. 结合所在单位的情况，列出组装一基单回路直线杆所需的主要材料，并注明型号。
2. 结合所在单位的情况，列出组装一基单回路分支杆所需的主要材料，并注明型号。
3. 结合所在单位的情况，列出组装一基单回路耐张杆所需的主要材料，并注明型号。

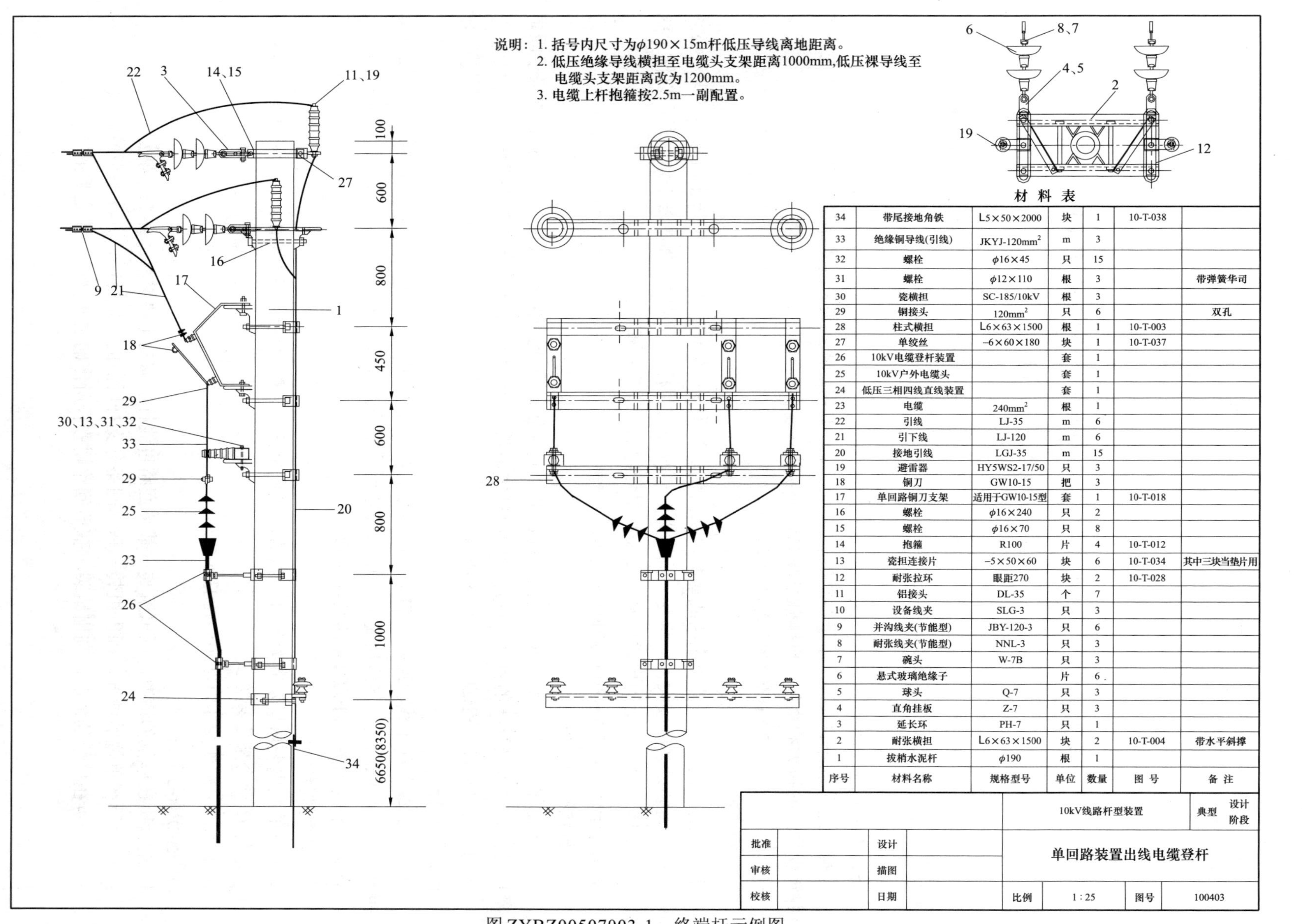

序号	材料名称	规格型号	单位	数量	图号	备注
34	带尾接地角铁	L5×50×2000	块	1	10-T-038	
33	绝缘铜导线(引线)	JKYJ-120mm^2	m	3		
32	螺栓	ϕ16×45	只	15		
31	螺栓	ϕ12×110	根	3		带弹簧华司
30	瓷横担	SC-185/10kV	根	3		
29	铜接头	120mm^2	只	6		双孔
28	柱式横担	L6×63×1500	根	1	10-T-003	
27	单绞丝	−6×60×180	块	1	10-T-037	
26	10kV电缆登杆装置		套	1		
25	10kV户外电缆头		套	1		
24	低压三相四线直线装置		套	1		
23	电缆	240mm^2	根	1		
22	引线	LJ-35	m	6		
21	引下线	LJ-120	m	6		
20	接地引线	LGJ-35	m	15		
19	避雷器	HY5WS2-17/50	只	3		
18	铜刀	GW10-15	把	3		
17	单回路铜刀支架	适用于GW10-15型	套	1	10-T-018	
16	螺栓	ϕ16×240	只	2		
15	螺栓	ϕ16×70	只	8		
14	抱箍	R100	片	4	10-T-012	
13	瓷担连接片	−5×50×60	块	6	10-T-034	其中三块当垫片用
12	耐张拉环	眼距270	块	2	10-T-028	
11	铝接头	DL-35	个	7		
10	设备线夹	SLG-3	只	3		
9	并沟线夹(节能型)	JBY-120-3	只	6		
8	耐张线夹(节能型)	NNL-3	只	3		
7	碗头	W-7B	只	3		
6	悬式玻璃绝缘子		片	6		
5	球头	Q-7	只	3		
4	直角挂板	Z-7	只	3		
3	延长环	PH-7	只	1		
2	耐张横担	L6×63×1500	块	2	10-T-004	带水平斜撑
1	拔梢水泥杆	ϕ190	根	1		

图 ZYBZ00507003-1　终端杆示例图

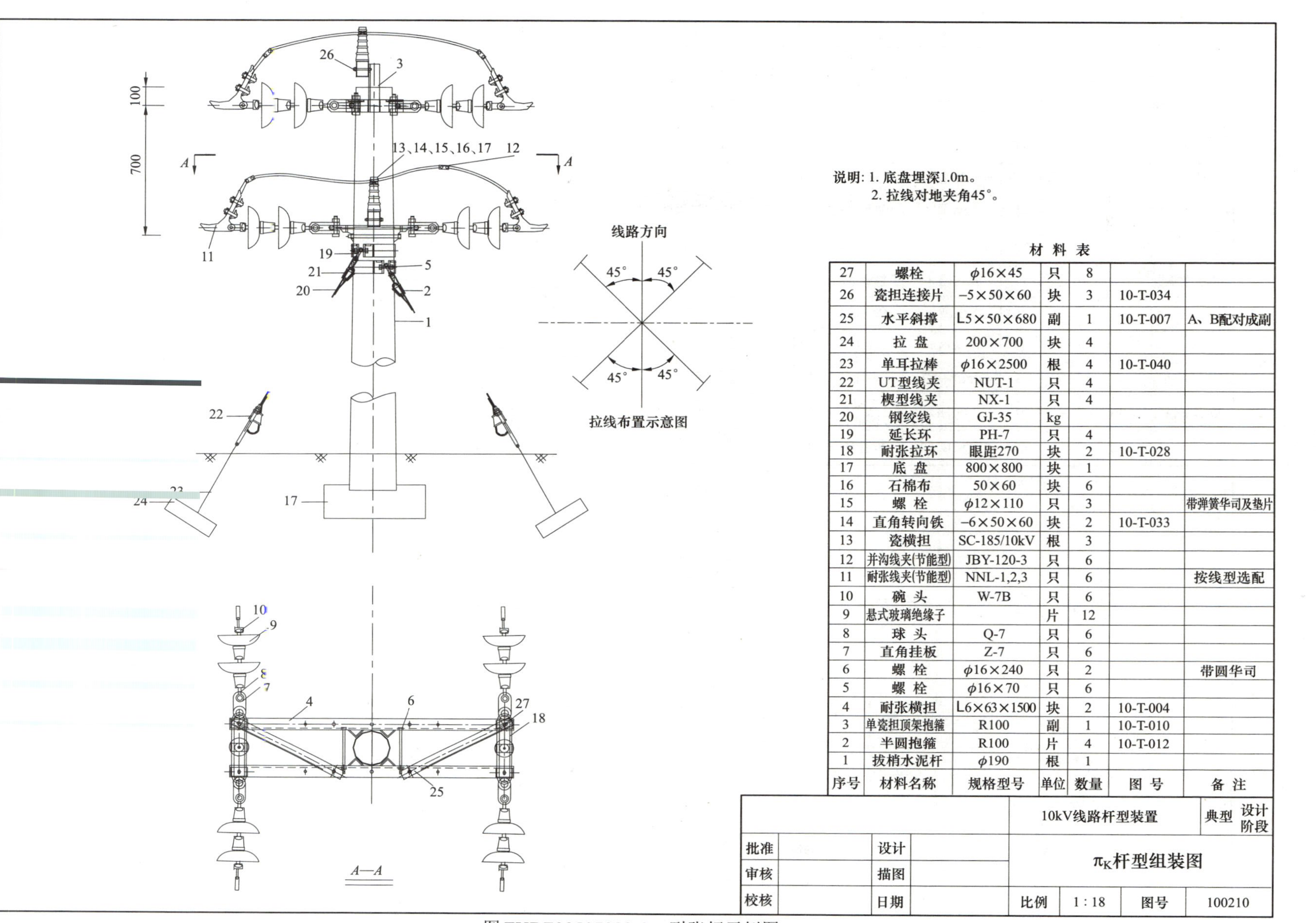

材 料 表

序号	材料名称	规格型号	单位	数量	图 号	备 注
27	螺栓	ϕ16×45	只	8		
26	瓷担连接片	−5×50×60	块	3	10-T-034	
25	水平斜撑	L5×50×680	副	1	10-T-007	A、B配对成副
24	拉 盘	200×700	块	4		
23	单耳拉棒	ϕ16×2500	根	4	10-T-040	
22	UT型线夹	NUT-1	只	4		
21	楔型线夹	NX-1	只	4		
20	钢绞线	GJ-35	kg			
19	延长环	PH-7	只	4		
18	耐张拉环	眼距270	块	2	10-T-028	
17	底 盘	800×800	块	1		
16	石棉布	50×60	块	6		
15	螺 栓	ϕ12×110	只	3		带弹簧华司及垫片
14	直角转向铁	−6×50×60	块	2	10-T-033	
13	瓷横担	SC-185/10kV	根	3		
12	并沟线夹(节能型)	JBY-120-3	只	6		
11	耐张线夹(节能型)	NNL-1,2,3	只	6		按线型选配
10	碗 头	W-7B	只	6		
9	悬式玻璃绝缘子		片	12		
8	球 头	Q-7	只	6		
7	直角挂板	Z-7	只	6		
6	螺 栓	ϕ16×240	只	2		带圆华司
5	螺 栓	ϕ16×70	只	6		
4	耐张横担	L6×63×1500	块	2	10-T-004	
3	单瓷担顶架抱箍	R100	副	1	10-T-010	
2	半圆抱箍	R100	片	4	10-T-012	
1	拔梢水泥杆	ϕ190	根	1		

		10kV线路杆型装置	典型	设计阶段
批准	设计	π_K杆型组装图		
审核	描图			
校核	日期	比例 1∶18	图号	100210

图 TYBZ00507003-2 耐张杆示例图

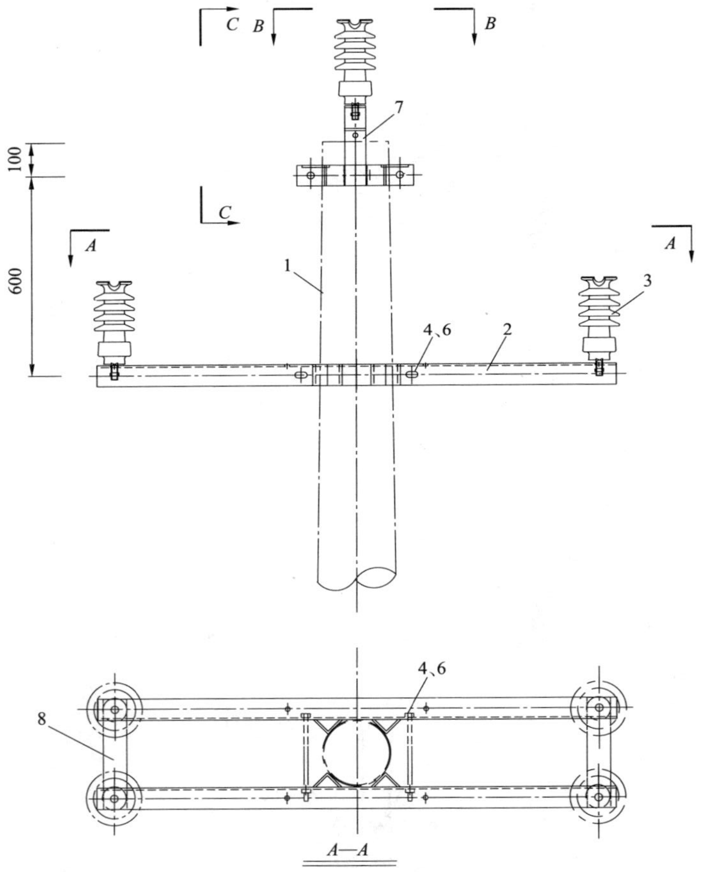

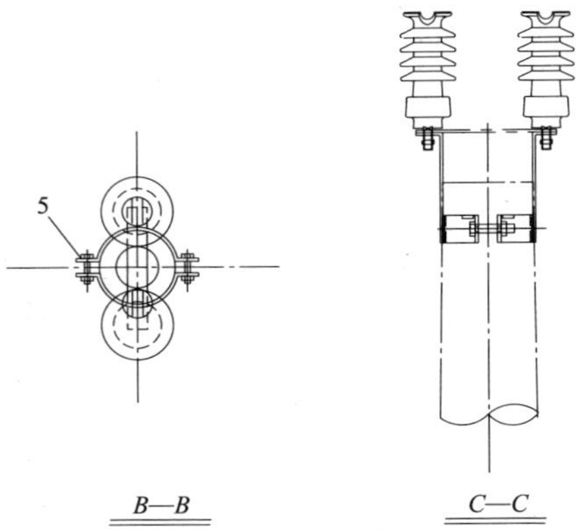

C B B
7
100
C
A A
600
1 3
4、6 2
4、6
8
A—A

5
B—B
C—C

适用范围: LGJ-95~150;LJ-120~185

材 料 表

序号	名 称	规 格	单位	数量	图 号	备 注
8	连接板	−6×50×340	块	2	10-T-005	
7	柱式偶合顶架	R100	副	1	10-T-009	带连接板
6	螺栓	$\phi16\times240$	只	2		
5	螺栓	$\phi16\times70$	只	2		
4	圆华司片	$\phi16$	片	4		
3	柱式绝缘子	PS-15/5T	只	6		带绝缘子垫片
2	柱式横担	L6×63×1500	块	2	10-T-003	
1	拔梢水泥杆	$\phi190$	根	1		

				10kV线路杆型装置		典型	设计阶段
批准		设计		π_2柱式杆型组装图			
审核		描图					
校核		日期		比例	1∶12	图号	100102

图 TYBZ00507003-3 直线杆示例图

说明：1. 干线装置参照相应杆型组装图，本图纸只包括支接部分的材料。
2. 支线线径大于等于50mm²时采用括号内材料。

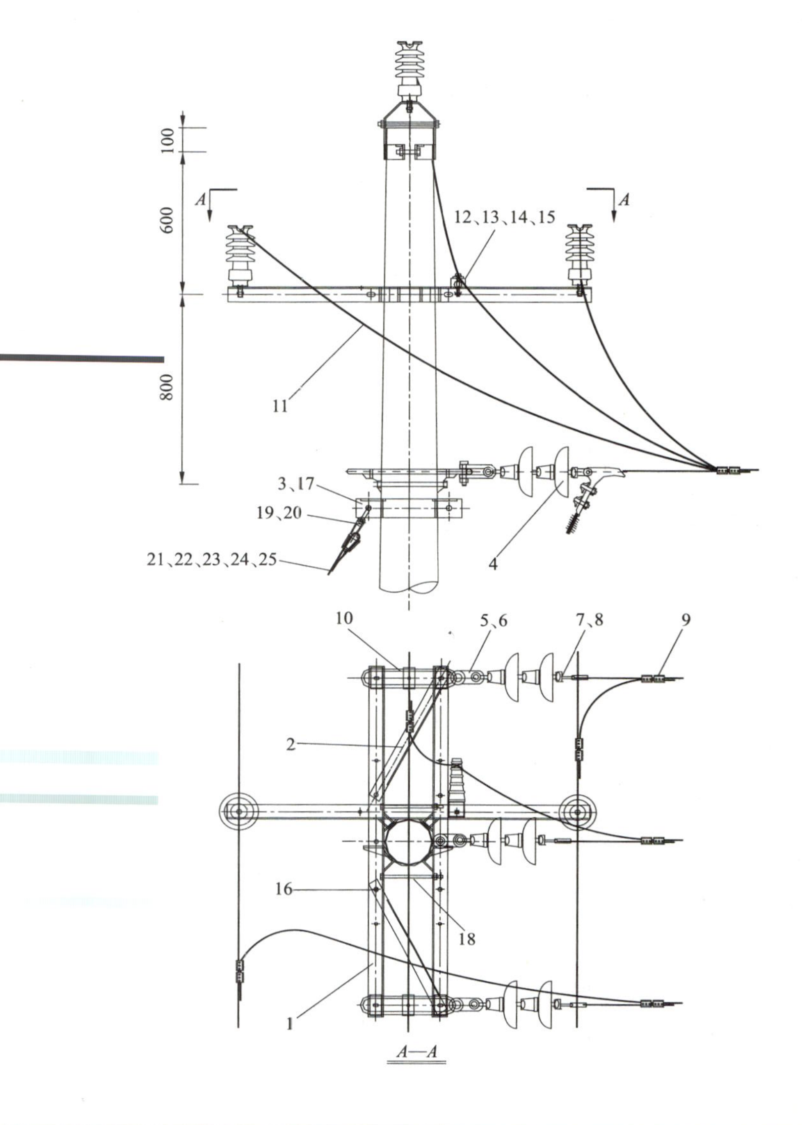

材 料 表

序号	名称	规格	单位	数量	图号	备 注
25	拉线	(GJ-50) GJ-35	根 根	1		根据分支线线径选择
24	双头拉线棒 单头拉线棒	(φ18×2500) φ16×2500	只 只	1	10-T-041 10-T-040	
23	拉环	(D20)	只	1	10-T-029	
22	拉盘	(400×800) 200×700	块 块	1 1		
21	UT型线夹	(NUT-2) NUT-1	副 副	1 1		根据分支线线径选择
20	楔型线夹	(NX-2) NX-1	副 副	1 1		根据分支线线径选择
19	延长环	PH-7	只	1		
18	螺栓	φ16×240	只	3		
17	螺栓	φ16×70	只	4		
16	螺栓	φ16×45	只	6		
15	螺栓	φ12×110	只	1		带弹簧垫片（圆垫片）
14	石棉布	−5×50×60	块	2		
13	瓷担压板	−5×50×60	块	1	10-T-034	
12	瓷横担	SC-185/10kV	根	1		
11	引线	LJ	根	3		型号与支线导线标称截面相同
10	耐张拉环	眼距310	块	2	10-T-028	
9	并沟线夹(节能型)	JBY-120-3	只	12		
8	耐张线夹(节能型)	NNL-1,2,3	只	3		根据分支线线径选择
7	碗头	W-7B	只	3		
6	球头	Q-7	只	3		
5	直角挂板	Z-7	只	3		
4	悬式玻璃绝缘子		片	6		
3	半圆抱箍	R110	片	2	10-T-012	
2	横担水平斜撑	L5×50×680	副	1	10-T-007	A、B配对成副
1	耐张横担	L6×63×1500	块	2	10-T-004	

				10kV线路杆型装置	典型	设计阶段
批准		设计		单回路装置支接杆型组装图		
审核		描图				
校核		日期		比例 1:18	图号	100301

图 TYBZ00507003-4　分支杆示例图

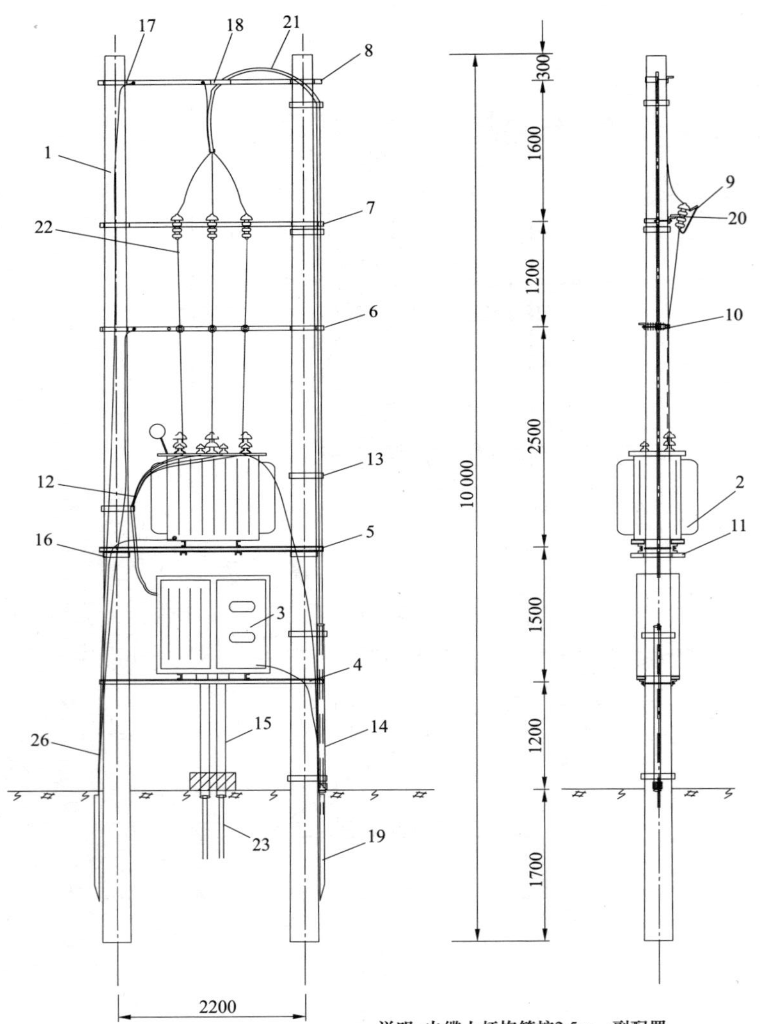

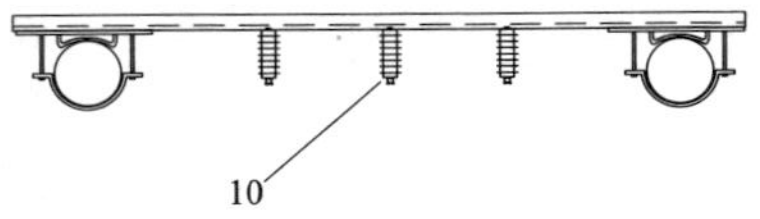

材料表

序号	名称	规格	单位	数量	图号	备注
26	接地线	LGJ-35	m	20		
25	铜接线耳	DT-1-35	只	12		图中未示出
24	铜铝接线耳	DTL-1-35	只	12		图中未示出
23	低压电缆	VV22-3×185+1×95/0.4kV	根	2		
22	绝缘导线	JKTRYJ-25	m	12		
21	高压电缆	YJV22-3×50/10kV	m			
20	跌落样板	−8×50	块	3	10-T-032	
19	接地角铁	L5×50×2000（带尾）	副	2	10-T-038	
18	半圆抱箍	R30	只	1	10-T-012	带螺栓螺帽
17	半圆抱箍	R115 R110 R100	只	2	10-T-012	带螺栓螺帽
16	半圆抱箍	R130	只	4	10-T-012	带螺栓螺帽
15	电缆保护钢管	ϕ4″×1500（翻口）	根	2		
14	电缆保护钢管	ϕ3″×2500（翻口）	根	1		
13	电缆抱箍	根据杆径配	副	5	10-T-015	带螺栓螺帽
12	低压电缆	VV-3×185+1×95/0.4kV	根	1		4.5m
11	配变支架	[8×720 下层	块	2	10-T-015	
10	氧化锌避雷器	HY5WB-16.5/50/10kV	只	3		支柱式
9	跌落	PRWG1-10F/100A	只	3		
8	电缆固定横担	L6×60×2640	块	1	10-T-015	
7	跌落横担	L6×60×2640	块	1	10-T-015	
6	避雷器横担	L6×60×2640	块	1	10-T-015	
5	配变台架	[12×2640	块	2	10-T-015	
4	开关箱支架	L7×70×2640	块	2	10-T-015	
3	双刀闸开关箱	550×1080×1250	只	1		
2	配变	S9-M-315kVA	台	1		带高低压桩绝缘罩
1	水泥杆	ϕ190×10000	根	2		

				10kV线路杆型装置	典型	设计阶段
批准		校核		架空公用变组装图(一)		
审查		设计制图				
主要设计人		描图				
日期		比例	1∶49	图号	100601	

说明：电缆上杆抱箍按2.5m一副配置。

图 TYBZ00507003-5　配变变台示例图

第二部分

线路结构型式及受力分析计算

第二章　配电线路组成及型式

模块 1　配电线路基本知识（ZY0800101001）

【模块描述】本模块包含配电网概述、配电线路各组成元件的类型和要求等内容。通过概念描述、分类介绍和要点讲解，熟悉配电网的分类和结构，掌握配电线路各组成元件的类型和要求。

【正文】

一、配电网概述

电能是一种应用广泛的能源，其生产（发电厂）、输送（输配电线路）、分配（变、配电所）和消费（电力用户）的各个环节有机地构成了一个系统，如图 ZY0800101001-1 所示。它包括动力系统、电力系统和电力网三部分。

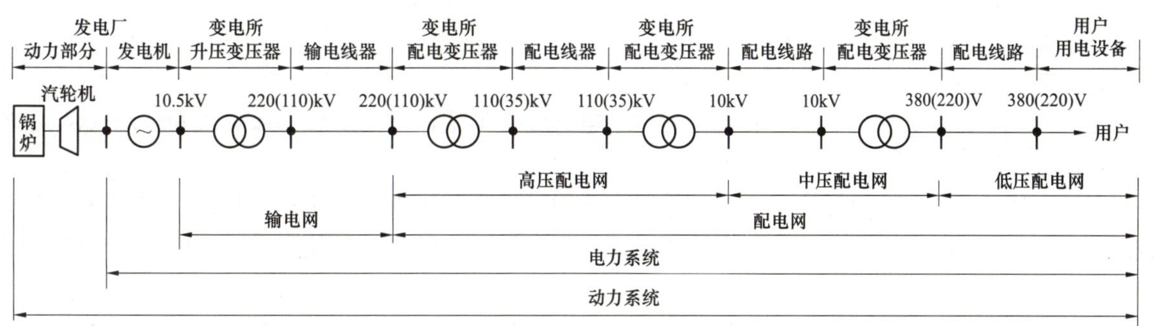

图 ZY0800101001-1　动力系统、电力系统和电力网组成示意图

（1）动力系统。它是由发电厂的动力部分（如火力发电的锅炉、汽轮机，水力发电的水轮机和水库，核力发电的核反应堆和汽轮机等）以及发电、输电、变电、配电、用电组成的整体。

（2）电力系统。它是由发电、输电、变电、配电和用电组成的整体，是动力系统的一部分。

（3）电力网。它是电力系统中输送、变换和分配电能的部分，包括升、降压变压器和各种电压等级的输配电线路，它是电力系统的一部分。电力网按其电力系统的作用分为输电网和配电网。输电网是以高电压（110、220kV）、超高电压（330、500、750kV）和特高电压（1000kV）输电线路将发电厂、变电所连接起来的输电网络，是电力网中的主干网络；配电网是从输电网接受电能分配到配电变电所后，再向用户供电的网络。配电网包括多个电压等级，这些不同电压等级的配电网之间通过变压器连接成一个整体配电系统。对配电网的要求主要是供电的连续可靠性、合格的电能质量和运行的经济性等。

（一）配电网的分类和特点

1. 配电网的分类

配电网按电压等级不同，可分为高压配电网（110、35kV）、中压配电网（20、10、6、3kV）和低压配电网（220/380V）；按供电地域特点不同或服务对象不同，可分为城市配电网和农村配电网；按配电线路不同，可分为架空配电网、电缆配电网以及架空电缆混合配电网。

（1）高压配电网。高压配电网是指由高压配电线路和相应等级的配电变电所组成的向用户提供电能的配电网，其功能是从上一级电源接受电能后，可以直接向高压用户供电，也可以通过变压器为下

（2）中压配电网。中压配电网是指由中压配电线路和配电变电所组成的向用户提供电能的配电网。其功能是从输电网或高压配电网接受电能，向中压用户供电，或向用电小区负荷中心的配电变电所供电，再经过降压后向下一级低压配电网提供电源。中压配电网具有供电面广、容量大、配电点多等特点。我国中压配电网采用10kV为标准电压。

（3）低压配电网。低压配电网是指由低压配电线路及其附属电气设备组成的向用户提供电能的配电网。其功能是以中压配电网的配电变压器为电源，将电能通过低压配电线路直接送给用户。低压配电网的供电距离较近，低压电源点较多，一台中压配电变压器就可作为一个低压配电网的电源，两个电源点之间的距离通常不超过几百米。低压配电线路供电容量不大，但分布面广，除一些集中用电的用户外，大量供给城乡居民生活用电及分散的街道照明用电等。低压配电网主要采用三相四线制、单相和三相混合系统。我国规定采用单相220V、三相380V的低压额定电压。

2. 配电网的主要特点

（1）供电线路长，分布面积广。

（2）发展速度快，用户对供电质量要求高。

（3）对经济发展较好地区配电网设计标准较高，供电的可靠性要求较高。

（4）农网负荷季节性强。

（5）配电网接线较复杂，必须保证调度上的灵活性、运行上的供电连续性和经济性。

（6）随着配电网自动化水平的提高，对供电管理水平的要求越来越高。

（二）配电网的结构和发展趋势

1. 配电网结构

配电网结构是指配电网中各主要电气元件的电气连接形式，基本上分为放射式和环网式两大类。环网式结构又可分为多回路式和环式等。

（1）放射式配电网。放射式配电网是指一路配电线路自配电变电所引出，按照负荷的分布情况，呈放射式延伸出去，线路没有其他可连接的电源，所有用电点的电能只能通过单一的路径供给，如图ZY0800101001-2所示。放射式配电网的优点是设施简单，运行维护方便，设备费用低，适用于低负荷密度地区和一般的照明、动力负荷供电。缺点是供电可靠性低，配电设施有故障就会造成大量用户停电。为了弥补这一缺点，部分用户可以视其对供电可靠性要求的不同，从邻近配电网取得适当容量的备用电源。在中压和低压的放射式配电网中，通常还装设分段断路器将线路分成适当的区段，而且在适当的分段处与相邻线路之间装设联络断路器，使得放射式配电线路发生故障时的停电区段缩小，或将部分非故障区段切换到相邻线路，以保证继续供电。放射式结构在城市的中、低压配电网中使用较多。

（2）多回路式配电网。多回配电线路（一般是平行敷设的）自配电所引出接到受电端，正常时各条配电线路并列运行，平均分担全部负荷，当一条配电线路有故障时，可自动将其切断隔离，其余的配电线路有足够容量承担全部负荷，如图ZY0800101001-3所示。多回路式配电网至少有两回配电线路，但一般为3～4路或更多回路。多回路式配电网比放射式配电网可靠性高，一回配电线路故障时，不会造成用户停电，有需要时还可达到在两回配电线路故障时不使用户停电的要求。电缆配电网故障测寻和故障修复时间较长，故常采用这种多回线的结构。多回线式配电网的主要缺点是继电保护配置比放射式配电网要复杂。

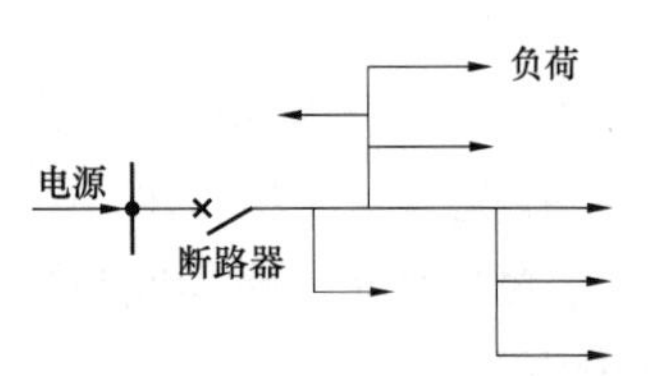

图ZY0800101001-2　放射式配电网

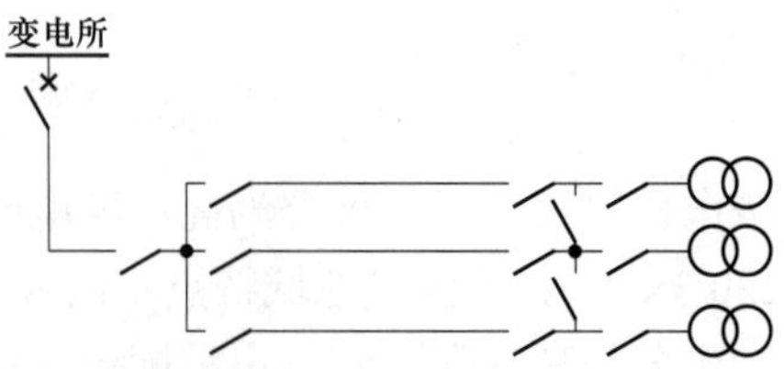

图ZY0800101001-3　多回路式配电网

（3）环式配电网。环式配电网指配电变电所引出的配电线路连接成环形，每个用电点自环上不同部位接出，如图ZY0800101001-4所示。简单的环式配电网是两回配电线路自同一（或不同）配电变电所的母线引出，利用联络断路器（或分段断路器）连接成环，每个用电点自环上T型或n型支接。当环路上某区段发生故障时，利用分段断路器切换隔离后，其他区段上的负荷可继续供电，这是环式配电网的特点。将联络断路器经常断开，只有当某区段发生故障或停电作业时才倒换为闭合的运行方式，称为常开环路方式；而将联络断路器经常闭合的运行方式称为常闭环路方式。闭环运行增加了装置的复杂性，但可改善配电网内电流分布，减少电压降和功率损耗。

图 ZY0800101001-4 环式配电网

2. 配电网的发展趋势

配电网的发展趋势主要表现在以下几个方面：

（1）简化电压等级。尽量减少降压层次，有利于配电网的管理和经济运行。我国常用的降压层次有220/110/35/10kV、220/110/10kV、220/63/10kV三种，显然第三种比第一种经济，而第二种比第三种经济。随着负荷的发展，10kV的容量逐渐饱和，供电半径越来越小，220/110/20kV将是更好的电压层次。

（2）减小线路走廊和占地。随着城市的建设，配电网的占地矛盾日益突出，采用窄基铁塔、钢管塔、多回路线路可有效减小线路走廊，而配电装置也向半地下和地下及小型成套发展，电缆隧道和公用事业管道共用将进一步推广。

（3）配电线路绝缘化。采用绝缘架空线路可有效解决树线矛盾，减少事故率、触电伤亡和短路事故，同时架设空间可大大缩小，线路损耗也减少。但架空绝缘导线也有许多缺点，如雷击易断线，强度较低，检修挂接地线困难，缺乏运行经验等，这在以后的发展中将逐渐得到改善。

（4）节能型金具。在线路通电的情况下，不产生或只有非常少的电能损耗（相对于老的金具而言）的金具称为节能型金具。节能型金具并不只是在材料上以铝合金代替铸铁，而是从结构上完全改变，结构上轻巧，通用性强，表面不易氧化，使电的连接可靠性大大提高。如新型楔型铝合金耐张线夹（见图ZY0800101001-5）不但材料采用铝合金，且结构上采用楔块紧固，楔块与导线的接触使导线的紧固更妥贴，表面不易氧化，在各种自然环境下不会锈蚀。

（5）配电网自动化。所谓配电网自动化，是指利用现代电子、计算机、通信及网络技术，将配电网在线数据和离线数据、配电网数据和用户数据、电网结构和地理图形进行信息集成，构成完整的自动化系统，实现配电网及其设备正常运行及事故状态下的监测、保护、控制、用电和配电管理的现代化。配电自动化可减少停电时间，提高供电可靠性，改善供电服务质量，降低电能损耗，提高设备的利用率。

二、配电线路各组成元件的类型和要求

架空配电线路是由导线经绝缘子串（或绝缘子）悬挂（或支撑固定）在杆塔上而构成，其主要由杆塔、导线和避雷线、绝缘子、金具、拉线和杆塔基础等元件组成，如图ZY0800101001-6所示。

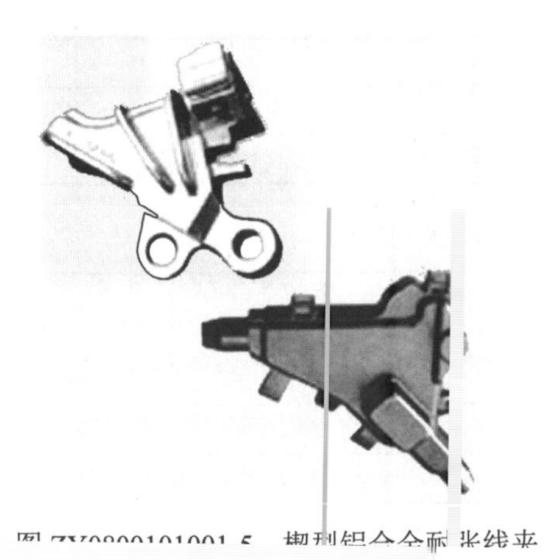

图 ZY0800101001-5 楔型铝合金耐张线夹

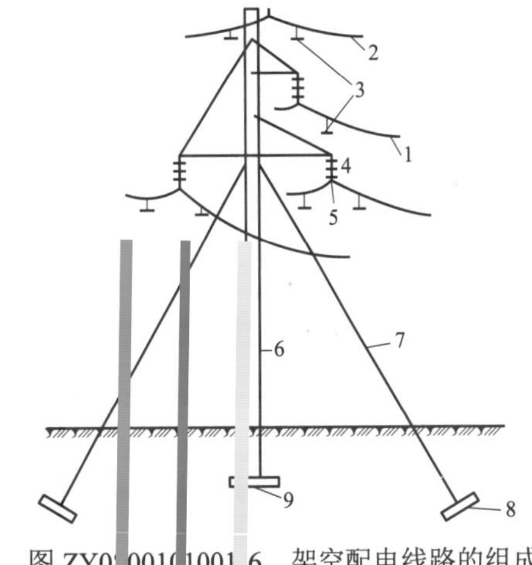

图 ZY0800101001-6 架空配电线路的组成

（一）杆塔

杆塔的作用是支撑导线和避雷线，使其对大地、树木、建筑物以及被跨越的电力线路、通信线路等保持足够的安全距离，并在各种气象条件下，保证配电线路能够安全可靠地运行。配电线路杆塔的种类主要有钢筋混凝土杆、钢管杆、铁塔和木杆。

1. 钢筋混凝土杆

（1）钢筋混凝土杆的种类及构造。钢筋混凝土杆按其制造工艺可分为普通型钢筋混凝土杆和预应力钢筋混凝土杆两种；按照杆的形状又可分为等径杆和锥型杆（又称拔梢杆）。等径杆的直径通常有300、400、500mm等，杆段长度一般有4.5、6、9m三种。锥型杆的拔梢度（斜度）均为1:75，其规格型号由高度、梢径（一般有150、190、230mm）、抗弯级别组成。电杆分段制造时，端头可采用法兰盘、钢板圈或其他接头形式。

普通锥型杆和预应力锥型杆的常用规格分别见表ZY0800101001-1和表ZY0800101001-2；普通锥型杆和预应力等径杆（ϕ300mm）的常用规格分别见表ZY0800101001-3和表ZY0800101001-4。

表ZY0800101001-1　普通（非预应力）锥型杆常用规格

电杆长度（m）	配筋（根/直径，mm）	直径（m）		检验弯矩 M_0		电杆质量（kg）
		梢径	根径	级别	数值（kN·m）	
8	14/ϕ10	150	257	C	9.68	500
	16/ϕ10	150	257	D	11.29	520
10	12/ϕ12	150	283	C	12.08	700
	16/ϕ12	190	323	G	20.12	870
12	14/ϕ14	190	350	G	24.38	1100
	16/ϕ14	190	350	I	9.25	1130
15	16/ϕ14	190	390	G	30.62	1740
	14/ϕ16	190	390	I	36.75	1780

表ZY0800101001-2　预应力锥型杆常用规格

电杆长度（m）	配筋（根/直径，mm）	直径（m）		壁厚（mm）	检验弯矩 M_0		电杆质量（kg）
		梢径	根径		级别	数值（kN·m）	
8	10/ϕ4.8	150	257	40	C	9.68	420
10	12/ϕ4.8	150	283	40	C	12.08	580
	14/ϕ4.8	190	323	40	G	20.12	720
12	16/ϕ4.8	190	350	50	G	24.38	1000
	20/ϕ4.8	190	350	50	I	29.25	1020
15	18/ϕ4.8	190	390	50	G	30.62	1480
	20/ϕ4.8	190	390	50	I	36.75	1520

表ZY0800101001-3　普通（非预应力）等径杆（ϕ300mm）常用规格

电杆长度（m）	配筋（根/直径，mm）	检验弯矩 M_0		电杆质量（kg）
		段别	数值（kN·m）	
4.5	14/ϕ12	上、中、下	20	500
	16/ϕ16	上、中、下	35	533
6	12/ϕ12	上、中、下	20	658
	16/ϕ12	上、中、下	25	671
	14/ϕ16	上、中、下	35	706

续表

电杆长度（m）	配　筋（根/直径，mm）	检验弯矩 M_0		电杆质量（kg）
		段别	数值（kN·m）	
9	16/ϕ12	上、中、下	20	980
	16/ϕ12	上、中、下	20	990
	14/ϕ16	上、中、下	35	1049

表 ZY0800101001-4　　预应力等径杆（ϕ300mm）常用规格

电杆长度（m）	配　筋（根/直径，mm）	检验弯矩 M_0		电杆质量（kg）
		段别	数值（kN·m）	
6	32/ϕ6	上、中、下	25	635
9	32/ϕ6	上、中、下	25	955

钢筋混凝土电杆的构造断面一般为环形，对盘旋在主筋外的螺旋筋直径、螺距、布置有如下要求：

1）梢径不大于 190mm 的锥型杆，螺旋筋的直径采用 3.0mm；梢径大于 190mm 的锥型杆或直径大于等于 300mm 的等径杆，螺旋筋的直径采用 4.0mm。

2）螺旋筋必须沿杆段全长布置在主筋外围，对梢径不大于 150mm 的杆段，螺距不大于 150mm；梢径不小于 170mm 的杆段，螺距不大于 100mm。杆段无接头端的，螺旋筋应紧密缠绕 3～5 圈，且在端部 500mm 范围内螺距应控制在 50～60mm。

3）固定主筋用的架立圈间距不宜大于 1m，杆段无接头段应设置两个架立圈，并将架立圈与主筋扎结牢固。

（2）钢筋混凝土电杆的检验。钢筋混凝土电杆出厂检验的项目有外观质量、抗裂检验、尺寸偏差、混凝土强度检验、裂缝宽度检验和标准检验弯矩下的挠度等。其外观和尺寸检验应符合以下要求：

1）外表面应光洁平直。

2）合缝处不应漏浆。

3）钢板圈或法兰盘与杆身接合处不应漏浆。电杆的梢端及根端不应漏浆或碰伤。

4）预留孔周围的混凝土不应损伤。

5）对允许修补的电杆可采用环氧树脂膏或其他有效方法进行修补，禁止使用混凝土砂浆修补。环氧树脂修补膏配比见表 ZY0800101001-5。

6）内外表面不得露筋，内表面混凝土不应有塌落。

7）钢板圈焊缝外内壁的混凝土端面与焊缝处的距离不得小于 10mm。

8）外表面的环向裂缝宽度不得超过 0.05mm，不得有纵向裂缝，网状裂纹、龟裂、水纹等除外。

9）电杆出厂前，顶端应用混凝土和砂浆封实。

10）普通钢筋混凝土电杆外观尺寸允许误差见表 ZY0800101001-6。

表 ZY0800101001-5　　环氧树脂修补膏配比

名　称	环氧树脂	二甲苯		水泥		乙二胺
质量比	100	15		300		6

表 ZY0800101001-6　　普通钢筋混凝土电杆外观尺寸允许误差　　mm

名　称	允 许 误 差

续表

<table>
<tr><th colspan="4">名 称</th><th>允 许 误 差</th></tr>
<tr><td colspan="4">壁厚</td><td>+10，−2</td></tr>
<tr><td colspan="4">外径</td><td>+4，−2</td></tr>
<tr><td rowspan="2">弯曲度</td><td colspan="3">梢径≤190</td><td>L/800</td></tr>
<tr><td colspan="3">梢径或直径>190</td><td>L/1000</td></tr>
<tr><td rowspan="3">端部倾斜</td><td colspan="3">杆底</td><td>5</td></tr>
<tr><td colspan="3">钢板圈</td><td>3</td></tr>
<tr><td colspan="3">法兰盘</td><td>2</td></tr>
<tr><td rowspan="13">预埋件</td><td rowspan="4">预留孔</td><td colspan="2">对杆中心垂直误差（埋管式）</td><td>D_e/100</td></tr>
<tr><td colspan="2">纵向两孔间距</td><td>±4</td></tr>
<tr><td rowspan="2">横向误差</td><td>固定式</td><td>2</td></tr>
<tr><td>埋管式</td><td>3</td></tr>
<tr><td rowspan="3">钢板圈</td><td colspan="2">直径误差</td><td>±2</td></tr>
<tr><td rowspan="2">内径</td><td>≤400</td><td>±2</td></tr>
<tr><td>>400</td><td>±3</td></tr>
<tr><td rowspan="6">法兰盘</td><td colspan="2">内径</td><td>±2</td></tr>
<tr><td colspan="2">外径</td><td>±2</td></tr>
<tr><td colspan="2">螺孔中心距</td><td>±0.5</td></tr>
<tr><td colspan="2">高度</td><td>±2</td></tr>
<tr><td rowspan="2">厚度</td><td>铸造</td><td>+1.5，−0.5</td></tr>
<tr><td>焊接</td><td>±0.5</td></tr>
<tr><td colspan="4">钢板圈及法兰盘轴线与杆段轴线误差</td><td>2</td></tr>
</table>

注 D_e为埋管处电杆直径，L为杆段长度；当用一根钢模同时生产两根杆段时，其长度允许误差为−10mm。

预应力钢筋混凝土电杆还应满足以下要求：

1）不应有环向和纵向裂纹，网状裂纹、龟裂、水纹等除外。

2）杆长尺寸允许误差整根杆不作规定，组装杆杆段为±10%。

3）如果取得使用单位的同意，组装杆杆段按设计长度生产时，杆段长度误差为制造长度与设计长度的差数。

（3）钢筋混凝土电杆标志。钢筋混凝土电杆标志有永久标志和临时标志两种。永久标志是将制造厂名或商标标记在电杆表面上，如制造日期和三米线等；临时标志用油漆写在电杆表面上，其位置略低于永久标志。

（4）钢筋混凝土电杆的保管与运输。

1）钢筋混凝土电杆的保管。电杆应按规格、型号分别堆放，堆放的场地应平整夯实。当电杆长度≤12m时应采用两支点支撑堆放，>12m时采用三支点支撑堆放，如图ZY0800101001-7所示。当锥型杆梢径≤270mm和等径杆直径<400mm时，其堆放层数一般不超过6层；否则不超过4层。电杆层与层之间应用垫木隔开，每层垫木支撑点应在同一平面上，各层垫木位置应在同一垂直线上。

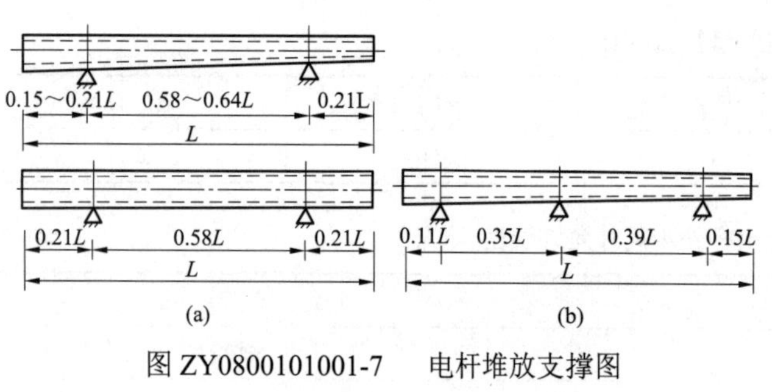

图ZY0800101001-7 电杆堆放支撑图

（a）两支点位置；（b）三支点位置

2）钢筋混凝土电杆的运输。电杆在装卸运输时，必须捆绑固定牢固，以防止电杆在车上滚动；在装车和堆放时，支点处应套上草圈或捆扎草绳，以防碰伤，同时电杆两侧均需加斜木，上下层支点要在同一垂直线上。电杆在装卸运输中严禁相互碰撞、急剧坠落和不正确的支吊，以防止产生裂缝或使原有的裂缝扩大。

2. 钢管杆

钢管杆（又称钢杆）由于其具有杆型美观、能承受较大应力等优点，特别适用于在狭窄道路、城市景观道路和无法安装拉线的地方架设。架空配电线路使用的钢管杆有椭圆形、圆形、六边或十二边等多边形，多为锥形。通常情况下其斜率，直线杆一般为1:75～1:70，30°转角杆约为1:65，60°转角杆约为1:45，90°转角杆约为1:35。钢杆按基础形式可分为法兰式和管桩式两种。法兰式钢杆长一般有11m和12.8m两种，11m钢杆可与13m钢筋混凝土电杆配合使用，12.8m钢杆可与15m钢筋混凝土电杆配合使用。管桩式钢杆长一般有12、13.8、14.2m和15m等多种，可与13m或15m钢筋混凝土电杆配合使用。前3个长度的钢杆多用钢管桩基础，插埋深度为1～1.4m；15m钢杆可用于混凝土基础。钢杆的梢径一般为200～260mm，常用的梢径为230mm。

（二）杆塔基础

将杆塔固定在地下部分的装置和杆塔自身埋入土壤中起固定作用部分的整体统称为杆塔的基础。杆塔的基础起着支撑杆塔全部荷载的作用，并保证杆塔在运行中不发生下沉或受外力作用时不发生倾倒或变形。杆塔基础包括电杆基础和铁塔基础。

1. 电杆基础

钢筋混凝土电杆基础，根据土质的不同，可直接采用一定深度的杆坑或在杆坑加装底盘、卡盘和拉线盘（统称“三盘”）。“三盘”的结构分别如图TY0800101001-8、图ZY0800101001-9和图ZY0800101001-10所示，主要技术参数分别见表ZY0800101001-7、表ZY0800101001-8和表ZY0800101001-9。

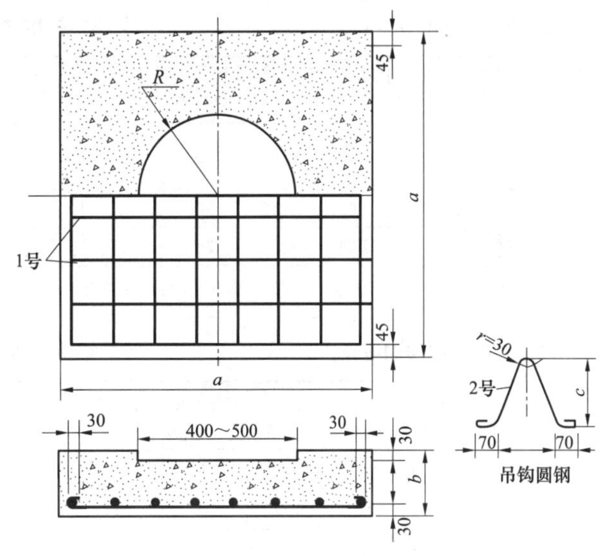

图 ZY0800101001-8　底盘结构

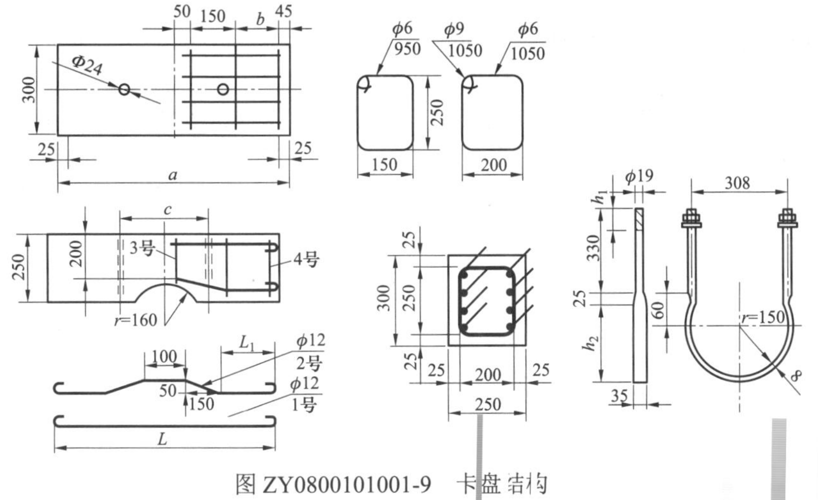

图 ZY0800101001-9　卡盘结构

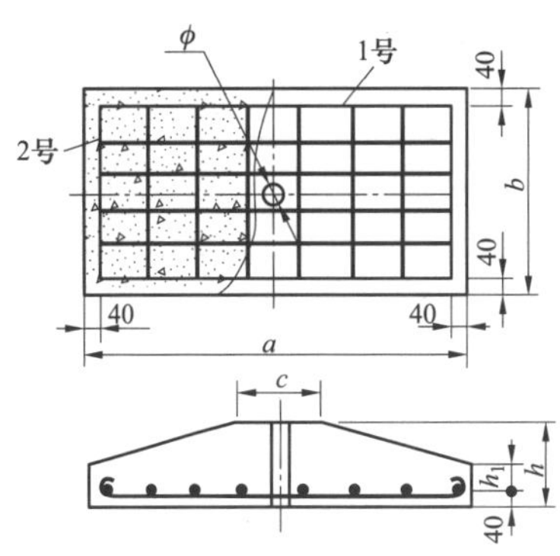

图 ZY0800101001-10　拉线盘结构

底盘的作用是承受混凝土电杆的垂直下压荷载，防止电杆下沉；卡盘的作用是当电杆所需承担的倾覆力较大时，增加抵抗电杆倾倒的力量；拉线盘依靠自身重量和填土方的总合力来承受拉线的上拔力，以保持杆塔的平衡。

“三盘”一般采用钢筋混凝土预制件或天然石材制造，在现场组装，预制的混凝土强度不应低于

及横向裂缝；普通钢筋混凝土预制件放在地平面检查时，不应有纵向裂缝，横向裂缝不应超过 0.05mm。用现浇混凝土代替卡盘时，浇注前应在杆身相应部位缠两层纸隔绝，以便拆装方便。拉线棒的有效直径不应小于 16mm，并应采用热镀锌处理。

表 ZY0800101001-7　底盘主要技术参数

规格（m）	主要尺寸（mm）				圆钢长（mm）		参考质量（kg）
	a	*b*	*c*	*R*	1 号 16 或 20 根	2 号 4 根	
0.7×0.7×0.19	700	190	220	200	ϕ6×714	φ4×690	195.5
0.8×0.8×0.2	800	200	240	250	ϕ9×862	φ4×730	283.3
1.0×1.0×0.2	1000	200	240	250	ϕ9×1060	φ4×730	459.8

注　钢筋交叉点应绑扎或焊接。

表 ZY0800101001-8　卡盘主要技术参数

规格（m）	主要尺寸（mm）					圆钢长（mm）			抱箍尺寸（mm）		参考质量（kg）
	a	*b*	*c*	*L*	L_1	1～2 号 8 根	3 号 2 根	4 号 4～6 版	h_1	h_2	
0.8×0.3×0.25	800	155	300	750	175	900	950	1050	60	218	142.2
1.0×0.3×0.25	1000	127.5	388	950	275	1100	950	1050	80	216	178.5

注　钢筋交叉点应绑扎或焊接，抱箍、螺母及垫圈应热镀锌。

表 ZY0800101001-9　拉线盘主要技术参数

规格（m）	主要尺寸（mm）						圆钢长（mm）		参考质量（kg）
	a	*b*	*ϕ*	*h*	h_1	*c*	1 号 6 根	2 号 6～8 根	
0.8×0.4×0.16	800	400	22	160	40	160	ϕ6× 840	ϕ6×440	100.2
1.0×0.5×0.2	1000	500	25	200	60	200	ϕ8×1080	ϕ8×560	218.3

注　钢筋交叉点应绑扎或焊接，两个规格的拉线盘允许使用力分别为 2.7、4.99t，*K*=2。

表 ZY0800101001-10　普通和预应力钢筋混凝土预制件加工尺寸允许偏差

项目		底盘、拉线盘、卡盘	其他装配式预制构件
长度（mm）		−10	±10
断面尺寸（mm）	宽	−10	±5
	厚	−5	±5
弯曲		—	*L*/750
预埋铁件（预留孔）对设计位置的偏差（mm）	中心线位移	10	5
	安装孔距	±5	±5
	螺栓露出长度	+10，−5	+10，−5

注　“三盘”的中心线位移是指安装孔及底盘圆槽的实际加工位置与图纸位置的偏差；*L* 为构件长度。

2. 铁塔基础

铁塔基础有混凝土和钢筋混凝土普通浇制基础、预制钢筋混凝土基础、金属基础和灌注式桩基础。

（三）导线

导线主要用来传导电流、输送电能，它通过绝缘子串长期悬挂在杆塔上。导线常年在大气中运行，长期受风、冰、雪和温度变化等气象条件的影响，承受着变化的拉力的作用，同时还受到空气中污物的侵蚀。因此，导线除应具有良好的导电性能外，还必须有足够的机械强度和防腐性能，并要质轻价廉。常用导线材料为铜、铝、钢，它们的主要电气及机械性能见表 ZY0800101001-11。目前，在架空绝缘配电线路中主要使用的是导电性能良好的铝绞线、镀锌钢绞线、钢芯铝绞线，而导电性能差但机械强度高的钢绞线则大量用作架空地线，以及作为平衡导线张力用的拉线。

表 ZY0800101001-11　　铜、铝、钢的主要电气及机械性能

性　能	铜	铝	钢
密度（g/cm³）	8.900	2.703	7.800
抗拉强度（N/mm²）	382	157	1244
熔点（℃）	1033	658	1530
电阻系数（20℃时，Ω·mm²/m）	0.017 9	0.028 3	0.18
电阻温度系数（1/℃）	0.003 85	0.004 03	0.006

1. 裸导线

（1）裸铝导线。铝的导电性仅次于银、铜，但由于铝的机械强度较低，铝线的耐腐蚀能力差，所以，裸铝绞线不宜架设在化工区和沿海地区，一般用在中、低压配电线路中，而且档距一般不超过100m。常用裸铝绞线的主要技术参数见表ZY0800101001-12。

表 ZY0800101001-12　　常用裸铝绞线（LJ）主要技术参数

导线型号	计算截面（mm²）	股数/股径（mm）	导线外径（mm）	最大直流电阻（20℃，Ω/km）	计算拉断力（N）	计算质量（kg/km）	长期允许电流（A）	最小交货长度（m）
LJ-16	15.89	7/1.70	5.10	1.802	2840	43.5	105	4000
LJ-25	25.41	7/2.15	6.45	1.127	4355	69.6	135	3000
LJ-35	34.36	7/2.50	7.50	0.833	5760	94.1	170	2000
LJ-50	49.48	7/3.00	9.00	0.579	7930	135.5	215	1500
LJ-70	71.25	7/3.60	10.80	0.402	10 950	195.1	265	1250
LJ-95	95.14	7/4.16	12.48	0.301	14 450	260.5	325	1000
LJ-120	121.21	19/2.85	14.25	0.237	19 420	333.5	375	1500
LJ-150	148.07	19/3.15	15.75	0.194	23 310	407.4	445	1250
LJ-185	182.80	19/3.50	17.50	0.157	28 440	503.0	515	1000
LJ-240	238.76	19/4.00	20.00	0.121	36 260	656.9	610	1000

注　1. 本表摘自《铝绞线及钢芯铝绞线》（GB 1179—1983），表中直流电阻值用四舍五入法。
2. 拉断力指绞线在拉力增加的情况下，首次出现任一单（股）线断裂时的拉力。

（2）裸铜绞线。铜导线有很高的导电性能和足够的机械强度，但铜的资源少、价格贵。常用裸铜绞线主要技术参数见表ZY0800101001-13。

表 ZY0800101001-13　　常用裸铜绞线（TJ）的主要技术参数

导线型号	计算截面（mm²）	股数/股径（mm）	导线外径（mm）	最大直流电阻（20℃，Ω/km）	计算拉断力（N）	计算质量（kg/km）	长期允许电流（A）
TJ-16	15.89	7/1.70	5.10	1.140	5747	143	130
TJ-25	24.71	7/2.12	6.36	0.733	8728	222	180
TJ-35	34.36	7/2.50	7.50	0.527	12 131	309	220
TJ-50	49.48	7/3.00	9.00	0.366	17 [illegible]56	445	270
TJ-70	67.07	19/2.12	10.6[illegible]	0.273	23 [illegible]83	609	340

注　T—铜线；J—多股绞线或加强型；长期允许载流量是指当环境温度为25℃时裸导线的载流量。

（3）钢芯铝绞线。钢芯铝绞线充分利用钢绞线的机械强度高和铝的导电性能好的特点，把这两种金属导线结合起来而形成。其结构特点是外部几层铝绞线包裹着内芯的1股或7股的钢丝或钢绞线，使得钢芯不受大气中有害气体的侵蚀。钢芯铝绞线由钢芯承担主要的机械应力，而由铝线承担输送电

裸钢芯铝绞线的主要技术参数见表 ZY0800101001-14；轻型钢芯铝绞线的主要技术参数见表 ZY0800101001-15。

表 ZY0800101001-14　　常用钢芯铝绞线（LGJ 型）主要技术参数

导线型号	标称截面（铝/钢，mm²）	股数/股径（mm）		计算截面（mm²）			导线外径（mm）	最大直流电阻（Ω/km）	计算拉断力（kN）	计算质量（kg/km）	允许载流量（A）	交货长度（m）
		铝	钢	铝	钢	合计						
LGJ-16/3	16/3	6/1.85	1/1.85	16.13	2.69	18.82	5.55	1.779	6.13	65.2	100	3000
LGJ-25/4	25/4	6/2.32	1/2.32	25.36	4.23	29.59	6.96	1.131	9.29	102.6	130	3000
LGJ-35/6	35/6	6/2.72	1/2.72	34.86	5.81	40.67	8.16	0.823	12.63	141.0	170	3000
LGJ-50/8	50/8	6/3.20	1/3.20	48.25	8.04	56.29	9.60	0.595	16.87	195.1	215	2000
LGJ-70/10	70/10	6/3.80	1/3.80	68.05	11.34	79.39	11.40	0.422	23.39	275.2	265	2000
LGJ-95/15	95/15	6/2.15	7/1.67	94.39	15.33	109.72	13.61	0.306	35.00	380.8	325	2000
LGJ-120/20	120/20	26/2.38	7/1.85	115.67	18.82	134.49	15.07	0.250	41.00	466.8	375	2000
LGJ-150/50	150/25	26/2.70	7/2.10	148.86	24.25	173.11	17.10	0.194	54.11	601.0	445	2000
LGJ-185/25	185/25	24/3.15	7/2.10	187.04	24.25	211.29	18.90	0.154	59.42	706.1	515	2000
LGJ-240/30	240/30	24/3.60	7/2.40	244.29	31.67	275.96	21.60	0.118	75.62	922.2	610	2000

注　LGJ—钢芯铝绞线，本表数值部分摘自《铝绞线及钢芯铝绞线》（GB 1179—1983），如对标称截面为铝 120mm²、钢 20mm² 的钢型铝绞线，表示为 LGJ-120/20。

表 ZY0800101001-15　　轻型钢芯铝绞线的主要技术参数

导线型号	计算截面（mm²）		计算外径（mm）		最大直流电阻（Ω/km）	计算质量（kg/km）
	铝股	钢芯	电线	钢芯		
LGJQ-150	148	17.80	16.60	5.4	0.210	559
LGJQ-185	181	22.00	18.40	6.00	0.170	687
LGJQ-240	243	31.70	21.60	7.20	0.130	937
LGJQ-300	291	37.20	23.50	7.80	0.108	1098
LGJQ-400	392	49.50	27.20	9.00	0.080	1501

注　Q—轻型。

（4）镀锌钢绞线。镀锌钢绞线机械强度高，但是导电性能及抗腐蚀性能差，不宜用作电力线路导线。目前，镀锌钢绞线主要用来作避雷线、拉线以及集束低压绝缘导线和架空电缆的承力索。常用镀锌钢绞线的主要技术参数见表 ZY0800101001-16。

表 ZY0800101001-16　　常用镀锌钢绞线（GL）主要技术参数

导线型号	计算截面（mm²）	股数/股径（mm）	计算外径（mm）	计算质量（kg/km）	公称抗拉强度（MPa）			
					1270	1370	1470	1570
					钢绞线最小破断拉力（kN）			
GJ-16	15.89	7/1.70	5.1	132.3	18.5	20.00	21.40	22.90
GJ-25	26.61	7/2.20	6.6	221.5	31.00	33.50	35.90	38.40
GJ-35	37.16	7/2.60	7.8	309.3	43.40	46.80	50.20	53.60
GJ-50	48.35	19/1.80	9.0	402.5	55.20	59.60	63.90	68.30
GJ-70	72.22	19/2.20	11.0	601.2	82.50	89.00	95.50	102.00
GJ-95	94.15	37/1.80	12.6	783.8	101.00	109.00	117.00	125.00
GJ-120	116.24	37/2.00	14.0	967.6	125.00	135.00	145.00	155.00
GJ-140	140.65	37/2.20	15.5	1170.8	151.00	163.00	175.00	187.00
GJ-170	167.38	37/2.40	16.8	1393.4	180.00	194.00	209.00	223.00

注　本表数值部分摘自《镀锌钢绞线》（YB/T 5004—2001）；镀锌钢绞线钢丝镀层级别分为特 A、A 和 B 三级。

（5）铝合金绞线。铝合金含有98%的铝和少量的镁、硅、铁、锌等元素，它的密度与铝基本相同，电导率与铝接近，与相同截面的铝绞线相比机械强度高，也是一种比较理想的导线材料。但铝合金线的耐震性能较差，不宜在大档距架空线路上使用。铝合金线有热处理铝镁硅合金线（LHAJ）和热处理铝镁硅稀土合金线（LHBJ）两种。

2. 绝缘导线

架空绝缘配电线路适用于城市人口密集地区，线路走廊狭窄，架设裸导线线路与建筑物的间距不能满足安全要求的地区，以及风景绿化区、林带区和污秽严重的地区等。随着城市的发展，实施架空配电线路绝缘化是配电网发展的必然趋势。

（1）绝缘导线分类。架空配电线路绝缘导线按电压等级可分为中压绝缘导线、低压绝缘导线；按架设方式可分为分相架设、集束架设。绝缘导线的类型有中、低压单芯绝缘导线、低压集束型绝缘导线、中压集束型半导体屏蔽绝缘导线、中压集束型金属屏蔽绝缘导线等。

（2）绝缘材料。目前户外绝缘导线所采用的绝缘材料，一般为黑色耐气候型的交联聚乙烯、聚乙烯、高密度聚乙烯、聚氯乙烯等。这些绝缘材料一般具有较好的电气性能、抗老化及耐磨性能等，暴露在户外的材料还添加有1%左右的碳黑，以防日光老化。

（3）绝缘导线结构和技术性能。

1）单芯中、低压绝缘导线。中、低压架空绝缘线路一般采用单芯绝缘导线、分相式架设方式，其架设方法与裸导线的架设方法基本相同。中压线路相对低压线路遭受雷击的概率较高，中压绝缘导线还需考虑采取防止雷击断线的措施。低压绝缘导线的结构如图 ZY0800101001-11 所示，为直接在线芯上挤包绝缘层；中压绝缘导线的结构如图 ZY0800101001-12 所示，是在线芯上挤包一层半导体屏蔽层，在半导体屏蔽层外挤包绝缘层，生产工艺为两层共挤，同时完成。绝缘导线的线芯一般采用经紧压的圆形硬铝（LY8 或 LY9 型）、硬铜（TY 型）或铝合金导线（LHA 或 LHB 型）。

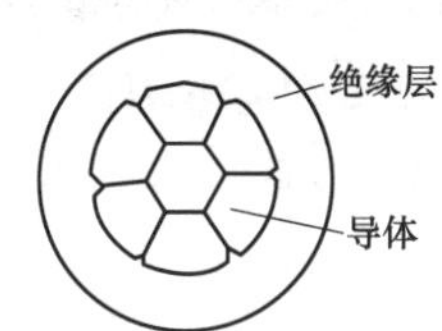

图 ZY0800101001-11　低压绝缘导线结构图

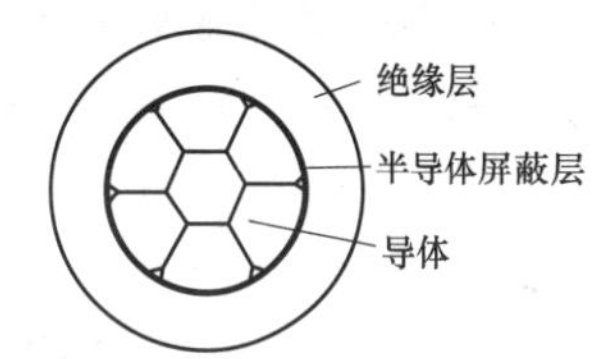

图 ZY0800101001-12　中压绝缘导线结构图

常用 10kV 绝缘导线主要技术参数见表 ZY0800101001-17。

表 ZY0800101001-17　　常用 10kV 绝缘导线主要技术参数

导体标称截面（mm²）	导体参考直径（mm）	导体屏蔽层最小厚度（mm）	绝缘层标称厚度（mm）		20℃最大导体电阻（Ω/km）				最小导线拉断力（N）		
			薄绝缘	普通	硬铜芯	软铜芯	铝芯	铝合金芯	硬钢芯	铝芯	铝合金芯
35	7.0	0.5	2.5	3.4	0.540	0.524	0.868	1.007	11 731	5177	8800
50	8.3	0.5	2.5	3.4	0.399	0.387	0641	0.744	16 502	7011	12 569
70	10.0	0.5	2.5	3.4	0.276	0.268	0.443	0.514	23 461	10 354	17 596
95	11.6	0.6	2.5	3.4	0.199	0.193	0.320	0.371	31 759	13 727	23 880
120	13.0	0.6	2.5	3.4	0.158	0.153	0.253	0.294	39 911	17 339	30 164
150	14.6	0.6	2.5	3.4	0.128	—	0.206	0.239	49 505	21 003	37 706

2）低压集束型绝缘导线。低压集束型绝缘导线承载方式可分为承力束承载、中性线承载和整体自承载三种方式，如图 ZY0800101001-13 所示。整体自承载的低压集束型绝缘导线的线芯，应采用经紧压的硬铝、硬铜或铝合金导线做线芯。采用承力束或裸中性线承载的低压集束型绝缘导线，相线可以

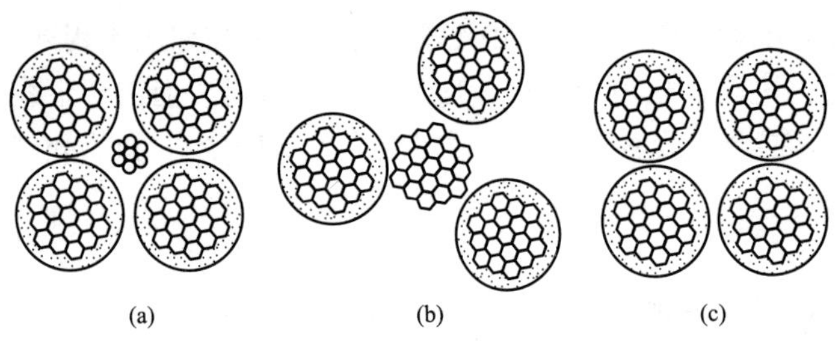

图 ZY0800101001-13　低压集束型绝缘导线承载方式

（a）承力束承载；（b）中性线承载；（c）整体自承载

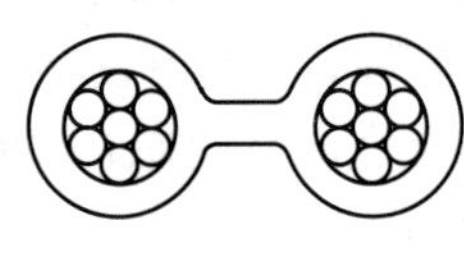

图 ZY0800101001-14　低压并行绝缘接户线结构

3）中压集束型绝缘导线。中压集束型绝缘导线（HV-ABC 型）可分为金属屏蔽绝缘导线、集束型半导体屏蔽两种。中压集束型金属屏蔽绝缘导线一般带承力束，如图 ZY0800101001-15 所示；中压集束型半导体屏蔽绝缘导线可分为承力束承载和自承载两种，如图 ZY0800101001-16 所示。

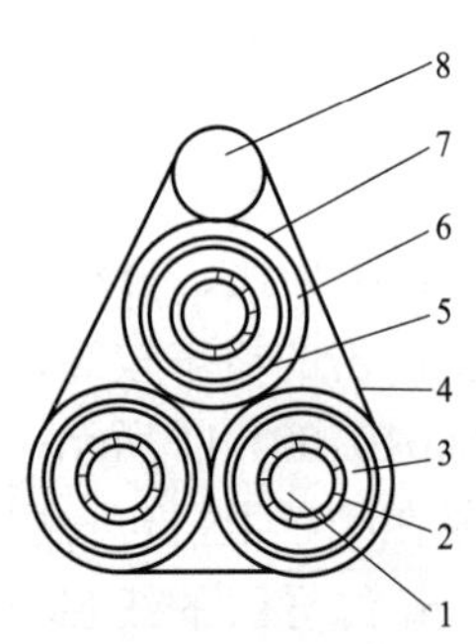

图 ZY0800101001-15　中压集束型金属屏蔽绝缘导线

1—导体；2—半导体绝缘内屏蔽；3—绝缘体；4—绕扎线；5—半导体绝缘外屏蔽；6—集束屏蔽；7—外护套；8—承力束

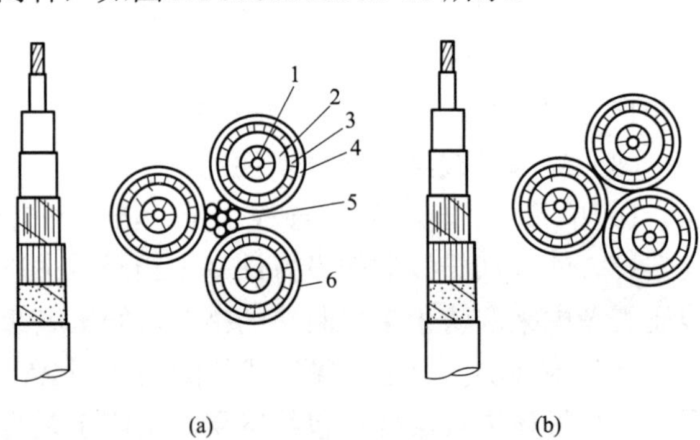

图 ZY0800101001-16　中压集束型半导体屏蔽绝缘导线

（a）带承力束；（b）自承载

1—导体；2—半导体绝缘内屏蔽；3—绝缘体；4—半导体绝缘外屏蔽；5—承力束；6—外护套

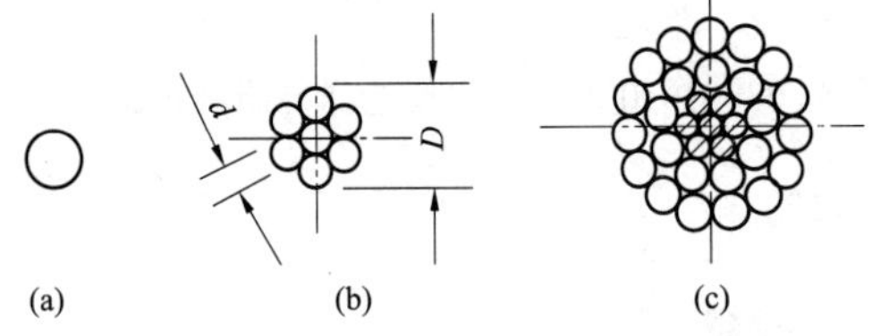

图 ZY0800101001-17　导线的构造图

（a）单股导线；（b）合股导线；（c）两种金属制造的合股导线

3. 导线的构造

单股导线如图 ZY0800101001-17（a）所示，它是仅由铜或钢所制成的单股导线；合股导线如图 ZY0800101001-17（b）所示，它是由一种金属（如铜、铝或钢）制成的合股导线（绞线），如铝绞线、铜绞线等；由两种金属制造的合股导线如图 ZY0800101001-17（c）所示，如钢芯铝绞线等。

（1）导线直径的计算。单股线及绞线的外径可用游标卡尺等测出。绞线外径也称计算直径，若绞线中每股线径相同时，其计算直径 D（mm）可按式（ZY0800101001-1）计算

$$D=(2n+1)d \text{ (mm)} \qquad \text{(ZY0800101001-1)}$$

式中　n——外层数；

d——每股直径，mm。

（2）导线截面的计算。单股导线的截面 A（mm^2）按式（ZY0800101001-2）计算；绞线的截面 A（mm^2）为各小股截面之和，按式（ZY0800101002-3）进行计算

$$A=0.785D^2 \text{ (mm}^2\text{)} \qquad \text{(ZY0800101001-2)}$$

$$A=0.785nd^2 \text{ (mm}^2\text{)} \qquad \text{(ZY0800101001-3)}$$

式中　D——导线直径，mm；

d——绞线的每股直径，mm；

n——绞线的股数。

钢芯铝绞线的截面计算应分别先算出钢线和铝线的截面，然后将两者相加，即为钢芯铝绞线的截

面。按式（ZY0800101001-2）或式（ZY0800101001-3）算出的截面称为导线的计算截面，例如 LJ-50 型导线的股数为 7，每股直径为 3.0mm，按式（ZY0800101001-3）算出的计算截面为 49.46mm^2，取整数为 50mm^2，称为标称截面。导线截面都用标称截面表示。

（四）绝缘子

架空电力线路的导线，是利用绝缘子和金具连接固定在杆塔上的。用于导线与杆塔绝缘的绝缘子，在运行中不但要承受工作电压的作用，还要受到过电压的作用，同时还要承受机械力的作用及气温变化和周围环境的影响，所以绝缘子必须有良好的绝缘性能和一定的机械强度。通常绝缘子的表面做成波纹形，这是因为：① 可以增加绝缘子的泄漏距离（又称爬电距离），同时每个波纹又能起到阻断电弧的作用；② 当下雨时，从绝缘子上流下的污水不会直接从绝缘子上部流到下部，避免形成污水柱造成短路事故，起到阻断污水水流的作用；③ 当空气中的污秽物质落到绝缘子上时，由于绝缘子波纹的凹凸不平，污秽物质将不能均匀地附在绝缘子上，在一定程度上提高了绝缘子的抗污能力。

1. 绝缘子的类型

绝缘子按照材质分为瓷绝缘子、玻璃绝缘子和合成绝缘子三种。

（1）瓷绝缘子。它具有良好的绝缘性能、适应气候的变化性能、耐热性和组装灵活等优点，广泛用于各种电压等级的线路。金属附件连接方式分球型和槽型两种。在球型连接构件中用弹簧销子锁紧；在槽型结构中用销钉加开口销锁紧。瓷绝缘子属于可击穿型的绝缘子。

（2）玻璃绝缘子。它用钢化玻璃制成，具有产品尺寸小、质量轻、机电强度高、电容大、热稳定性好、老化较慢、寿命长、“零值自破”维护方便等特点。

（3）合成绝缘子（又名复合绝缘子）。它由棒芯、伞盘及金属端头铁帽三个部分组成。

1）棒芯一般由环氧玻璃纤维棒玻璃钢棒制成，抗张强度很高。棒芯是合成绝缘子机械负荷的承载部件，同时又是内绝缘的主要部件。

2）伞盘是以高分子聚合物如聚四氯乙烯、硅橡胶等为基体添加其他成分，经特殊工艺制成。伞盘表面为外绝缘，给绝缘子提供所需要的爬电距离。

3）金属端头用于导线杆塔与合成绝缘子的连接，根据负荷载重量的大小采用可锻铸铁、球墨铸铁或钢等材料制造而成。为使棒芯与伞盘间结合紧密，在它们之间加一层粘接剂和橡胶护套。合成绝缘子具有抗污闪性强、强度大、质量轻、抗老化性好、体积小等优点。但能承受的径向（垂直于中心线）应力很小，因此，使用于耐张杆的绝缘子严禁踩踏，或任何形式的径向荷重，否则将导致折断。运行数年后还会出现伞裙变硬、变脆的现象，也容易发生鼠等动物咬噬而导致损坏的情况。

2. 架空配电线路常用绝缘子

架空配电线路常用的绝缘子有针式瓷绝缘子、柱式瓷绝缘子、悬式瓷绝缘子、蝴蝶式瓷绝缘子、棒式瓷绝缘子、拉线瓷绝缘子、陶瓷横担绝缘子、放电箝位瓷绝缘子等。低压线路用的低压绝缘子有针式和蝴蝶式两种。

（1）针式瓷绝缘子。针式瓷绝缘子主要用于直线杆和角度较小的转角杆支持导线，分为高压、低压两种，如图 ZY0800101001-18 所示。针式绝缘子的支持钢脚用混凝土浇装在瓷件内，形成“瓷包铁”内浇装结构。

（2）柱式瓷绝缘子。柱式绝缘子的用途与针式绝缘子基本相同。柱式绝缘子的绝缘瓷件浇装在底座铁靴内，形成“铁包瓷”外浇装结构，如图 ZY0800101001-19 所示。采用柱式绝缘子时，架设直线杆导线转角不能过大，侧向力不能超过柱式绝缘子允许抗弯强度。

（3）悬式瓷绝缘子。悬式绝缘子俗称吊瓶，如图 ZY0800101001-20 所示，主要用于架空配电线路耐张杆。一般低压线路采用一片悬式绝缘子悬挂导线，10kV 线路采用两片组成绝缘子串悬挂导线。悬式绝缘子金属附件的连接方式，分球窝型和槽型两种。

（4）蝴蝶式瓷绝缘子。蝴蝶式绝缘子俗称茶台瓷瓶，分为高压、中低压两种，中低压蝴蝶式瓷绝

图 ZY0800101001-18 针式瓷绝缘子

（a）低压针式瓷绝缘子 P-6、P-10 型；（b）高压针式瓷绝缘子 P-15、P-20 型

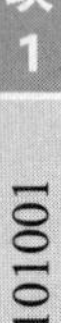

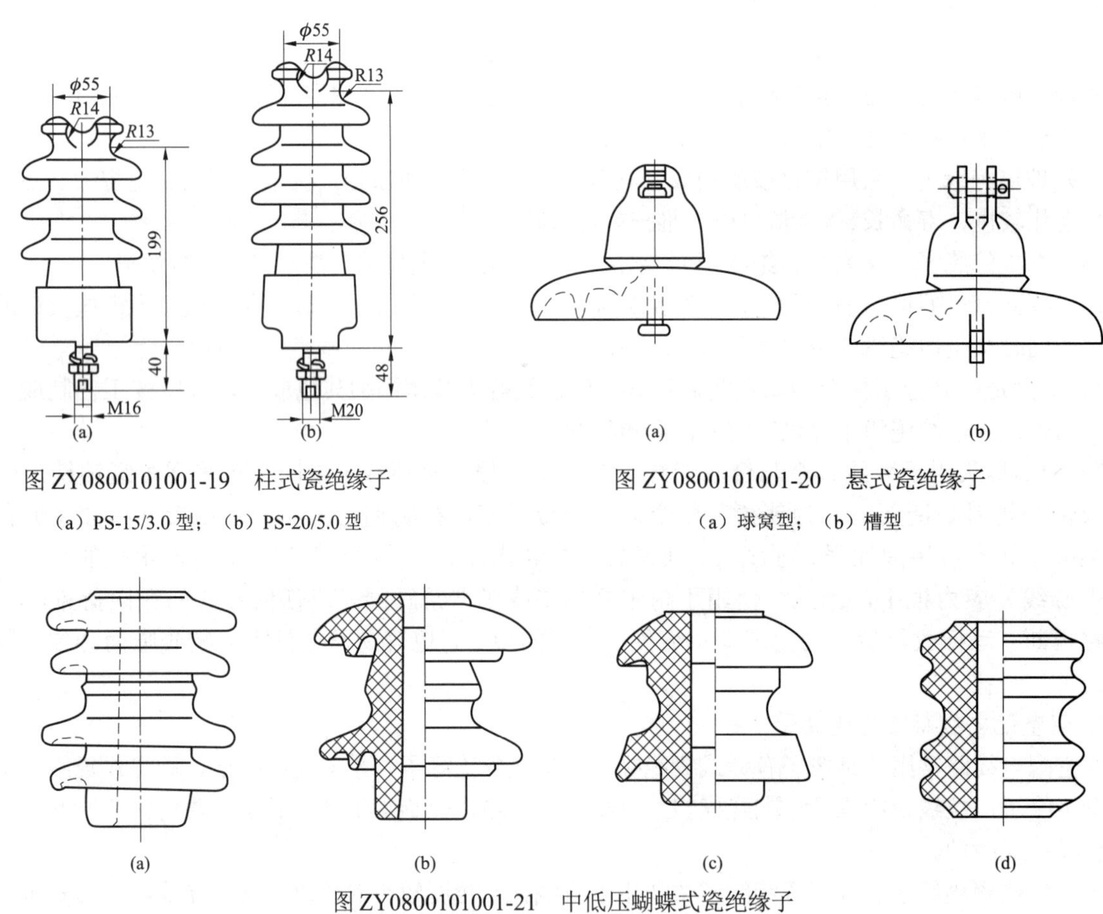

图 ZY0800101001-19 柱式瓷绝缘子

（a）PS-15/3.0 型；（b）PS-20/5.0 型

图 ZY0800101001-20 悬式瓷绝缘子

（a）球窝型；（b）槽型

图 ZY0800101001-21 中低压蝴蝶式瓷绝缘子

（a）E-1 型；（b）E-6（10）型；（c）ED-1（2、3、4）型；（d）EX-1（2、3、4）型

（5）棒式瓷绝缘子。棒式瓷绝缘子又称瓷拉棒，是一端或两端外浇装钢帽的实心瓷体或纯瓷拉棒，如图 ZY0800101001-22 所示。

（6）拉线瓷绝缘子。拉线瓷绝缘子又称拉线圆瓷，如图 ZY0800101001-23 所示。一般用于架空配电线路的终端、转角、断连杆等穿越导线的拉线上，使下部拉线与上部拉线绝缘。

（7）瓷横担绝缘子。瓷横担绝缘子是一端外浇装金属附件的实芯瓷件，一般用于 10kV 线路直线杆，如图 ZY0800101001-24 所示。

（8）放电箝位瓷绝缘子。放电箝位绝缘子的底部与柱式绝缘子基本相同，绝缘瓷件浇装在底座铁靴内，形成“铁包瓷”外浇装结构，其顶部绝缘瓷件浇装在铁帽内，铁帽上安装有铝质连接片，如图 ZY0800101001-25 所示。

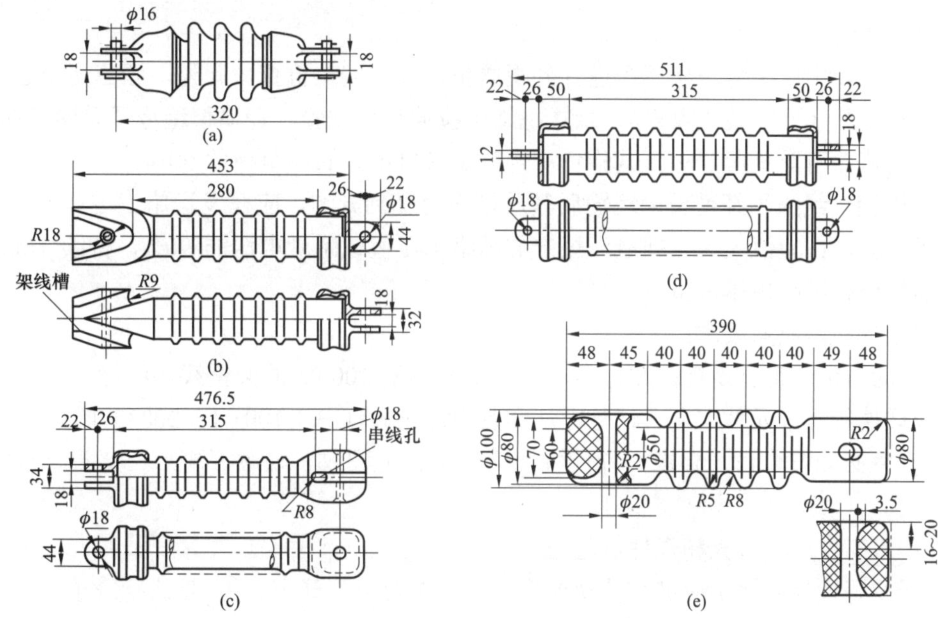

图 ZY0800101001-22 棒式瓷绝缘子

（a）SL-10/20 型；（b）XS-10/2 型；（c）XS-10/2D 型；（d）XS-10/2T 型；（e）XS-10 型

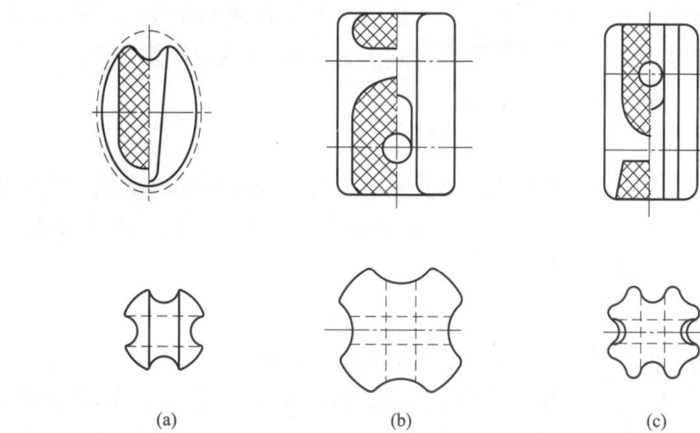

图 ZY0800101001-23 拉线瓷绝缘子

（a）J-20 型；（b）J-45（54）型；（c）J-70（90、160）型

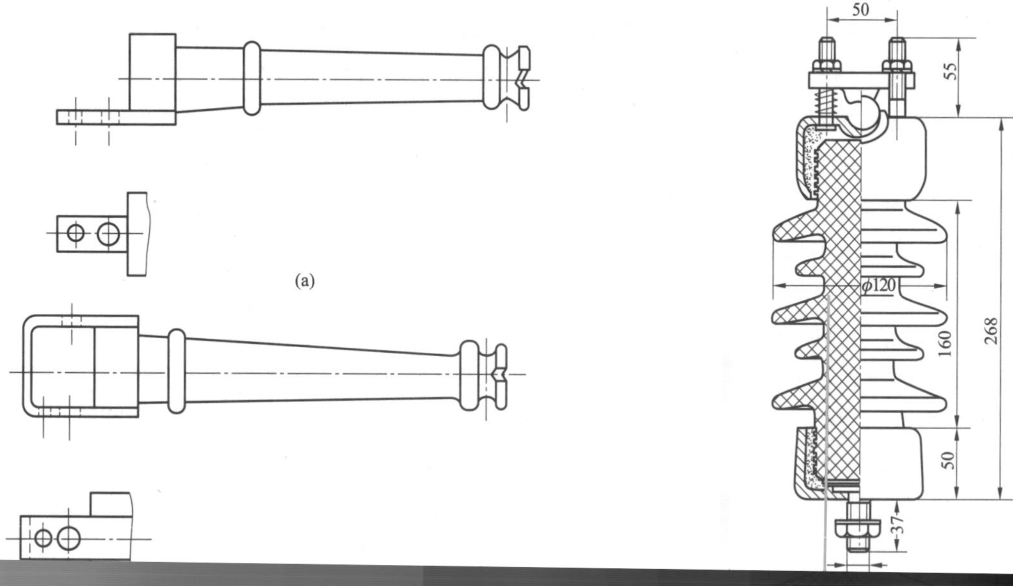

3. 绝缘子检验

（1）出厂检验。出厂绝缘子应逐个进行外观质量、尺寸偏差检查。此外，还应逐个进行高压绝缘子工频火花电压试验（外胶装式除外）、悬式绝缘子拉伸负荷试验、瓷横担绝缘子单向弯曲负荷试验、柱式绝缘子四向弯曲耐受负荷试验。试验负荷为额定（机电）破坏负荷的50%。

（2）现场检验。绝缘子经过长途运输后其质量必会受到影响，应在发运施工现场前，每批抽 5% 进行工频耐压试验，试验值大约为制造厂规定的闪络电压值或耐受电压的 90%，持续 1min 不损坏。有条件的宜逐只进行工频耐压试验。

（3）绝缘子的技术质量要求：

1）绝缘子的质量应符合现行国家标准《标称电压高于 1000V 的架空线路绝缘子　第 1 部分：交流系统用瓷或玻璃绝缘子元件定义、试验方法和判定准则》（GB/T 1001.1—2003）的规定。

2）瓷件颜色必须符合设计要求，瓷件釉面应光滑，无裂纹、缺釉、斑点、烧痕、气泡或瓷釉烧坏等缺陷。

3）瓷件不应有生烧、过火和瓷件氧起泡。

4）绝缘子及瓷横担绝缘子应进行外观检查，且应符合下列规定：① 悬式绝缘子的钢帽、球头与瓷件三者的轴心应在同一轴心上，不应有明显的歪斜，三者的胶装结合应牢固，不应有松动，浇结的水泥表面应无裂纹；② 钢帽不得有裂纹，球头不得有裂纹和弯曲，镀锌应良好，无锌皮剥落、锈蚀现象；③ 悬式绝缘子的弹簧销子规格必须符合设计要求，销子表面应无生锈、裂纹等缺陷，并具有一定的弹性；④ 在起晕电压要求较高的绝缘子及其包装上，均应有制造厂家的特殊标志；⑤ 钢化玻璃件上不应有影响性能的折痕、气泡、杂质等缺陷。

（五）金具

在架空配电线路中，用于连接、紧固导线的金属器具和具备导电、承载、固定的金属构件，统称为金具。金具按其性能和用途可分为悬吊金具（悬垂线夹）、耐张金具（耐张线夹）、接触金具（设备线夹）、接续金具、防护金具和连接金具等。

1. 线夹类金具

（1）悬吊金具（悬垂线夹）。悬吊金具的用途是把导线悬挂、固定在直线杆悬式绝缘子串上，其型号为XGU，如图 ZY0800101001-26 所示。其外挂板采用热镀锌钢板或不锈钢板制造。

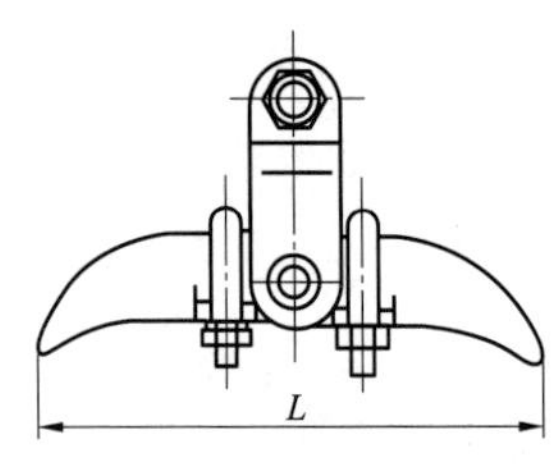

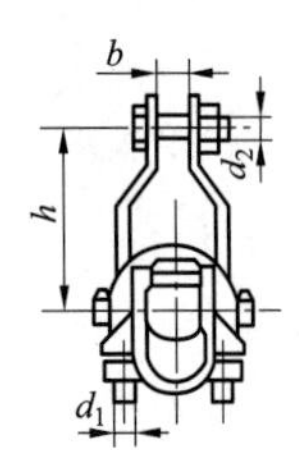

图 ZY0800101001-26　XGU 型悬垂线夹

（2）耐张金具（耐张线夹）。耐张金具的用途是把导线固定在耐张、转角、终端杆的悬式绝缘子串上，按其结构和安装条件可分为楔型、螺栓型、预绞丝（无螺栓）型等。

1）开口楔型耐张金具在安装导线时较为便利，适用于绝缘线剥除绝缘层后安装（可防止雷击断线），并外加绝缘罩，如图 ZY0800101001-27 所示。用于铜绞线或绝缘铜绞线时，线夹一般采用可锻铸铁，楔子采用黄铜制造；用于铝绞线或绝缘铝绞线时，线夹及楔子采用高强度铝合金制造。

2）螺栓型耐张金具的本体和连接片由可锻铸铁制造，如图 ZY0800101001-28 所示。其造价较低，适用于线路终端或电流不流经线夹的场合。螺栓型铝合金耐张线夹采用高强度铝合金制造，具有节能效果，如图 ZY0800101001-29 所示。

3）预绞式耐张金具如图 ZY0800101001-30 所示，其结构为预绞丝双腿绞合，折弯部预成型绞环。预绞丝缠绕在导线上，借助于材料的弹性及收紧力，越拽越紧，不产生滑移。绞环套在心型环上，与悬式绝缘子连接。一般预绞式耐张线夹的旋向与绞线的旋向一致，为右旋，为增大摩擦力一般粘有石英砂。用于 10kV 绝缘导线的预绞式耐张线夹采用镀锌钢丝制成，可直接安装在绝缘导线外绝缘层上；用于铝绞线的预绞式耐张线夹采用高强度铝合金单丝导线加工而成；用于钢绞线拉线的预绞式耐张线夹采用镀锌钢丝制成；预绞式耐张线夹配套心型环如图 ZY0800101001-31 所示，适用于槽型悬式绝缘子或拉线棒，一般材质为热镀锌球墨铸铁；预绞式耐张线夹配套碗头挂环如图 ZY0800101001-32 所示，适用于球窝悬式绝缘子，一般材质为热镀锌球墨铸铁。

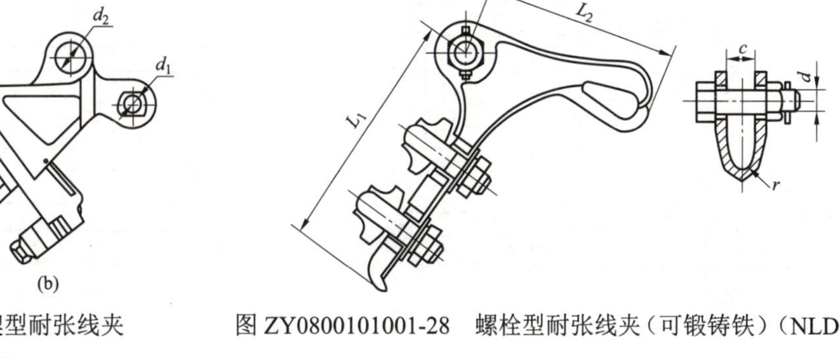

图 ZY0800101001-27　开口楔型耐张线夹

（a）NET 型；（b）NEL 型

图 ZY0800101001-28　螺栓型耐张线夹（可锻铸铁）（NLD 型）

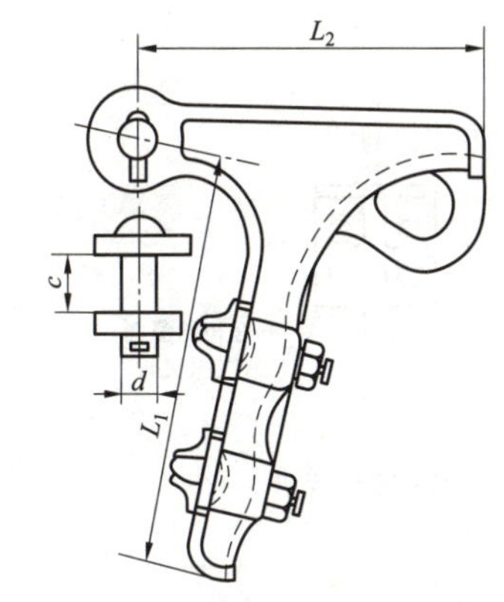

图 ZY0800101001-29　螺栓型铝合金耐张线夹（NLL 型）

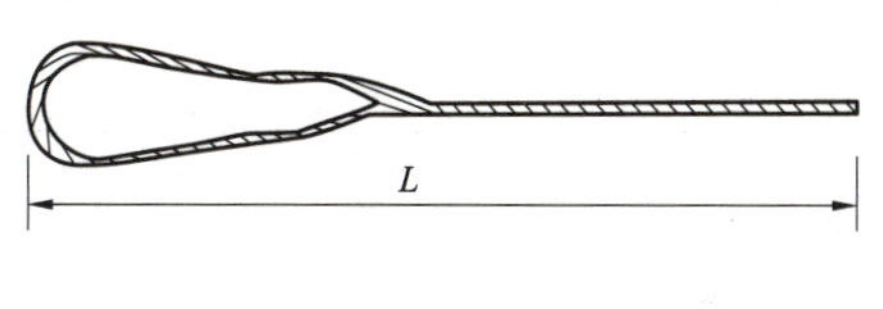

图 ZY0800101001-30　预绞式耐张线夹

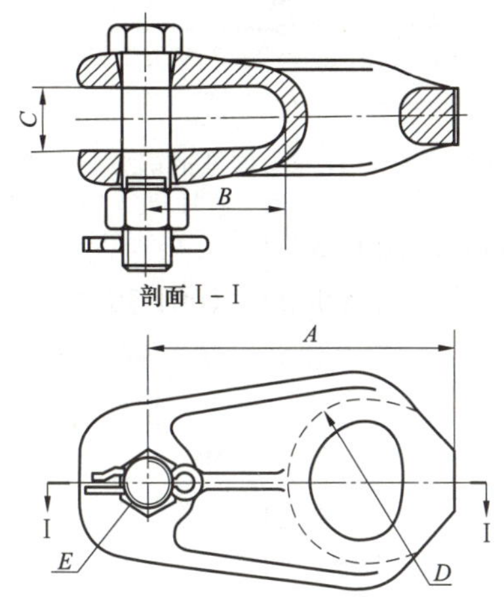

图 ZY0800101001-31　预绞式耐张线夹配套心型环

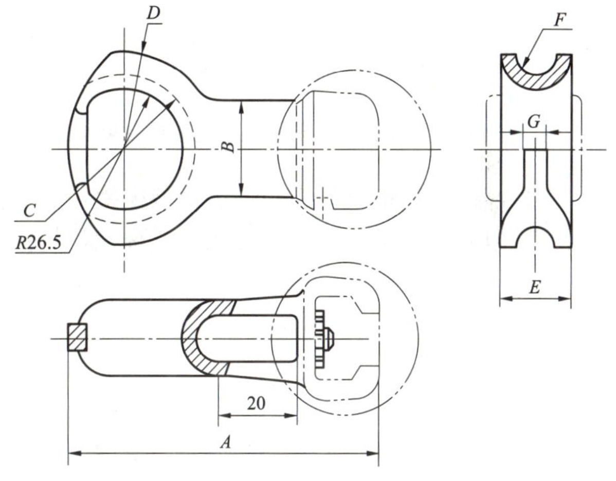

图 ZY0800101001-32　预绞式耐张线夹配套碗头挂环

4）拉线楔型耐张金具（NX 型）、拉线楔型 UT 耐张金具（可调线夹）（NUT 型）如图 ZY0800101001-33 和图 ZY0800101001-34，这两种线夹主要用于安装拉线、避雷线。楔体、楔子采用黑心可锻铸铁制造，U 型螺栓采用不低于 Q235 钢制造，全部热镀锌处理。

5）低压绝缘集束线楔型耐张金具如图 ZY0800101001-35 所示，绝缘集束线由绝缘板夹紧，绝缘板用不饱和酚醛树脂制造，外夹板采用热镀锌钢板或不锈钢板制造。

（3）设备线夹。可分为压缩型设备端子、螺栓型铜铝设备线夹和抱杆式设备线夹三种。

1）压缩型设备端子。压缩型设备端子一般采用液压施工，应有良好的电气接触性能，适用于永久性接续，适用导线为常规导线。端子板一般在制造厂不钻孔，而安装时现场配钻，如果接续设备有明确统一的规定，可要求在工厂配钻，还可以根据需要将端子板配置成双孔板。压缩型铝或铜设备端子如

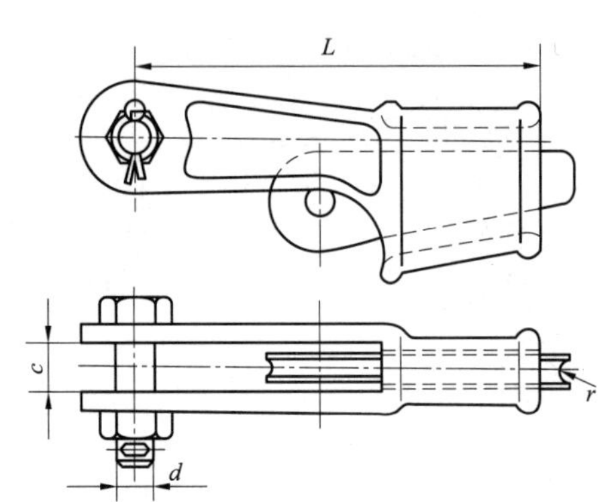

图 ZY0800101001-33 NX 型拉线耐张线夹

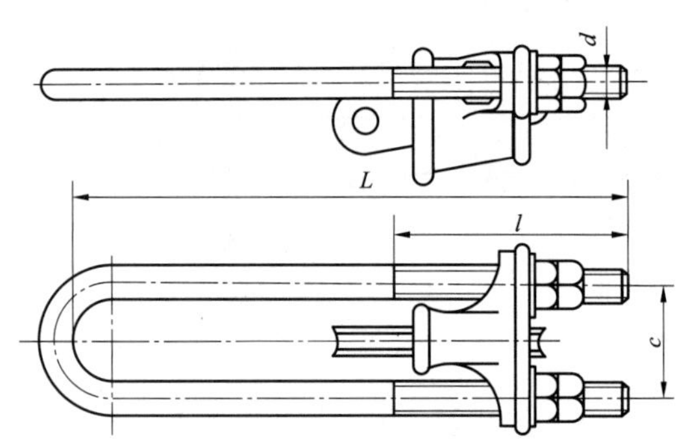

图 ZY0800101001-34 NUT 型拉线耐张线夹（可调线夹）

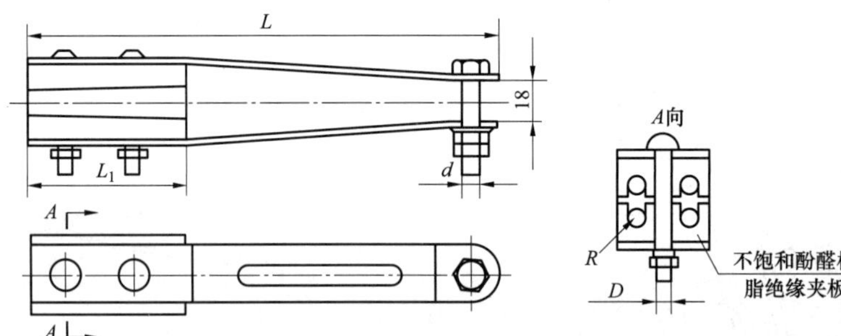

图 ZY0800101001-35 低压绝缘集束线楔型耐张线夹

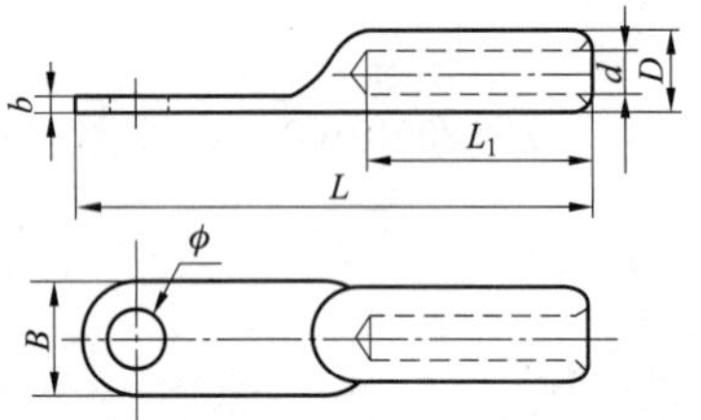

图 ZY0800101001-36 压缩型铝或铜设备端子

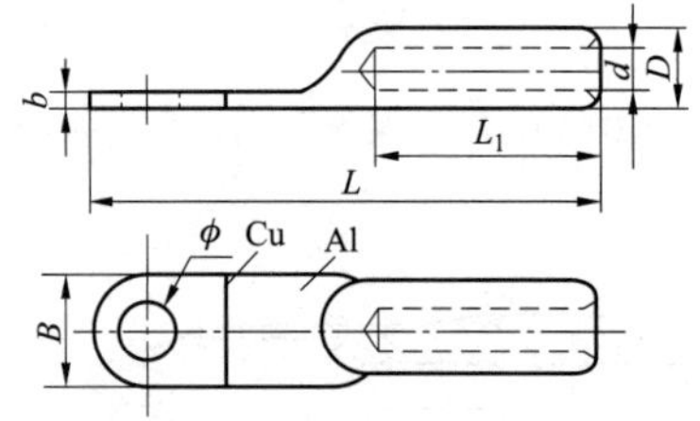

图 ZY0800101001-37 压缩型铜铝过渡设备端子

2）螺栓型铜铝设备线夹。螺栓型铜铝设备线夹如图 ZY0800101001-38 所示。

3）抱杆式设备线夹。抱杆式（或称螺栓转换式）设备线夹如图 ZY0800101001-39 所示。该线夹用于变压器二次出线螺杆或柱上开关螺杆转接导线，可抱紧螺杆，防止线夹发热。线夹一般采用 T1 纯铜制造。

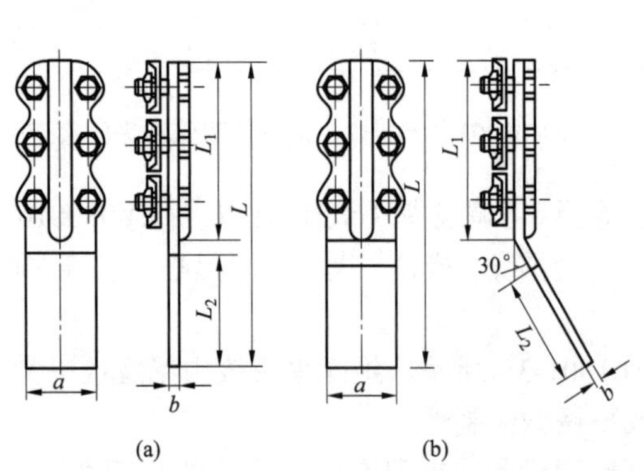

图 ZY0800101001-38 螺栓型铜铝设备线夹

（a）A 型；（b）B 型

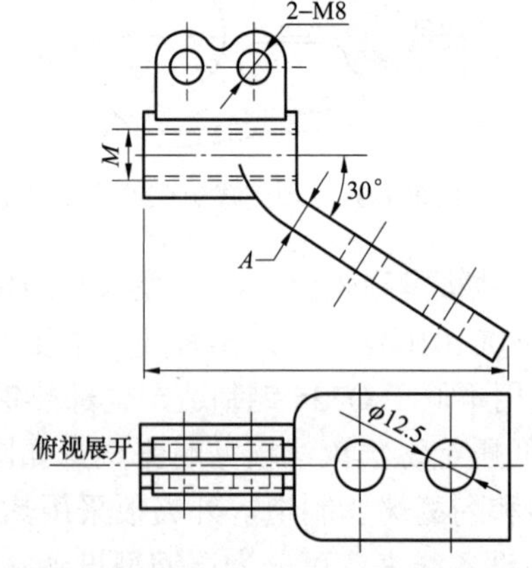

图 ZY0800101001-39 抱杆式设备线夹

2. 连接金具

连接金具主要用于耐张线夹、悬式绝缘子（槽型和球窝型）、横担等之间的连接。与槽型悬式绝缘子配套的连接金具可由 U 型挂环、平行挂板等组合；与球窝型悬式绝缘子配套的连接金具可由直角挂板、球头挂环、碗头挂板等组合。金具的破坏载荷均不应小于该金具型号的标称载荷值，如 7 型不小于 70kN，10 型不小于 100kN，12 型不小于 120kN 等。所有黑色金属制造的连接金具及紧固件均应热镀锌。

（1）平行挂板。平行挂板用于槽型悬式绝缘子连接，以及单板与单板、单板与双板的连接。它仅能改变组件的长度，而不能改变连接方向。单板平行挂板（PD 型）如图 ZY0800101001-40 所示，多用于与槽型绝缘子配套组装；双板平行挂板（P 型）用于与槽型悬式绝缘子组装，以及与其他金具连接，如图 ZY0800101001-41 所示；三腿平行挂板（PS 型）用于槽型悬式绝缘子与耐张线夹的连接、双板与单板的过渡连接等，如图 ZY0800101001-42 所示。

（2）U 型挂环。U 型挂环是用圆钢锻制而成，如图 ZY0800101001-43 所示，一般采用 Q235A 钢材锻造而成。加长 U 型挂环的型号为 UL，如图 ZY0800101001-44 所示，主要用于与楔型线夹配套。

（3）球头挂环。球头挂环的钢脚侧用来与球窝型悬式绝缘子上端钢帽的窝连接，球头挂环侧根据使用条件分为圆环接触和螺栓平面接触两种，与横担连接，如图 ZY0800101001-45 所示。在选用球头挂环时，应尽量避免点接触的组装方式。图 ZY0800101001-46（a）、（b）所示为正确连接方式；图 ZY0800101001-46（c）、（d）所示为不正确连接方式。

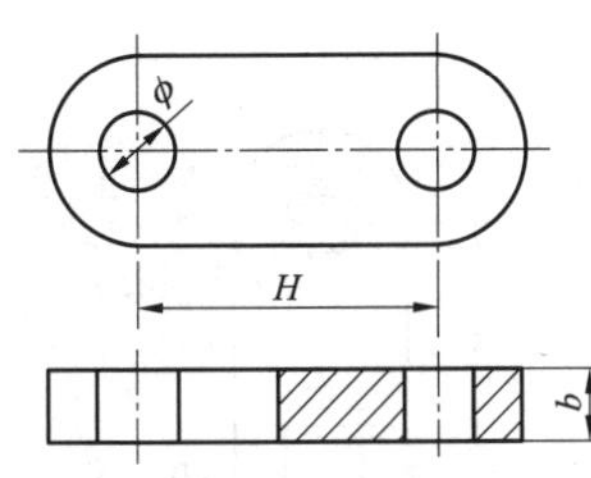

图 ZY0800101001-40　PD 型平行挂板

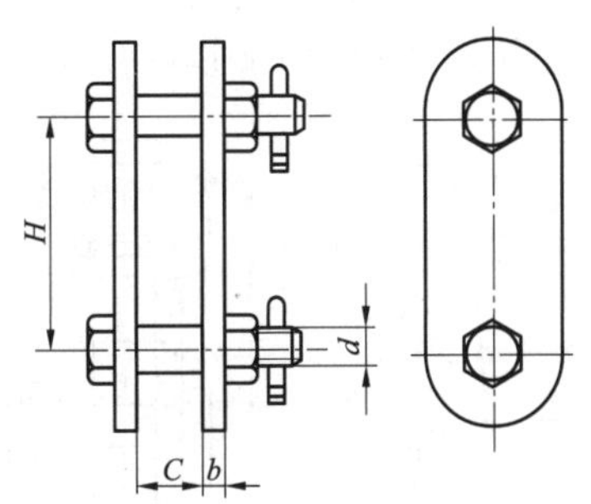

图 ZY0800101001-41　P 型平行挂板

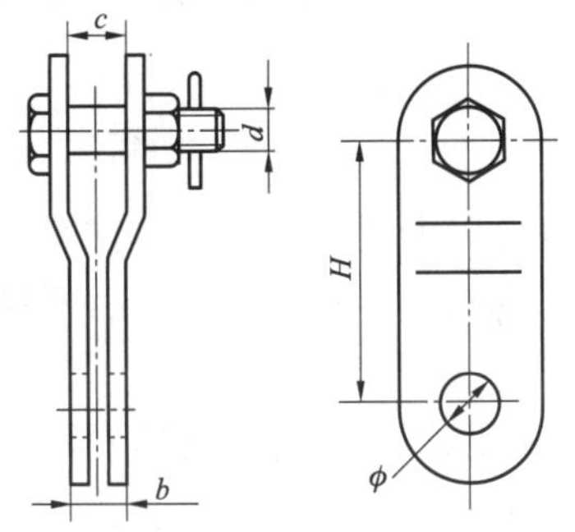

图 ZY0800101001-42　PS 型平行挂板

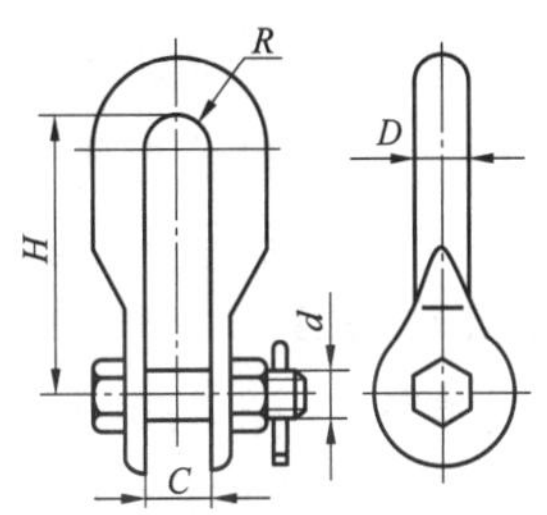

图 ZY0800101001-43　U 型挂环

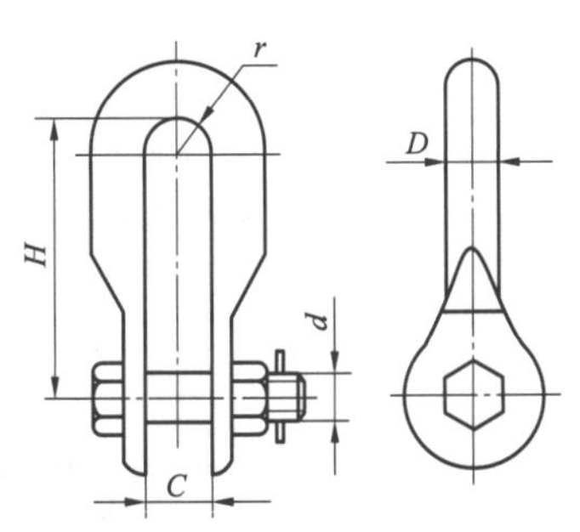

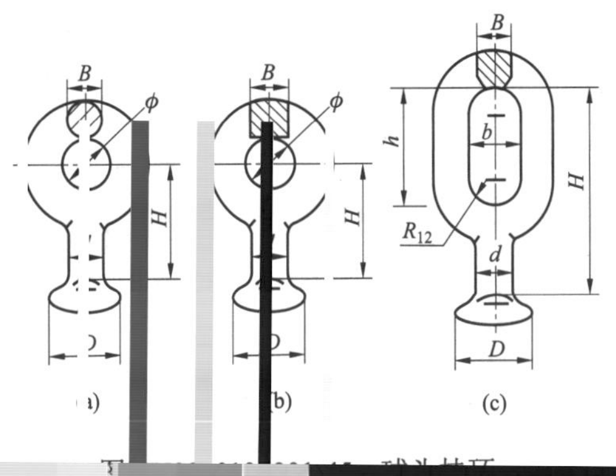

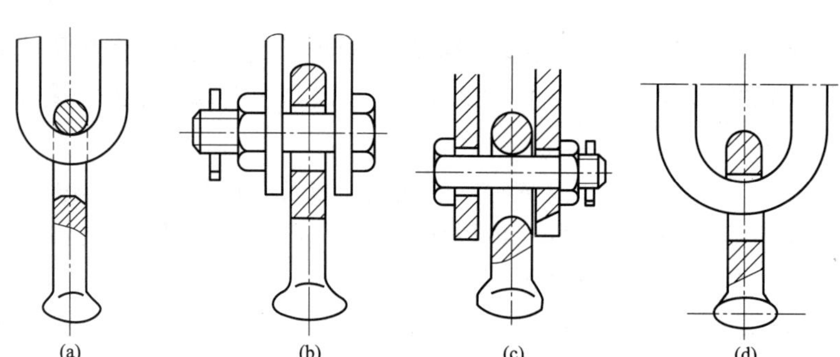

图 ZY0800101001-46 球头挂环连接方式

（a）正确；（b）正确；（c）不正确；（d）不正确

（4）碗头挂板。碗头挂板如图 ZY0800101001-47 所示。碗头侧用来连接球窝型悬式绝缘子下端的钢脚（又称球头），挂板侧一般用来连接耐张线夹等。单联碗头挂板一般适用于连接螺栓型耐张线夹，为避免耐张线夹的跳线与绝缘子瓷裙相碰，可选用长尺寸的 B 型；双联碗头挂板一般适用于连接开口楔型耐张线夹。

（5）直角挂板。直角挂板的连接方向互成直角，一般采用中厚度钢板经冲压弯曲而成。常用为 Z 型直角挂板，如图 ZY0800101001-48 所示。

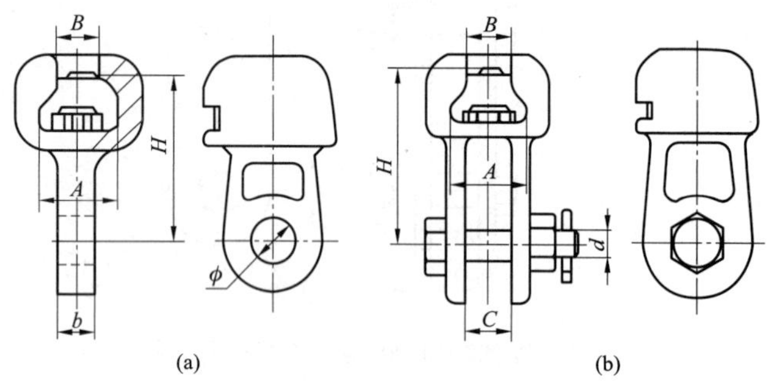

图 ZY0800101001-47 碗头挂板

（a）单联（W 型）；（b）双联（WS 型）

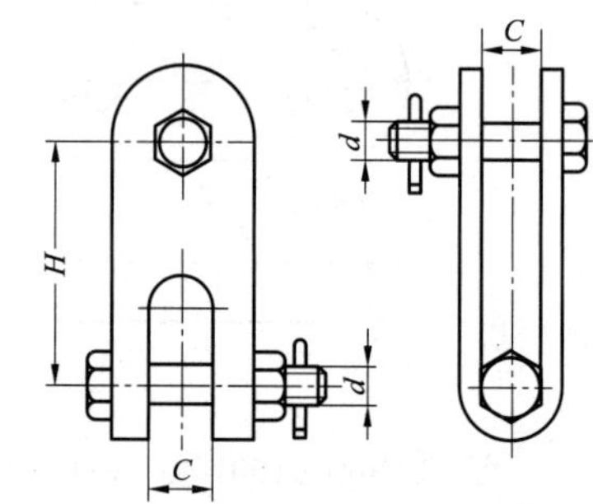

图 ZY0800101001-48 Z 型直角挂板

3. 接续金具

导线接续金具按承力可分为非承力接续金具和承力接续金具两类；按施工方法又可分为液压、钳压、螺栓接续及预绞式螺旋接续金具等；按接续方法还可分为对接、搭接、绞接、插接、螺接等。

（1）非承力接续金具。

1）C 型楔型线夹。如图 ZY0800101001-49 所示，C 型线夹的弹性可使导线与楔块间产生恒定的压力，保证电气接触良好。一般采用铝合金制造，可用于主线为铝绞线、分支线为铝绞线或铜绞线的接续。该类线夹可预制引流环作为中压架空绝缘线接地环用，除引流环裸露外，线夹其他部分可用绝缘自粘带包封。

2）接续液压 H 型线夹。如图 ZY0800101001-50 所示，持续液压 H 型线夹一般采用 L3 热挤压型材制造，用作永久性接续等径或不等径的铝绞线，亦可用于主线为铝绞线、分支线为铜绞线的接续，接触面预先进行金属过渡处理。安装时使用液压机及专用配套模具，压缩成椭圆形。

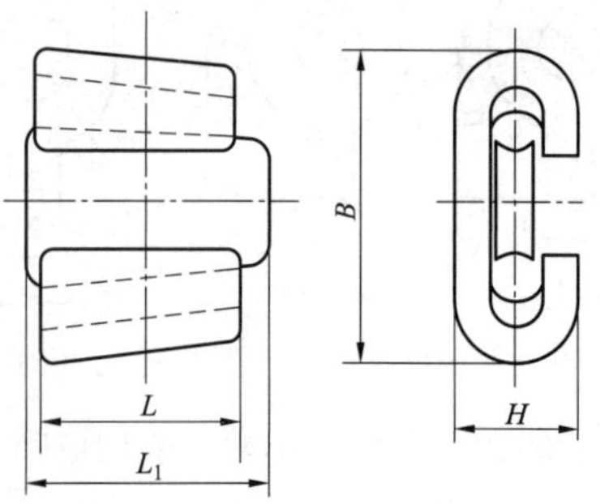

图 ZY0800101001-49 C 型楔型线夹

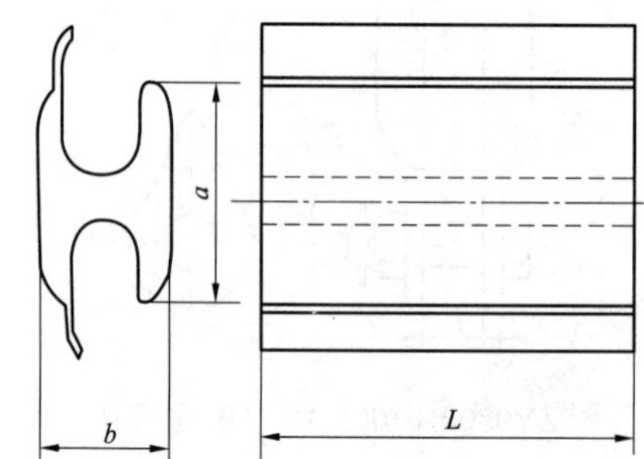

图 ZY0800101001-50 接续液压 H 型线夹

3）液压 C 型线夹。如图 ZY0800101001-51 所示，液压 C 型线夹一般采用 T1 铜热挤压型材制造，用作铜绞线主线与引下线的永久性接续、铜绞线接户线与铜进户线的接续。安装时使用液压机及专用配套模具，压缩成椭圆形。为保证机械强度，也可制成“6”字形等。

4）铝绞线、钢芯铝绞线用铝异径并沟线夹如图 ZY0800101001-52 所示，其适用于中小截面的铝绞线、钢芯铝绞线在不承受全张力位置上的连接，可接续等径或异径导线。线夹、连接片、垫瓦均采用热挤压型材制成，紧固螺栓、弹簧垫圈等应热镀锌。根据材料的性能，铝连接片应有足够的厚度，以保证连接片的刚性。连接片应单独配置螺栓。

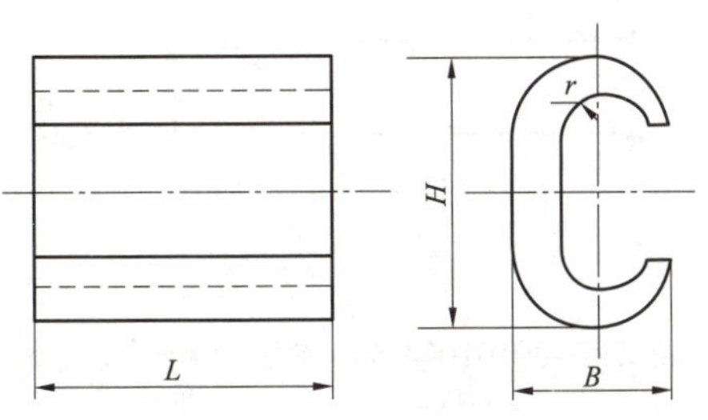

图 ZY0800101001-51　液压 C 型线夹

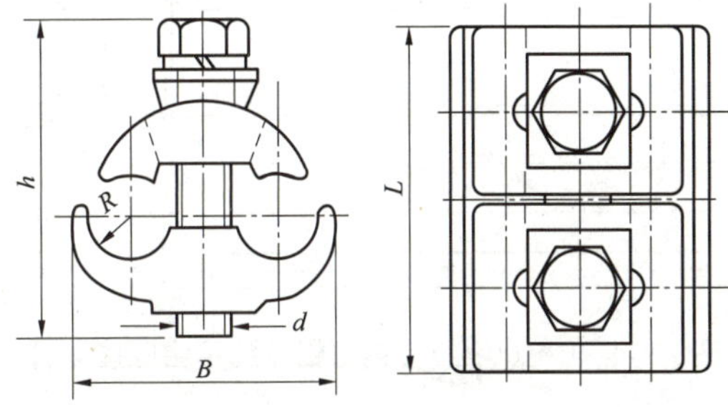

图 ZY0800101001-52　铝异径并沟线夹

5）铜绞线用铜异径并沟线夹，一般采用 T1 铜热挤压型材制造。尺寸基本与铝绞线用异径并沟线夹相同。

6）铜铝过渡异径并沟线夹如图 ZY0800101001-53 所示，铜铝过渡采用摩擦焊接或闪光焊接。

7）接户线过渡线夹如图 ZY0800101001-54 所示，线夹由铜铝过渡板和铝连接片组成，铜铝过渡板的上端为铝板、下端为铜板，铜铝过渡采用闪光焊接或摩擦焊接。铝连接片应有足够的厚度，以保证连接片的刚性。线夹适用于线路为铝绞线、接户线为小截面铜绞线的场所。

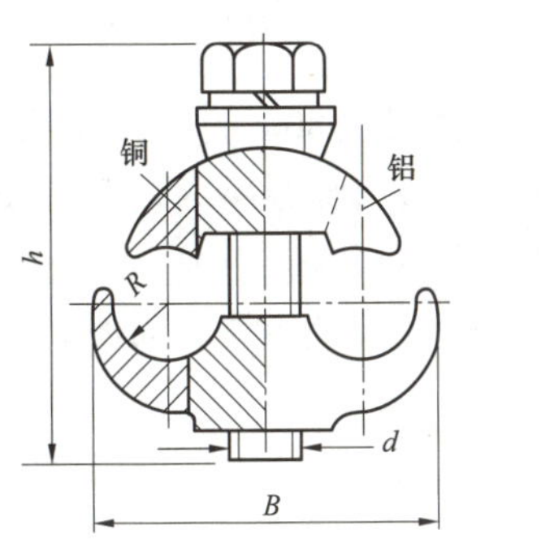

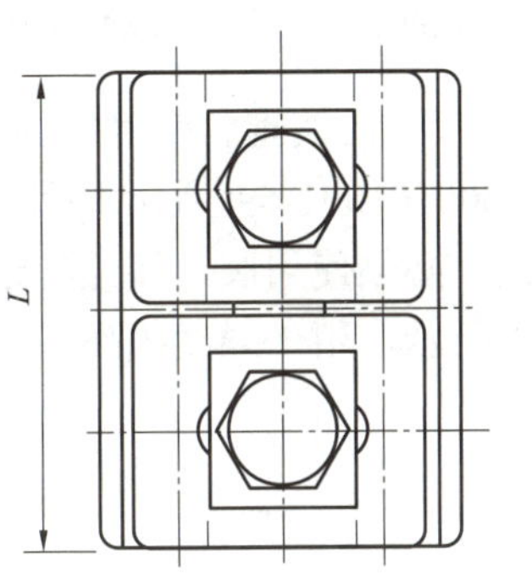

图 ZY0800101001-53　铜铝过渡异径并沟线夹

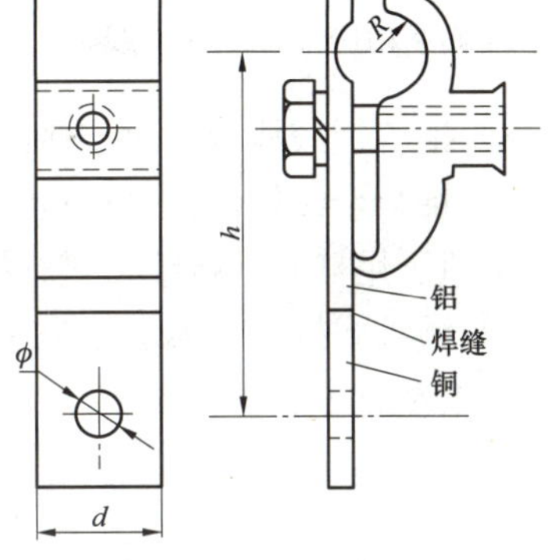

图 ZY0800101001-54　接户线过渡线夹

8）穿刺线夹。该线夹适用于绝缘导线采用带电作业施工，并有利于绝缘防护。低压穿刺线夹如图 ZY0800101001-55 所示；中压穿刺线夹如图 ZY0800101001-56 所示。穿刺线夹一般配置扭力螺母，设计为扭断螺母则紧固到位。

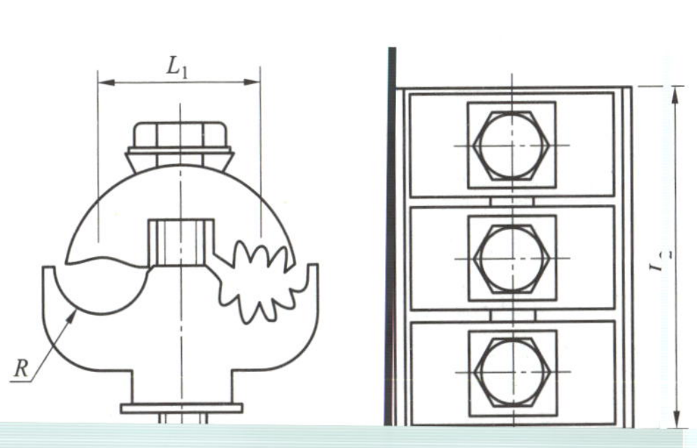

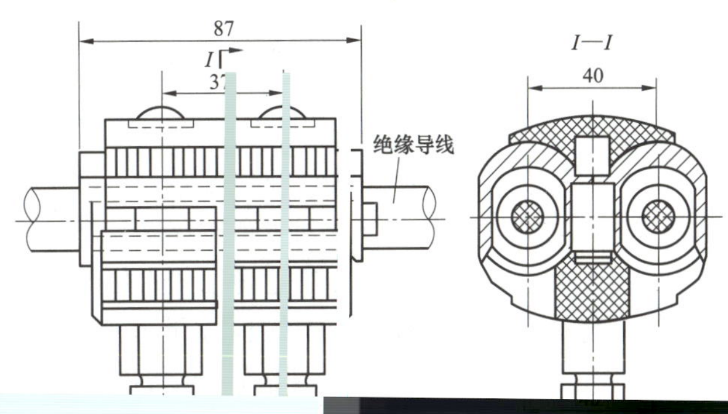

（2）承力接续金具。

1）钢芯铝绞线用钳压接续管（椭圆形、搭接）如图 ZY0800101001-57 所示。钢芯铝绞线用的接续管内附有衬垫，钳压时从接续管的一端依次交替顺序钳压至另一端。

2）铝绞线用钳压接续管（椭圆形、搭接）如图 ZY0800101001-58 所示。接续管以热挤压加工而成，其截面为薄壁椭圆形，将导线端头在管内搭接，以液压钳或机械钳进行钳压，从接续管的一端依次交钳顺序钳压至另一端。

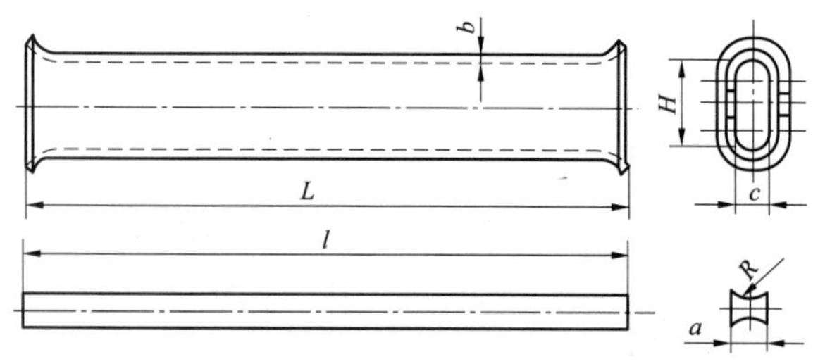

图 ZY0800101001-57 钢芯铝绞线用钳压接续管

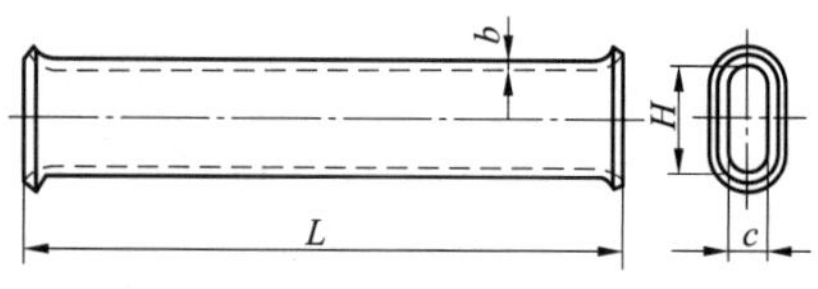

图 ZY0800101001-58 铝绞线用钳压接续管

3）铝绞线液压对接接续管（10kV 绝缘线用、铝合金制）如图 ZY0800101001-59 所示。它以液压方法接续导线，用一定吨位的液压机和规定尺寸的压缩钢模进行，接续管受压后产生塑性变形，使接续管与导线成为一个整体。液压接续有足够的机械强度和良好的电气接触性能。

4）铜绞线液压对接接续管如图 ZY0800101001-60 所示。接续管采用 T1 纯铜制造。

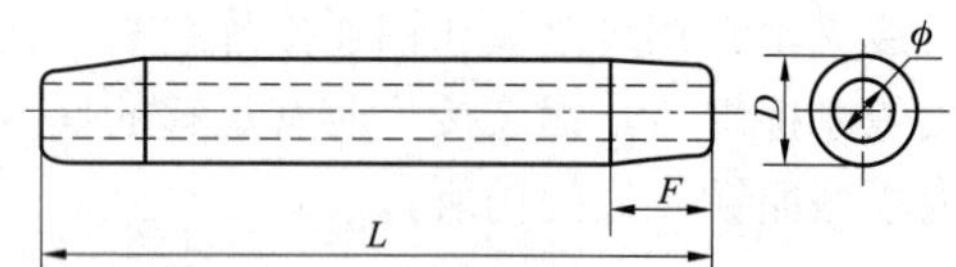

图 ZY0800101001-59 铝绞线、铝合金绞线液压对接接续管

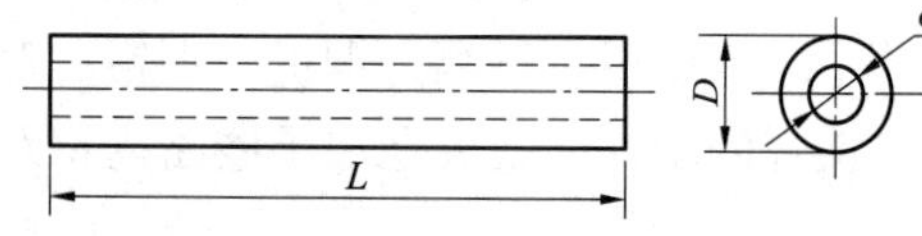

图 ZY0800101001-60 铜绞线液压对接接续管

5）钢芯铝绞线液压对接接续管（含钢芯对接）由钢管和铝管组成，如图 ZY0800101001-61 所示。

6）铝合金绞线液压对接接续管如图 ZY0800101001-59 所示。铝合金绞线机械强度大，铝材硬度高，不适于用椭圆形接续管进行搭接钳压接续，必须使用圆形接续管进行液压对接。

7）预绞式接续条如图 ZY0800101001-62 所示，用于导线损伤剪断重接，安装迅速、简便，一般接续条上粘有金属砂。

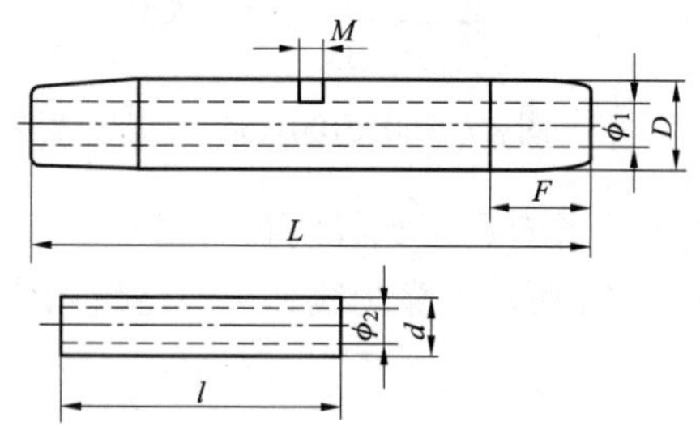

图 ZY0800101001-61 钢芯铝绞线液压对接接续管

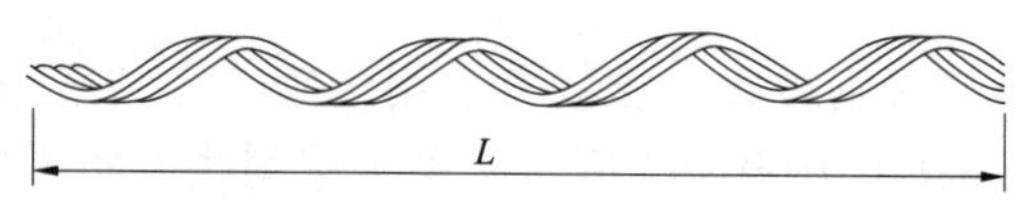

图 ZY0800101001-62 预绞式接续条

4. 防护金具

（1）修补条与护线条。预绞丝修补条、护线条可用于大跨越线路导线抗振和导线断股的修补。利用具有弹性的高强度铝合金丝制成预绞丝，每组几根，紧缠在导线外层，装入悬挂点的线夹中，以增加导线的刚度，减少在线夹出口处导线的附加弯曲应力，也可对断股或划伤的导线进行修补。预绞丝护线条、修补条如图 ZY0800101001-63 所示，一般护线条、修补条不粘金属砂。

（2）多频防振锤。多频防振锤如图 ZY0800101001-64 所示。多频防振锤的钢绞线两端用不同质量的锤头，悬挂点距钢绞线的两端亦不等长，利用这种结构，可获得 4 个固定频率，其适应频率范围较宽。

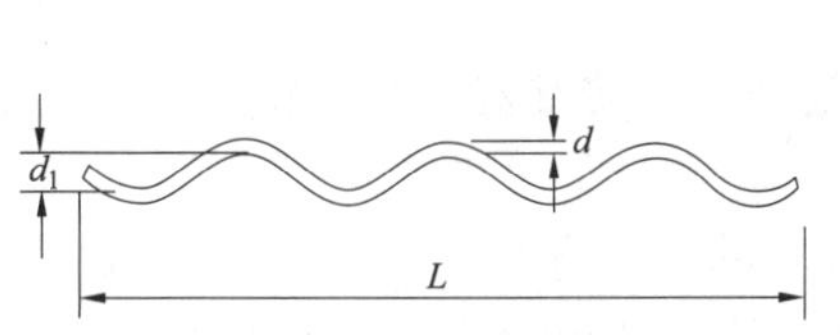

图 ZY0800101001-63　预绞丝护线条、修补条

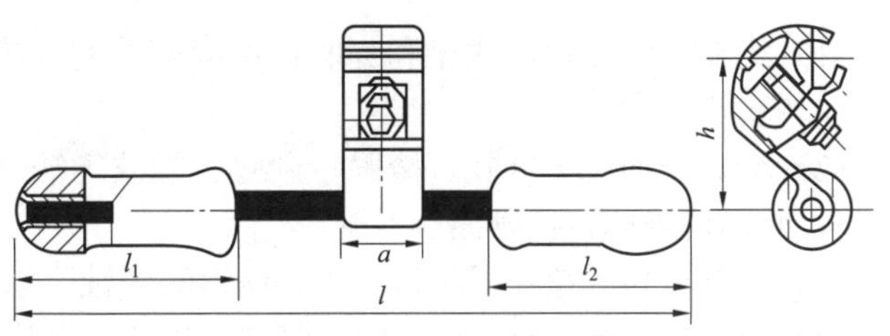

图 ZY0800101001-64　多频防振锤

（3）司脱客型防振锤。司脱客型防振锤如图 ZY0800101001-65 所示，它以一根高强度的钢绞线两端分别固定一个空芯筒形的铸铁重锤，在钢绞线中部铆紧一副夹板，以便将防振锤安装到导线上。根据其结构及尺寸，有两个固有频率。

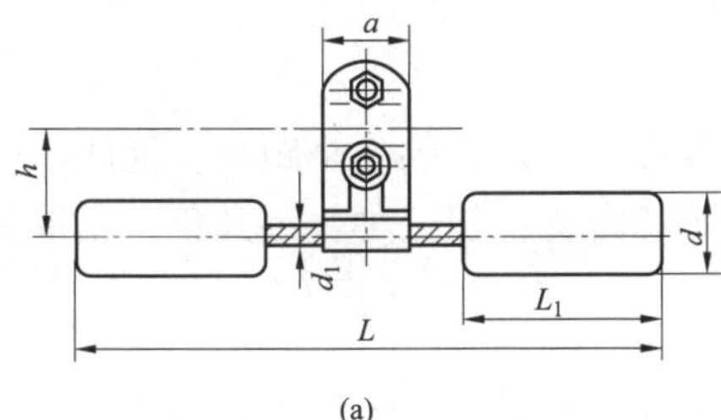

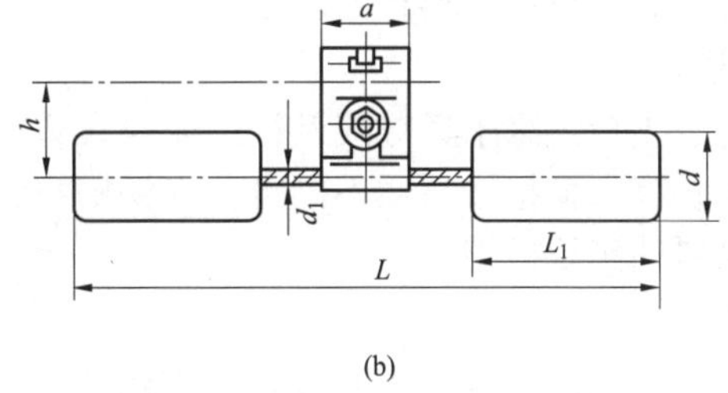

图 ZY0800101001-65　司脱客型防振锤

（a）FD-1 型；（b）FD-2～4 型

（4）放电线夹。中压绝缘线防雷击断线放电线夹主要分剥除绝缘和不剥除绝缘两类。剥除绝缘放电线夹如图 ZY0800101001-66 所示，线夹材质为铝，在直线杆安装，把绝缘子两侧绝缘导线的绝缘层各剥除 500mm 左右，将该线夹安装在两端。当雷击过电压放电时，使电弧烧灼线夹，从而避免烧断、烧伤导线。不剥除绝缘放电线夹如图 ZY0800101001-67 所示，它利用穿刺技术将线夹固定在导线上，并加绝缘罩防护，可有效防止绝缘线进水。

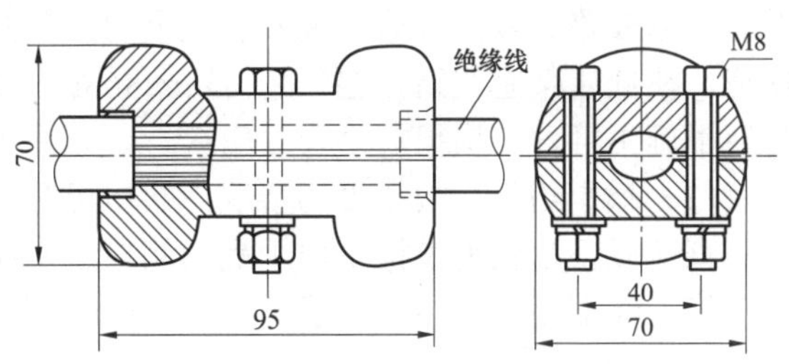

图 ZY0800101001-66　中压绝缘线防雷击断线放电线夹（剥除绝缘）

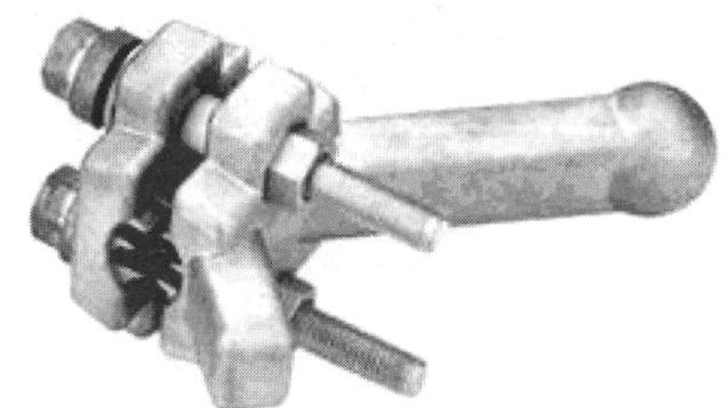

图 ZY0800101001-67　中压绝缘线防雷击断线放电线夹（不剥除绝缘）

5. 金具检验性能和质量要求

（1）性能要求：

1）承受全张力的线夹的握力应不小于导线计算拉断力的 65%。

2）承受电气负荷的金具，接触两端之间的电阻不应大于等长导线电阻值的 1.1 倍；接触处的温升不应大于导线的温升；其载流量应不小于导线的载流量。

3）连接金具的螺栓最小直径不小于 M12，线夹本体强度应不小于导线计算拉断力的 1.2 倍。

4）绝缘导线所采用的绝缘罩、绝缘粘胶带等材料，应具有耐气候、耐日光老化的性能。

5）以螺栓紧固的各种线夹，其螺栓的长度除确保紧固所需长度以外，应有一定余度，以便在不

1）线夹、连接片、线槽和喇叭口不应有毛刺、锌刺等，各种线夹或接续管的导线出口应有一定圆角或喇叭口。

2）金具表面应无气孔、渣眼、砂眼、裂纹等缺陷，耐张线夹、接续线夹的引流板表面应光洁、平整，无凹坑缺陷，接触面应紧密。

3）金具表面的镀锌层不得剥落、漏镀和锈蚀，以保证金具的使用寿命。

4）金具的焊缝应牢固无裂纹、气孔、夹渣，咬边深度不应大于 1.0mm，以保证金具的机械强度；铜铝过渡焊接处在弯曲 180° 时，焊缝不应断裂。

5）各活动部位应灵活，无卡阻现象。

6）作为导电体的金具，应在电气接触表面上涂以电力脂，需用塑料袋密封包装。

7）电力金具应有清晰的永久性标志，含型号、厂标及适用导线截面或导线外径等。预绞丝等无法压印标志的金具可用塑料标签胶纸标贴。

（六）横担

横担用于支持绝缘子、导线及柱上配电设备，保证导线间有足够的安全距离，因此，横担要有一定的强度和长度。横担按材质不同可分为铁横担、木横担和陶瓷横担三种。近几年又出现了玻璃纤维环氧树脂材料的绝缘横担。

1. 铁横担

铁横担一般采用等边角钢制成，要求热镀锌，锌层不小于 60μm，因其为型钢，造价较低，并便于加工，所以使用最为广泛。

（1）常用铁横担规格。10kV 架空线路上常用铁横担为规格 63mm×63mm×6mm 的角钢，在需要架设大跨越线路、双回线路、或安装较重的开关时，亦采用 75mm×75mm×8mm 等规格的角钢。为统一规范，在低压架空线路上也常用 63mm×63mm×6mm 的角钢，亦可采用 50mm×50mm×5mm 的角钢。为便于施工管理，横担规格尺寸应统一，并系列化。

（2）横担组合。根据受力情况，横担可分为直线型、耐张型和终端型等。直线型横担只承受导线的垂直荷载；耐张型横担主要承受两侧导线的拉力差；终端型横担主要承受导线的最大允许拉力。耐张横担、终端型横担根据导线的截面，一般应为双横担，当架设大截面导线或大跨越档距时，双担平面间应加斜撑板，或采用梭型双横担。

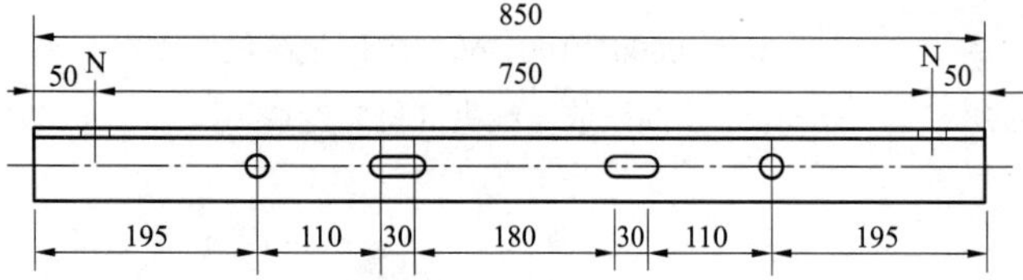

图 ZY0800101001-68　101 角铁横担图（$L63^2\times6\times850$）

（3）常用横担、抱箍加工图。各地区线路的安装方式多样，横担的种类繁多，常用的横担、抱箍等加工图如图 ZY0800101001-68～图 ZY0800101001-79 所示。横担的组装孔位主要应考虑导线的排列及线间距离、安装电杆的梢径、双担及与戗担的组合、锥型电杆的特点等。为便于统一规范管理，可对线路横担、抱箍等材料编制加工号。对角铁类可编为 1 系列，扁铁类可编为 2 系列，圆铁类可编为 3 系列，在系列号后编顺序号。

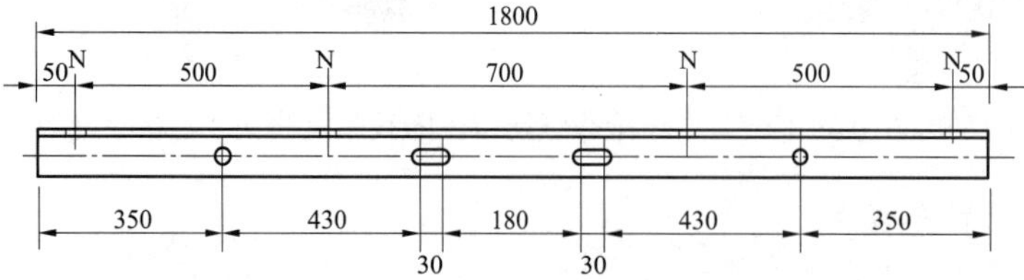

图 ZY0800101001-69　103 角铁横担图（$L63^2\times6\times1800$）

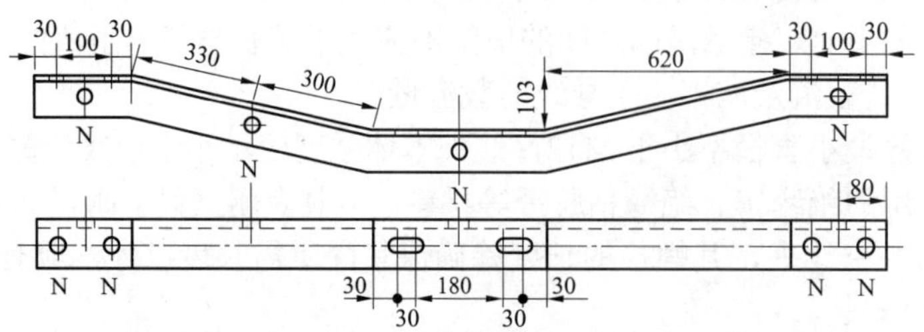

图 ZY0800101001-70　120 角铁横担图（$L63^2\times6\times2174$）

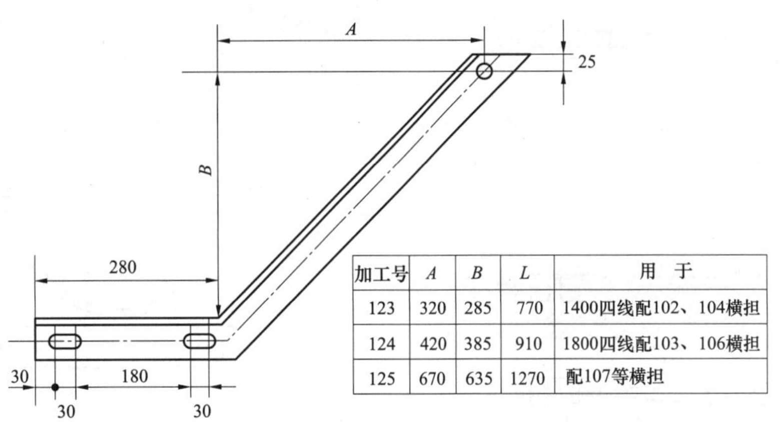

加工号	A	B	L	用　于
123	320	285	770	1400四线配102、104横担
124	420	385	910	1800四线配103、106横担
125	670	635	1270	配107等横担

图 ZY0800101001-71　123、124、125 角戗图［L50^2×5×L（反正）］

注：L 为角钢长度。

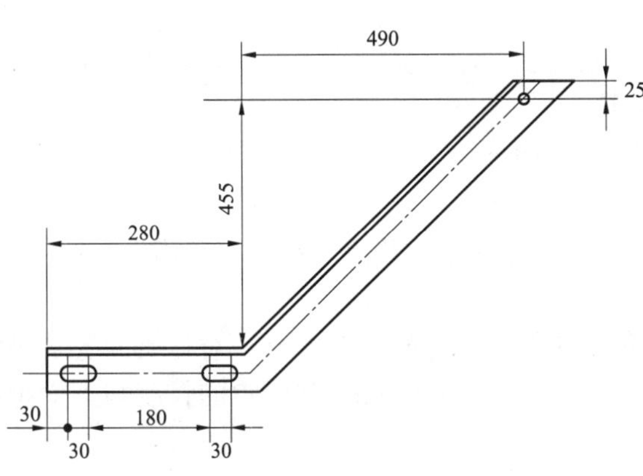

图 ZY0800101001-72　J125 角戗图［L50^2×5×950（反正）］

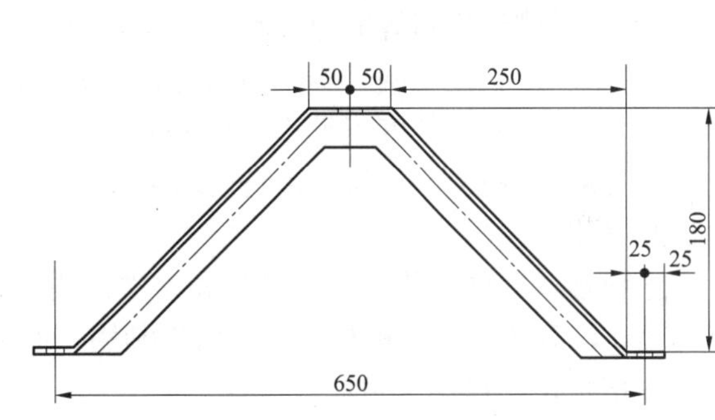

图 ZY0800101001-73　134 元宝花戗图（L50^2×5×820）

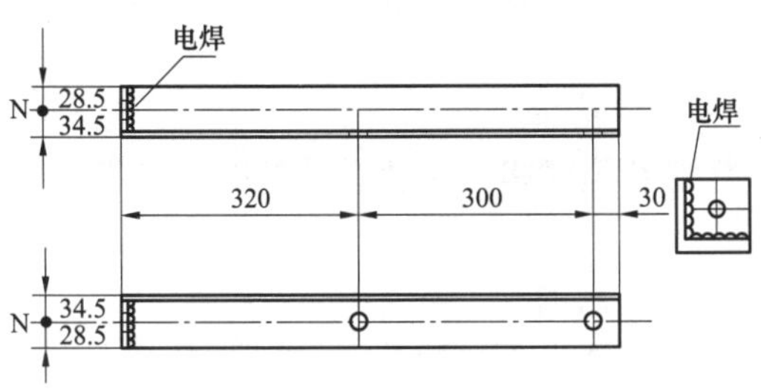

图 ZY0800101001-74　131 立铁图（L63^2×6×650 焊平垫−57×57×10）

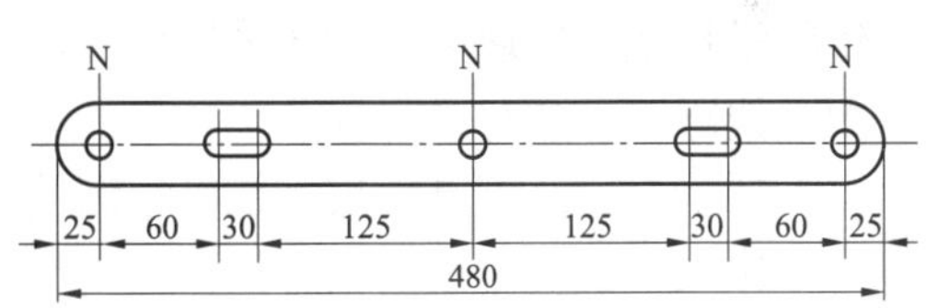

图 ZY0800101001-75　235 连板图（−65×8×480）

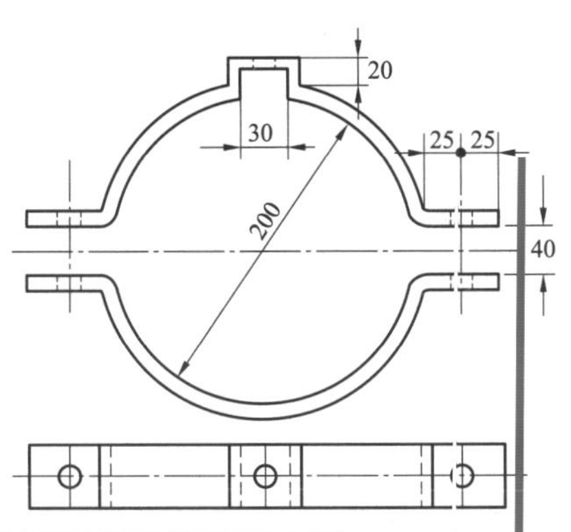

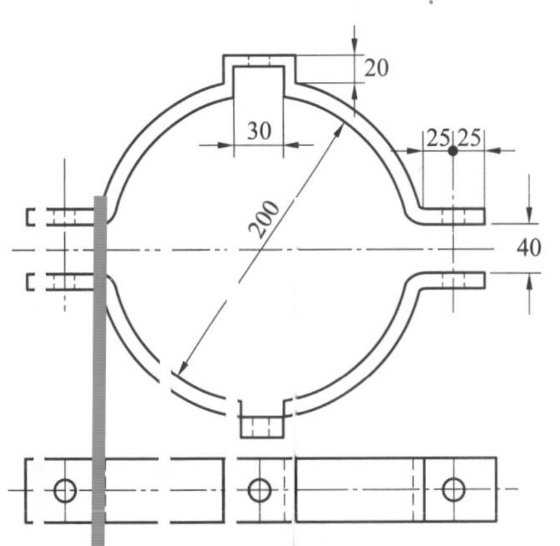

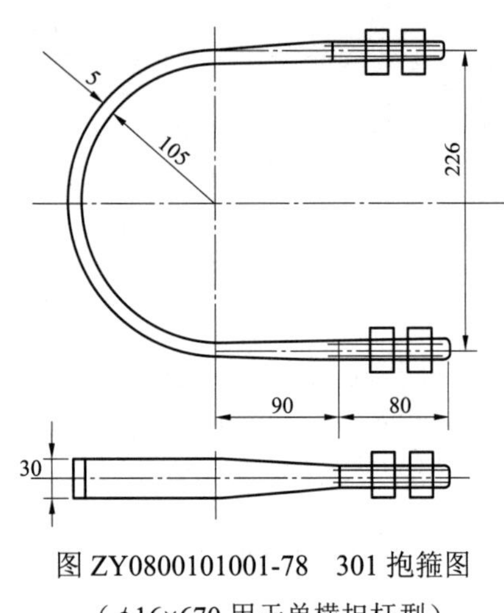

图 ZY0800101001-78 301 抱箍图

（ϕ16×670 用于单横担杆型）

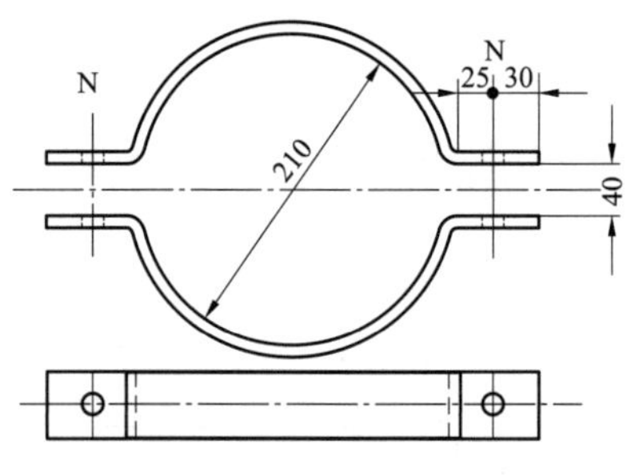

图 ZY0800101001-79 221 拉线抱箍图

（−65×6×800）

（4）铁横担材料检验。

1）用于制造横担等的原材料，应具有出厂合格证书。

2）生产厂应提供同一类型横担符合有关规定的受力检验报告。

3）尺寸检验：长度误差小于±5mm，安装孔距误差小于±2mm。

4）热镀锌检验：锌层厚度符合要求，锌层应均匀，不得有漏镀、黄点、锌刺、锌渣。

2. 木横担

木横担按断面形状分为圆横担和方横担两种。圆横担利用与木杆相同的木材，对材质的要求是没有劈裂、没有疖子，松柏杉木等都可以利用，但小头直径不得小于 100mm。圆横担的长度与方横担相同。木横担现在已不常用。

3. 瓷横担

瓷横担可代替铁、木横担以及针式绝缘子、悬式绝缘子等作为绝缘和固定导线用，如图 ZY0800101001-24 所示。其优点是能节省钢材或木材，在相同条件下使用，瓷横担可降低线路造价。但瓷横担机械强度较低，易出现折断事故。

4. 绝缘横担

绝缘横担是利用玻璃纤维环氧树脂（玻璃钢）材料制作的新型横担，可代替传统的铁横担安装在中压配电线路上，具有以下优点：

（1）质量轻、强度高。玻璃钢有很高的机械强度，而密度仅为钢的 1/4。

（2）电气性能好。玻璃钢有很高的电气强度，特别适用于中性点不接地系统。

（3）延伸率小。玻璃钢横担的延伸率一般小于 5%，不会在短时间内出现整个横担完全丧失荷载能力的现象。

（4）抗疲劳性好。玻璃钢中的玻璃纤维与树脂有阻止裂纹扩展的作用，故比铁横担有更好的抗疲劳性。

（七）拉线

拉线的作用是利用自身产生的力矩平衡杆塔承受的不平衡力矩，增加杆塔的稳定性。凡承受固定性不平衡荷载比较显著的电杆，如终端杆、转角杆、跨越杆等均应装设拉线。为了避免线路受强大风力荷载的破坏，或在土质松软的地区为了增加电杆的稳定性，也应装设拉线。在施工过程中，如立杆、紧线，为保持杆塔稳定及横担单侧受力时不变形，也要用到（临时）拉线。根据拉线的作用不同，在架空线路杆塔上常用的拉线有以下几种：

（1）普通拉线。用于耐张杆、转角杆、终端杆及分支杆等处，其作用为平衡导线、地线张力。这种拉线一般受力较大，其对杆塔垂直轴线夹角一般规定为45°。

（2）人字拉线（也称为防风拉线）。它装在电杆垂直线路方向的两侧，一般用于直线杆来平衡风荷载。在开阔地区的 10～35kV 自立式电杆线路中，一般每隔 7～10 基安装一基有人字拉线的杆塔，其作用是将意外大风可能造成的电杆倾斜甚至倒杆控制在一定范围内。这种拉线受力较小，其对杆塔垂直轴线的夹角一般规定为30°。

（3）V型拉线。主要用于电杆较高、横担较多、架设多条导线而受力不均匀的电杆，在其张力合成点上下两处安装。π型电杆在张力合成点附近安装，由于其两杆间距有限，则V型拉线的两根拉线共一块拉盘，拉线对其电杆垂直轴线夹角一般较大，受力也较大，且对电杆也产生较大的下压力。

（4）X型拉线。常用于π型电杆和A型电杆中，其作用除平衡直线电杆的倾覆力外，主要还用于平衡风荷载。拉线受力较V型拉线小，但稳固作用高于V型拉线，其对杆塔垂直轴线的夹角一般规定为30°～45°。

拉线由上把、下把和中间部分组成，如图ZY0800101001-80所示。拉线一般用镀锌钢绞线及标准拉线金具制作（也有用镀锌铁线绞和制作）。拉线的上把一般用楔型线夹（也可用液压、爆压线夹）制作，其下把一般用可调式NUT型线夹（也可用花篮螺栓）制作。根据电杆受力情况，制作拉线的镀锌钢绞线型号分别采用CJ-35、CJ-50、CJ-70、CJ-100，配以相应的楔型线夹（上把）NX-1、NX-2、NX-3，UT型线夹（下把）NUT-1、NUT-2、NUT-3。当受力很大时，则采用双拉线，配以相应的双拉线联板。在10kV配电线路上，有时拉线安装于导线上方，为防止意外，在拉线下部人员可能触及的位置以上（距地面2.5m以上）须安装拉线绝缘子。

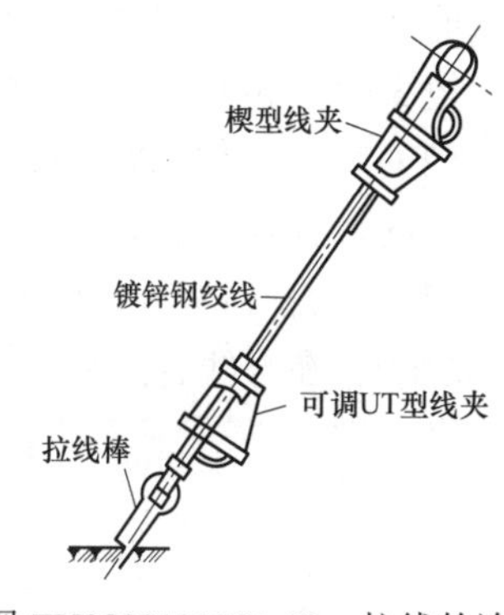

图ZY0800101001-80 拉线的连接

拉线的制作和装设应符合工艺和设计图纸要求，且均应符合《电气装置安装工程 35kV及以下架空电力线路施工及验收规范》（GB 50173—1992）中有关拉线的规定。拉线一般应采用镀锌钢绞线和直径为4mm的镀锌铁线（也称8号线）制作，其钢绞线的截面不得小于25mm²，铁线不得少于3股。拉线底把应比拉线上把多2股，每股受力都应均匀；若用钢筋作底把时，其直径应不小于16mm。拉线与电杆的夹角一般采用45°，如受地形限制，可适当减少，但不应小于30°。水泥杆的拉线一般不装设拉线绝缘子，如拉线从导线之间穿过，应设拉线绝缘子。拉线不得有锈蚀、松劲现象，其连接金具及调整金具不应有变形、裂纹或缺少螺栓和锈蚀现象。

【思考与练习】

1. 什么是配电网？配电网是如何分类的？配电网的特点有哪些？
2. 配电网的结构有哪些主要形式？配电网的发展趋势主要表现在哪几个方面？
3. 架空配电线路由哪些元件组成？各起什么作用？
4. 杆塔的种类有哪些？对电杆的基础有什么要求？
5. 导线应具备的主要条件有哪些？绝缘导线是如何分类的？
6. 绝缘子是如何分类的？对绝缘子的要求有哪些？
7. 架空配电线路常用的绝缘子有哪些？
8. 金具是如何分类的？金具的质量要求和外观检查的要点是什么？
9. 横担的种类有哪些？铁横担材料要做哪些检验？
10. 架空输电线路中常用的拉线有哪几种？各种拉线的作用是什么？

模块2 配电线路各种杆塔结构型式（ZY0800101002）

【模块描述】本模块包含杆塔分类和型式、杆塔构件的设计标准和质量检查等内容。通过概念描述、结构型式介绍和要点讲解，熟悉杆塔的分类及杆塔型式、型号，掌握电杆和铁塔构件的设计标准和质量检查项目。

【正文】

一、杆塔的分类和型式

1. 直线杆

配电线路直线杆用在线路的直线段上或转角 15° 以内小截面导线转角（需打外侧合力拉线），以支持导线、绝缘子、金具等重量，并能够承受导线的重量和水平风力荷载，但不能承受线路方向的导线张力。它的导线用线夹和悬式绝缘子串挂在横担下或用针式绝缘子固定在横担上。

直线杆的基本杆型如图 ZY0800101002-1（a）所示，包括正三角、扁三角、水平、垂直四种，其派生杆型如图 ZY0800101002-1（b）、（c）和（d）所示。

（1）轻型。如图 ZY0800101002-1（b）所示，使用于跨越二级弱电流线路双导线（副线截面同主线截面于 35mm²）双固定副线长 2～3m，略绷紧。导线本体（主线）在固定处不应出现角度，当导线截面较大时，如 LJ-70、LJ-50 型及以上时，可将主线绑在瓶顶槽内，副弓子线绑在立瓶脖内。

（2）直线（15° 以下）。如图 ZY0800101002-1（c）所示，使用于小截面（单立瓶）。在导线合力的反方向，按合力的大小选择合力拉线截面。

（3）抱力（15° ～30° ）。如图 ZY0800101002-1（d）所示，使用于大截面（双立瓶）和大小截面（双立瓶）。在导线合力的反方向，按合力的大小选择合力拉线截面。

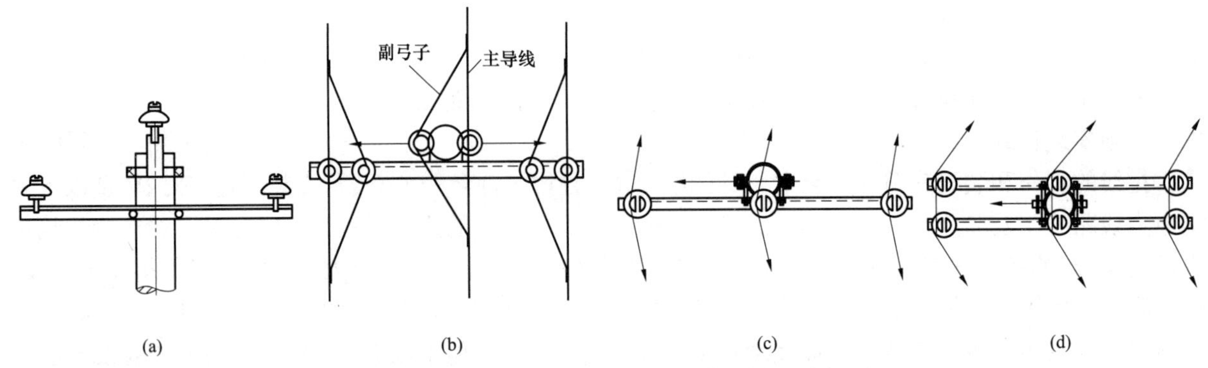

图 ZY0800101002-1　直线杆的基本杆型和派生杆型

（a）基本杆型；（b）轻型；（c）直线（15° 以下）；（d）抱力（15° ～30° ）

2. 耐张杆

配电线路耐张杆的结构如图 ZY0800101002-2 所示，主要承受导线或架空地线的水平张力，同时将线路分隔成若干耐张段（耐张段长度一般不超过 2km，如图 ZY0800101002-3 所示），以便于线路的施工和检修，并可在事故情况下限制倒杆断线的范围。导线用耐张线夹和耐张绝缘子串或用蝴蝶式绝缘子固定在电杆上，电杆两边的导线用弓子线连接起来。应当注意：两边相引流线（弓子线）为下走，要注意引流绑扎长度及引流线对拉线的距离。

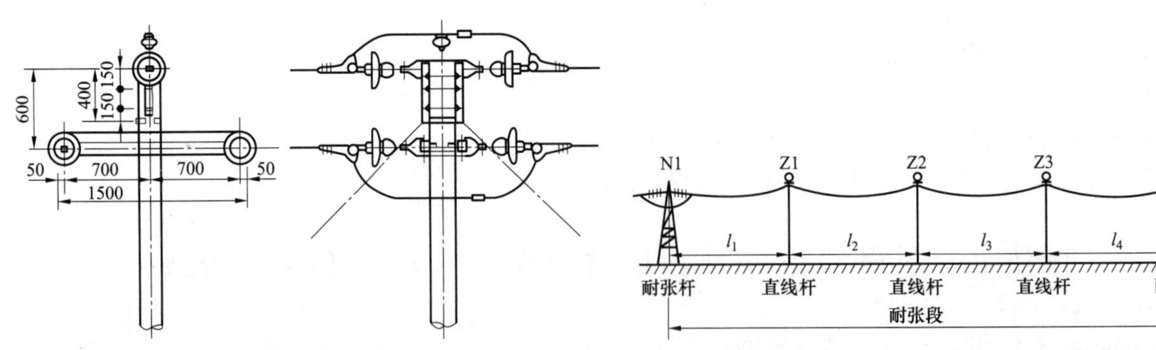

图 ZY0800101002-2　配电线路耐张杆的结构

图 ZY0800101002-3　线路的一个耐张段

耐张杆的基本杆型如图 ZY0800101002-4 所示，耐张杆是否设四方拉线（在跨越一级通信线或重要铁路时，应设四方拉线），还是只打顺档拉线，由设计人员按现场土质等具体情况决定。图 ZY0800101002-4 中：（a）为单杆、抱担，适用于中等截面导线；（b）为单杆、梭型担，适用于大截面导线；（c）为三组杆，档距在 300m 及以上时用，三杆之间的距离（又称开档）可按档距与线间距离的需要设置，常在山区中压线路上使用，有的档距可达 800～1000m；（d）为π 型杆（又称门型杆），用于档距 200m 左右的跨越处，导线规格较大时一般应设置叉梁。

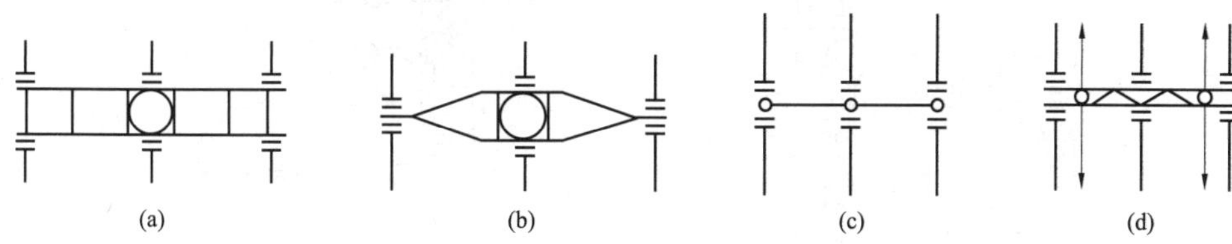

图 ZY0800101002-4　耐张杆的基本杆型

（a）单杆、抱担（有顺档拉线）；（b）单杆、梭型担（有顺档拉线）；

（c）三组杆（每基杆都有顺档拉线）；（d）π 型杆

耐张杆派生杆型如图 ZY0800101002-5 所示，其中：（a）为转角 30°～45°，使用时应在导线延长线上各设置一条承力拉线，在导线合力的反方向设置合力拉线；（b）为转角 45°～90°，抱担两份，上下层担距离 0.6m（单回路），如大截面导线应改用梭型抱担；（c）为大跨越转角 45°～90°，适用于大跨越或特大跨越时三组杆（每基电杆走一相导线）；（d）为终端杆，在线路的起点或终点设置，承受导线单方向张力（在导线延长线上设承力拉线），在导线截面积较小时可用背担（单片担在拉线侧）。

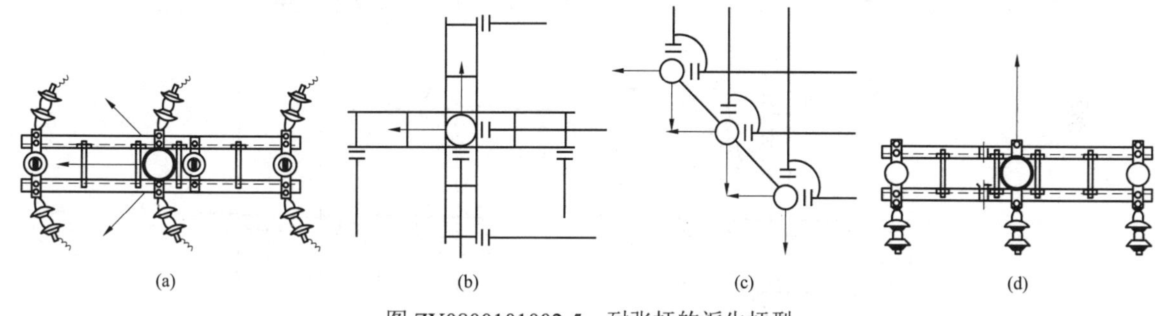

图 ZY0800101002-5　耐张杆的派生杆型

（a）转角（30°～45°）；（b）转角（45°～90°）；（c）大跨越转角（45°～90°）；（d）终端杆

3. 转角杆

配电线路转角杆的结构如图 ZY0800101002-6（a）所示，用在线路方向需要改变的转角处。正常情况下，除承受导线等垂直载荷和内角平分线方向的水平风力荷载外，还要承受两侧导线产生的内角平分线方向上的角度合力［见图 ZY0800101002-6（b）］；在事故情况下还要能承受线路方向导线的重量。转角杆有直线型和耐张型两种型式，具体采用哪种型式可根据转角的大小及导线截面的大小来确定。

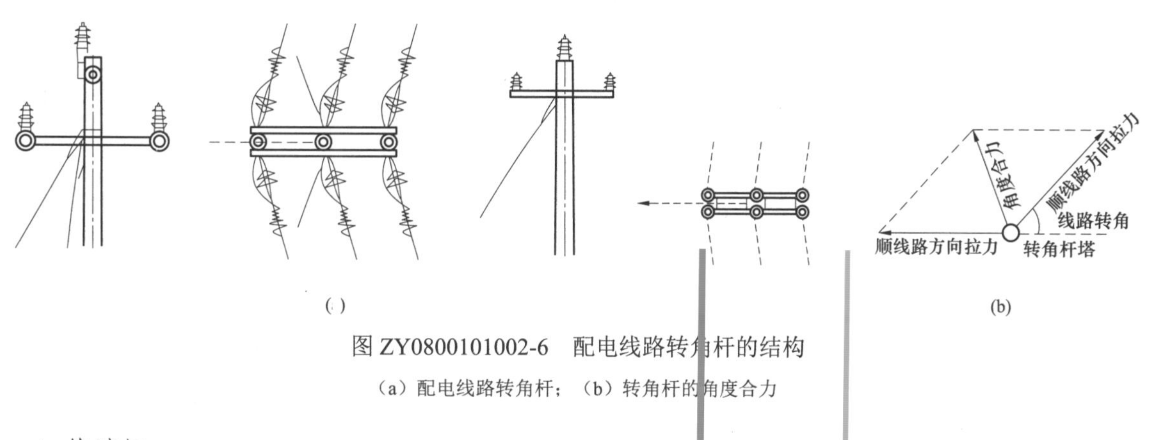

图 ZY0800101002-6　配电线路转角杆的结构

（a）配电线路转角杆；（b）转角杆的角度合力

4. 终端杆

配电线路终端杆的结构如图 ZY0800101002-7 所示，用在线路的首末两终端处，是耐张杆的一

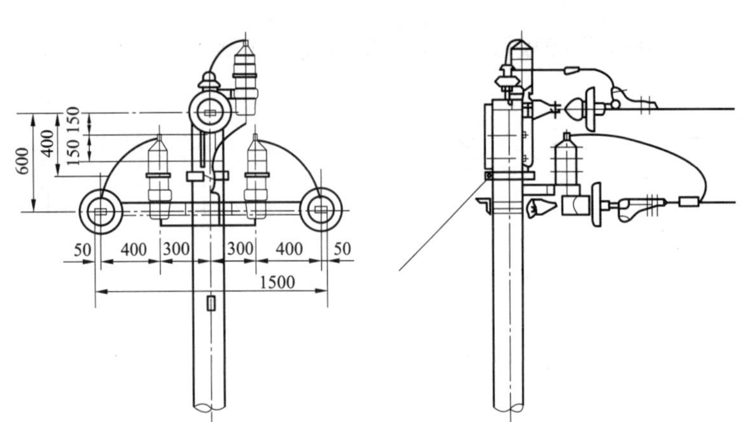

图 ZY0800101002-7　配电线路终端杆的结构

5. 分支杆

配电线路分支杆的结构如图 ZY0800101002-8 所示，用在分支线路与主配电线路的连接处，在主干线方向上它可以是直线型或耐张型杆，在分支线方向上则需用耐张型杆。分支杆除承受直线杆塔所承受的载荷外，还要承受分支导线等垂直荷重、水平风力荷重和分支方向导线全部拉力。

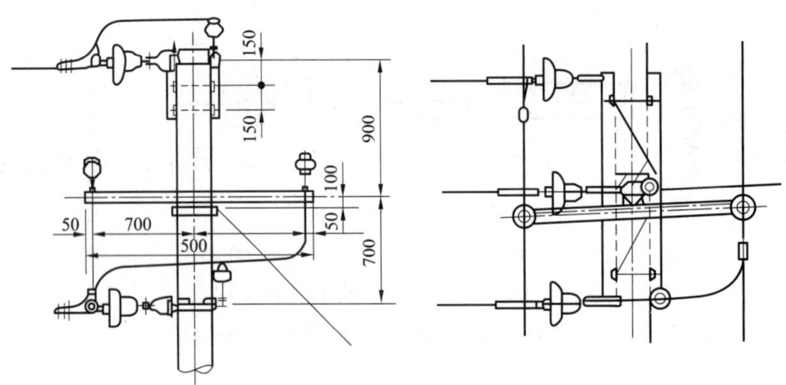

图 ZY0800101002-8　配电线路分支杆的结构

6. 跨越杆

跨越杆用在跨越公路、铁路、河流和其他电力线等大跨越的地方，为保证导线具有必要的悬挂高度，一般是较高的直线杆或耐张杆。为加强线路安全，保证足够的强度，还需加装拉线。

二、杆塔的型号

杆塔的型号通常采用汉语拼音字母及数字代号来表示。

1. 杆塔用途分类代号

杆塔用途分类代号为：Z—直线杆塔；D—终端杆塔；ZJ—直线转角杆塔；F—分支杆塔；N—耐张杆塔；K—跨越杆塔；J—转角杆塔；H—换位杆塔。

2. 杆塔外形或导线布置型式代号

杆塔外形或导线布置型式代号：S—上字型；A—A 字型；Me—门型。

3. 其他代号含义和有关说明

（1）G 为结构（即种类）代号，表示钢筋混凝土电杆。

（2）分级代号含义：同一种杆塔型式按荷重不同进行分级，其分级代号用角注 1、2、3 等表示。

（3）高度代号含义：杆塔高度是指下层横担下底面对施工基面的距离（m），称为呼称高，一般用数字表示。

（4）杆段型的表示：B—拔梢杆；D—等径杆。拔梢杆用电杆梢径的直径表示。

（5）杆段类型：用“Ⅰ”、“Ⅱ”表示。

（6）杆段连接接头类型：钢板圈用“1”表示；法兰盘用“2”表示。拔梢杆接头处直径为 35cm，用钢板圈连接，表示为“35–1”。

4. 钢筋混凝土杆型号表示方法

（1）拔梢杆，梢径 19cm，杆长 9m，标准弯矩 60kN・m，杆段类型“Ⅰ”，接头类型为钢板圈，杆段表示为 B-19-09-60/Ⅰ-1。

（2）NMeG2-21，表示无拉线耐张门型钢筋混凝土电杆，第二级呼称高为 21m。

三、电杆的设计标准和质量检查

各型电杆均应按下列荷载条件进行计算：

（1）最大风速、无冰、未断线；

（2）覆冰、相应风速、未断线；

（3）最低气温、无冰、无风、未断线（适用于转杆和终端杆）。

配电线路的钢筋混凝土杆，应尽量采用定型产品，电杆构造的要求应符合国家标准。需要接地的普通钢筋混凝土杆，应设置接地螺母。接地螺母与主筋应有可靠的电气连接。配电线路的金属横担及金属附件应热镀锌。采用木横担时应选用优质木材，并应经防腐处理。横担应进行强度计算，选用应规格化。

转角杆的横担，应根据受力情况确定。一般情况下，15°以下转角杆，宜采用单横担；15°～45°转角杆，宜采用双横担；45°以上转角杆，宜采用十字横担。多雾或空气污秽地区，当采用木横担时，在绝缘子固定处应装设分流绑线。

拉线应采用镀锌钢绞线或镀锌铁线，其强度设计安全系数和最小规格应符合表 ZY0800101002-1 的要求。拉线应根据电杆的受力情况装设。拉线与电杆的夹角宜采用 45°，如受地形限制可适当减少，但不应小于 30°。

表 ZY0800101002-1　　拉线的强度设计安全系数及最小规格

拉 线 材 料	镀锌钢绞线	镀锌铁线
强度安全系数	≥2.0	≥2.5
最小规格	25mm^2	3×直径 4.0mm

跨越道路的水平拉线，对路面中心的垂直距离不应小于 6m，拉线柱的倾斜角宜采用 10°～20°；跨越电车行车线的水平拉线，对路面中心的垂直距离不应小于 9m。郊区配电线路连续直线杆超过 10 基时，宜适当装设防风拉线。钢筋混凝土杆的拉线，宜不装设拉线绝缘子。如拉线从导线之间穿过，应装设拉线绝缘子。在断拉线的情况下，拉线绝缘子距地面不应小于 2.5m。拉线棒的直径应根据计算确定，且不应小于 16mm。拉线棒应热镀锌。严重腐蚀地区，拉线棒直径应适当加大 2～4mm，或采取其他有效的防腐措施。

电杆基础应结合当地的运行经验、材料来源、地质情况等条件进行设计。在有条件的地方，宜采用岩石的底盘、卡盘和拉线盘。电杆的埋设深度，应进行倾覆稳定验算。单回路的配电线路，电杆埋设深度宜采用表 ZY0800101002-2 规定数值。

表 ZY0800101002-2　　电 杆 埋 设 深 度　　m

杆 高	8.0	9.0	10.0	11.0	12.0	13.0	15.0	18.0
埋 深	1.5	1.6	1.7	1.8	1.9	2.0	2.3	2.6～3.0

电杆基础的上拔及倾覆稳定安全系数，不应小于：直线杆 1.[illegible]，耐张杆 1.8，转角杆，终端杆 2.0。钢筋混凝土基础的强度设计安全系数不应小于 1.7，预制基础的混凝土标号不宜低于 200 号。采用岩石制作底盘、卡盘、拉线盘，应选择结构完整、质地坚硬的石料（如花岗岩等），并进行强度试验。其强度设计安全系数不应小于：岩石底盘 3，岩石卡盘 4，岩石拉线盘 5。

四、铁塔构件的设计标准和质量检查

许偏差和清根、铲背和坡口加工的允许偏差都应符合相关规程的规定。所有焊接件，在装配过程中应保证制成构件的实际尺寸对设计尺寸的偏差符合相关规定。焊缝质量在外观上应符合下列要求：

（1）具有平滑的细鳞形表面，无折皱、间断和未焊满的陷槽，并与基本金属平滑连接。

（2）焊缝金属应细密，无裂纹、夹渣等缺陷。

（3）基本金属的咬肉深度：钢材厚度在10mm及10mm以下时，不得大于0.5mm；钢材厚度在10mm以上时，不得大于1.0mm。

热浸镀锌件的锌层质量应符合下列要求：

（1）外观。镀锌表面应光滑，具有实用性，在连接处不允许有毛刺、滴瘤和多余结块，并不得有过酸洗或露铁等缺陷。

（2）镀锌附着量和锌层厚度。镀件厚度小于5mm时，锌附着量应不低于460g/m^2，即锌层厚度应不低于65μm；镀件厚度大于或等于5mm时，锌附着量应不低于610g/m^2，即锌层厚度应不低于86μm。

（3）均匀性。锌件的锌层应均匀，用硫酸铜溶液浸蚀四次不露铁。

（4）附着性。镀件的锌层应与基本金属结合牢固，经锤击试验，锌层不剥离、不凸起。

【思考与练习】

1. 杆塔按其在架空线路中的用途可分为哪几类？
2. 电杆的结构型式及作用有哪些？
3. 杆塔的型号如何表示？
4. 电杆的设计标准和质量检查内容有哪些？

第三章　配电线路受力分析及计算

模块 1　杆塔外形几何尺寸的确定（ZY0800102001）

【模块描述】本模块包含确定杆塔外形几何尺寸的因素、杆塔高的确定、导线在杆塔上的排列方式及线间距离确定、导线与杆塔之间的空气间隙校验等内容。通过要素分析和要点归纳，掌握根据最大弧垂、安全距离确定杆塔高、根据导线排列方式确定线间距离以及用导线和杆塔之间的空气间隙进行校验等确定杆塔外形几何尺寸的方法。

【正文】

一、确定杆塔外形几何尺寸的因素

杆塔外形尺寸主要包括杆塔高（呼称高）、横担长度、上下横担的垂直距离、避雷线支架高度、双避雷线挂点之间水平距离等，如图 ZY0800102001-1 所示。

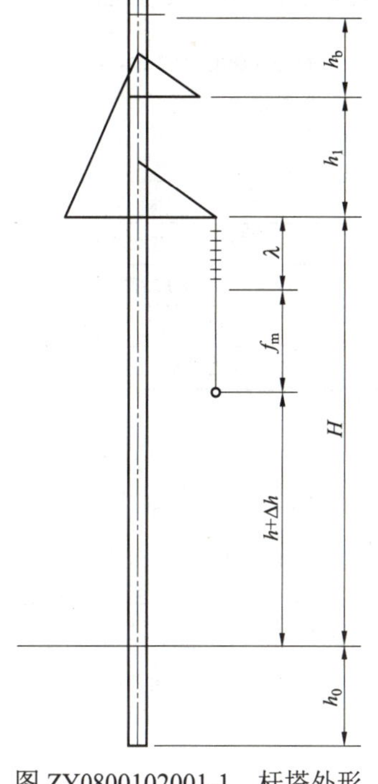

图 ZY0800102001-1　杆塔外形尺寸示意图

杆塔的外形尺寸主要取决于导线和避雷线电气方面的因素，如导线对地、对交叉跨越物的空气间隙距离，导线之间、导线与避雷线之间的空气间隙距离，导线与杆塔部分的空气间隙距离，避雷线对边导线的防雷保护角，双避雷线对中导线的防雷保护，考虑带电检修带电体与地电位人员之间的空气间隙距离等。一般应从以下方面考虑杆塔外形尺寸的确定：

（1）在内部过电压（操作过电压）和外部过电压（雷电过电压）气象条件下，档距中央导线部分对地或对交叉跨越物必须保证一定距离。

（2）在正常运行电压气象条件下，导线发生不同步摇摆使档距中央导线之间的空气间隙减小，此时导线之间必须保证一定的距离。

（3）导线覆冰不均匀以及覆冰脱落时的跳跃，使导线之间及导线与避雷线之间的垂直距离减小，此时导线之间必须保证一定的垂直距离。

（4）在正常运行电压、操作过电压和雷电过电压气象条件下，带电体（导线）与接地体（杆塔身、脚钉、拉线等）之间必须保证一定的空气间隙。

（5）考虑带电检修时，带电体与地电位人员或接地体与等电位人员之间要保证规程规定的空气间隙。

（6）导线挂点与避雷线挂点的位置关系要满足避雷线对导线防雷保护的要求。

（7）在雷电过电压气象条件下，档距中央导线与避雷线之间的距离应满足 $s=0.012L+1$（s 为导线与避雷线在档距中央断面处的距离，L 为档距）的要求。

二、杆塔高的确定

杆塔高的确定在工程上主要是确定杆塔的呼称高，杆塔的呼称高是指杆塔下横担下缘到设计地面的竖直距离，用 H 表示，则

$$H=\lambda+f_m+h+\Delta h \text{（m）} \qquad \text{（ZY0800102001-1）}$$

式中　λ ——悬垂绝缘子串长度，m；

f_m ——导线最大弧垂，m；

h ——发生最大弧垂时，导线到设计地面的最小距离，m；

电线路电杆杆高的确定方法作一叙述。

对于配电线路来说，电杆的杆高可按式（ZY0800102001-2）确定

$$H = t + f + D + h_0 \pm d \text{（m）} \qquad \text{（ZY0800102001-2）}$$

式中　H——电杆高度，m；

t——横担至杆顶距离，m；

f——对应选定档距的导线最大弧垂，m；

D——导线对地安全距离，m；

h_0——电杆埋深，m；

d——绝缘子高度，针式绝缘子取“-”，悬式绝缘子取“+”。

由此可见，配电线路电杆杆高应由下面四个因素确定：

（1）杆顶与横担所占的高度。最上层横担的中心距杆顶部距离与导线排列方式有关：水平排列时采用 0.3m；等腰三角形排列时为 0.6m；等边三角形排列时为 0.9m。同杆架设多回路时，各层横担间的垂直距离与线路电压有关，其数值不得小于表 ZY0800102001-1 规定。

表 ZY0800102001-1　　多回路各层横担间最小垂直距离　　m

线路电压	杆型	
	直线杆	分支或转角杆
10kV 间	0.8	0.45～0.6
10kV 与 380/220V 间	1.2	1.0
380/220V 间	0.6	0.3
10kV 与通信线路间	2.0	2.0
380/220V 与通信线路间	0.6	0.6

（2）导线的弧垂所需高度。导线两悬挂点的连线与导线最低点间的垂直距离称为弧垂。弧垂过大容易碰线，弧垂过小则会因为导线承受的拉力过大而导致导线被拉断。弧垂的大小与导线截面及材料、杆距和周围温度等因素有关。在决定电杆高度时，应按最大弧垂考虑。

（3）导线与地面或跨越物最小允许距离。为保证线路安全运行，防止人身事故，导线最低点与地面或跨越物间的距离，应根据最高气温情况、最大覆冰情况时的最大弧垂和最大风速时的最大风偏计算确定。

1）导线与地面或水面的最小距离见表 ZY0800102001-2。

表 ZY0800102001-2　　导线与地面或水面的最小距离　　m

线路经过地区	线路电压	
	中压	低压
居民区	6.5	6.0
非居民区	5.5	5.0
不能通航也不能浮运的河、湖（至冬季冰面）	5.0	5.0
不能通航也不能浮运的河、湖（至 50 年一遇洪水位）	3.0	3.0
交通困难地区	4.5	4.0

注　本表适用于裸线及绝缘线。

2）配电线路与铁路、道路、通航河流管道、索道、人行天桥及各种架空线路交叉的最小距离见表 ZY0800102001-3 或验收规范要求。

表 ZY0800102001-3　　导线跨越人行天桥最小距离　　m

项目 / 导线类型	垂直距离		水平距离	
	中压	低压	中压	低压
裸线	城镇内宜入地	城镇内宜入地	4.0	2.0
绝缘线	4.0	3.0	1.0	1.0

模块 1　ZY0800102001

3）配电线路尽量不跨越建筑物，如必须跨越，导线在最大弧垂和最大风偏时，其垂直和水平距离应满足表 ZY0800102001-4 的规定。

表 ZY0800102001-4　　导线与建筑物、街道行道树之间的最小距离　　m

导线类型 \ 项目		建筑物		树木	
		中压	低压	中压	低压
绝缘线	垂直	2.5	2.0	0.8	0.2
	水平	0.75/0.4	0.2	1.0	0.5
裸线	垂直	3.0	2.5	1.5	1.0
	水平	1.5	1.0	2.0	1.0

4）弓子线对邻相导线及对地（拉线、横担、电杆）的净空距离，不应小于表 ZY0800102001-5 规定数值。

表 ZY0800102001-5　　弓子线对邻相导线及对地净空距离　　mm

线路电压等级		弓子线至邻相导线	弓子线对地
中压线路	裸绞线	300	200
	绝缘线	200	200
低压线路	裸绞线	150	100
	绝缘线	100	50

（4）电杆的埋深。一般土质，电杆埋深约为杆长的 1/6（见表 ZY0800102001-6）。如果电杆的埋深不能满足表 ZY0800102001-6 要求或遇有土质松软、流沙、水地、地下水位较高时，应采用加固电杆的措施，如加卡盘、打人字拉线、打混凝土基础，水流冲刷地带应加围桩、围台。当电杆杆长不大于 13m 时，电杆的埋深也可利用式（ZY0800102001-3）进行计算。

表 ZY0800102001-6　　电　杆　埋　深　　m

杆　长	8.0	9.0	10.0	11.0	12.0	13.0	15.0	18.0
埋　深	1.5	1.6	1.7	1.8	1.9	2.0	2.3	2.6～3.0

电杆埋深计算公式

$$h = H/10 + 0.7 \text{（m）} \qquad \text{（ZY0800102001-3）}$$

式中　h——电杆埋深，m；

H——电杆高度，m。

三、导线在杆塔上的排列方式及线间距离确定

1. 导线在杆塔上的排列方式

导线在杆塔上的排列方式与杆塔的结构型式、电气回路数有关，其排列方式可分为单回路排列和双回路排列两种。单回路排列有水平排列和三角形排列；双回路排列有鼓形排列、正伞形和倒伞形排列。

以上各种排列方式，基本上可归纳为垂直排列和水平排列两大类。导线排列究竟以何种方式为好，主要看线路安全运行是否可靠，带电作业和维护检修是否方便，是否能减轻杆塔结构而定。从运行经验表明：水平排列方式的可靠性较垂直排列为好，特别是在重雷区、重冰区和电晕严重地区，效果更为突出。一般说来，对于重雷区、重冰区的单回路线路，导线应采用水平排列；对于其余地区，可结合线路的具体情况，采用水平或三角形排列。从经济观点出发，电压在 220kV 及以下，导线规格不太大的单回路线路，以采用三角形排列较为经济。双回路线路宜采用鼓形排列，这样便于施工检修。

对于配电线路来说，中压配电线路的导线一般采用三角、垂直或水平排列；低压线路的导线一般

用绝缘导线。

2. 导线的线间距离

当导线处于铅垂静止平衡位置时，它们之间的距离称为线间距离。确定导线线间距离要考虑两方面的情况：① 导线在杆塔上的布置形式及杆塔上的间隙距离；② 导线在档距中央相互接近时的间隙距离。取两种情况的较大者，决定线间距离。配电线路导线的线间距离，一般应随着档距的加长而加大。

配电线路常见档距下导线的最小线间距离见表 ZY0800102001-7。

表 ZY0800102001-7　配电线路常见档距下导线的最小线间距离　m

导线档距 / 电压	裸线							绝缘线
	40 及以下	50	60	70	80	90	100	不大于 50
中　压	0.6	0.65	0.7	0.75	0.85	0.9	1.0	0.5
低　压	0.3	0.4	0.45	—	—	—	—	0.3

同杆架设的双回路线路可左右或上下排列，中低压同杆架设的线路，电压等级高的在上方，电压等级低的在下方。横担间的最小垂直距离见表 ZY0800102001-8。

表 ZY0800102001-8　同杆架设线路横担间最小垂直距离　m

导线及杆型 / 电压	裸线		绝缘线	
	直线杆	分支或转角杆	直线杆	分支或转角杆
中压与中压	0.8	0.6	0.5	0.2/0.3*
中压与低压	1.2	1.0	1.0	—
低压与低压	0.6	0.3	0.3	0.2（不含集束线）

* 绝缘线路，分支或转角杆如为单回线，则分支线横担距主干线横担为 0.3m；如为双回线，则分支线横担距上层主干线横担为 0.2m，距下层主干线横担为 0.3m。

四、导线与杆塔之间的空气间隙校验

1. 各种过电压条件下的空气间隙校验

导线对杆塔的空气间隙应从安全和经济两方面统一考虑。若间隙选择过大，会增加塔头尺寸，增大线路造价；若间隙过小，则在正常运行或过电压情况下易发生放电，影响安全运行，并且带电作业或带电登塔检查也很不方便。导线对杆塔的空气间隙，一般受大气过电压作用发生闪络的机会较多，内过电压次之，工作电压下的机会最少，但其作用的持续时间却相反。在确定间隙大小时，还应当考虑因风荷载作用于绝缘子串产生偏斜的因素。导线和绝缘子串在风荷载作用下会使绝缘子串风偏一定角度，称为风偏角 φ，如图 ZY0800102001-2 所示。

在正常运行电压、操作过电压和雷电过电压三种气象条件下，相应的风荷载使绝缘子串风偏一窄角度，使得导线与杆塔部分（杆塔身、拉线、脚除钉等）空气间隙减小。为了确保导线（带电体）与杆塔部分（接地体）之间的空气间隙不被击穿，须对初步设计的塔头部尺寸进行校验。首先按照初步确定的线间距离画出塔头；其次按照有关规定算出三种气象条件的绝缘子串风偏角 φ_{nor}、φ_{op} 和 φ_{lt}（$\varphi_{nor}>\varphi_{op}>\varphi_{lt}$）；再根据规定查取三种气象条件的空气间隙值 R_{nor}、R_{op} 和 R_{lt}（$R_{nor}<R_{op}<R_{lt}$）；然后根据计算出的风偏角，标出绝缘子串的相应位置，根据绝缘子串长度，确定风偏后相应的导线挂点位置；分别以相应风偏下的导线挂点为圆心，以各自规定的最小空气间隙值为半径，画出间隙圆，如图 ZY0800102001-3 所示。验证间隙圆是否与杆塔部分相切或相离，若不满足要求，需要调整或加大塔头横向尺寸。一般来说，操作过电压和雷电过电压情况下的间隙圆控制着塔头的横向尺寸。

2. 带电作业条件下空气间隙校验

确定塔头横向尺寸时，尚应适当考虑带电作业对安全距离的要求。如在《国家电网公司电力安全工作规程》中规定 10kV 配电线路带电作业的最小安全距离（间隙）为 0.4m。对操作人员需要停留工作的部位，还应考虑人体活动范围 30～50cm。

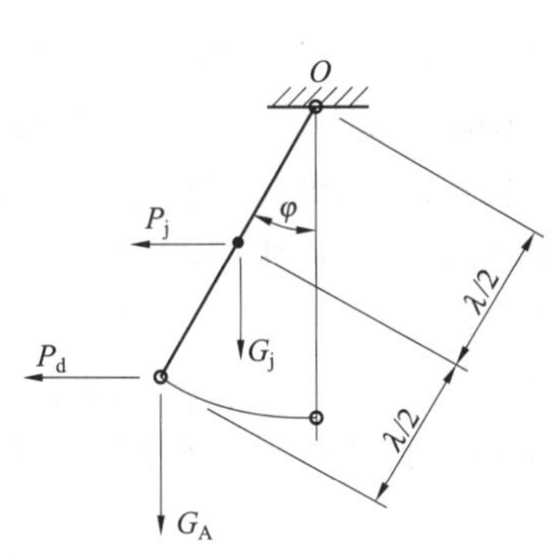

图 ZY0800102001-2　风偏角示意图

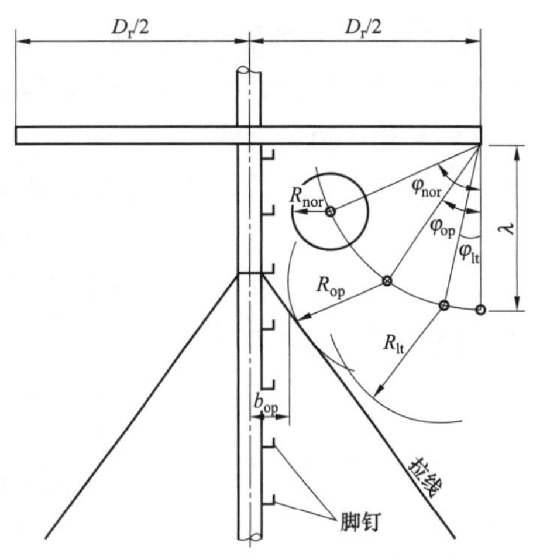

图 ZY0800102001-3　间隙圆校验图

【思考与练习】

1. 确定杆塔外形几何尺寸的因素有哪些？
2. 如何确定杆塔的高度？确定配电线路电杆杆高的影响因素有哪些？
3. 配电线路导线在杆塔上的排列方式及线间距离如何确定？
4. 何谓风偏角？风偏角对导线与杆塔的空气间隙有何影响？

模块 2　弧垂应力计算的简化方程（ZY0800102002）

【模块描述】本模块包含导线的悬链线精确计算方程式以及斜抛物线和平抛物线的简化计算方程式。通过对三种方程式的介绍，熟悉悬链线、斜抛物线和平抛物线三种方程式的使用条件，掌握平抛物线方程式在导线弧垂和应力分析计算中的应用。

【正文】

在架空线路有关导线的机械荷载、弧垂和应力计算中，经常要用到三种方程式进行计算，即悬链线方程式、斜抛物线方程式和平抛物线方程式。其中悬链线方程式为精确计算式，斜抛物线和平抛物线方程式为简化计算式。

一、悬链线精确计算方程式

悬挂在杆塔上的一档导线，由于档距较大，导线材料的刚性对导线悬挂于空中的几何形状影响很小，所以可忽略不计，因而将导线假定为一根柔软的链条，链条是充分柔软的，它只能承受张力而不抵抗弯曲，任何点的张力方向都与该点架空线的轴线方向相一致。另外，作用于导线的荷载是沿导线线长均匀分布的。于是可以将导线悬挂曲线看成一条理想柔韧的悬链线，如图 ZY0800102002-1 所示，其解析方程为悬链线方程。用悬链线方程计算架空线的弧垂、线长和张力的方法称为悬链线法。工程上只有高差很大或档距很大，要求精确计算时，才应用悬链线精确式进行计算。

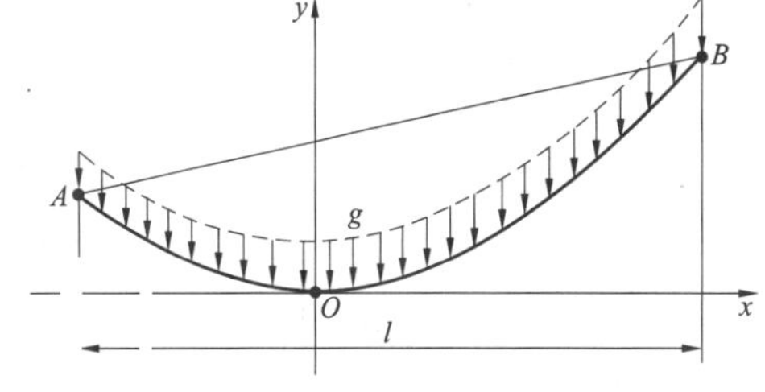

图 ZY0800102002-1　导线悬挂曲线为悬链线

如图 ZY0800102002-1 所示，A、B 为导线的两个悬挂点，O 为导线的最低点，取 O 为 x–y 直角坐标系的原点，经过分析可以得出解析方程为悬链线方程

$$y=\frac{\sigma_0}{g}\left(\text{ch}\frac{\sigma_0}{g}x-1\right) \quad \text{（ZY0800102002-1）}$$

式中　σ_0——架空线最低点的水平应力，N/mm²；

y——架空线任一点到最低点的高度，m。

悬链线方程包含双曲函数，是精确计算导线弧垂和应力的基础公式。

二、斜抛物线简化计算方程式

悬链线方程中含有双曲函数，计算起来比较复杂。为此，工程中在误差允许的前提下，将沿线长均布的荷载简化为沿档距两侧导线悬挂点的连线均匀分布，如图 ZY0800102002-2 所示，由此推导出来的解析方程就是斜抛物线方程。用斜抛物线方程求导线弧垂、线长和张力的方法称为斜抛物线法。在工程上一般悬挂点高差 h 和档距 l 之比 $h/l \geqslant 10\%$时，都可以使用斜抛线法。只有高差很大或档距很大，要求精确计算时，才应用悬链线精确式进行计算。

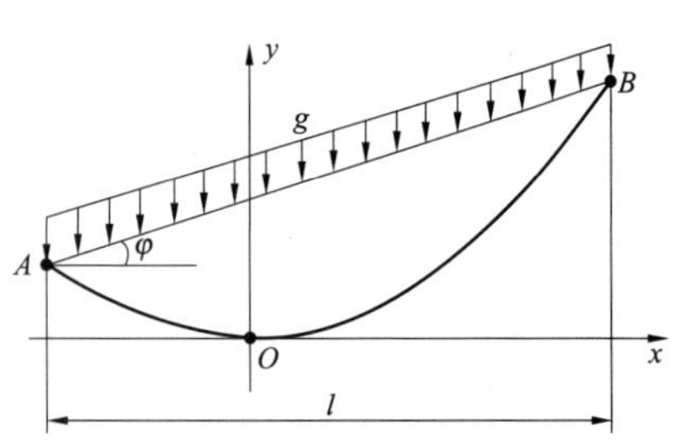

图 ZY0800102002-2 导线悬挂曲线简化为斜抛物线

建立坐标系，经过分析和计算可以得出解析方程为斜抛物线方程

$$y = \frac{g}{2\sigma_0 \cos\varphi} x^2 \qquad \text{（ZY0800102002-2）}$$

式中 φ——悬挂点的高差角。

其他字母含义与式（ZY0800102002-1）相同。

三、平抛物线简化计算方程式

在满足工程误差的前体下，为了进一步简化计算，将沿导线均匀分布的荷载简化为沿档距均匀分布，如图 ZY0800102002-3 所示，这样推导出来的解析方程为平抛线方程。用平抛物线方程求导线弧垂、线长和张力的方法称为平抛物线法。

如图 ZY0800102002-4 所示，已知悬点 A、B 等高的一档导线，档距为 l，在一定气象条件下，导线最低点应力为σ_0，比载为 g，并设比载沿档距均匀分布。现取 OP 段导线进行分析。

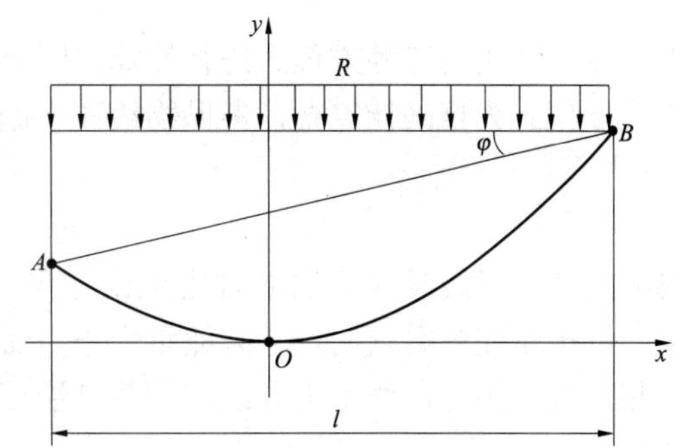

图 ZY0800102002-3 导线悬挂曲线简化为平抛物线

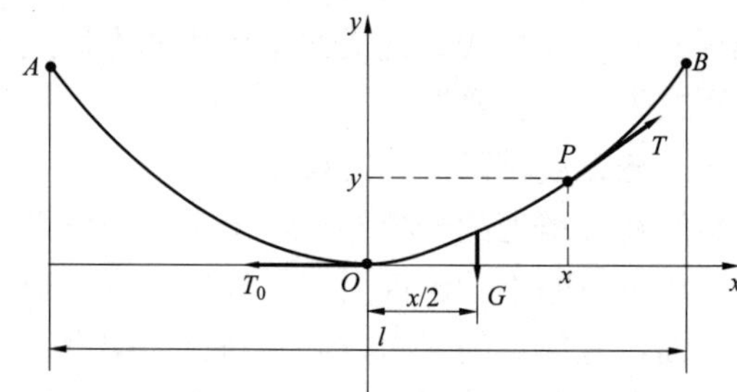

图 ZY0800102002-4 悬点等高时的受力分析

过导线最低点建立直角坐标系 xOy，并设导线任意点 P 的切向应力为σ_x，导线截面积为 A，则 OP 段导线处于平衡态时：

作用于 O 点水平向左的张力 $T_0=\sigma_0 A$；

作用于 P 点切线方向的张力 $T=\sigma_x A$；

作用于 OP 段导线上的总荷载 $G=gxA$。

因假定荷载沿档距均布，所以总荷载 G 的作用点在 $x/2$ 处。于是，根据静力平衡条件 $\Sigma M_P(F)=0$，有

$$T_0 y = G\frac{x}{2}$$

将 $T_0=\sigma_0 A$ 和 $G=gxA$ 代入上式，可得

$$\sigma_0 A y = gxA\frac{x}{2}$$

$$y=\frac{g}{2\sigma_0}x^2 \qquad \text{(ZY0800102002-3)}$$

式中，各字母含义与式（ZY0800102002-1）相同。

式（ZY0800102002-3）就是悬点等高时导线悬挂曲线的平抛物线方程。在工程上，当导线悬挂点等高或悬挂点高差 h 和档距 l 之比小于 10%时，应用平抛物线法已足够满足精度要求。

【思考与练习】

1. 悬链线方程、斜抛物线方程和平抛物线方程的使用条件是什么？
2. 简述导线平抛物线方程式的推导过程。

模块 3　弧垂与应力的关系（ZY0800102003）

【模块描述】本模块包含导线弧垂、应力和线长的计算等内容。通过定量分析，掌握导线弧垂和应力的概念、弧垂与应力的关系以及弧垂、应力和线长的计算方法。

【正文】

一、导线弧垂的计算

1. 弧垂的概念

如图 ZY0800102003-1 所示，在同一条导线上相邻两基杆塔上导线悬挂点之间的连线与导线最低点之间的垂直距离，称为该档导线的弧垂，用 f 表示。导线上任意一点与悬挂点连线的垂直距离称为任意点的弧垂，用 f_x 表示。若相邻两杆塔导线悬挂点高度不等时，则弧垂 f_1、f_2 分别为悬挂点至导线最低点的垂直距离。通常所说的“弧垂”是指在档距中点导线至悬挂点连线的垂直距离，若无特殊说明，即是此弧垂。档距是指相邻两杆塔之间的水平距离，用 l 表示。

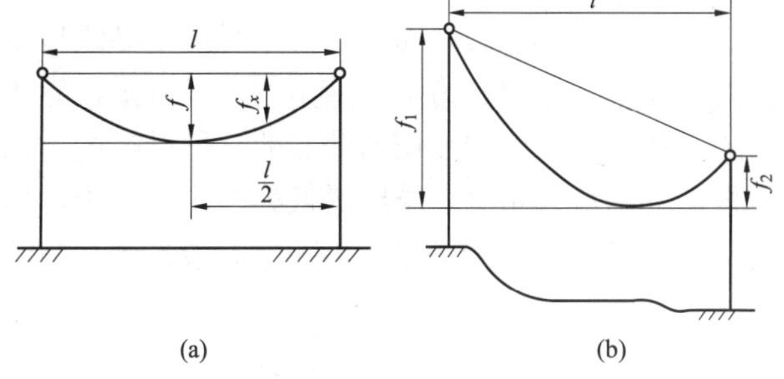

图 ZY0800102003-1　导线的弧垂

（a）等高时；（b）不等高时

导线弧垂的大小是否符合设计和使用要求，是关系到电力线路能否安全运行的重要因素。如果导线弧垂过小，将使导线的运行应力过大以及杆塔受力增加，安全系数降低，容易引起导线断股、断线或倒杆事故；如果弧垂过大，为保证带电导线的对地安全距离，在档距相同的条件下，就必须增加杆高或在相同杆高条件下缩小档距，结果会使线路建设投资成倍增加。同时，在线间距离不变的条件下，增大弧垂也就增加了运行中发生混线短路事故的机会。因此，对新投入运行以及运行后的线路都要进行弧垂观测和及时调整弧垂，以满足设计和使用要求。弧垂的大小与档距、温度、导线比载和应力等因素有关。

2. 导线弧垂的计算

（1）在悬点等高或小高差（两悬挂点的高差 $h/l \leqslant 0.1$）的档距中，导线的弧垂按式（ZY0800102003-1）计算

$$f=\frac{gl^2}{8\sigma_0}\ \text{(m)} \qquad \text{(ZY0800102003-1)}$$

式中　g ——导线的比载，N/（m·mm^2）；

l ——档距，m；

σ_0 ——导线最低点的水平应力，N/mm^2。

一档内导线上任意一点的弧垂 f_x，可按式（ZY0800102003-2　进行计算

$$f_x=\frac{g}{2\sigma_0}l_a l_b \qquad \text{(ZY0800102003-2)}$$

高差 $h/l \leqslant 0.1$）的档距中：① 当悬点不等高时，两悬点的连线是倾斜的，采用平抛物线近似式计算弧垂时，弧垂大小与高差无关；② 计算条件相同时，悬点不等高和悬点等高两种情况在相同点的弧垂值相等；③ 无论悬点等高或不等高，档中最大弧垂均发生在档距中点。工程中所谓弧垂除特别指明外，均指档距中点弧垂，即最大弧垂。以上结论是对小高差档距，采用平抛物线近似计算而言的。如采用悬链线精确式计算，则弧垂与高差有关，且当悬点有高差时，最大弧垂发生在档距中点稍偏向高悬点侧的地方。

（2）在悬挂点不等高、大高差（$0.1<h/l<0.25$）的档距中，导线的弧垂按式（ZY0800102003-3）计算

$$f=\frac{gl^2}{8\sigma_0\cos\beta}\ \text{（m）} \qquad \text{（ZY0800102003-3）}$$

式中　β——悬挂点不等高时的高差角，$\beta=\arctan\dfrac{h}{l}$；

h——两悬挂点间的高差。

由式（ZY0800102003-1）和式（ZY0800102003-3）可以得出下列关系式

$$f'=\frac{f}{\cos\beta}=f\left[1+\frac{1}{2}\left(\frac{h}{l}\right)^2\right]\ \text{（m）} \qquad \text{（ZY0800102003-4）}$$

式中　f'——悬挂点不等高、大高差时的弧垂；

f——悬挂点等高或小高差时的弧垂。

二、导线应力的计算

1. 应力的概念

悬挂于两基杆塔之间的一档导线，在导线自重、冰重、风压等荷载作用下，任一横截面上均有一内力存在。根据材料力学中应力的定义可知，导线应力是指导线单位横截面积上的内力。因导线上作用的荷载是沿导线长度均匀分布的，所以在同一档距内，沿导线长度上各点的应力是不相等的，导线悬挂点处的应力最大，导线最低处的应力最小，但各点应力的方向都是沿导线上各点的切线方向。因此，一档导线中其最低点应力的方向应是水平的。

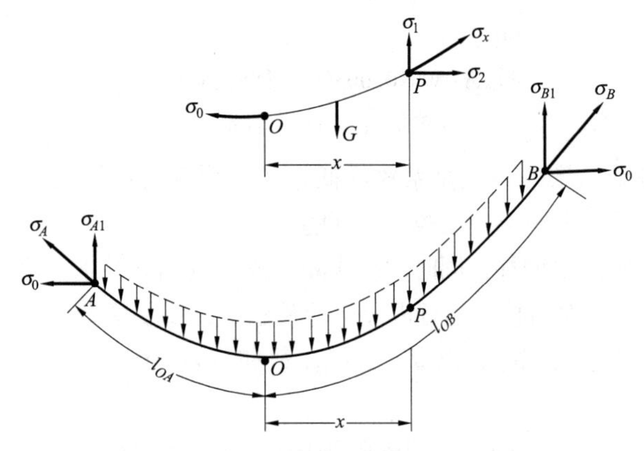

图 ZY0800102003-2　导线的应力分析

如图 ZY0800102003-2 所示，取导线最低点 O 至任意一点 P 的一段导线分析：设 P 点应力为 σ_x，方向为 P 点的切线方向，导线最低点应力为 σ_0，方向为水平方向。将 σ_x 分解为垂直方向 σ_1 和水平方向 σ_2 两个分应力，则根据静力平衡条件可知 $\sigma_2=\sigma_0$，即档中导线各点应力的水平分量均相等，且等于导线最低点应力 σ_0。另外，一个耐张段在施工紧线时，直线杆上导线置于放线滑车中，当忽略滑车的摩擦力影响时，各档导线最低点的应力相等。所以，在导线弧垂和应力计算中，除特别说明外，所说的导线应力就是指档中导线最低点的水平应力，用符号 σ_0 表示。

2. 导线弧垂与应力的关系

悬挂于两基杆塔间的一档导线，其弧垂与应力的关系为：弧垂越大，应力越小，但安全系数增加；反之，弧垂越小，应力越大，机械安全性降低。因此，从导线强度安全角度考虑，应加大弧垂，从而减小应力，以提高安全系数。在设计架空线路时，一般是在导线机械强度允许的范围内，尽量减小弧垂，从而最大限度地利用导线机械强度，又降低杆塔高度，做到既经济合理又运行安全。

3. 导线应力的计算

（1）导线悬点应力的计算。在悬点等高的档距中，导线两悬挂点处的应力在数值上相等，其计算公式为

$$\sigma_A=\sigma_B=\sigma_0+\frac{g^2l^2}{8\sigma_0} \qquad \text{（ZY0800102003-5）}$$

式中　σ_A、σ_B——两悬点 A、B 的应力，N/mm^2。

在小高差档距中，导线两悬点处应力的计算公式分别为

$$\sigma_A=\sigma_0+\frac{g^2l^2}{8\sigma_0}+\frac{\sigma_0h^2}{2l^2}+\frac{gh}{2} \tag{ZY0800102003-6}$$

$$\sigma_B=\sigma_0+\frac{g^2l^2}{8\sigma_0}+\frac{\sigma_0h^2}{2l^2}-\frac{gh}{2} \tag{ZY0800102003-7}$$

（2）导线任意点应力的计算。在两悬挂点等高或不等高的档距中，任意点的应力变化不大，其计算公式为

$$\sigma_x=\sigma_0+\frac{g^2(l-x)^2}{2\sigma_0} \tag{ZY0800102003-8}$$

式中　σ_x ——导线任意点应力，N/mm^2；

　　x ——导线任意点至悬挂点之间的水平距离，m。

三、导线线长的计算

在一般档距情况下，悬挂点等高时一档导线的线长 L 可按式（ZY0800102003-9）计算

$$L=l+\frac{g^2l^3}{24\sigma_0^2}=l+\frac{8f}{3l}\ \text{(m)} \tag{ZY0800102003-9}$$

如果有高差，小高差时一档导线的线长按式（ZY0800102003-10）计算，大高差时一档导线的线长按式（ZY0800102003-11）计算，分别为

$$L=l+\frac{g^2l^3}{24\sigma_0^2}+\frac{h^2}{2l}\ \text{(m)} \tag{ZY0800102003-10}$$

$$L=\frac{l}{\cos\beta}+\frac{g^2l^3\cos\beta}{24\sigma_0^2}\ \text{(m)} \tag{ZY0800102003-11}$$

【例 ZY0800102003-1】 有一悬点等高档距，l=360m，导线自重比载 $g_1=34.038\times10^{-3}$N/（m·mm²），最高气温时导线应力为 σ_0=67.3MPa，试计算：（1）档距中点弧垂；（2）距杆塔 100m 处弧垂；（3）悬点应力；（4）档中导线长度。

解：（1）档距中点弧垂为 $f=\frac{gl^2}{8\sigma_0}=\frac{34.038\times10^{-3}\times360^2}{8\times67.3}=8.19\text{(m)}$。

（2）距杆塔 100m 处的弧垂为 $f_{1x}=\frac{g}{2\sigma_0}l_a l_b=\frac{34.038\times10^{-3}}{2\times67.3}\times100\times(360-100)=6.575\text{(m)}$。

（3）悬点应力为 $\sigma_A=\sigma_B=\sigma_0+\frac{g^2l^2}{8\sigma_0}=67.3+\frac{(34.038\times10^{-3})^2\times360^2}{8\times67.3}=67.58\text{(MPa)}$。

（4）档中导线长度为 $L=l+\frac{8f^2}{3l}=360+\frac{8\times8.19^2}{3\times360}=360.05\text{(m)}$。

即档距中点弧垂为 8.19m，距杆塔 100m 处弧垂为 6.575m，悬点应力为 67.58MPa，档中导线长度为 360.05m。

【思考与练习】

1. 何谓导线的弧垂？其大小受哪些因素的影响？

2. 导线弧垂和应力的关系如何？

3. 35kV 架空线路，在运行中发现某档距中新架设一条 10kV 线路，如图 ZY0800102003-3 所示，用绝缘绳测得交叉跨越点垂直间离

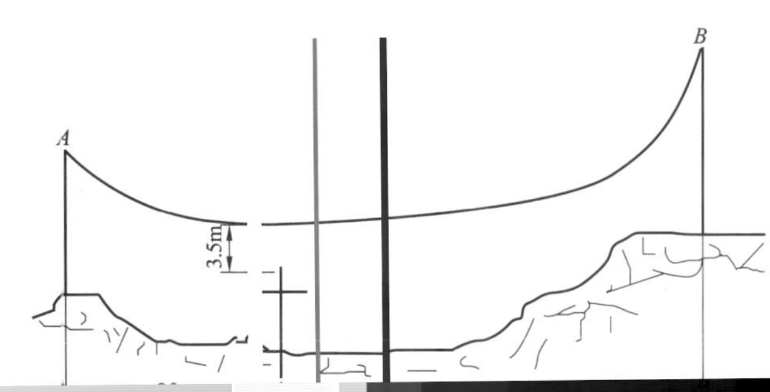

自重比载 g=34.047×10⁻³N/m·mm²，问最高气温 t_2=40℃时交叉跨越距离是否满足要求？（从有关设计资料中查得：t_1=10℃时，应力为 σ_1=80N/mm²；t_2=40℃时，应力为 σ_2=60N/mm²；自重比载 g=34.047×10⁻³N/m·mm²；交叉跨越点最小安全距离［d］=3.0m）

模块 4　杆塔荷载的分析与计算（ZY0800102004）

【模块描述】本模块介绍气象条件的选择、导线比载和荷载的计算、杆塔档距的计算以及杆塔荷载的分类、分析与计算。通过概念描述和定量分析，了解气象条件的选择、比载的分类和档距的概念，熟悉比载的概念和用比载表查取比载的方法，掌握导线荷载的计算、杆塔荷载的分类和计算方法。

【正文】

一、气象条件的选择

架空线路常年运行在野外自然环境中，作用在其上的机械荷载是随气象条件的变化而变化的。这些机械荷载既影响着架空线路本身的长度、弧垂和应力，又决定着杆塔和杆塔基础的受力及带电部分与各方面的安全距离等。因此，合理选择气象条件对保证线路建设和运行的安全性及经济性具有决定性的意义。

在架空线路的机械荷载计算时，主要的气象条件是最大风速、覆冰厚度、最高气温和最低气温等。风的作用除使导线和杆塔产生垂直于线路方向上的水平荷载外，还将引起导线的振动和舞动。覆冰不但使导线垂直方向的机械荷载增加，也增大了导线水平方向的风荷载，同时对弧垂也有影响。气温的变化将引起导线热胀冷缩，从而使导线的弧垂和应力发生变化。

气象条件的选择可参照中国典型气象区的气象条件和适用地区表，见表 ZY0800102004-1 和表 ZY0800102004-2。

表 ZY0800102004-1　　典型气象区的气象条件

气象区		Ⅰ	Ⅱ	Ⅲ	Ⅳ	Ⅴ	Ⅵ	Ⅶ
大气温度（℃）	最高	+40						
	最低	−5	−10	−5	−20	−20	−40	−20
	导线覆冰	—	−5					
	最大风	+10	+10	−5	−5	−5	−5	−5
风速（m/s）	最大风	30	25	25	25	25	25	25
	导线覆冰	10						
	最高、最低气温	0						
覆冰厚度（mm）		—	5	5	5	10	10	15
冰密度（g/mm³）		0.9						

表 ZY0800102004-2　　典型气象区的适用地区

气象区	适用地区	最大风速（m/s）	覆冰厚度（mm）	最低气温（℃）
Ⅰ	南方沿海受台风侵袭地区，如浙江、福建、广东、广西、上海地区	30	0	−5
Ⅱ	华东大部分地区	25	5	−10
Ⅲ	西南非重冰地区，福建、广东等台风影响较弱地区	25	5	−5
Ⅳ	西北大部分地区，京津地区	25	5	−20
Ⅴ	华北平原和湖北、湖南、河南地区	25	10	−20
Ⅵ	东北、西北和华北受寒潮风影响较大地区	25	10	−40
Ⅶ	覆冰严重地区，如山东、河南部分地区及湘中、鄂北覆冰地带	25	15	−20

二、导线比载和荷载的计算

在导线的机械计算中，荷载常用比载来表示。比载就是折算到导线单位长度（m）和单位面积（mm²）

上所承受的荷载（N），常用符号 g 表示，单位为 N/（m·mm²）。

1. 导线比载的计算

（1）自重比载 g_1。指由导线本身重量引起的比载，计算公式为

$$g_1 = \frac{g}{A} = 9.8\frac{m_0}{A} \times 10^{-3} \tag{ZY0800102004-1}$$

式中　g——导线单位长度的自重力，N/m；

m_0——导线单位长度的质量，kg/km；

A——导线截面，复合材料的导线截面为各种金属材料截面之和，mm²。

（2）冰重比载 g_2。指导线上覆冰重量所引起的比载，计算公式为

$$g_2 = 27.7\frac{(d+b)b}{A} \times 10^{-3} \tag{ZY0800102004-2}$$

式中　d——导线的外直径，mm；

b——冰层厚度，mm。

（3）自重和冰重的综合比载 g_3。自重比载 g_1 与冰重比载 g_2 的代数和，计算公式为

$$g_3 = g_1 + g_2 \tag{ZY0800102004-3}$$

（4）无冰时的风压比载 g_4。指作用于导线每米、每平方毫米上的风压，计算公式为

$$g_4 = 0.613\alpha_F C d\frac{v^2}{A} \times 10^{-3} \tag{ZY0800102004-4}$$

式中　v——风速，m/s；

C——风载体形系数，导线直径 d<17 时，C=1.2，d≥17mm 时，C=1.1，覆冰（不论直径大小）取 1.2；

α_F——风速不均匀系数，设计风速 v<20m/s 时，α_F=1，20≤v<30m/s 时，α_F=0.85，30≤v<35m/s 时，α_F=0.75，v≥35m/s 时，α_F=0.7；

d——架空线的计算直径，mm。

（5）覆冰时的风压比载 g_5。指作用于覆冰导线每米、每平方毫米上的风压，计算公式为

$$g_5 = 0.613\alpha_F C(d+2b)\frac{v^2}{A} \times 10^{-3} \tag{ZY0800102004-5}$$

（6）综合比载 g_6、g_7。导线垂直比载（自重、冰重）与水平风压比载的矢量和，其中：

综合比载 g_6 为自重比载 g_1 与无冰时的风压比载 g_4 的矢量和，计算公式为

$$g_6 = \sqrt{g_1^2 + g_4^2} \tag{ZY0800102004-6}$$

综合比载 g_7 为自重和冰重的综合比载 g_3 与覆冰时的风压比载 g_5 的矢量和，计算公式为

$$g_7 = \sqrt{g_3^2 + g_5^2} \tag{ZY0800102004-7}$$

应当指出，各种标准规格的常用导线，其比载一般已计算列成表格，以备使用时查取。在比载表中，比载通常用“g（数字）”表示，括号中的数字分别表示对应比载的计算气象条件。如 g_2、g_3 后面括号中的数字表示覆冰厚度，单位为 mm；g_4、g_5 后面括号中的数字表示风速，单位为 m/s；g_6、g_7 后面括号中的第一个数字表示覆冰厚度，单位为 mm 后一位数字表示风速，单位为 m/s。

2. 导线荷载的计算

（1）导线的总荷载。档距内导线总荷载的计算公式为

$$G = gAL \tag{ZY0800102004-8}$$

式中　g——导线综合比载，N/（m·mm²）；

A——导线的截面，mm²；

$$P = 9.8CS\frac{v^2}{16} \qquad (ZY0800102004\text{-}9)$$

式中　C、v——物理意义与式（ZY0800102004-4）相同；

S——导线直径与水平档距的乘积，m^2。

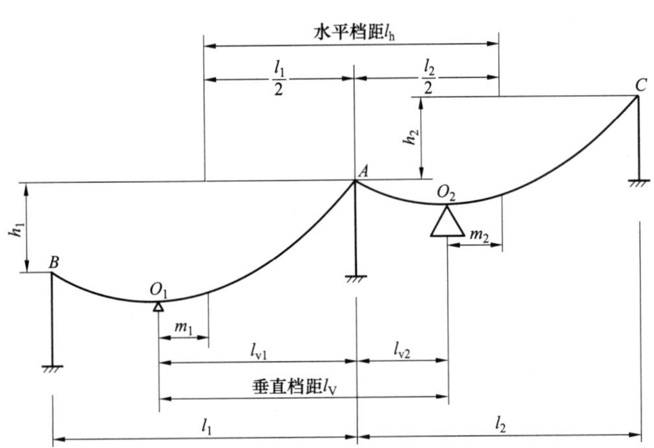

图 ZY0800102004-1　杆塔的水平档距和垂直档距

三、杆塔档距的计算

档距是指相邻两杆塔之间的水平距离，用 l 表示，杆塔的水平档距和垂直档距如图 ZY0800102004-1 所示。

1. 水平档距和垂直档距

（1）水平档距就是指杆塔两侧档距之和的算术平均值（见图 ZY0800102004-1），用来计算导线传递给杆塔的水平荷载 $P=gSl_h$。水平档距的计算公式为

$$l_h = \frac{1}{2}(l_1 + l_2) \qquad (ZY0800102004\text{-}10)$$

式中　l_1、l_2——杆塔前后两侧档距，m。

（2）垂直档距就是某杆塔两侧导线最低点间的水平距离（见图 ZY0800102004-1），用来计算导线传递给杆塔的垂直荷载的 $G=gSl_v$。垂直档距的计算公式为

$$l_v = l_{v1} + l_{v2} = l_h + \frac{\sigma_0}{g}\left(\pm\frac{h_1}{l_1} \pm \frac{h_2}{l_2}\right) \qquad (ZY0800102004\text{-}11)$$

其中

$$l_{v1} = \frac{l_1}{2} \pm m_1,\quad l_{v2} = \frac{l_2}{2} \pm m_2 \qquad (ZY0800102004\text{-}12)$$

$$m_1 = \frac{\sigma_0 h_1}{g l_1},\quad m_2 = \frac{\sigma_0 h_2}{g l_2} \qquad (ZY0800102004\text{-}13)$$

式中　l_{v1}、l_{v2}——计算杆塔的一侧垂直档距分量，m；

m_1、m_2——l_1 档和 l_2 档中导线最低点对档距中点的偏移值，m；

g、σ_0——计算气象条件时导线的比载和应力，N/（m·mm²）、MPa；

h_1、h_2——计算杆塔导线悬点与前后两侧导线悬点间高差，m。

式（ZY0800102004-11）～式（ZY0800102004-13）中正负号的选取原则是：以计算杆塔导线悬点高为基准，分别观测前后两侧导线悬点，如对方悬点低则取正，对方悬点高则取负。

应当指出：① 导线的垂直比载 g 应按计算气象条件选取，如计算气象条件无冰，比载取 g_1，如有冰，比载应取 g_3；② 垂直档距与悬点高差有关；③ 当悬点等高时，$h_1 = h_2 = 0$，则 $l_h=l_v$，即导线最低点位于档距中央，水平档距与垂直档距相等，且不随气象条件变化。

2. 代表档距

在一个耐张段内有若干个不同数值的档距。为了计算导线的应力，将各种不同情况的耐张段代之以算价的档距，即该耐张段的代表档距（规律档距），用 l_D 表示。在代表档距的情况下，所有档距中的导线应力都是相同的。

当两悬点高差 $h/l \leqslant 0.1$ 时，代表档距可按式（ZY0800102004-14）计算

$$l_D = \sqrt{\frac{l_1^3 + l_2^3 + \cdots + l_n^3}{l_1 + l_2 + \cdots + l_n}} = \sqrt{\frac{\Sigma l_i^3}{\Sigma l_i}} \quad (i=1,2,\cdots,n) \qquad (ZY0800102004\text{-}14)$$

式中　l_D——耐张段的代表档距，m；

l_i——耐张段中各档的档距，m。

在耐张段中，任一档距的导线弧垂 f_D 可按式（ZY0800102004-15）计算

$$f = f_D\left(\frac{l}{l_D}\right)^2 \ (m) \qquad (ZY0800102004\text{-}15)$$

式中　f——任意档距 l 的弧垂，m；

f_D——相当于代表档距 l_D 时的弧垂，m。

3. 临界档距

临界档距是用来判定导线最大应力出现的气象条件的。当所设计线路的实际档距小于临界档距时，导线的最大使用应力发生在最低温度时；当实际档距大于临界档距时，导线的最大使用应力发生在最大外部荷载时。临界档距的计算公式为

$$l_k = \sigma_{max}\sqrt{\frac{24\alpha(t_m - t_n)}{g_m^2 - g_n^2}} \quad \text{(ZY0800102004-16)}$$

式中　l_k——临界档距，m；

σ_{max}——最大允许应力，N/mm²；

α——架空线的温度热膨胀系数，1/℃；

t_m——最大荷载时的温度，℃；

t_n——最低温度时的温度，℃；

g_m——最大荷载时的比载，N/（m·mm²）；

g_n——最低温度时的比载，N/（m·mm²）。

常用导线的临界档距见表 ZY0800102004-3。从该表中可以看出，中低压配电线路档距较小，导线应力的变化受最低气温条件控制，即导线的最大运行应力发生在最低温度时。

表 ZY0800102004-3　常用导线的临界档距　m

导线型号	安全系数 K	≤10kV 线路气象区						
		Ⅰ	Ⅱ	Ⅲ	Ⅳ	Ⅴ	Ⅵ	Ⅶ
LJ-70	3	41.0	42.8	0	74.1	37.4	57.2	22.6
LJ-90	3	50.3	52.5	0	91.0	47.6	72.8	30.3
LJ-120	3	56.3	58.2	0	100.8	54.1	82.7	34.2
LJ-150	4	47.5	48.3	0	83.7	46.1	70.5	29.7
LGJ-70	4	57.6	55.9	0	96.9	50.8	77.6	31.5
LGJ-95	4	72.8	69.1	0	119.7	65.4	99.9	41.9
LGJ-120	4	80.8	75.5	0	130.7	73.0	111.6	47.6
LGJ-150	5	71.1	65.2	0	112.9	64.3	98.2	42.6
LGJ-185	5	88.4	72.5	0	125.5	73.0	111.5	49.3
LGJ-240	5	98.8	78.6	0	136.2	80.7	123.3	55.4

四、杆塔荷载的分类、分析与计算

1. 杆塔荷载的分类

架空线路杆塔上的荷载按其在杆塔上的作用方向（见图 ZY0800102004-2）可分为：

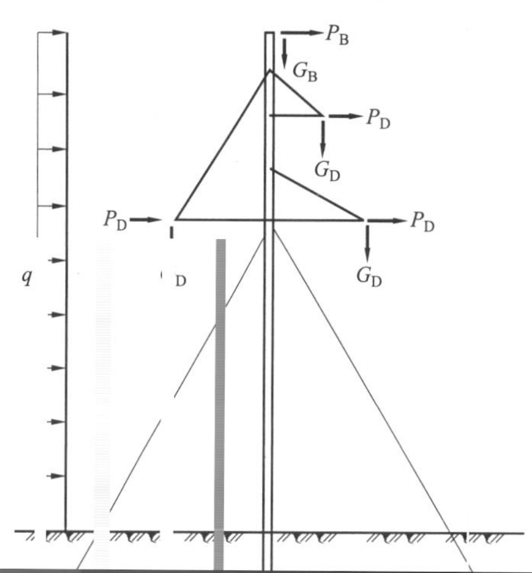

（1）垂直荷载 G。是指导线、避雷线、金具、绝缘子、覆冰荷载和杆塔自重，安装检修人员及工具重力，使用拉线时由拉线产生的垂直分力。

（2）水平荷载 P。是指杆塔及导线、避雷线的横向风压荷载，转角杆塔导线及避雷线的角度荷载。

（3）纵向荷载 T（图中未示出）。是指杆塔及导线、避雷线的纵向风压荷载，事故断线时的顺线路方向张力，导线、避雷线的顺线路方向不平衡张力，安装时的紧线张力等。

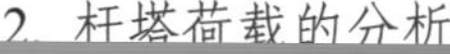

2. 杆塔荷载的分析

（1）直线杆塔。正常运行情况下，直线杆塔承受的垂直荷载有导线、地线的重量 G_D、G_B（包括绝缘子金具重量）；承受的水平荷载有导线、地线及杆塔的风压 P_D、P_B。断线情况下，除承受与正常情况相同荷载（未断线相）外，还承受断线产生的不平衡张力 T_D 及断线相未断线侧的一半导线的荷载 G_D' 和检修人员检修时杆塔上工作人员及其工器具的重力等产生的附加荷载 G_{FD}。安装情况下，除承受与正常情况相同的荷载外，还承受提升荷载 G_D'、安装工人及工器具的垂直荷载 G_{FD}，以及承受导线、地线的荷载，即纵向水平荷载。特殊情况下，除承受与正常情况相同的荷载外，还承受不均匀脱冰产生的导线或地线的不平衡张力 T_D、T_B。

（2）耐张杆塔。正常运行情况下，耐张杆塔承受的垂直荷载有分别作用于横担两侧主材上的 G_{1D}、G_{2D} 和 G_{1B}、G_{2B}；横向水平荷载有分别作用于横担两侧导线、地线上的 P_{1D}、P_{2D} 和 P_{1B}、P_{2B}；纵向水平荷载有导线、地线的不平衡张力 ΔT_D、ΔT_B。断线情况下，耐张杆塔除承受与正常情况相同的荷载（未断线相）外，还承受导线、地线的断线张力 T_D、T_B 及检修人员、工器具等的附加荷载 G_{FD}、G_{FB} 和断线侧绝缘子串荷载 G_{JD}、G_{JB}。安装情况下，耐张杆塔除承受与正常情况相同的荷载外，还承受提升荷载 G_D'、安装工人和工器具的垂直荷载 G_{FD}，以及承受导线、地线的紧线荷载，即纵向水平荷载 T_{1D}、T_{1B}。特殊情况下，耐张杆塔除承受与正常情况相同的荷载外，还承受不均匀脱冰产生的导线、地线的不平衡张力等。

（3）终端杆塔。终端杆塔承受的垂直荷载和横向水平荷载与直线杆塔相同；纵向水平荷载有导线、地线的单侧张力 T_D、T_B。

（4）分支杆塔。直线分支杆塔除承受与直线杆塔相同的荷载外，还承受分支导线、避雷线的张力 T_D、T_B。耐张分支杆塔除承受与耐张杆塔相同的荷载外，还承受分支导线、避雷线的张力 T_D、T_B。

（5）换位杆塔。直线换位杆塔承受与直线杆塔相同的荷载；耐张换位杆塔承受与耐张杆塔相同的荷载。

（6）跨越杆塔。跨越杆塔视其杆塔结构，直线跨越杆塔承受荷载与直线杆塔相同；耐张跨越杆塔承受荷载则与耐张杆塔相同。

3. 杆塔荷载的计算

下面以配电线路电杆的荷载计算为例，说明其计算步骤。

（1）档距内导线的垂直荷载可按式（ZY0800102004-17）计算

$$G=gAl_v+G_j \qquad (ZY0800102004\text{-}17)$$

式中 g——导线的垂直比载，N/（m·mm²）；

A——导线截面，mm²；

l_v——导线的垂直档距离，m；

G_j——绝缘子串总重，N。

（2）导线上的总风载荷 P 可按式（ZY0800102004-18）计算

$$P=3P_1\ (N) \qquad (ZY0800102004\text{-}18)$$

式中 P_1——单根导线上的风荷载，N。

还可用式（ZY0800102004-19）来计算

$$P=9.8CS\frac{v^2}{16} \qquad (ZY0800102004\text{-}19)$$

式中 C、v——物理含义与式（ZY0800102004-4）相同；

S——导线直径与水平档距的乘积，m²。

风荷载 P_1 也可从有关手册或表 ZY0800102004-4 中查出导线的单位风荷载 P_0（N / m），按 $P_1=P_0L$ 来计算，也可按式（ZY0800102004-20）进行计算

$$P_1=gAL \qquad (ZY0800102004\text{-}20)$$

式中 g——导线综合比载，N/（m·mm²）；

A——导线的截面，mm²；

L——导线档距，m。

模块4 ZY0800102004

表 ZY0800102004-4　　　单根导线上的单位风荷载 P_0　　　N/m

导线型号	覆冰时风速（10m/s）			无冰时风速（m/s）	
	b=5mm	b=10mm	b=15mm	25	30
LJ-35	1.28	1.96	2.75	3.45	4.96
LJ-50	1.39	2.13	2.87	4.14	5.96
LJ-70	1.52	2.25	2.99	4.89	7.05
LJ-95	1.66	2.39	3.12	5.74	8.27
LJ-120	1.76	2.50	3.23	6.43	9.26
LJ-150	1.89	2.63	3.36	7.23	10.42
LGJ-50	1.44	2.18	2.91	4.41	5.29
LGJ-70	1.58	2.31	3.05	5.23	7.55
LGJ-95	1.74	2.48	3.21	6.29	9.05
LGJ-120	1.85	2.59	3.32	6.98	10.05
LGJ-150	1.96	2.69	3.43	7.90	11.06
LGJ-185	2.14	2.87	3.61	8.01	11.53
LGJ-240	2.30	3.04	3.77	8.14	12.91

（3）电杆上的风荷载 P_2 可按式（ZY0800102004-21）计算

$$P_2 = 9.8CA\frac{v^2}{16}\text{（N）} \qquad \text{（ZY0800102004-21）}$$

式中　P_2——电杆上的风荷载，圆柱形钢筋混凝土电杆的风荷载 P_2 可从表 ZY0800102004-5 或手册中查取；

C——风载体形系数，圆柱形截面钢筋混凝土杆取 0.6，矩形截面钢筋混凝土杆取 1.4；

v——设计风速，m/s；

A——电杆杆身侧面投影面积，m^2。

电杆杆身侧面投影面积 A 可从手册中查取，也可按式（ZY0800102004-22）计算

$$A=d_{av}H \qquad \text{（ZY0800102004-22）}$$

$$d_{av}=(d_1+d_2)/2$$

式中　H——电杆地面上高度；

d_{av}、d_1、d_2——分别为电杆的平均直径、梢径和埋深 1/3 处电杆的直径。

表 ZY0800102004-5　　　圆柱形钢筋混凝土电杆风荷载 P_2

电杆梢径（m）	电杆全长（m）	埋深（m）	地面高度（m）	受风面积（mm^2）	P_2（N）		
					风速		
					10m/s	25m/s	30m/s
150	8.0	1.5	6.5	1.26	46.[illegible]	289.10	416.50
	9.0	1.6	7.4	1.48	54.[illegible]	304.60	490.00
	10.0	1.7	8.3	1.70	62.[illegible]	390.04	562.52
	10.0	1.8	8.3	2.04	75.[illegible]	468.44	675.22
	11.0	1.8	9.2	2.31	85.[illegible]	530.18	764.40
	[illegible]	[illegible]	[illegible]	[illegible]	[illegible]	[illegible]	[illegible]

（4）导线的角度荷载可按式（ZY0800102004-23）计算

$$T=(T_1+T_2)\sin\frac{\theta}{2} \quad \text{（ZY0800102004-23）}$$

式中 T_1、T_2——杆塔两侧张力，断线故障时断线侧张力为零；

θ——线路转角。

（5）顺线路荷载。杆塔、导线、避雷线顺线路方向的风荷载总和，可取导线载垂直线路方向风荷载的 20%～50%。

【思考与练习】

1. 在架空线路的荷载计算中，主要考虑的气象条件有哪些？
2. 何谓导线的比载？导线的比载有哪几种？导线的荷载如何计算？
3. 何谓水平档距、垂直档距、代表档距和临界档距？
4. 架空线路杆塔上的荷载按其在杆塔上的作用方向可分为哪几种？如何分析与计算杆塔在不同情况下的荷载？

模块 5 杆塔基础受力分析与计算（ZY0800102005）

【模块描述】本模块介绍土壤的力学特性、混凝土特性以及杆塔基础的受力分析与计算。通过概念解释、要点讲解和计算公式应用介绍，熟悉土壤的力学特性和混凝土特性，掌握杆塔基础型式及其受力分析与计算的方法。

【正文】

一、土壤的力学特性

土壤是一种多孔的散粒物质，由于散粒之间存在着空隙，所以土的颗粒总是和水、空气成为一体，有着明显的渗透性和压缩性。随其所含水的数值不同，土壤有干、湿和饱和三种状态。在配电线路杆塔基础的计算中，土壤大致分为黏性土和砂石土两大类。黏性土分为黏土、亚黏土、亚砂土。砂石土分为砂和大块碎石，砂又分为砾砂、粗砂、中砂、细砂、粉砂；石又分为大块碎石和砾石。为了区别土的类别，常用现场概略鉴别的方法来确定其类属。

1. 土壤的容重

是指土壤在天然状态下单位体积的质量，其随所含水分多少而变化。

2. 许可耐压力

是指单位面积土壤允许承受的压力，其与土壤的种类和状态有关。

3. 土壤内摩擦力和抗剪角

土壤内摩擦力是指一部分土壤相对另一部分土壤滑动时，土粒与土粒间的摩擦力。该摩擦力与土壤的抗剪力有密切关系。土壤的抗剪角以β 表示。砂性土的抗剪力等于土壤的内摩擦力，所以抗剪角 β 等于其内摩擦角 φ。在实际工程中，杆塔或拉线坑都是用回填土夯实，基本上破坏了原状土的状态。即使原土为黏土，但回填已属松散状态，故亦视为非黏性土。所以，为了安全，宜将土壤的抗剪角按内摩擦角来考虑。

4. 土壤的上拔角

基础埋在土壤中，当基础受到上拔力作用时，基础上的土壤成倒截锥台体拔出，抵抗上拔力的锥形土体的倾斜角称为上拔角 α，如图 ZY0800102005-1 所示。

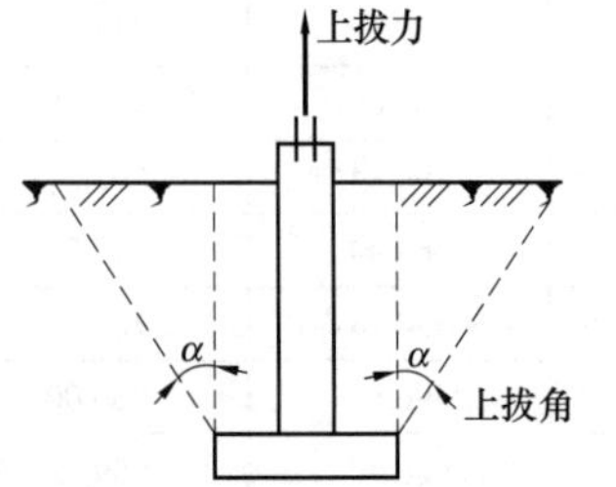

图 ZY0800102005-1 土壤的上拔角

5. 被动土抗力

土体对基础侧面的压力称为主动土压力。当基础受到外力作用时，基础即对土壤施以推力，此时土体对基础产生反作用力，此反作用力称为被动土压力或被动土抗力。被动土抗力比主动土压力大得多（10 倍以上）。

根据土壤的种类，将上述这些特性参数列于表 ZY0800102005-1

中，供计算时参考。

表 ZY0800102005-1 土壤分类及计算参数

土壤名称	土壤状态	计算容重（t/m³）	计算上拔角（°）	计算抗剪角（°）	被动土抗力（kN/m³）	许可耐压力（kN/m³）
黏土及亚黏土	坚硬	1.8	30	45	105.0	250～300
	硬塑	1.7	25	35	62.6	200～250
	可塑	1.6	20	30	48.0	150～200
	软塑	1.5	10～15	15～20	27.2～35.2	100～200
亚砂土	坚硬	1.8	27	40	82.8	250
	可塑	1.7	23	35	62.6	150～200
大块碎石类	不论夹砂或黏土	2.0	32	40	92.0	300～500
砾砂粗砂	不论湿度	1.8	30	37	72.0	350～450
中砂		1.7	28	35	62.6	250～350
细砂		1.6	26	32	52.2	150～300
微砂		1.5	22	25	36.9	100～250

二、混凝土特性

线路基础用的混凝土，是指用水泥作胶凝材料，按一定比例加砂、石等骨料和水拌制后，经硬化而成的人造石，故又称水泥混凝土或普通混凝土，简称混凝土。混凝土按其用途可分为普通结构用混凝土和特种混凝土（如耐酸、耐碱、高强、快硬、防水、防辐射等混凝土）；按其容量可分为特重混凝土（2700kg/m³）、重混凝土（2100～2600kg/m³）、稍轻混凝土（1900～2000kg/m³）、轻混凝土（1000～1900kg/m³）及特轻混凝土（低于 1000kg/m³）；按其流动性分为塑性混凝土（坍落度为 30～80mm）、低流动性混凝土（坍落度为 10～30nnm），以及干硬性和特干硬性混凝土（坍落度为 0）。

1. 混凝土的和易性和坍落度

（1）混凝土的和易性。是指混凝土搅拌后，在施工过程中干稀均匀的合适程度。和易性良好的混凝土，在运输过程中不易发生离析现象，施工中便于浇捣密实，分布均匀，易于充满模板各个部分，牢固地粘着钢筋，不产生蜂窝、麻面等不良现象。

（2）混凝土的坍落度。是评价混凝土和易性及混凝土稀稠程度的指标。坍落度的测定方法是：用白铁皮做成一个截头圆锥形筒，上口直径 100mm，底口直径 200mm，高度 300mm。测定时把圆筒放在铁板上，将拌和好的混凝土分三次放入，每次放入筒高的 1/3，用直径 15mm、长 500mm 铁棒捣固 25 次。如此连续操作三次，使混凝土与筒口相平，然后把筒轻轻提起，这时混凝土就自行坍落下来。用尺量出坍落下来高度，就得出混凝土的坍落度。为保证测定准确，必须试验三次，取其平均值。

2. 混凝土的标号和抗压强度

混凝土的标号就是混凝土的抗压强度。混凝土标号的确定方法是，将拌和好的混凝土料注入一个特制的边长 150mm 立方体的可拆卸铁制模盒内，捣固严实，称为试块。试块在模内静放两昼夜后拆模。在标准条件下（温度为 20℃±3℃，相对湿度不小于 90%）养护 28 天后，对试块作抗压试验，测得的抗压强度总体分布中的一个值，强度低于该值的百分率不超过 5%，这个值即为立方体抗压强度标准值（以 N/mm² 计）。

混凝土强度等级用符号 C 与立方体抗压强度标准值表示。如混凝土强度等级为 C20，即指立方体抗压强度标准值为 20N/mm²，相当于原表示方法的 200 号混凝土。

混凝土的抗压强度主要取决于水泥标号与水灰比。而骨料的强度，砂、石比率，混凝土硬化时温度、湿度，以及施工条件，这些因素都对混凝土抗压强度有所影响。

（1）水泥标号、水灰比对混凝土强度的影响。混凝土的强度是水泥与水起水化合作用，使水泥浆凝固硬化而产生的。水泥标号高、水灰比小，混凝土的强度就高，反之，混凝土强度就低。

单位体积混凝土中水的质量与水泥质量的比例为混凝土水灰比，为了保持适宜的和易性及施工上

孔，这种小孔过多时混凝土就不坚实，降低了强度。但水过少，混凝土不易成型，易生麻面、蜂窝，甚至造成空洞，同样会有损混凝土的强度。

（2）骨料对混凝土强度的影响。骨料级配优良和骨料的质地坚硬能增加混凝土的强度与密实性，特别是在高标号混凝土中，骨料对强度影响更大。粗骨料表面粗糙有棱角能增大骨料与水泥浆的黏结力，所以水灰比相同条件下，碎石混凝土比卵石混凝土的强度要高。

（3）养护条件对混凝土强度的影响。混凝土硬化过程就是水泥和水化合作用的过程。混凝土的硬化强度是随时间的增加而逐渐提高的。正常养护条件下，前 7 天强度增长较快，一般可达 28 天强度的 60%～65%，28 天后强度增长很慢，故工程上一般以 28 天混凝土强度作为混凝土强度的依据。在养护过程中要保持温度和湿度，温度在 15～20℃之间最佳，如养护湿度不够，混凝土内水分蒸发满足不了混凝土内水泥水化作用的需要，则会在混凝土内出现较多气孔，从而影响混凝土强度。

特别要注意的是，混凝土浇灌后不能受冻，受冻就停止了强度增长，受冻后再解冻，硬化过程大为变坏，水结成冰使混凝土组织变得疏松，强度会大为降低，成为废品。

（4）捣固对混凝土强度的影响。混凝土浇灌到模内后，应能充填密实，成型后表面光滑，不产生蜂窝、麻面和孔洞等缺陷。混凝土只有密实才能保证强度，所以充分捣固是重要工作。一般使用机械振捣比人工振捣质量高。振捣时间和振力只要混凝土能达到密实即可。振捣时间过长或振力过大，反而使塑性混凝土产生离析现象，导致强度降低。

3. 混凝土的收缩和膨胀

当混凝土长期在水中硬化时，会产生微量的膨胀。当混凝土在空气中硬化时，混凝土中的水分会逐渐蒸发，体积发生收缩。混凝土的这种湿胀、干缩变形现象是由于混凝土中水分的变化而引起的。混凝土的收缩和膨胀对结构物的危害较大，它可使混凝土表面出现较大的拉应力，从而引起表面开裂，对混凝土产生不利的影响。

4. 耐久性

混凝土具有良好的耐磨、抗冻、抗风化、抗化学腐蚀等性能。在特殊条件下使用的混凝土，可以采取加入相应有效的抗腐蚀材料，增强其抗腐蚀性，达到长久使用的目的。

5. 混凝土强度的正确检验

对于所浇混凝土强度比较正确的检验方法是：对浇灌时取出的三块试样，在同等条件下进行抗压强度试验，最后计算出三块试样的平均值，作为混凝土抗压强度。如果三块试样中最大值与最小值误差大于 20g，则按两个最大值的平均值计算。

三、杆塔基础受力分析与计算

杆塔基础是指建筑在土壤里的杆塔地下部分的总和。对杆塔基础的基本要求是稳固，防止杆塔上拔、下沉和倾倒，确保架空线路安全、可靠的运行。

1. 杆塔基础的受力分析

杆塔基础包括电杆基础和铁塔基础两种。在配电中最常用的是电杆基础。根据基础的受力不同（上拔力、下压力和倾覆力），可以将基础分为下压基础、上拔基础和倾覆基础三种。

（1）下压式基础。承受向下压力的基础称为下压式基础，如底盘及下部土壤。通常 12m 以下的电杆在土质良好的情况下不用底盘。是否采用底盘以及底盘的面积取决于电杆系统的下压力、土壤的地耐力和基础的安全系数等。

（2）上拔式基础。荷载力为上拔力的基础叫上拔式基础，如拉线盘基础、转角铁塔外塔腿基础。通常情况下，配电线路拉盘的埋深可选择 1.2～1.5m，经验表明，考虑到土方量及实际效果，拉盘的埋深不要超过拉盘宽度的 3 倍。拉线盘在拉线坑的放置可采用平放或斜放，但斜放的效果较好。

（3）倾覆基础。抵抗杆塔因外力作用而倾倒的基础称为倾覆基础，该类基础主要承受倾覆力矩，如无拉线电杆基础、整体式铁塔基础。对于混凝土电杆，常采用加装卡盘、打拉线的方法来防止电杆倾覆，相比之下，拉线的效果更好。

2. 杆塔基础的计算

下面以配电线路电杆为例，说明其稳定计算的方法。

（1）电杆埋深计算。电杆在土壤中固定，当受到外力所引起的力矩作用时，电杆埋入地下部分就会围绕某一点转动，但这一转动将被土壤侧面反作用力所产生的力矩抵消。但如果电杆埋深不够，则会由于其受外力作用而导致歪斜甚至倾斜。由此可见，电杆高度与深埋有直接关系。电杆越高，埋入土中部分就越深，抗倾覆力也就越大，相反就越少。

电杆埋深计算时，应先计算电杆基础的极限倾覆力矩，该数值应大于电杆在地面处的弯矩乘以安全系数，如不合格即需装设卡盘或增加埋杆深度。不设卡盘的电杆，其埋深 h_0 可按式（ZY0800102005-1）进行计算

$$h_0=\sqrt[3]{\frac{\mu MK}{mb}}\ \text{（m）} \qquad \text{（ZY0800102005-1）}$$

式中　K——基础安全系数，规程中规定电杆基础的上拔和倾覆稳定安全系数不应小于直线杆 1.5、耐张杆 1.8、转角杆（或终端杆）2.0；

M——外作用力矩，N·m；

m——被动土抗力，硬塑黏土 m=61.5kN/m^3；

b——电杆埋入地下部分的计算宽度，m，对单根是等于埋入部分直径的 2 倍；

μ——系数，一般取 μ=12.7。

（2）电杆底盘的下压稳定计算。电杆底盘作为钢筋混凝土杆承压基础，电杆下压力通过底盘传给地基。因此，底盘面积的选择应使地基承受的压应力σ不超过许可耐压力［σ］。底盘面积可按式（ZY0800102005-2）计算

$$A\geqslant\frac{N+Q+G_0}{[\sigma]} \qquad \text{（ZY0800102005-2）}$$

式中　A——底盘面积，m^2；

N——作用在基础的下压力，kN；

Q——基础自重，kN；

G_0——基础底面正上方的土重力，kN；

$[\sigma]$——修正后的许可耐压力，kPa。

设底盘的钢筋按纵横布置，横向钢筋平衡弯矩为 M_1，纵向钢筋平衡弯矩为 M_2，则每个方向钢筋的截面积 A_g，按单层布筋时为

$$A_g=\frac{KM}{0.875h_0R_g}\times10^{-3} \qquad \text{（ZY0800102005-3）}$$

式中　A_g——钢筋截面，m^2；

M——横向或纵向上的断面弯矩，kN·m；

R_g——钢筋抗拉设计强度，MPa；

K——强度安全系数。

为便于选用和估计用料，将底盘的常用规格列于表 ZY0800102005-2 中。

表 ZY0800102005-2　　**底 盘 常 用 规 格**

规格 $l\times b\times h_1$（m）	底盘质量 （kg）	底[illegible]体[illegible]积 （[illegible]n^3[illegible]	主[illegible]筋数[illegible] A_3 根数[illegible]ϕd（[illegible]nm）	[illegible]钢筋质量 （kg）	极限耐压力 （kN）
0.6×0.6×0.18	155	0[illegible]06[illegible]	12×ϕ[illegible]	2.0	215.7
0.8×0.8×0.18	280	0[illegible]11[illegible]	16×ϕ[illegible]	5[illegible]6（4.0）	294.2
1.0×1.0×0.18	395	0[illegible]15[illegible]	[illegible]20×ϕ[illegible]0	1[illegible].8（9.8）	392.3
1.2×1.2×0.21	625	0[illegible]24	[illegible]24×ϕ[illegible]0	19[illegible]8（14.6）	470.7
1.4×1.4×0.21	825	0[illegible]32	[illegible]28×ϕ[illegible]0	25[illegible]8（18.6）	490.3
1.6×1.6×0.21	1090	[illegible]43	[illegible]28×ϕ[illegible]0	29[illegible]3（23.0）	510.0

【例 ZY0800102005-1】试对某线路无拉线单柱直线杆进行下压计算。已知：（1）土壤特性资料：亚砂土、坚硬、无地下水，由此可查表得：γ=18kN/m^3，［σ］=250kPa；（2）电杆上各种垂直下压力 N=140kN；（3）电杆埋深 h_0=3.0m，杆腿外径 D=0.4m；（4）试选底盘尺寸为 1m×1m×0.18m，查表 ZY0800102005-2 得底盘重力 Q=395×9.81=3875N≈4kN，极限耐压力为 392.3kN。

解：底盘上土体体积 $V=1\times1\times(h_0-h_1)=1\times1\times(3-0.18)=2.82$（m^3）

底盘上的土体重力 $G_0=V\gamma=2.82\times18=50.76$（kN）

许可耐压力校验：

$\sigma=\dfrac{N+Q+G_0}{A}=\dfrac{140+4+50.76}{1\times1}=194.76\text{kPa}<[\sigma]=250\text{kPa}$，许可耐压合格。

底盘强度校验：极限耐压力 392.3kN>总压力 $N+Q+G_0$=194.76kN，合格。

（3）电杆拉线盘或地横木的上拔稳定计算。电杆拉线盘或地横木埋深应根据拉线的最大拉力以及土质情况而计算，并满足安全系数的要求。在拉线盘或地横木受拉线的张力时，按不同土壤性质有不同的上拔角，形成一个锥形体土堆，如图 ZY0800102005-2 所示。其验算抗拔力的计算公式为

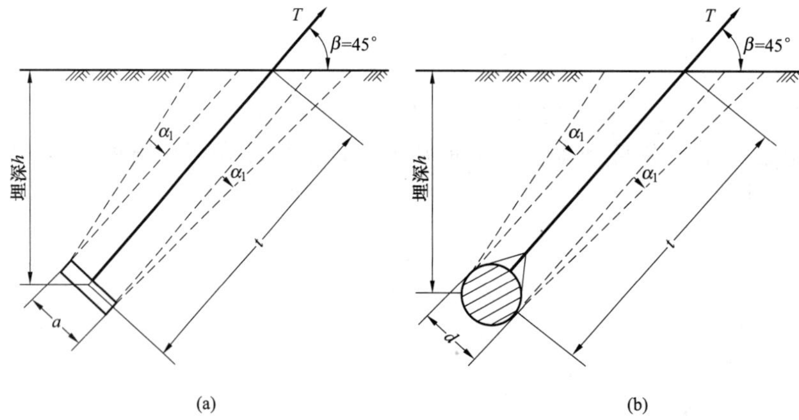

图 ZY0800102005-2 拉线盘或地横木埋深及承受力

（a）拉线盘；（b）地横木

$$K\geqslant\frac{(Q+G)\sin\beta}{T}\times10^4 \tag{ZY0800102005-4}$$

$$G=\left[alt+(a+h)t^2\tan\alpha_1+\frac{4}{3}t^3\tan^2\alpha_1\right]\gamma \tag{ZY0800102005-5}$$

式中 K——基础稳定安全系数，其中耐张杆 K=1.8，转角杆或终端杆 K=2.0；

T——拉线盘所受的拉力，N；

Q——拉线盘的自重，t；

G——倒截锥体土重，t；

a——拉线盘宽度，m；

l——拉线盘长度，m；

t——土中斜向的长度，$t=h/\sin\beta$，m；

h——拉线盘或地横木中央距地面的深度，m；

β——拉线盘受力方向与水平面的夹角，即计算抗剪角。

式（ZY0800102005-4）和式（ZY0800102005-5）也适用于地横木的抗拔力验算，其中的 a 应为地横木直径 d，单位为 m。

拉线盘或地横木在拉线张力 T 的作用下，其抗弯强度也应按式（ZY0800102005-6）进行验算

$$\sigma_w=\frac{M_{max}}{W_z}\leqslant[\sigma_w] \tag{ZY0800102005-6}$$

$$M_{max}=\frac{gl^2}{8}\text{（土质较差地区）} \tag{ZY0800102005-7}$$

$$M_{max}=\frac{Tl}{4}\text{（土质坚硬地区）}\qquad\text{（ZY0800102005-8）}$$

其中
$$W_z=ah^2/6$$

式中　σ_w ——最大弯曲应力，N/mm²；

M_{max} ——最大弯矩，N·m；

W_z——抗弯截面模量，地横木 $W_z=0.1d^3$，mm³；

h ——拉线盘的高度（厚度）；

［σ_w］——允许弯曲应力，根据制造厂规定；

g——均布载荷，$g=T/l$，N/m；

l ——拉线盘或地横木长度，m；

T ——拉线张力，N。

【思考与练习】

1. 土壤的力学特性有哪些？
2. 混凝土的特性有哪些？
3. 何谓杆塔基础？根据基础的受力情况不同，可把基础分为哪几种？

模块 6　安全系数和最大使用应力（ZY0800102006）

【模块描述】本模块包含导线的机械特性、最大允许应力、最大使用应力与最小允许安全系数等内容。通过概念讲解和定量分析，熟悉导线的最大允许应力、最大使用应力和最小允许安全系数的概念，掌握最大使用应力的确定方法和规程对确定最小允许安全系数的要求。

【正文】

一、导线的机械特性

导线的特性参数是指导线的瞬时破坏应力σ_p、弹性系数E、温度线膨胀系数α以及密度γ等数据。这些特性参数是对导线进行机械计算的重要依据，一般可从有关资料或手册中得到。

（1）导线的瞬时破坏应力σ_p。对导线做拉伸试验时，将测得的瞬时拉断力除以导线的截面积，即得导线的瞬时破坏应力σ_p，计算公式为

$$\sigma_p=\frac{T_p}{A}\ \text{（N/mm}^2\text{）}\qquad\text{（ZY0800102006-1）}$$

式中　T_p——导线的瞬时拉断力，N；

A——导线的截面积，mm²。

对于钢芯铝绞线来说，其瞬时破坏应力指的是综合瞬时破坏应力σ_p，可以通过下面的经验公式求得

$$\sigma_p=\frac{\eta_a A_a\sigma_{ap}+\eta_s A_s\sigma_{sp}}{A_a+A_s}\ \text{（N/mm}^2\text{）}\qquad\text{（ZY0800102006-2）}$$

式中　η_a ——铝线绞合引起的强度损失系数，37 股以下绞线η_a=0.95，37 股以上绞线η_a=0.9；

η_s ——钢绞线绞合引起的强度损失系数，取η_s=0.85；

σ_{ap} ——铝单线的抗拉强度，N/mm²；

σ_{sp} ——钢线的抗拉强度，N/mm²；

A_a ——铝部的截面积；

A_s ——钢部的截面积。

（2）导线弹性系数E。是指在弹性限度内，导线受拉力作用时，其应力σ与应变ε的比例系数E。钢芯铝绞线的弹性系数是一个综合弹性系数，可按式（ZY0800102006-3）计算

式中 E_s——单股钢线的弹性系数，N/mm²；

E_a——单股铝线的弹性系数，N/mm²；

a——导线铝和钢的截面比，LGJ 型 a=5.3～6.0，LGJQ 型 a=8.0，LGJJ 型 a=4.3～4.4。

（3）导线温度线膨胀系数α。是指导线温度升高 1℃时长度伸长的相对值，公式表示为

$$\alpha=\frac{\varepsilon}{\Delta t}\ (1/℃) \tag{ZY0800102006-4}$$

式中 ε——温度变化引起的导线相对变形量；

Δt——温度变化量，℃。

钢芯铝绞线的温度线膨胀系数α，可按式（ZY0800102006-5）计算

$$\alpha=\frac{\alpha_s E_s+a\alpha_a E_a}{E_s+aE_a}\ (1/℃) \tag{ZY0800102006-5}$$

式中 α_s、α_a——单股钢、铝线的温度热膨胀系数，1/℃；

α——导线铝钢截面比。

（4）导线密度。导线一般为单质或多质材料制造的多股绞线。对于单质材料绞线，密度即为原材料密度；但对多质材料的绞线，由于材质密度不同，截面比不同，故一般不列出密度。

二、导线的最大允许应力

导线的最大允许应力是指导线机械强度允许的最大应力，用［σ_m］表示。在《10kV 及以下架空配电线路设计技术规程》（DL/T 5220—2005）中规定：导线设计的最小安全系数，在重要地区 K=3，在一般地区 K=2.5。所以，导线的最大允许应力为

$$[\sigma_m]=\frac{T_p}{KA}=\frac{\sigma_p}{2.5} \tag{ZY0800102006-6}$$

式中 ［σ_m］——导线最低点的最大允许应力，N/mm²；

T_p——导线的计算拉断力，N；

A——导线的计算截面，mm²；

σ_p——导线的计算破坏应力，N/mm²；

K——导线最小允许安全系数，取 2.5。

三、导线的最大使用应力和最小允许安全系数

在一条线路的设计、施工过程中，一般应使导线在各种气象条件中，当出现最大应力时的应力恰好等于导线的最大允许应力。但是由于地形或孤立档等条件限制，有时必须把最大应力控制在比最大允许应力小的某一水平上，即安全系数 K>2.5。设计时所取定的最大应力气象条件下导线应力的最大使用值，称为最大使用应力，用σ_m表示，其计算式为

$$\sigma_m=\frac{\sigma_p}{K} \tag{ZY0800102006-7}$$

式中 σ_m——导线最低点的最大使用应力，N/mm²；

σ_p——导线的瞬时破坏应力，N/mm²；

K——导线的安全系数，一般规定架空线路导线的设计安全系数不应小于 2.5，避雷线的安全系数宜大于导线的安全系数。

由式（ZY0800102006-7）可知，当 K=2.5 时，有σ_m=［σ_m］，称导线按正常应力架设；当 K>2.5 时，则σ_m<［σ_m］，称导线按松弛应力架设。

工程中，一般导线安全系数均取 2.5，但变电所进出线档的导线最大使用应力常受变电所进出线构架的最大允许拉力控制；对档距较小的其他孤立档，导线最大使用应力则往往受紧线施工时的允许过牵引长度控制；对个别地形高差很大的耐张段，导线最大使用应力又受导线悬挂点应力控制。这些情况下，导线的安全系数均大于 2.5，为松弛应力架设。导线的应力是随气象条件变化的，当导线最低点在最大使用应力气象条件下的应力为最大使用应力时，其他气象条件时的应力必小于最大使用应力。根据《10kV 及以下架空配电线路设计技术规程》（DL/T 5220—2005）规定：导线的设计安全系数不应

小于表 ZY0800102006-1 所列数值；绝缘导线及悬挂绝缘导线的钢绞线的设计安全系数均不应小于 3。

表 ZY0800102006-1　　导线设计的最小安全系数

导 线 种 类	单股	多 股	
		一般地区	重要地区
铝绞线、钢芯铝绞线及铝合金线	—	2.5	3.0
钢绞线	2.5	2.0	2.5

【思考与练习】

1. 何谓导线的瞬时破坏应力？如何计算？
2. 如何确定导线的最大允许应力、最大使用应力和最小安全系数？

模块 7　电线集中荷载的受力分析与计算（ZY0800102007）

【模块描述】本模块介绍有集中荷载时导线弧垂和应力的特点、导线弧垂和应力的计算。通过定性和定量分析，熟悉有集中荷载时导线弧垂和应力的特点，了解有集中荷载时导线弧垂和应力的计算方法。

【正文】

一、有集中荷载时导线弧垂和应力的特点

在导线的弧垂应力计算中，所采用的计算公式都是导线上荷载为均匀分布的情况。对导线截面为 120mm^2 及以上、避雷线 50mm^2 及以上的线路，在进行带电作业时，有时使用软硬绝缘梯悬挂在导线上，均使导线承受集中荷载，引起应力和弧垂增大，影响导线的强度和对地面的距离及作业人员的安全。因此，必须对兼受集中荷载的导线进行弧垂、应力变化的计算，校验导线强度及对地面、跨越物的安全距离。

兼有集中荷载时，导线的弧垂和应力有如下特点：

（1）对于某一档距，当集中荷载处于档距中点时，导线的应力最大。

（2）对于受集中荷载作用的耐张段，档数越少，导线应力增加越多，以孤立档的导线应力为最大。

（3）当集中荷载作用于耐张段中较大的档距中时，导线应力也增加较多。

（4）六级以下的风（六级以上不许登杆进行高空作业）对受集中荷载作用的导线应力计算结果影响不大，可忽略不计。

因此，若需在耐张段中某一档上人作业，则可取档距中央点验算，如验算符合要求，则档中其他各点也必然符合要求。如耐张段中各档均需上人作业时，可取档距最大的一档中央进行验算，此档若安全，则其他各档必然安全。

二、有集中荷载时导线应力的计算

一个连续多档的耐张段中，在某档导线上作用有集中荷载，其导线的应力可按状态方程式计算。这时将集中荷载作用前的气温、比载及应力作为已知条件，集中荷载作用后的应力为待求条件，即

$$\sigma_2-\frac{Eg^2l_0^2}{24\sigma_2^2}-\frac{l_xQ(Q+l_xgA)E}{8A^2\sigma_2^2\Sigma l_i}=\sigma_1-\frac{Eg^2l_0^2}{24\sigma_1^2}-\alpha E(t_2-t_1)\qquad(ZY0800102007\text{-}1)$$

式中　σ_1、σ_2——分别为集中荷载作用前和作用后的导线应力，N/mm^2；

t_1、t_2——分别为集中荷载作用前和作用后的气温，℃，一般取 $t_1=t_2$；

Q——集中荷载，N，取工器具及人员总重的 1.3 倍（1.3×120kg=156kg），1.3 为冲击系数；

l_0——耐张段的代表档距，m；

l_x——集中荷载作用档的档距，m；

Σl_i——耐张段长度，m；

g——导线的比载，N/（m·mm^2）；

α ——导线的热膨胀系数，1/℃。

按式（ZY0800102007-1）计算得到导线受集中荷载作用后的应力σ_2后，其强度安全系数K必须满足式（ZY0800102007-2）要求

$$K=\frac{\sigma_p}{\sigma_2}\geqslant 2.5 \qquad (ZY0800102007\text{-}2)$$

式中 σ_p——导线的计算破坏应力，MPa。

挂软梯等上人工作，所挂的导线、避雷线一般截面不应小于：钢芯铝绞线 120mm²，铜绞线 70mm²，钢绞线 50mm²。

三、有集中荷载时导线弧垂的计算

当需验算集中荷载作用点对地或交叉跨越物的垂直距离时，集中荷载作用点的弧垂可按式（ZY0800102007-3）计算，其中点弧垂可按式（ZY0800102007-4）来计算

$$f_x=\frac{g}{2\sigma_2}l_a l_b+\frac{Q}{l_x\sigma_2 A}l_a l_b \qquad (ZY0800102007\text{-}3)$$

$$f_0=\frac{gl^2}{8\sigma_2}+\frac{Ql}{4\sigma_2 A} \qquad (ZY0800102007\text{-}4)$$

式中 Q——集中荷载，N，取工器具及人员总重的 1.3 倍（1.3×120kg=156kg）；

σ_2——集中荷载作用后的导线应力，N/mm²；

l_x——集中荷载作用档的档距，m；

g——导线的比载，N/（m·mm²）；

A——导线截面积，mm²；

l_a、l_b——分别为集中荷载作用点距两侧导线悬点的水平距离，m。

【思考与练习】

1. 有集中荷载时导线的弧垂和应力有什么特点？
2. 有集中荷载时导线的弧垂和应力如何计算？

模块 8 导线断线张力的概念（ZY0800102008）

【模块描述】本模块介绍导线断线张力的概念和计算。通过概念讲解和方程式介绍，掌握导线断线张力的概念，了解导线断线张力计算的方法。

【正文】

一、导线断线张力的概念

断线张力就是指导线发生断线后剩余各档导线张力衰减后的剩余张力。架空线路的导线（避雷线）由于机械损伤、外力破坏、雷击、振动、严重覆冰或大风等原因，都可能引起断线事故。断线后断线杆塔所承受的断线张力，属于事故情况下的不平衡张力（若线路有避雷线，断线后导线的不平衡张力又导致避雷线产生反作用的不平衡张力）。对于采用固定横担、固定线夹和悬垂绝缘子串的线路，断线档两侧的直线杆塔受到的不平衡张力将使悬垂绝缘子串甚至杆塔沿顺线路方向发生偏斜，如图ZY0800102008-1 所示。由于杆塔及绝缘子串的偏斜，导线悬挂点依次发生的位移δ_i将随着杆塔离开断线点距离的增加而逐渐减小，结果使各档导线的档距l缩小，从而使档中导线松弛，弧垂增大，张力减小。

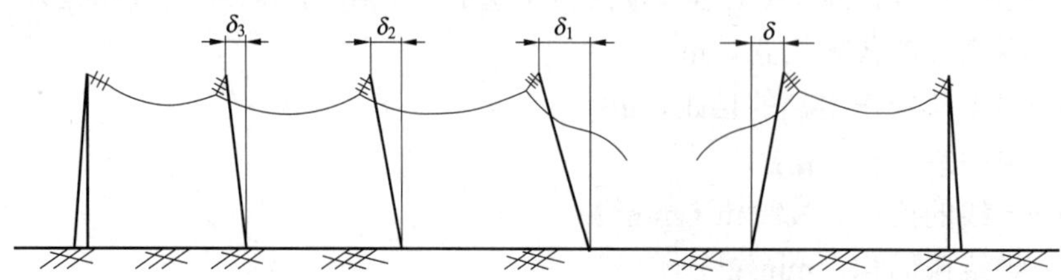

图 ZY0800102008-1 线路断线后的情况

由于断线档导线张力为零，所以紧靠断线档第一基直线杆塔上的不平衡张力最大，其值等于第一档的断线张力。所以，在工程中除特别指明外，直线杆塔的断线张力均指相邻断线档第一档的导线张力。

二、导线断线张力的计算

运行经验表明，断线原因多是与线路无关的外因，因为大导线和避雷线断线的几率是很低的。在线路设计时，如果没有考虑防范导线断线造成的各种可能，则一旦断线将使事故扩大，造成整个耐张段倒杆，修复较慢，因此，线路设计时应考虑一根或两根导线断线时的事故情况。对于非直线杆塔，当邻档断线时，杆塔所受不平衡张力，就是另一侧导线在事故前的正常张力值，因为这些杆塔一般都是刚性的，导线的悬挂点是不偏移的，因此断线张力主要考虑直线杆塔。对于中压配电线路的直线杆，通常装设的是针式绝缘子，针式绝缘子的铁脚是个薄弱环节，在断线时铁脚可能被拔脱或者损坏，导线也可能在绑扎处滑出，所以，只有使用悬式绝缘子的直线杆塔才需要计算断线张力。

断线后，断线张力的大小与断线后的剩余档数多少有关。剩余档数多，支持不平衡张力的杆塔多，各杆塔分配的不平衡张力值就小，各档张力衰减得慢，断线张力相对就较大；反之，剩余档数少，断线张力就小。因此，断线后剩余一档时，悬垂绝缘子串偏斜所引起的悬点偏移全部促使导线松弛而弧垂大增，导线张力大大衰减，断线张力很小。当剩余档超过 5 档以上时，导线张力的衰减很小，故工程上一般按 5 档计算断线张力。

影响断线张力的因素很多，计算起来比较困难，因此，工程上一般采取通用曲线法（是在图解法的原理基础上得出的求取紧靠断线档第一档的断线张力的方法）和简化计算法求解断线张力。

下面仅就悬挂点等高、等档距、固定横担、固定悬垂线夹下的静态断线张力计算方法进行介绍。

（1）条件。假定某耐张段共 K+1 档，每档等高且等档距。现 K+1 档断线，邻近断线点的第 K 档的电线张力衰减最多，但第 K 基直线塔上的不平衡张力差最大且等于断线后第 K 档的水平张力，故常称该张力为断线张力。

（2）求解方程和求解方法。断线后剩余档的档距均将缩短，不考虑弹性模量的影响，设第 i 档的档距缩短量为Δl_i，第 i 档电线水平张力 T_{i0} 的简化方程式为

$$T_{i0}=\sqrt{\frac{g^2(l_0+\Delta l_i)^3}{24\left(\dfrac{g^2l_0^3}{24T_0^2}+\Delta l_i\right)}}\times A\text{（N）}\qquad\text{（ZY0800102008-1）}$$

式中　T_0、T_{i0}——分别为断线前耐张段内的电线水平张力和断线后第 i 档电线的水平张力，N；

A——电线的截面积，mm^2；

g——断线后导线单位长度上的荷载，N/m；

l_0、Δl_i——分别为耐张段内等档距和第 i 档断线后的缩短量，m，档距短时 Δl_i 为正值。

由于不考虑弹性伸长，求得的数值要比真实的情况小一些。

根据式（ZY0800102008-1）可列出 K 个方程，但每个方程有两个未知量，尚需列出 K 个方程才能求解。这些方程可以从 K 基直线塔上电线悬挂点偏距与两侧张力间的关系得到。当第 i 基塔电线悬垂绝缘子串有不平衡张力差时，悬垂绝缘子串及杆塔将向大张力侧偏斜，不计杆塔的挠度影响，可写出悬挂点偏距 δ_i 的计算式为

$$\delta_i=\Delta l_1+\cdots+\Delta l_i=\frac{\lambda(T_{i0}-T_{(i+1)0})}{\sqrt{\left(gl_0+\dfrac{G}{2}\right)^2+[T_{i0}-T_{(i+1)0}]^2}}\qquad\text{（ZY0800102008-2）}$$

式中　λ、G——分别为悬垂串的长度及荷载；

gl_0——作用于电线悬垂点的垂直荷载，对靠近断线档的第 K 基塔，由于一侧电线断线落地，垂直荷载为其近似值。

最大值；② 断线后的张力随档距的增大而增大；③ 档距较小时，因不计弹性变形所得的断线张力误差较大。

【思考与练习】

1. 何谓导线的断线张力？其特点如何？
2. 如何计算导线的断线张力？其变化特性有哪些？

第三部分

配电线路结构及其元件

国家电网公司
生产技能人员职业能力培训专用教材

第四章　配电线路元件的运行、检修要求

模块 1　配电线路元件的运行、检修规程要求（ZY0800301001）

【模块描述】本模块介绍相关规程对配电线路元件的运行、检修基本要求。通过要点归纳和分类说明，熟悉配电线路元件的运行要求和线路检修的基本原则，掌握有关规范和规程中对配电线路元件检修的基本要求。

【正文】

一、配电线路元件的运行要求

（一）架空导线

（1）配电导线截面可按允许电压损失来选择，但导线最小允许截面或直径不应小于表 ZY0800301001-1 中所列数值。高压配电线路不应采用单股铜线；低压线路不应使用单股铝线和铝合金线。

表 ZY0800301001-1　　导线最小允许截面（mm²）或直径（mm）

导线种类	高压		低压
	居民区	非居民区	
铝及铝合金	35	25	16
钢芯铝线	25	16	16
铜线	16	16	3.2（直径）

（2）架空配电线路导线一般采用三角排列或水平排列。多回路导线应采用三角、水平混合排列或垂直排列。低压线路应采用水平排列。城镇高低压配电线路，应同杆敷设。

（3）配电线路常见档距下导线的最小线间距离应根据运行经验确定，在缺少资料时，可参考表 ZY0800301001-2 所列数值。

表 ZY0800301001-2　　配电线路常见档距下导线的最小线间距离　　m

电压 \ 导线档距	裸线							绝缘线
	40 及以下	50	60	70	80	90	100	不大于 50
中压	0.60	0.65	0.70	0.75	0.85	0.90	1.00	0.50
低压	0.30	0.40	0.45	—	—	—	—	0.30

同杆架设双回路或多回路时，其横担间垂直距离应不小于表 ZY0800301001-3 所列数值。

表 ZY0800301001-3　　同杆架设双回路或多回路时横担间的最小垂直距离　　m

电压 \ 导线及杆型	裸线		绝缘线	
	直线杆	分支或转角杆	直线杆	分支或转角杆
中压与中压	0.8	0.6	0.5	0.2/0.3*
中压与低压	1.2	1.0	1.0	—

（4）三相导线弧垂应力求一致，弧垂误差不得超过设计值的–5%或+10%；一般档距导线弧垂相差不应超过 50mm。导线通过的最大负荷电流不应超过其允许电流。

（5）导（地）线接头无变色和严重腐蚀，连接线夹螺栓应紧固。导（地）线应无断股；7 股导（地）线中的任一股导线损伤深度不得超过该股导线直径的 1/2；19 股及以上导（地）线，某一处的损伤不得超过 3 股。

（6）导线过引线、引下线对电杆构件、拉线、电杆间的净空距离，不应小于下列数值：1～10kV 为 0.2m；1kV 以下为 0.1m。每相导线过引线、引下线对邻相导体、过引线、引下线的净空距离，不应小于下列数值：1～10kV 为 0.3m；1kV 以下为 0.15m。高压（1～10kV）引下线与低压（1kV 以下）线间的距离，不应小于 0.2m。

（7）接户线的绝缘层应完整，无剥落、开裂等现象；导线不应松弛；每根导线接头在一个档距内不应多于 1 个。且应用同一型号导线相连接。接户线的支持构架应牢固，无严重锈蚀、腐朽。

（8）对架空绝缘导线的要求。

1）导线排列方式及档距。架空绝缘线路的导线排列与裸导线线路基本相同，可分为三角、垂直和水平排列。分相架设的中压绝缘线路采用任一种均可以，中压绝缘线路可单回路架设，也可以多回路同杆架设。中、低压架空绝缘线路的档距不宜大于 50m，中压耐张段的长度不宜大于 1km。

2）绝缘导线的相间距离。由于架空绝缘导线有良好的绝缘性能，因此相间距离比裸导线线路要小，一般中压架空绝缘配电线路的相间距离应不小于 0.4m，采用绝缘支架紧凑型架设不应小于 0.25m。中压架空绝缘线路的跨接搭头、引下线与邻相的过引线及低压线路的净空距离，以及架空绝缘导线与电杆拉线或构架的净空距离不小于 0.2m。中压架空绝缘线路与 35kV 及以上线路同杆架设时，两线路导线间的最小垂直距离：与 35kV 线路同杆架设时不小于 2.0m；与 110kV 线路同杆架设时不小于 3.0m。

3）10kV 绝缘导线的长期允许最高工作温度要求：高密度聚乙烯绝缘导线 90℃，高密度聚乙烯绝缘 70℃。1kV 及以下架空绝缘线路的长期允许工作温度要求：PVC 及 PE 绝缘应不超过 70℃；XLPF 绝缘应不超过 90℃。

4）绝缘导线的接头要求：① 压缩连接接头的电阻不应大于等长导线电阻的 1.2 倍，机械连接接头的电阻不应大于等长导线电阻的 2.5 倍，档距内压缩接头的机械强度不小于导体计算拉断力的 90%；② 导线接头应紧密、牢固，不应有重叠、弯曲、裂纹及凹凸现象。

模块1 ZY0800301001

（二）杆塔和横担

（1）杆塔位移与倾斜的允许范围：

1）杆塔偏离线路中心线不应大于 0.1m。

2）木杆与混凝土杆倾斜度（包括挠度）：转角杆、直线杆不应大于 15/1000；转角杆不应向内角倾斜；终端杆不应向导线侧倾斜，向拉线侧倾斜应小于 200mm。

（2）铁塔倾斜度：50m 以下应小于 10/1000；50m 及以上应小于 5/1000。

（3）混凝土杆不应有严重裂纹、流铁锈水等现象，保护层不应脱落、酥松、钢筋外露，不宜有纵向裂纹，横向裂纹不宜超过 1/3 周长，且裂纹宽度不宜大于 0.5mm；木杆不应严重腐朽；铁塔不应严重锈蚀，主材弯曲度不得超过 5/1000，各部螺栓应紧固，混凝土基础不应有裂纹、酥松、露筋。

（4）横担上下歪斜、左右扭斜幅度，不应大于横担长度的 2%。

（三）绝缘子和金具

（1）绝缘子、瓷横担应无裂纹，釉面剥落面积不应大于 100mm^2，瓷横担线槽头端头釉面剥落面积不应大于 200mm^2，铁脚无弯曲，铁件无严重锈蚀。

（2）绝缘子应根据地区污秽等级和规定的泄漏比距来选择其型号，并验算表面尺寸。

（3）所有金具一般都是由铸钢或可锻铸铁制成，并要求镀锌良好、无毛刺、无砂眼、无裂纹、无变形、规格适合、不缺件、无锈蚀。其强度安全系数：线路正常状况应不小于 2.5；线路事故情况下应不小于 1.5。

（四）拉线

（1）拉线一般采用镀锌钢绞线制作，截面不得小于 25mm^2，应无断股、松弛和严重锈蚀现象。

（2）水平拉线对通车路面中心的垂直距离不应小于 6m。拉线柱的倾斜角一般为 20°，拉线柱的埋深为全长的 1/6。

（3）拉线与电杆的夹角一般采用 45°，如受地形限制可适当减少，但不应小于 30°。

（4）拉线棒应无严重锈蚀、变形、损伤及上拔等现象。

（5）拉线基础应牢固，周围土壤无突起、沉陷、缺土等现象。

（五）电气设备

1. 配电变压器

（1）变压器的声响应正常。变压器通电后就有“嗡嗡”的响声，这是由于交流电通过变压器绕组时，在铁芯里产生周期性变化的交变磁通，从而引起铁芯振动的结果，这种声响是正常的。当变压器内部或外部发生故障时，如变压器过负荷、变压器个别零件松动、内部接触不良或有击穿的地方以及系统短路等，都会产生其他杂音。

（2）变压器应无漏油渗油现象，其油位及油的颜色应正常。变压器油的作用是绝缘和散热。合格的油色是淡黄色，油位应指示在相应的监视线上。为了保证配电变压器正常运行，对变压器油应定期检验。一般 3 年至少检查一次，其质量标准应符合有关规定。

（3）套管应保持清洁完好。变压器的套管应保持清洁、无裂纹、无破损和放电痕迹。当变压器的套管存在上述缺陷时，在小雨或大雾和降湿雪天气时，瓷套管的泄漏电流就会增加，绝缘也相应下降，甚至会产生对地闪络。

2. 柱上油断路器

柱上油断路器是配电线路中的一种电气设备，可用来带负荷拉开或接通电路，还可断开故障时的短路电流。对柱上油断路器有如下要求：

（1）柱上油断路器应该有明确的拉、合闸标志。

（2）各相引线要有良好的绝缘，且要留有防水弯。

（3）套管应保持清洁，无裂纹，无破损，无渗油、漏油现象。

（4）安装断路器的支架应牢固。

（5）装设断路器的电杆脚钉应完整无缺。

（6）拉合断路器时，应使用绝缘杆或绝缘绳，操作人员应与带电部分保持足够的安全距离。

（7）断路器外壳应接地良好，经常开路的断路器须在两侧加装避雷器。

二、配电线路元件的检修要求

架空线路的检修是根据巡线报告及检查与测量的结果所进行正规的预防性修理工作。其目的是消除在线路的巡视与检查中所发现的各种缺陷，预防事故的发生，确保安全供电。线路检修必须坚持“预防为主、安全第一、质量第一”的方针，按照计划检修与状态检修并重和应修必修、修必修好的原则，把周期检修和诊断检修结合起来，不断改善设备技术状况，提高设备技术性能。

下面以 35kV 及以下架空电力线路施工及验收规范和架空绝缘配电线路施工及验收规程中的有关内容说明配电线路元件的检修要求与规定。

（一）架空导线

1. 35kV 及以下架空电力线路施工及验收规范中的有关内容

（1）导线在同一处损伤需进行修补时，损伤补修处理标准应符合表 ZY0800301001-4 的规定。

表 ZY0800301001-4　导线损伤补修处理标准

导线类别	损伤情况	处理方法
铝绞线	导线在同一处损伤程度已经超过规定，但因损伤导致强度损失不超过总拉断力的 5%时	以缠绕或修补预绞丝修理
铝合金绞线	导线在同一处损失的强度损失超过总拉断力的 5%，但不超过 17%时	以补修管补修
钢芯铝绞线	导线在同一处损伤程度已经超过规定，但因损伤导致强度损失不超过总拉断力的 5%，且截面积损伤又不超过导电部分总截面积的 7%时	以缠绕或修补预绞丝修理

(2) 采用缠绕处理时，应将受损伤处的线股处理平整；应选与导线同金属的单股线为缠绕材料，其直径不应小于 2mm；缠绕中心应位于损伤最严重处，缠绕应紧密，受损伤部分应全部覆盖，其长度不应小于 100mm。

(3) 采用补修预绞丝补修时，应将受损伤处的线股处理平整；补修预绞丝长度不应小于 3 个节距，或应符合现行国家标准中有关预绞丝的规定；补修预绞丝的中心应位于损伤最严重处，且与导线接触紧密，损伤处应全部覆盖。

(4) 采用补修管补修时，应将损伤处的铝（铝合金）股线先恢复其原绞制状态；补修管的中心应位于损伤最严重处，需补修导线范围应于管内各 20mm 处。当采用液压施工时，应符合国家现行标准《架空送电线路导线及避雷线液压施工工艺规程》(SDJ 226—1987) 的规定。

(5) 导线在同一处损伤有下列情况之一者，应将损伤部分全部割去，重新以直线接续管连接：① 连续损伤其强度、截面积虽未超过第（4）条以补修管补修的规定，但损伤长度已超过补修管能补修的范围；② 钢芯铝绞线的钢芯断一股；③ 导线出现灯笼的直径超过导线直径的 1.5 倍而又无法修复；④ 金钩、破股已形成无法修复的永久变形。

(6) 不同金属、不同规格、不同绞制方向的导线严禁在档距内连接。

(7) 10kV 及以下架空电力线路的导线紧好后，弧垂的误差不应超过设计弧垂的±5%。同档内各相导线弧垂宜一致，水平排列的导线弧垂相差不应大于 50mm。

(8) 导线的固定应牢固、可靠，且应符合：

1) 直线转角杆。对针式绝缘子，导线应固定在转角外侧的槽内；对瓷横担绝缘子导线应固定在第一裙内。

2) 直线跨越杆。导线应双固定，导线本体不应在固定处出现角度。

3) 裸铝导线在绝缘子或线夹上固定应缠绕铝包带，缠绕长度应超出接触部分 30mm。铝包带的缠绕方向应与外层线股的绞制方向一致。

(9) 10kV 及以下架空电力线路的引流线（跨接线或弓子线）之间、引流线与主干线之间的连接应符合：① 不同金属导线的连接应有可靠的过渡金具；② 同金属导线，当采用绑扎连接时，绑扎长度应符合表 ZY0800301001-5 的规定；③ 绑扎连接应接触紧密、均匀、无硬弯，引流线应呈均匀弧度；④ 当不同截面导线连接时，其绑扎长度应以小截面导线为准；⑤ 绑扎用的绑线应选用与导线同金属的单股线，其直径不应小于 2.0mm。

表 ZY0800301001-5　　　绑 扎 长 度

导线截面 (mm^2)	绑扎长度 (mm)
35 及以下	≥150
50	≥200
70	≥250

(10) 最小安全距离：① 1～10kV 线路每相引流线、引下线与邻相的引流线、引下线或导线之间，安装后的净空距离不应小于 300mm，1kV 以下电力线路不应小于 150mm；② 线路的导线与拉线、电杆或构架之间安装后的净空距离，35kV 时不应小于 600mm，1～10kV 时不应小于 200mm，1kV 以下不应小于 100mm。

2. 架空绝缘配电线路施工及验收规程中的有关内容

(1) 绝缘导线线芯损伤的处理。

1) 线芯截面损伤不超过导电部分截面的 17%时，可敷线修补，敷线长度应超过损伤部分，每端缠绕长度超过损伤部分不小于 100mm。

2) 线芯截面损伤在导电部分截面的 6%以内，损伤深度在单股线直径的 1/3 之内，应用同金属的单股线在损伤部分缠绕，缠绕长度应超出损伤部分两端各 30mm。

3) 线芯损伤有下列情况之一时，应锯断重接：① 在同一截面内，损伤面积超过线芯导电部分截面的 17%；② 钢芯断一股。

（2）绝缘层的损伤处理。

1）绝缘层损伤深度在绝缘层厚度的 10%及以上时，应进行绝缘修补。可用绝缘自粘带缠绕，每圈绝缘粘带间搭压带宽的 1/2，补修后绝缘自粘带的厚度应大于绝缘层损伤深度，且不少于两层。也可用绝缘护罩将绝缘层损伤部位罩好，并将开口部位用绝缘自粘带缠绕封住。

2）一个档距内，单根绝缘线绝缘层的损伤修补不宜超过三处。

（3）绝缘线连接的一般要求：① 绝缘线的连接不允许缠绕，应采用专用的线夹、接续管连接；② 不同金属、不同规格、不同绞向的绝缘线，无承力线的集束线严禁在档内做承力连接；③ 在一个档距内，分相架设的绝缘线每根只允许有一个承力接头，接头距导线固定点的距离不应小于 0.5m，低压集束绝缘线非承力接头应相互错开，各接头端距不小于 0.2m；④ 铜芯绝缘线与铝芯或铝合金芯绝缘线连接时，应采取铜铝过渡连接；⑤ 剥离绝缘层、半导体层应使用专用切削工具，不得损伤导线，切口处绝缘层与线芯宜有 45° 倒角；⑥ 绝缘线连接后必须进行绝缘处理，绝缘线的全部端头、接头都要进行绝缘护封，不得有导线、接头裸露，防止进水；⑦ 中压绝缘线接头必须进行屏蔽处理。

（4）绝缘线接头应符合：① 线夹、接续管的型号与导线规格相匹配；② 压缩连接接头的电阻不应大于等长导线电阻的 1.2 倍，机械连接接头的电阻不应大于等长导线电阻的 2.5 倍，档距内压缩接头的机械强度不应小于导体计算拉断力的 90%；③ 导线接头应紧密、牢靠、造型美观，不应有重叠、弯曲、裂纹及凹凸现象。

（5）承力接头的连接和绝缘处理。承力接头的连接采用钳压法、液压法施工，在接头处安装辐射交联热收缩管护套或预扩张冷缩绝缘套管（统称绝缘护套），其绝缘处理示意图如图 ZY0800301001-1～图 ZY0800301001-3 所示。其中：图 ZY0800301001-1 为承力接头钳压连接绝缘处理示意图；图 ZY0800301001-2 为承力接头铝绞线液压连接绝缘处理示意图；图 ZY0800301001-3 为承力接头钢芯铝绞线液压连接绝缘处理示意图。绝缘护套管径一般应为被处理部位接续管的 1.5～2 倍。中压绝缘线使用内外两层绝缘护套进行绝缘处理；低压绝缘线使用一层绝缘护套进行绝缘处理。有导体屏蔽层的绝缘线的承力接头，应在接续管外面先缠绕一层半导体自粘带，和绝缘线的半导体层连接后再进行绝缘处理，每圈半导体自粘带间搭压带宽的 1/2。截面为 240mm^2 及以上铝线芯绝缘线承力接头宜采用液压法施工。

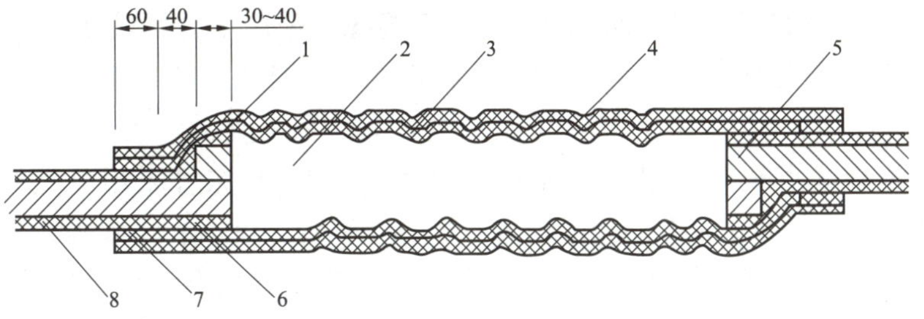

图 ZY0800301001-1 承力接头钳压连接绝缘处理示意图

1—绝缘粘带；2—钳压管；3—内层绝缘护套；4—外层绝缘护套；
5—导线；6—绝缘层倒角；7—热熔胶；8—绝缘层

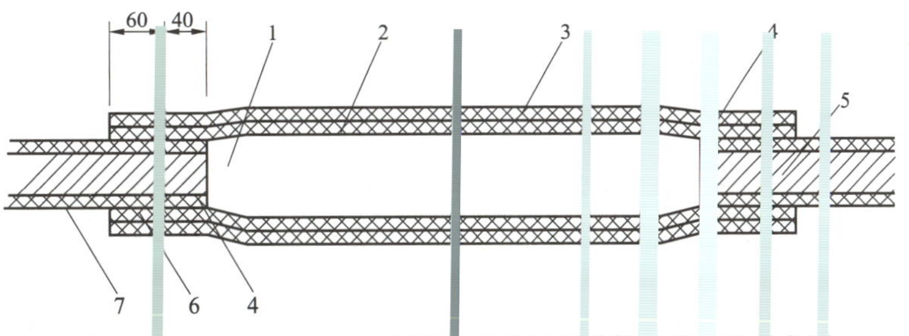

图 ZY0800301001-2 承力接头铝绞线液压连接绝缘处理示意图

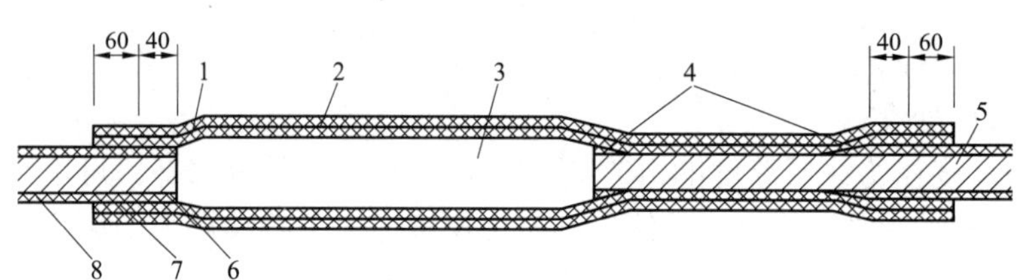

图 ZY0800301001-3　承力接头钢芯铝绞线液压连接绝缘处理示意图

1—内层绝缘护套；2—外层绝缘护套；3—液压管；4—绝缘粘带；5—导线；
6—绝缘层倒角；7—热熔胶；8—绝缘层

（6）非承力接头的连接和绝缘处理。非承力接头包括跳线、T 接时的接续线夹（含穿刺型接续线夹）和导线与设备连接的接线端子。接头的裸露部分须进行绝缘处理，安装专用绝缘护罩。绝缘罩不得磨损、划伤，安装位置不得颠倒，有引出线的要一律向下，需紧固的部位应牢固严密，两端口需绑扎的必须用绝缘自粘带绑扎两层以上。

（7）采用绝缘子（常规型）架设方式时绝缘线的固定。中压绝缘线直线杆采用针式绝缘子或棒式绝缘子，耐张杆采用两片悬式绝缘子和耐张线夹或一片悬式绝缘子和一个中压蝶式绝缘子。低压绝缘线垂直排列时，直线杆采用低压蝶式绝缘子；水平排列时，直线杆采用低压针式绝缘子；沿墙敷设时，可用预埋件或膨胀螺栓及低压蝶式绝缘子，预埋件或膨胀螺栓的间距以 6m 为宜。低压绝缘线耐张杆或沿墙敷设的终端采用有绝缘衬垫的耐张线夹，不需剥离绝缘层，也可采用一片悬式绝缘子与耐张线夹或低压蝶式绝缘子。针式或棒式绝缘子的绑扎，直线杆采用顶槽绑扎法；直线角度杆采用边槽绑扎法，绑扎在线路外角侧的边槽上。蝶式绝缘子采用边槽绑扎法，使用直径不小于 2.5mm 的单股塑料铜线绑扎。绝缘线与绝缘子接触部分应用绝缘自粘带缠绕，缠绕长度应超出绑扎部位或与绝缘子接触部位两侧各 30mm。没有绝缘衬垫的耐张线夹内的绝缘线宜剥去绝缘层，其长度和线夹等长，误差不大于 5mm。将裸露的铝线芯缠绕铝包带，耐张线夹和悬式绝缘子的球头应安装专用绝缘护罩罩好。

（8）中压绝缘线采用绝缘支架架设时绝缘线的固定。按设计要求设置绝缘支架，绝缘线固定处缠绕绝缘自粘带。带承力钢绞线时，绝缘支架固定在钢绞线上。终端杆用耐张线夹和绝缘拉棒固定绝缘线，耐张线夹应装设绝缘护罩；240mm^2 及以下绝缘线采用承力钢绞线的，钢绞线的截面不得小于 50mm^2。钢绞线两端用耐张线夹和拉线抱箍固定在耐张杆上，直线杆用悬挂线夹吊装。

（9）集束绝缘线的固定。中压集束绝缘线直线杆采用悬式绝缘子和悬挂线夹，耐张杆采用耐张线夹；低压集束绝缘线直线杆采用有绝缘衬垫的悬挂线夹，耐张杆采用有绝缘衬垫的耐张线夹。

（10）中压绝缘线路每相过引线、引下线与邻相的过引线、引下线及低压绝缘线之间的净空距离不应小于 200mm；中压绝缘线与拉线、电杆或构架间的净空距离也不应小于 200mm。

（11）低压绝缘线每相过引线、引下线与邻相的过引线、引下线之间的净空距离不应小于 100mm；低压绝缘线与拉线、电杆或构架间的净空距离不应小于 50mm。

（12）绝缘线在最大弧垂时对地面及跨越物的最小垂直距离见表 ZY0800301001-6。绝缘配电线路应尽量不跨越建筑物，如需跨越，导线与建筑物的垂直距离在最大计算弧垂情况下，不应小于：中压 2.5m，低压 2.0m。线路边线与永久建筑物之间的距离在最大风偏的情况下，不应小于：中压 0.75m（人不能接近时可为 0.4m），低压 0.2m。

表 ZY0800301001-6　　绝缘线在最大弧垂时对地面及跨越物的最小垂直距离　　m

线路经过地区	线路电压		线路经过地区	线路电压	
	中压	低压		中压	低压
繁华市区	6.5	6.0	至电车行车线	3.0	3.0
一般城区	5.5	5.0	至河流最高水位（通航）	6.0	6.0

续表

线路经过地区	线路电压		线路经过地区	线路电压	
	中压	低压		中压	低压
交通困难地区	4.5	4.0	至河流最高水位（不通航）	3.0	3.0
至铁路轨顶	7.5	7.5	与索道距离	2.0	1.5
城市道路	7.0	6.0	人行过街桥	4.0	3.0

（13）绝缘线与弱电线路的交叉应符合下列规定：强电在上，弱电在下；与一级弱电线路交叉时交叉角不小于 45°，与二级弱电线路交叉时交叉角不小于 30°。绝缘线与弱电线路的最小距离见表 ZY0800301001-7。

表 ZY0800301001-7　　绝缘线与弱电线路的最小距离　　m

类　别	中　压	低　压
垂直距离	2.0	1.0
水平距离	2.0	1.0

（14）绝缘线与绝缘线之间交叉跨越的最小距离见表 ZY0800301001-8。

表 ZY0800301001-8　　绝缘线与绝缘线之间交叉跨越最小距离　　m

线路电压	中　压	低　压
中　压	1.0	1.0
低　压	1.0	0.5

（15）绝缘线与架空裸线间交叉跨越距离应符合裸线交叉跨越距离规定。

（16）接户线的固定要求：

1）低压接户线档距不宜超过 25m，中压接户线档距不宜大于 30m。

2）绝缘接户线导线的截面不应小于下列数值：

中压：铜芯线，25mm^2；铝及铝合金芯线，35mm^2。

低压：铜芯线，10mm^2；铝及铝合金芯线，16mm^2。

3）接户线不应从 1～10kV 引下线间穿过，接户线不应跨越铁路。不同规格不同金属的接户线不应在档距内连接，跨越通车道的接户线不应有接头。两个电源引入的接户线不宜同杆架设。接户线与导线如为铜铝连接，必须采用铜铝过渡措施。接户线与主杆绝缘线连接应进行绝缘密封。接户线零线在进户处应有重复接地，且接地可靠，接地电阻符合要求。

4）接户线在杆上应固定在绝缘子或线夹上，固定时接户线不得本身缠绕，应用单股塑料铜线绑扎。 接户线在用户墙上使用挂线钩、悬挂线夹、耐张线夹和绝缘子固定。挂线钩应固定牢固，可采用穿透墙的螺栓固定，内端应有垫铁，混凝土结构的墙壁可使用膨胀螺栓，禁止用木塞固定。

（二）杆塔和横担

35kV 及以下架空电力线路施工及验收规范中的有关内容如下：

（1）环形钢筋混凝土电杆制造质量应符合现行国家标准《环形钢筋混凝土电杆》（GB/T 4623—2006）的规定。安装前应进行外观检查，且应符合：① 表面光洁平整，壁厚均匀，无露筋、跑浆等现象；② 放置地平面检查时，应无纵向裂缝，横向裂缝的宽度不应超过 0.1mm；③ 杆身弯曲不应超过杆长的 1/1000。

（2）预应力混凝土电杆制造质量应符合现行国家标准 GB/T 4622—2006 的规定。安装前应进行外观检查，且应符合：① 表面光洁平整，壁厚均匀，无露筋、跑浆等现象；② 应无纵、横向裂缝；③ 杆

的倾斜，35kV 架空电力线路不应大于杆长的 3‰，10kV 及以下架空电力线路杆梢的位移不应大于杆梢直径的 1/2；③ 转角杆的横向位移不应大于 50mm；④ 转角杆应向外角预偏，紧线后不应向内角倾斜，向外角的倾斜，其杆梢位移不应大于杆梢直径；⑤ 终端杆立好后，应向拉线侧预偏，其预偏值不应大于杆梢直径，紧线后不应向受力侧倾斜。

（4）双杆立好后应正直，位置偏差应符合：① 直线杆塔结构中心与中心桩之间的横向位移不应大于 50mm，转角杆结构中心与中心桩之间的横、顺向位移不应大于 50mm；② 迈步不应大于 30mm；③ 根开不应超过±30mm。

（5）以螺栓连接的构件应符合：① 螺杆应与构件面垂直，螺头平面与构件间不应有间隙；② 螺栓紧好后，螺杆丝扣露出的长度，单螺母不应少于两个螺距，双螺母可与螺母相平；③ 当必须加垫圈时，每端垫圈不应超过 2 个。

（6）螺栓穿入方向应符合：① 对立体结构，水平方向由内向外、垂直方向由下向上；② 对平面结构，顺线路方向，双面构件由内向外，单面构件由送电侧穿入或按统一方向，横线路方向，两侧由内向外，中间由左向右（面向受电侧）或按统一方向，垂直方向为由下向上。

（7）线路横担的安装。

1）线路单横担的安装：直线杆应装于受电侧；分支杆、90° 转角杆（上、下）及终端杆应装于拉线侧。

2）横担安装应平正，安装偏差应符合下列规定：横担端部上下歪斜不应大于 20mm；横担端部左右扭斜不应大于 20mm。双杆的横担，横担与电杆连接处的高差不应大于连接距离的 5/1000；左右扭斜不应大于横担总长度的 1/100。

3）瓷横担绝缘子安装应符合下列规定：当直立安装时，顶端顺线路歪斜不应大于 10mm；当水平安装时，顶端宜向上翘 5°～15°；顶端顺线路歪斜不应大于 20mm；当安装转角杆时，顶端竖直安装的瓷横担支架应安装转角的内角侧（瓷横担应装在支架的外角侧）；全瓷式瓷横担绝缘子的固定处应加软垫。

（三）绝缘子和金具

1. 35kV 及以下架空电力线路施工及验收规范中的有关内容

（1）绝缘子安装。

1）安装应牢固，连接可靠，防止积水。

2）安装时应清除表面灰垢、附着物及不应有的涂料。

3）悬式绝缘子安装，应符合下列规定：① 与电杆、导线金具连接处，无卡压现象；② 耐张串上的弹簧销子、螺栓及穿钉应向由上下穿，当有特殊困难时可由内向上或由左向右空入；③ 悬垂串上的弹簧销子、螺栓及穿钉应向受电侧穿入，两边线应由内向外，中线应由左向右穿入；④ 绝缘子裙边与带电部位的间隙不应小于 50mm。

（2）采用的闭口销或开口销不应有折断、裂纹等现象。当采用口销时应对称开口，开口角度应为 30°～60°。严禁用线材或其他材料代替闭口销、开口销。

（3）金具组装配合应良好，安装前应进行外观检查，且应符合：① 表面光洁，无裂纹、毛刺、飞边、砂眼、气泡等缺陷；② 线夹转动灵活，与导线接触面符合要求；③ 镀锌良好，无锌皮剥落、锈蚀现象。

2. 架空绝缘配电线路施工及验收规程中的有关内容

（1）绝缘子应符合《高压绝缘子瓷体　技术条件》（GB772—2005）的规定。安装绝缘子前应进行外观检查，且符合：① 瓷绝缘子与铁绝缘子结合紧密；② 铁绝缘子镀锌良好，螺杆与螺母配合紧密；③ 瓷绝缘子釉光滑，无裂纹、缺釉、斑点、烧痕和气泡等缺陷。

（2）低压金具及绝缘部件应符合《额定电压 10kV 及以下架空绝缘导线金具》（DL/T 765.3—2004）的规定。安装金具前，应进行外观检查，且符合：① 表面光洁，无裂纹、毛刺、飞边、砂眼、气泡等缺陷；② 线夹转动灵活，与导线接触的表面光洁，螺杆与螺母配合紧密适当；③ 镀锌良好，无剥落、锈蚀现象。

（3）绝缘管、绝缘包带应表面平整，色泽均匀。绝缘支架，绝缘护罩应色泽均匀，平整光滑，无裂纹、毛刺、锐边，关合紧密。

（四）拉线

35kV 及以下架空电力线路施工及验收规范中的有关内容：

（1）安装后对地平面夹角与设计值的允许偏差，应符合：35kV 架空电力线路不应大于 1°；10kV 及以下架空电力线路不应大于 3°；特殊地段应符合设计要求。

（2）承力拉线应与线路方向的中心线对正；分角拉线应与线路分角线方向对正；防风拉线应与线路方向垂直。

（3）跨越道路的拉线，应满足设计要求，且对通车路面边绝缘的垂直距离不应小于 5m。

（4）当采用 UT 型线夹及楔型线夹固定安装时，应符合：① 安装前丝扣上应涂润滑剂；② 线夹舌板与拉线接触应紧密，受力后无滑动现象，线夹凸肚在尾线侧，安装时不应损伤线股；③ 拉线弯曲部分不应有明显松股，拉线断头处与拉线主线应固定可靠，线夹处露出的尾线长度为 300～500mm，尾线回头后与本线应扎牢；④ 当同一组拉线使用双线夹并采用连板时，其尾线端的方向应统一；⑤ UT 型线夹或花篮螺栓的螺杆应露出丝扣，并应有不小于 1/2 螺杆丝扣长度可供调紧，调整后，UT 型线夹的双螺母应并紧，花篮螺栓应封固。

（5）当采用绑扎固定安装时，应符合：① 拉线两端应设置心型环；② 钢绞线拉线，应采用直径不大于 3.2mm 的镀锌铁线绑扎固定。绑扎应整齐、紧密，最小缠绕长度应符合表 ZY0800301001-9 的规定。

表 ZY0800301001-9　　绑扎最小缠绕长度

钢绞线截面（mm^2）	最小缠绕长度（mm）				
	上段	中段有绝缘子的两端	与拉棒连接处		
			下端	花缠	上端
25	200	200	150	250	80
35	250	250	200	250	80
50	300	300	250	250	80

（6）当一基地电杆上装设多条拉线时，各条拉线的受力应一致。

（7）混凝土电杆的拉线当装设绝缘子时，在断拉线情况下，拉线绝缘子距地面不应小于 2.5m。

（8）采用拉线柱拉线的安装，应符合：

1）拉线柱的埋设深度，当设计无要求时，采用坠线的，不应小于拉线柱长的 1/6；采用无坠线的，应按其受力情况确定。

2）拉线柱应向张力反方向倾斜 10°～20°。

3）坠线与拉线柱夹角不应小于 30°。

4）附线上端固定点的位置距拉线柱顶端的距离应为 250mm。

5）坠线采用镀锌铁线绑扎固定时，最小缠绕长度应符合表 ZY0800301001-9 的规定。

（9）顶（撑）杆的安装，应符合：① 顶杆底部埋深不宜小于 0.5m，且设有防沉措施；② 与主杆之间夹角应满足设计要求，允许偏差为±5°；③ 与主杆连接应紧密、牢固。

（五）电气设备安装

35kV 及以下架空电力线路施工及验收规范中的有关内容：

（1）电杆上电气设备的安装：① 安装应牢固可靠；② 电气连接应接触紧密，不同金属连接应有过渡措施；③ 瓷件表面光洁，无裂缝、破损等现象。

（2）杆上变压器及变压器台的安装：① 水平倾斜不大于台架根开的 1/100；② 一、二次引线排

（3）跌落式熔断器的安装：① 各部分零件完整；② 转轴光滑灵活，铸件不应有裂纹、砂眼、锈蚀；③ 瓷件良好，熔丝管不应有吸潮膨胀或弯曲现象；④ 熔断器安装牢固、排列整齐，熔管轴线与地面的垂线夹角为15°～30°。熔断器水平相间距离不小于500mm；⑤ 操作时灵活可靠、接触紧密，合熔丝管时上触头应有一定的压缩行程；⑥ 上、下引线压紧，与线路导线的连接紧密可靠。

（4）杆上断路器和负荷开关的安装：① 水平倾斜不大于托架长度的1/100；② 引线连接紧密，当采用绑扎连接时，长度不小于150mm；③ 外壳干净，不应有漏油现象，气压不低于规定值；④ 操作灵活，分、合位置指示正确可靠；⑤ 外壳接地可靠，接地电阻值符合规定。

（5）杆上隔离开关安装：① 瓷件良好；② 操动机构动作灵活；③ 隔离刀刃合闸时接触紧密，分闸后应有不小于200mm的空气间隙；④ 与引线的连接紧密可靠；⑤ 水平安装的隔离刀刃，分闸时，宜使静触头带电；⑥ 三相联动隔离开关的三相隔离刀刃应分、合同期。

（6）杆上避雷器的安装：

1）瓷套与固定抱箍之间加垫层。

2）排列整齐、高低一致，相间距离：1～10kV时不小于350mm；1kV以下时不小于150mm。

3）引线短而直、连接紧密，采用绝缘线时，其截面应符合下列规定：

引上线：铜线不小于16mm^2；铝线不小于25mm^2。

引下线：铜线不小于25mm^2；铝线不小于35mm^2。

4）与电气部分连接，不应使避雷器产生外加应力。

5）引下线接地可靠，接地电阻值符合规定。

【思考与练习】

1. 简述配电线路元件的运行要求有哪些。
2. 线路检修的原则是什么？
3. 运行中的导线有什么要求？导线的固定有哪些要求？
4. 绝缘导线的损伤处理标准如何规定？绝缘导线的绝缘层损伤后如何处理？
5. 绝缘线连接的一般要求有哪些？
6. 电杆立好后对位置偏差有何要求？
7. 线路横担的安装有哪些要求？
8. 绝缘子的安装有哪些要求？
9. 跌落式熔断器的安装有哪些规定？
10. 杆上断路器和负荷开关的安装有哪些规定？

模块2 配电线路直线杆塔组件安装导线固定（ZY0800301002）

【模块描述】本模块包含配电线路直线杆塔组件安装、导线的固定等内容。通过结构及安装工艺介绍，掌握配电线路直线杆塔组件安装、导线固定的操作步骤、工艺标准和质量要求。

【正文】

一、配电线路直线杆塔组件安装

（一）直线杆塔的组成

直线杆塔由横担、金具、绝缘子等组件组成。

（1）横担的主要作用是支撑并固定导线与电杆之间的距离，以及支持熔断器、隔离开关、断路器、避雷器等电气设备稳固地安装在杆塔上。

（2）金具主要用于连接和组合线路上各类装置，可以传递机械张力、接续电气负荷。

（3）绝缘子用来支持或悬挂导线，并使其于杆塔绝缘。绝缘子应具有足够的绝缘强度和机械强度，同时对化学杂质的侵蚀具有足够的抗御能力，并能适应周围大气条件的变化，如温度和湿度变化的影响等。常用的绝缘子有针式、悬式、棒式与瓷横担等形式。直线杆塔一般采用针式绝缘子较多。

（4）直线杆塔导线排列方式有三角、水平、垂直排列，又分为单回路与多回路。应根据设计要求选用不同排列方式，几种常见排列方式分别如图 ZY0800301002-1～图 ZY0800301002-4 所示。

图 ZY0800301002-1 直线杆塔单回三角排列

图 ZY0800301002-2 直线杆塔单回垂直排列

图 ZY0800301002-3 直线杆塔双回三角排列

图 ZY0800301002-4 直线杆塔双回垂直排列

（二）材料准备

（1）应根据施工图纸和金具（串）及直线绝缘子（串）的组装要求准备相应横担螺栓、绝缘子（串）等材料和配套金具，并根据导线线规、直线绝缘子、(连接金具、支持金具）导线最大使用张力和安全系数考虑各类所用金具、导线直径与之相互匹配性，检查所有材料应符合质量要求和数量要求。

（2）在线路上使用的直线横担一般使用单块金属横担，只要根据装置图要求进行配置即可。但目前使用的极大部分电杆是拔梢型电杆，即不同部位的电杆直径是不同的，所以需要在电杆上不同位置配置相应的螺栓和抱箍。有些横担有腰型长孔，一般使用 M-16 螺栓与横担连接并固定，在此孔安装螺栓时应该放一片 $\phi 17$ 垫圈。

（3）支持金具安装主要是根据导线截面和导线材料等因素来选择。

（4）黑色金属制造的附件和紧固件，除地脚螺栓外，应采用热浸镀锌制品。

（5）各种连接螺栓宜有防松装置。防松装置弹力应适宜，厚度应符合规定。

（6）金属附件及螺栓表面不应有裂纹、砂眼、锌皮剥落及锈蚀等现象。

（7）金具组装配合应良好，安装前应进行外观检查，且应符合下列规定：

1）表面光洁，无裂纹、毛刺、飞边、砂眼、气泡等缺陷；

2）线夹转动灵活，与导线接触面符合要求；

3）镀锌良好，无锌皮剥落、锈蚀现象。

（8）绝缘子及瓷横担绝缘子安装前应进行外观检查，且应符合下列规定：

1）瓷件与铁件组合无歪斜现象，且结合紧密，铁件镀锌良好；

2）瓷釉光滑，无裂纹、缺釉、斑点、烧痕、气泡或瓷釉烧坏等缺陷。

（9）转角杆的横担，应根据受力情况确定。一般情况下，15° 以下转角杆可采用单横担；15° ～45° 转角杆宜采用双横担；45° 以上转角杆宜采用十字横担。

（三）工具准备

业的要求。这些工具是安装直线杆绝缘子的必备工具，当电杆在潮湿状态需要施工时，还需带上登杆的防滑工具或材料。

（2）其他工具。当原来的线路电杆是耐张杆，因需要改成直线杆时，此时线路应该处于检修状态，而对这一基电杆来讲是安装直线杆绝缘子，因此还需准备相关工具，如验电器、绝缘杆、短路线、接地线、绝缘手套、标志牌、红白带、紧线器、压接管（临时板线、锚桩等视情况而定）、滑轮等工具。

（四）直线杆塔组件安装

1. 横担、绝缘子、金具安装的基本要求

各类用于配电线路的横担、金具、绝缘子出厂必须检收合格，产品应有合格的包装和标志。由黑色金属制造的横担和金具，应采用热浸镀锌制品，防腐层良好，表面光洁，无裂纹、毛刺、飞边、砂眼、气泡、锌皮剥落、锈蚀等缺陷。合成绝缘子的运输和搬运必须要在包装完好的条件下进行，搬运时要小心轻放。

线路直线横担安装时，横担平面应装于受电侧，横担安装应平正，安装偏差应符合规定：横担端部上下歪斜不应大于 20mm，横担端部左右扭斜不应大于 20mm；双杆上安装的横担与电杆连接处的高差不应大于连接距离的 5/1000，左右扭斜不应大于横担总长度的 1/100。

直线绝缘子安装完毕后，必须符合组装要求，绝缘子无受损、裂纹、卡阻现象，螺栓、销钉穿入方向正确，开口销在正常位置，钢件无裂纹，防腐层良好，胶装部分无松动现象，当绝缘子有正反朝向时，其绝缘子的盆径口应对准导线方向。

2. 直线杆塔组件安装导线固定的基本步骤

（1）安装人员站立在电杆的合适位置，用吊绳将需要安装的横担、金具材料、绝缘子分别进行安装，绳结应打在铁件杆上。当提升较重的横担时，可以在电杆端部安放一个滑轮。

（2）先从电杆的顶部开始安装横担、金具、绝缘子。按照装置图的尺寸要求先装横担，待安装牢固后再安装该横担上的金具，螺栓应从送电侧穿入受电侧，按规定要求实施。紧固金具、支持金具等可以和绝缘子一并安装，还应考虑此金具与导线的合理匹配。

3. 螺栓的穿入方向

应符合下列规定：

（1）立体结构。

1）水平方向者由内向外。

2）垂直方向者由下向上。

（2）平面结构。

1）顺线路方向者：双面构件由内向外；单面构件由送电侧向受电侧或按统一方向。

2）横线路方向者：两侧由内向外，中间由左向右（面向受电侧）或按统一方向。

3）垂直方向者：由下向上。

4. 导线为水平排列时上层横担距杆顶距离

不宜小于 200mm。

5. 导线为三角排列时单瓶抱箍距杆顶距离

不宜小于 100mm。

6. 同杆架设多回路裸导线或中低压绝缘导线时各层横担的垂直、水平距离

各层横担的垂直、水平距离与线路电压有关，采用不同导线时，其值分别不小于表 ZY0800301002-1 和表 ZY0800301002-2 中的规定。

表 ZY0800301002-1　　同杆架设多回路裸导线时各层横担的最小垂直距离　　m

线路电压	垂直距离
10kV 间	0.8
10kV 与低压	1.2

表 ZY0800301002-2　同杆架设中低压绝缘导线时各层横担之间的最小垂直距离和导线支承点间的最小水平距离　m

线路电压	垂直距离	水平距离
10kV 间	0.5	0.5
10kV 与低压	1.0	—

7. 瓷横担绝缘子安装

应符合下列规定：

（1）当直立安装时，顶端顺线路倾斜不应大于 10mm。

（2）当水平安装时，顶端宜向上翘起 5°～15°；顶端顺线路倾斜不应大于 20mm。

（3）当安装于转角杆时，顶端竖直安装的瓷横担支架应安在转角杆的内侧，瓷横担应安装在支架的外角侧。

（4）全瓷瓶横担绝缘子的固定处应加软垫。

8. 绝缘子安装

应符合下列规定：

（1）安装应牢固，连接可靠，防止积水。

（2）安装时应清除表面灰垢、附着物及不应有的涂料。

（3）绝缘子裙边与带电部位的间隙不应小于 50mm。

二、导线的固定

1. 裸导线的固定

（1）裸导线在针式及蝶式绝缘子上的固定，普遍采用绑线缠绕法。绑线材料与导线材料相同，铝导线在绑扎之前，将导线与绝缘子接触的地方缠裹宽 10mm、厚 1mm 的软铝带，其缠裹长度要超出绑扎部位两侧的 20～30mm。

（2）针式或棒式绝缘子的绑扎。直线杆采用顶槽绑扎法；直线角度杆采用边槽绑扎法，绑扎在线路外角侧的边槽上。蝶式绝缘子采用边槽绑扎法。裸导线针式绝缘子顶槽绑扎法如图 ZY0800301002-5 所示。

（3）绝缘子绑扎线与主导线应为同种金属，扎线直径不应小于被绑扎导线之单股线径。铝绑扎线直径不小于 2.5mm。绝缘子一律用双十字扎法，绑扎应牢固。

2. 绝缘线的固定

（1）绝缘线与绝缘子接触部分应用绝缘自粘带缠绕，缠绕长度应超出绑扎部位或与绝缘子接触部位两侧的 20～30mm。

（2）绝缘线在针式或棒式绝缘子上的绑扎。直线杆采用顶槽绑扎法；直线角度杆采用边槽绑扎法，绑扎在线路外角侧的边槽上。蝶式绝缘子采用边槽绑扎法，使用直径不小于 2.5mm 的单股塑料铜线绑扎。绝缘线针式绝缘子顶槽绑扎法如图 ZY0800301002-6 所示。

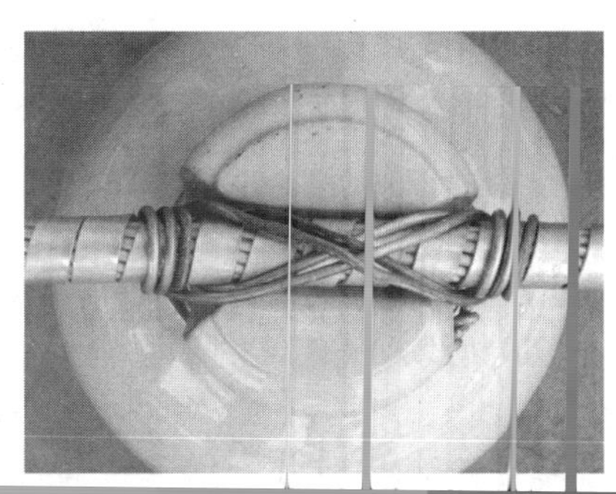

（3）配电线路交叉跨越铁路、高速公路和一级公路、电车道、通航河流、弱电线路、10kV 线路、管道和索道时，单回线、双回线直线跨越杆的导线应用保护型绝缘子双固定，分别如图 ZY0800301002-7 和图 ZY0800301002-8 所示。

图 ZY0800301002-7　单回直线跨越杆保护型绝缘子双固定

图 ZY0800301002-8　双回直线跨越杆保护型绝缘子双固定

（4）保护型绝缘子导线的绑扎法：边相主导线绑扎在外侧，副导线绑扎在内侧；中相主导线绑扎在左侧，副导线绑扎在右侧（人站在受电侧）。副线长一般为 2.2～2.5m，应与主导线截面相同。副导线与主导线的固定应采用异性线夹连接，两端各留出尾线 50～70mm。

【思考与练习】

1. 横担安装应符合什么规定？
2. 配电线路上对绝缘子安装有什么要求？
3. 绝缘子及瓷横担绝缘子外观检查有哪些规定？
4. 如何固定裸导线？如何固定绝缘线？

模块 3　配电线路耐张杆塔组件安装导线固定（ZY0800301003）

【模块描述】本模块包含配电线路耐张杆塔组件安装、导线的固定等内容。通过结构及安装工艺介绍，掌握配电线路耐张杆塔组件安装、导线固定的操作步骤、工艺标准和质量要求。

【正文】

一、配电线路耐张杆塔组件安装

1. 耐张杆塔的组成

耐张杆塔由横担、耐张线夹、连接金具、拉线、拉线金具、悬式绝缘子串等组件组成。

（1）横担主要是支撑并固定导线与电杆之间的距离，以及支持熔断器、隔离开关、断路器、避雷器等电气设备稳固地安装在杆塔上。

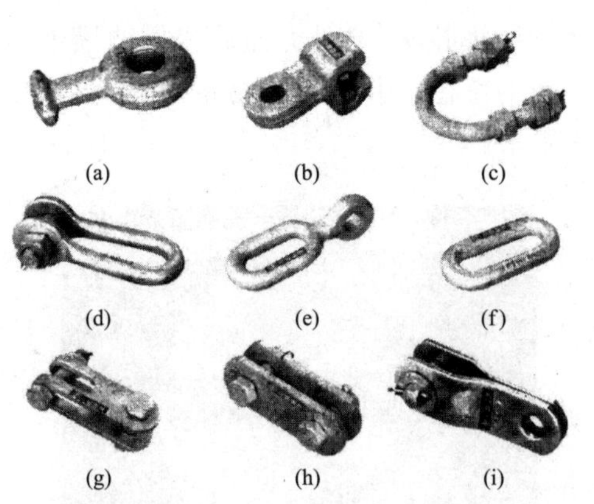

图 ZY0800301003-1　连接金具

（a）球头挂环；（b）碗头挂板；（c）U 型螺栓；（d）U 型挂环；（e）直角挂环；（f）延长环；（g）直角挂板；（h）平行挂板 P7；（i）平行挂板 PS-7

（2）耐张线夹是将导线固定在非直线杆塔的耐张绝缘子串上，常用的有倒装式螺栓型耐张线夹、绝缘线用绝缘耐张线夹等。

（3）连接金具是用来将一串或数串耐张绝缘子连接起来，悬挂在杆塔横担上，如图 ZY0800301003-1 所示。

（4）拉线是普通型电杆组成的线路中不可缺少的一种装置。常用的有转角杆拉线（分角拉线）、终端杆拉线（落地拉线）、悬空拉线、自身板拉线、人字拉线（防风拉线）、墙头拉线、高桩拉线 7 种类型。

（5）拉线金具包括从杆塔顶端引至地面拉线盘之间的所有零件。拉线金具可分为紧线、调节和连接等零件，如图 ZY0800301003-2 所示。

（6）绝缘子是用来支持或悬挂导线并使其与杆塔绝缘的。其应具有足够的绝缘强度和机械强度，同时对化学杂质的侵蚀具有足够的抗御能力，并能适应周围大气条件的变化，如温度和湿度变化的影响等。常用的有针式、悬式、棒型与瓷横担等形式，如图 ZY0800301003-3 所示。

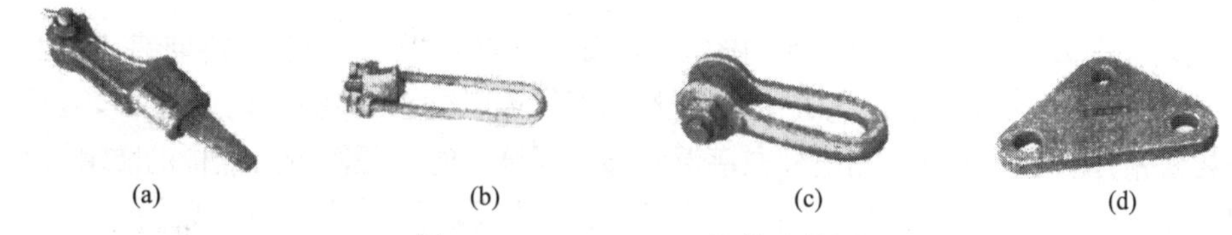

图 ZY0800301003-2 拉线金具图

（a）楔型线夹；（b）UT 型线夹；（c）U 型环；（d）双拉线连板

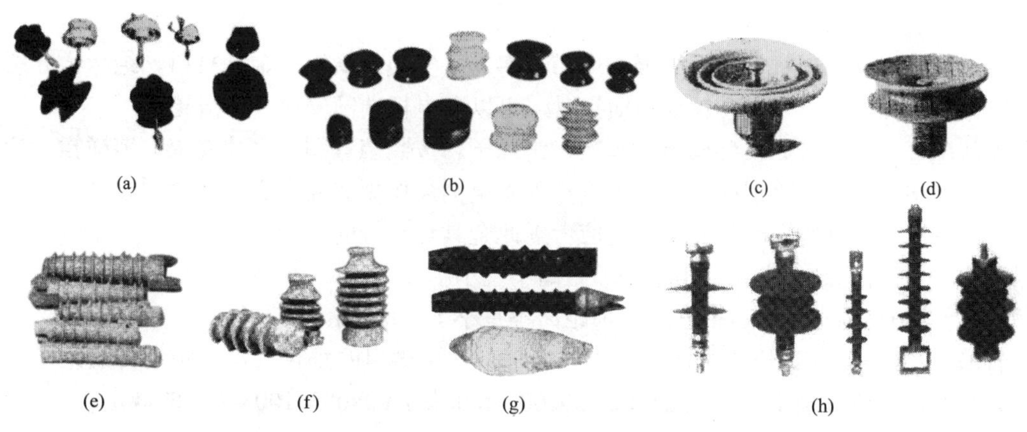

图 ZY0800301003-3 绝缘子的外形图

（a）针式绝缘子；（b）蝶式绝缘子；（c）悬式绝缘子；（d）耐污盘形悬式绝缘子；
（e）瓷横担；（f）支柱式绝缘子；（g）棒型绝缘子；（h）合成绝缘子

2. 材料准备

根据施工图纸和耐张杆的组装要求准备相应材料，并考虑耐张绝缘子、连接金具、紧固金具与导线最大使用张力之间的相互匹配性，检查所有材料应符合质量要求和数量要求。

（1）配电线路的金属横担及金属附件应热镀锌。黑色金属制造的附件和紧固件，除地脚螺栓外，应采用热浸镀锌制品。

（2）各种连接螺栓宜有防松装置。防松装置弹力应适宜，厚度应符合规定。

（3）金属附件及螺栓表面不应有裂纹、砂眼、锌皮剥落及锈蚀等现象。

（4）金具组装配合应良好，安装前应进行外观检查，且应符合下列规定：

1）表面光洁，无裂纹、毛刺、飞边、砂眼、气泡等缺陷。

2）线夹转动灵活，与导线接触面符合要求。

3）镀锌良好，无锌皮剥落、锈蚀现象。

（5）终端杆立好后，应向拉线侧预偏，其预偏值不应大于杆梢直径。紧线后不应向受力侧倾斜。

（6）绝缘子及瓷横担绝缘子安装前应进行外观检查，且应符合下列规定：

1）瓷件与铁件组合无歪斜现象，且结合紧密，铁件镀锌良好

2）瓷釉光滑，无裂纹、缺釉、斑点、烧痕、气泡或瓷釉烧坏等缺陷。

3）弹簧销、弹簧垫的弹力适宜。

4）瓷悬式绝缘子，安装前应采用不低于 5000V 的绝缘电阻表逐个进行绝缘电阻测定。在干燥情况下，绝缘电阻值不得小于 500MΩ。

（7）在中、高压配电线路上一般使用瓷质悬式（球型）绝缘子，根据导线规格型号选用合适的紧固金具（即耐张线夹），再配碗头挂板、球头链板和直角挂板等。此外还有两种绝缘子可供选择：

子相同。

3）有些地区还是保留使用 XP-40C 型瓷质悬式（槽型）绝缘子，这种绝缘子一般用在中压及低压线路的耐张杆上。

3. 工具准备

（1）登高工具及个人工具。要将登高使用的工具［如脚扣或踩板、安全帽、安全带、保险钩、吊绳（材料传递绳子）］和个人工具（如扳手、电工钳、螺丝刀）等应用之物都带齐并检查符合安全作业的要求。这些工具是安装耐张杆的必备工具，当电杆在潮湿状态需要施工时，还需带上登杆的防滑工具或材料。

（2）其他工具。当原来的线路电杆是直线杆，因需要改成耐张杆时，此时线路应该处于检修状态，而对这一基电杆来讲是安装耐张杆绝缘子，因此还需准备相关工具，如验电器、绝缘杆、短路线、接地线、绝缘手套、标志牌、红白带、紧线器、拉线、锚桩、滑轮等工具。

4. 耐张杆塔组件安装

（1）安装人员站立在电杆的合适位置，用吊绳将需要安装的横担、金具材料、绝缘子分别进行安装，绳结应打在铁件杆上。当提升较重的横担时，可以在电杆端部安放一个滑轮。

（2）先从电杆的顶部开始安装横担、金具、绝缘子。按照装置图的尺寸要求先装横担，待安装牢固后再安装该横担上的金具，螺栓应从送电侧穿入受电侧，按规定要求实施。紧固金具、连接金具、支持金具等可以和耐张绝缘子一并安装，还应考虑此金具与导线的合理匹配。

1）导线为水平排列时，上层横担距杆顶距离不宜小于 200mm。

2）导线为三角排列时，单瓶抱箍距杆顶距离不宜小于 100mm。

3）同杆架设多回路裸导线或中低压绝缘导线时，各层横担的垂直、水平距离与线路电压有关，采用不同导线时，其值分别不小于表 ZY0800301003-1 和表 ZY0800301003-2 中的规定。

表 ZY0800301003-1　同杆架设多回路裸导线时各层横担的最小垂直距离　m

线路电压	垂直距离
10kV 间	0.8
10kV 与低压	1.2

表 ZY0800301003-2　同杆架设中低压绝缘导线时各层横担之间的最小垂直距离和导线支承点间的最小水平距离　m

线路电压	垂直距离	水平距离
10kV 间	0.5	0.5
10kV 与低压	1.0	—

（3）拉线的制作。

1）拉线截面应根据受力情况决定，按设计或标准图纸规定来选择。

2）拉线制作应先制作契型线夹一端。

3）将钢绞线端部用细铁丝或铝包带封头，防止散股。

4）将钢绞线从楔型线夹小口处穿入。

5）工作人员用手握在穿过契型线夹一端的短头 60mm 处，再设法将钢绞线打折，弯成一个 U 形。

6）制作人将 U 形绕好后，楔块放在 U 形处，然后将短头侧穿过楔型线夹，用木锤敲打，使楔型块和钢绞线紧密结合受力后无滑动现象，线夹的凸肚在尾线侧。拉线弯曲后不应有明显松股，线夹处露出尾线长度为 300～500mm。

7）将尾线与主线用钢线卡子固定，钢线卡子的底板应对准主线；或者用 ϕ3.2mm～ϕ4.0mm 镀锌铁丝代替钢线卡子进行绑扎，捆绑的长度为 80～100mm，钢绞线端部与捆绑线之间的长度为 80mm。

8）拉紧绝缘子（即拉线绝缘子）的安装。工作人员分别将 2 根预绞丝交叉穿过拉线绝缘子，将有釉面一端绕在楔型线夹一端（朝上），钢绞线尾线露出绞合后的预绞丝 2～3cm 即可，完成后再将无釉面一端（朝下）用同样的方法将预绞丝和钢绞线连接，拉线绝缘子位于整条板线长度的 1/3 处，或距离楔型线夹 3m 位置。

9）当采用 UT 型线夹及楔型线夹固定安装时，应符合下列规定：

a. 安装前丝扣上应涂润滑剂。

b. 线夹舌板与拉线接触应紧密，受力后无滑动现象，线夹凸肚在尾线侧，安装时不应损伤线股。

c. 拉线弯曲部分不应有明显松股，拉线断头处与拉线主线应固定可靠，线夹处露出的尾线长度为 300～500mm，尾线回头后与本线应扎牢。

d. 当同一组拉线使用双线夹并采用连板时，其尾线端的方向应统一。

e. UT 型线夹或花篮螺栓的螺杆应露扣，并应有不小于 1/2 螺杆丝扣长度可供调紧，调整后，UT 型线夹的双螺母应并紧，花篮螺栓应封固。

10）将制作好的拉线按设计要求安装在杆塔上。安装拉线的基本要求如下：

a. 拉线应与电杆成不小于 45°角，只有在受地形所限不能保持 45°，经验算或设计另有规定时可以适当减小，但不应小于 30°。

b. 顺线拉线应与线路方向的中心线一致，分角拉线应在线路分角线方向的延长线上；防风拉线应与线路方向垂直。

c. 跨越道路的拉线应满足设计要求且对通车路面边缘的垂直距离不少于 5m，悬空拉线距地面最小不低于 2.5m，跨越一般道路 0.2～0.38kV 为 6m，10kV 为 7m，35kV 为 7.5m。

d. 地锚或拉盘的拉杆应对准线路方向，应用短铲修出一条马槽，使拉杆尽可能与拉线方向一致。

e. 当门型杆一侧的两条拉线相互交叉时，其交叉点之间应留有 100mm 空隙，避免拉线在交叉处发生互相摩擦。

f. 当拉线在未收紧前沿电杆垂直于地面时，拉紧绝缘子距离地面的高度应大于 2.5m。

g. 安装拉线前应对电杆（设置拉线位置）高度和电杆距拉盘的拉杆距离进行测量，计算出该拉线所用材料的基本长度，拉线安装完毕后多余的钢绞线一般控制在 200mm 之内。使用楔型线夹和 UT 型线夹固定的拉线分别如图 ZY0800301003-4 和图 ZY0800301003-5 所示。

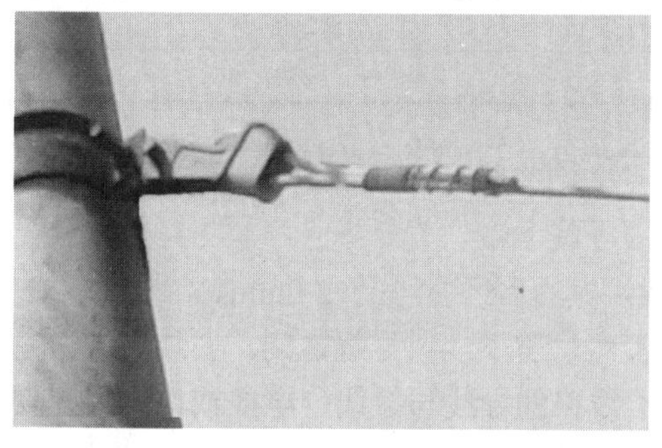

图 ZY0800301003-4 使用楔型线夹固定的拉线

图 ZY0800301003-5 使用 UT 型线夹固定的拉线

（4）安装耐张绝缘子。耐张绝缘子安装尚应符合下列规定：

1）与电杆、导线金具连接处无卡压现象。

2）耐张绝缘子串上的弹簧销子、螺栓及穿钉应由上向下穿。当有特殊困难时，可由内向外或由左向右穿入。

3）悬垂串上的弹簧销子、螺栓及穿钉应向受电侧穿入，两边线应由内向外，中线应由左向右穿入。

4）采用的闭口销或开口销不应有折断、裂纹等现象。采用开口销时应对称开口，开口角度应为 30°～60°。严禁用线材或其他材料代替闭口销、开口销。

5）绝缘子裙边与带电部位的间隙不应小于 50mm。

6）耐张绝缘子安装前应用 2500V 绝缘电阻表进行摇测，绝缘电阻应大于 500MΩ。以耐张绝缘子（球型）为例，在安装过程中首先安装与横担连接的直角挂环，其次安装球头链板，将耐张绝缘子和球

另一原因是一旦“W”销子年久损坏脱落后，地面人员可以比较容易发现其缺陷。其他同类绝缘子的安装方法与耐张绝缘子串安装类同。

7）在安装瓷质柱式或瓷横担式绝缘子时，不需用绝缘电阻表进行摇测，但应将柱式或瓷横担式绝缘子颈部槽口与导线方向平行，与横担连接的螺栓应有防松垫圈，使用瓷横担式绝缘子时还应安装剪切销子。

8）在耐张绝缘子安装完毕后，应用干净的抹布将安装过程中沾上瓷质绝缘子表面的脏污抹去。但对于合成绝缘子不可以用布清揩，所以安装时要小心，一般安装时不拆除其外层包装。

图 ZY0800301003-6 裸导线用耐张线夹固定

二、导线的固定

1. 裸导线的固定

（1）铝绞线及钢芯铝绞线不得与耐张线夹或夹具直接接触，必须在导线表面包缠铝包带。铝包带缠绕方向应与外层线股的方向一致，两端露出线夹口 20～30mm。裸导线用耐张线夹固定的情况如图 ZY0800301003-6 所示。

（2）10～35kV 架空电力线路当采用并沟线夹连接引流线时，线夹数量不应少于 2 个。连接面应平整、光洁。导线及并沟线夹槽内应清除氧化膜，涂电力复合脂。

（3）10kV 及以下架空电力线路的引流线（跨接线或弓子线）之间、引流线与主干线之间的连接应符合下列规定：

1）不同金属导线的连接应有可靠的过渡金具。

2）同金属导线，当采用绑扎连接时，绑扎长度应符合表 ZY0800301003-3 的规定。

表 ZY0800301003-3 绑 扎 长 度

导 线 截 面（mm^2）	绑 扎 长 度（mm）
35 及以下	≥150
50	≥200
70	≥250

3）绑扎连接应接触紧密、均匀、无硬弯，引流线应呈均匀弧度。

4）当不同截面导线连接时，其绑扎长度应以小截面导线为准。

（4）绑扎用的绑线，应选用与导线同金属的单股线，其直径不应小于 2.0mm。

（5）1～10kV 线路每相引流线、引下线与邻相的引流线、引下线或导线之间，安装后的净空距离不应小于 300mm；1kV 以下电力线路，不应小于 150mm。线路的导线与拉线、电杆或构架之间安装后的净空距离：35kV 时，不应小于 600mm；1～10kV 时，不应小于 200mm；1kV 以下时，不应小于 100mm。

2. 绝缘线的固定

（1）绝缘线可用金属耐张线夹或绝缘耐张线夹固定，分别如图 ZY0800301003-7 和图 ZY0800301003-8

图 ZY0800301003-7 绝缘线金属耐张线夹固定

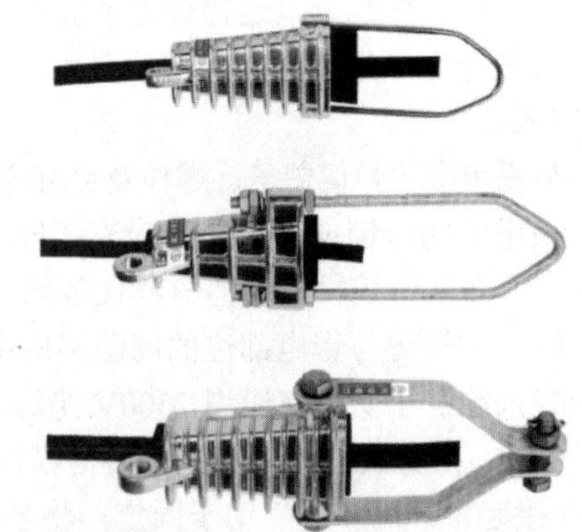

图 ZY0800301003-8 绝缘线绝缘耐张线夹固定

所示。没有绝缘衬垫的耐张线夹内的绝缘线应剥去绝缘层，其长度和线夹等长，误差不大于 5mm。将裸露的铝线芯缠绕铝包带，耐张线夹和悬式绝缘子的球头应安装专用绝缘护罩罩好。

（2）绝缘线路每相引流线、引下线与邻相的引流线、引下线或导线之间，安装后的净空距离不应小于 200mm；绝缘线路的导线与拉线、电杆或构架之间安装后的净空距离不应小于 200mm。

【思考与练习】

1. 耐张绝缘子安装应符合哪些规定？
2. 金具组装的工艺要求是什么？
3. 拉线安装的基本要求有哪些？
4. 线路的引流线（跨接线或弓子线）与主干线之间的连接应符合哪些规定？

模块 4　配电线路导线接续（ZY0800301004）

【模块描述】本模块包含导线的连接要求和连接工艺、绝缘线的连接和绝缘处理等内容。通过操作工艺介绍，掌握配电线路导线接续的方法、工艺标准和质量要求。

【正文】

在配电线路的施工中，常常遇到导线的接续问题。通常在架空线路中常用的接续方法有压接、搭接、插接、捻接等，压接又可以分为液压、钳压和爆压。

一、导线的连接要求

（1）导线的连接应牢固可靠，档距内接头的机械强度不应小于导线抗拉强度的 90%。

（2）导线接头处应保证有良好的接触，接头处的电阻应不大于等长导线的电阻。

（3）不同材料的导线连接需采用特殊方法处理，如铜、铝导线之间的插接需要挂锡。另外，型号不同的导线连接方式要考虑导线的使用场合。

二、导线的连接工艺

（一）导线的压接

1. 压接前的净化

各类导线在压接前，均必须进行净化工作，才能开始压接。净化步骤如下：

（1）连接管的清洗。用细铁丝裹纱头，蘸以汽油洗净连接管内部污物。

（2）导线的清洗。主要是清洗导线的连接部分，先用钢丝刷刷去导线连接部分表面的污垢，再用汽油擦洗揩干，洗擦长度应比实际连接部分略长。

（3）涂抹导电复合脂或中性凡士林。在连接管内部及导线连接部位均匀涂抹导电复合脂，并用钢丝刷在导线连接部位轻刷。

（4）将处理后的导线从两端塞入已净化的连接管中，同时塞入衬垫，两端导线露出 30～50mm。

2. 压接方法

（1）压接前应先检查：① 检查连接管是否与导线同一规格；② 检查连接管有无裂纹毛刺，是否平直，其弯曲度不得超过 1%；③ 净化工作是否符合要求；④ 连接管上有无划出钳压印记；⑤ 钢模是否与导线同一规格，用内卡钳检查钢模间距，应比规定压接深度略小 0.5～1.0mm，若过小或超过，要调整螺旋到规定要求；⑥ 两端插入导线的方向是否正确，有无衬垫，衬垫和导线的露出长度是否符合要求，导线的插入方向应从管上缺印记的一侧插入，从另一端有印记的一侧露出，如图 ZY0800301004-1 所示。导线钳压口尺寸和压口数见表 ZY0800301004-1。

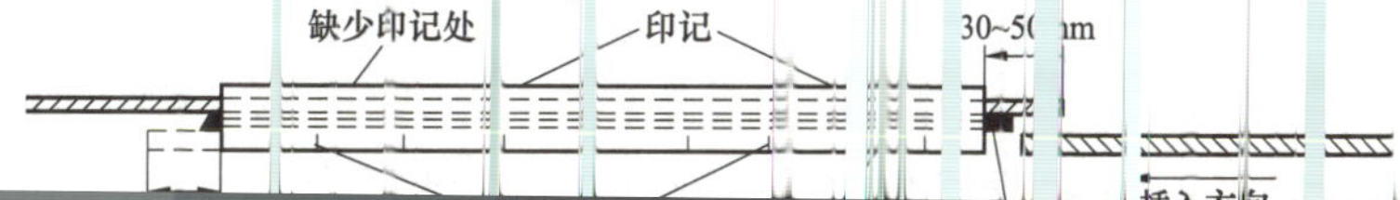

表 ZY0800301004-1 导线钳压口尺寸和压口数

导线型号		钳压部位尺寸（mm）			压口尺寸 D（mm）	压口个数
		a_1	a_2	a_3		
钢芯铝绞线	LGJ-16	28.0	14.0	28.0	12.5	12
	LGJ-25	32.0	15.0	31.0	14.5	14
	LGJ-35	34.0	42.5	93.5	17.5	14
	LGJ-50	38.0	48.5	105.5	20.5	16
	LGJ-70	46.0	54.5	123.5	25.5	16
	LGJ-95	54.0	61.5	142.5	29.5	20
	LGJ-120	62.0	67.5	160.5	33.5	24
	LGJ-150	64.0	70.0	166.0	36.5	24
	LGJ-185	66.0	74.5	173.5	39.5	26
铝绞线	LJ-16	28.0	20.0	34.0	10.5	6
	LJ-25	32.0	20.0	35.0	12.5	6
	LJ-35	36.0	25.0	43.0	14.0	6
	LJ-50	40.0	25.0	45.0	16.5	8
	LJ-70	44.0	28.0	50.0	19.5	8
	LJ-95	48.0	32.0	56.0	23.0	10
	LJ-120	52.0	33.0	59.0	26.0	10
	LJ-150	56.0	34.0	62.0	30.0	10
	LJ-185	60.0	35.0	65.0	33.5	10
铜绞线	TJ-16	28.0	14.0	28.0	10.5	6
	TJ-25	32.0	16.0	32.0	12.0	6
	TJ-35	36.0	18.0	36.0	14.5	6
	TJ-50	40.0	20.0	40.0	17.5	8
	TJ-70	44.0	22.0	44.0	20.5	8
	TJ-95	48.0	24.0	48.0	24.0	10
	TJ-120	52.0	26.0	52.0	27.5	10
	TJ-150	56.0	28.0	56.0	31.5	10

注 1. 压接后尺寸的允许误差：铜钳压管为±0.5mm，铝钳压管为±1.0mm。

2. 表中的尺寸 a_1、a_2、a_3、D 见图 ZY0800301004-2。

（2）压接。检查无误后，即可放进钢模内，自第一模开始，按次序顺序钳压，每模压下以后，应停留半分钟。铝绞线和铜线的连接管压按顺序是，从管端开始，依次向另一端上下交错钳压，如图 ZY0800301004-2（a）所示；钢芯铝绞线连接管应从中间开始，依次先向一端交错钳压，再从中间向另一端顺序上下交错钳压，如图 ZY0800301004-2（b）所示。

（3）校直及打磨。压接后的连接管一般都会有不同程度的弯曲，所以压接后应用木锤对连接管进行校正。校正以后再用细纱纸将连接管的毛刺砂去。

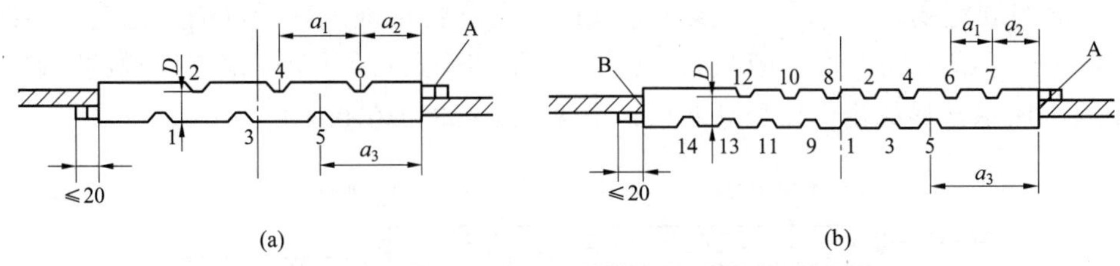

图 ZY0800301004-2 导线钳压连接钳压顺序

（a）LJ-35 铝绞线钳压顺序；（b）LGJ-35 钢芯铝绞线钳压顺序

A—绑扎；B—衬垫；1，2，3…—钳压操作顺序

（二）导线的插接

导线的插接如图 ZY0800301004-3 所示，其步骤如下：

（1）先把接头长度的一半按顺序拆开，砂光拉直，做成伞骨的样子，其余未拆开的一半长度是被缠绕的部分，将两根拆散的导线参照图 ZY0800301004-3（a），使它们每隔一股互相交叉插到底。

（2）参照图 ZY0800301004-3（b），把插好的线拢在一起用电工钳拍紧，用绑线在中间缠绕到规定长度。

（3）参照图 ZY0800301004-3（c），把导线本身的单股线向两端逐步缠绕，每一股缠完后，把余下的线尾压在下面，再用另一股缠，直到缠完为止。

（4）最后一段缠完后，拧成小辫收尾，全部缠完后的插接线头如图 ZY0800301004-3（d）所示。其接头长度和绑线直径可参考表 ZY0800301004-2。全部插接线头长度为 150～200mm，并且应在接头表面涂少量中性凡士林油，以减少氧化膜的产生。

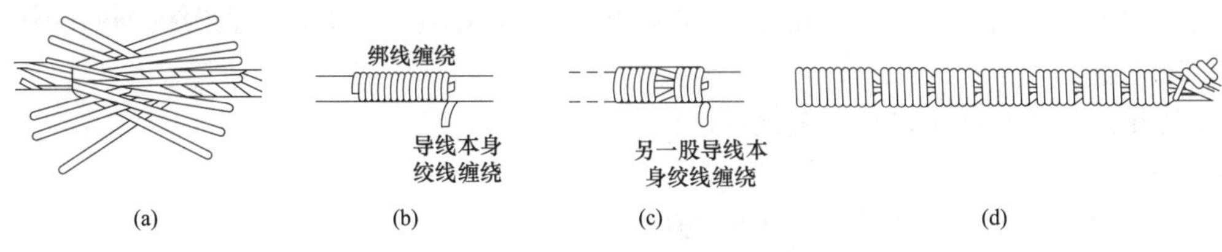

图 ZY0800301004-3　导线插接法

（a）～（d）插接步骤（1）～（4）

表 ZY0800301004-2　　插接缠绕法长度及绑线直径　　mm

导线截面（mm^2）	16	25	50	70	95
中间缠线长度	50	60	80	90	100
全部接头长度	200	300	400	500	600
绑线直径	1.6	2.11	2.49	2.49	2.49

（三）导线的捻接

捻接法一般应用在直径 3.2mm 以下的单股铜线和张力小的地方。其做法如下：用砂布把导线端部长约 100mm 打光，将两根导线头搭在一起，在中间部分捻 2～3 回，两线端在另一线上各缠 5～6 圈绑紧或灌注焊锡，其余部分剪去，如图 ZY0800301004-4 所示。

（四）缠绕法

缠绕法适用于单股直径在 3.2mm 及以上的钢导线。在连接时，首先用砂布擦净连接线两端的附着物，两线相并在一起，其长度是接头长度加上 60～80mm。在两线中间凹进去的地方加一根同样材料的辅助线，这根辅助线的长度大约是接头长度的 1 倍。然后用一根直径 2mm 同样材质的导线作绑线进行缠绕，缠绕到规定长度后把主线的多余部分弯起来，再把绑线和辅助线一起缠绕 5～6 圈拧小辫收尾，如图 ZY0800301004-5 所示。

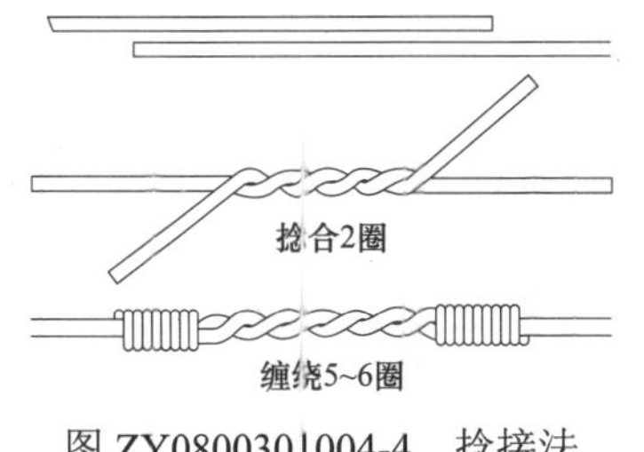

图 ZY0800301004-4　捻接法

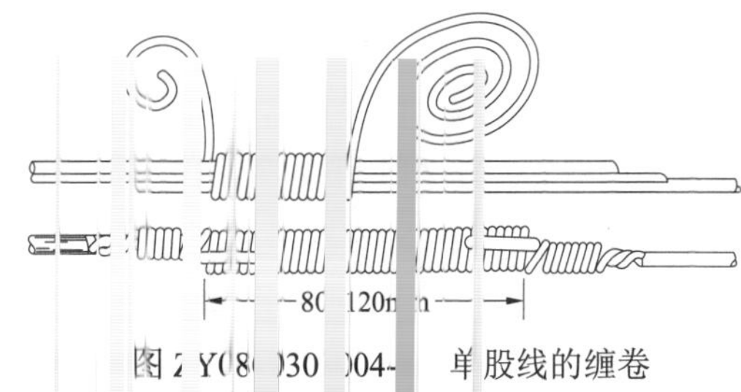

图 ZY0800301004-5　单股线的缠卷

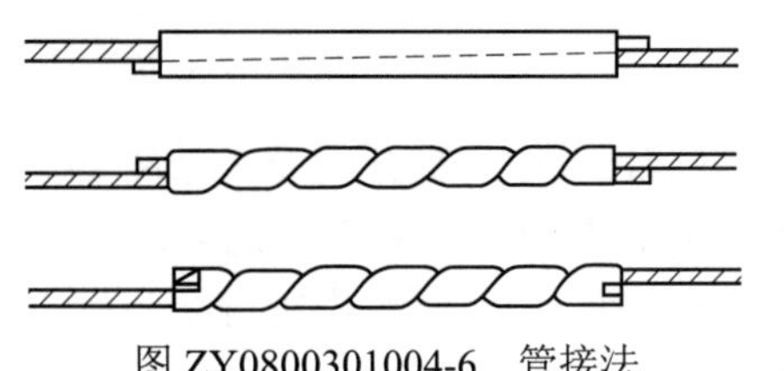
图 ZY0800301004-6 管接法

三、绝缘线的连接和绝缘处理

1. 绝缘线连接的一般要求

（1）绝缘线的连接不允许缠绕，应采用专用的线夹、接续管连接。

（2）不同金属、不同规格、不同绞向的绝缘线，无承力线的集束线严禁在档内做承力连接。

（3）在一个档距内，分相架设的绝缘线每根只允许有一个承力接头，接头距导线固定点的距离不应小于 0.5m。低压集束绝缘线非承力接头应相互错开，各接头端距不小于 0.2m。

（4）铜芯绝缘线与铝芯或铝合金芯绝缘线连接时，应采取铜铝过渡连接。

（5）剥离绝缘层、半导体层应使用专用切削工具，不得损伤导线，切口处绝缘层与线芯宜有 45° 倒角。

（6）绝缘线连接后必须进行绝缘处理。绝缘线的全部端头、接头都要进行绝缘护封，不得有导线、接头裸露，防止进水。

（7）中压绝缘线接头必须进行屏蔽处理。

2. 绝缘线接头的规定

（1）线夹、接续管的型号与导线规格相匹配。

（2）压缩连接接头的电阻不应大于等长导线电阻的 1.2 倍，机械连接接头的电阻不应大于等长导线电阻的 2.5 倍，档距内压缩接头的机械强度不应小于导体计算拉断力的 90%。

（3）导线接头应紧密、牢靠、造型美观，不应有重叠、弯曲、裂纹及凹凸现象。

3. 承力接头的连接和绝缘处理

（1）承力接头的连接采用钳压法、液压法施工，其在接头处安装辐射交联热收缩管护套或预扩张冷缩绝缘套管（统称绝缘护套）。绝缘处理如图 ZY0800301004-7～图 ZY0800301004-9 所示。

（2）绝缘护套管径一般应为被处理部位接续管的 1.5～2 倍。中压绝缘线使用内外两层绝缘护套进行绝缘处理，低压绝缘线使用一层绝缘护套进行绝缘处理。各部长度如图 ZY0800301004-7～图 ZY0800301004-9 所示。

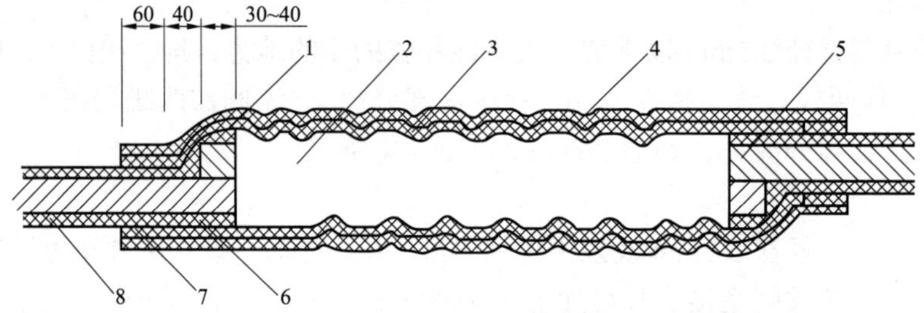

图 ZY0800301004-7 承力接头钳压连接绝缘处理示意图

1—绝缘粘带；2—钳压管；3—内层绝缘护套；4—外层绝缘护套；5—导线；6—绝缘层倒角；7—热熔胶；8—绝缘层

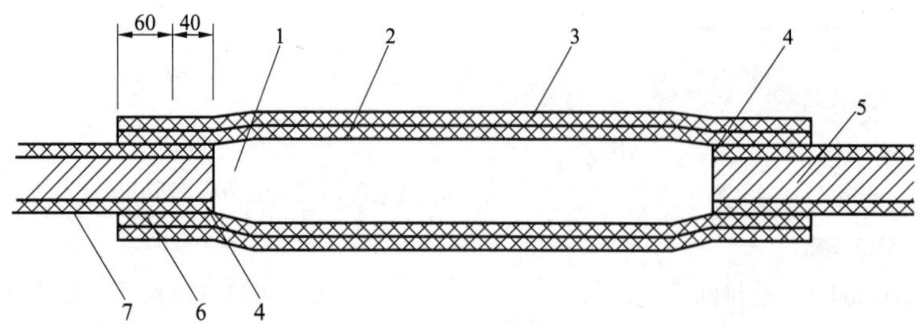

图 ZY0800301004-8 承力接头铝绞线液压连接绝缘处理示意图

1—液压管；2—内层绝缘护套；3—外层绝缘护套；4—绝缘层倒角；5—导线；6—热熔胶；7—绝缘层

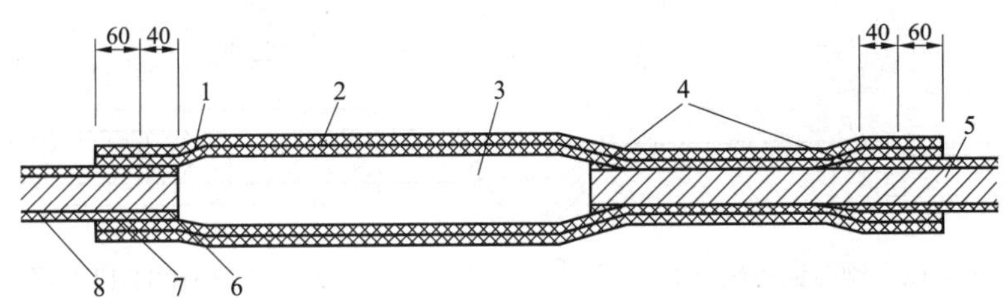

图 ZY0800301004-9 承力接头钢芯铝绞线液压连接绝缘处理示意图

1—内层绝缘护套；2—外层绝缘护套；3—液压管；4—绝缘粘带；5—导线；6—绝缘层倒角；7—热熔胶；8—绝缘层

（3）有导体屏蔽层的绝缘线的承力接头，应在接续管外面先缠绕一层半导体自粘带，和绝缘线的半导体层连接后再进行绝缘处理。每圈半导体自粘带间搭压带宽的 1/2。

（4）截面为 240mm^2 及以上铝线芯绝缘线承力接头宜采用液压法施工。

（5）钳压法施工步骤：

1）将钳压管的喇叭口锯掉并处理平滑。

2）剥去接头处的绝缘层、半导体层，剥离长度比钳压接续管长 60～80mm。线芯端头用绑线扎紧，锯齐导线。

3）将接续管、线芯清洗并涂导电膏。

4）按表 ZY0800301004-1、图 ZY0800301004-2 中规定的压口数和压接顺序压接，压接后按钳压标准矫直钳压接续管。

5）将需进行绝缘处理的部位清洗干净，在钳压管两端口至绝缘层倒角间用绝缘自粘带缠绕成均匀弧形，然后进行绝缘处理。

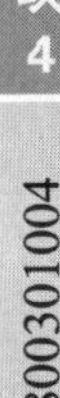

（6）液压法施工步骤：

1）剥去接头处的绝缘层、半导体层，线芯端头用绑线扎紧，锯齐导线，线芯切割平面与线芯轴线垂直。

2）铝绞线接头处的绝缘层、半导体层的剥离长度，每根绝缘线比铝接续管的 1/2 长 20～30mm。

3）钢芯铝绞线接头处的绝缘层、半导体层的剥离长度，当钢芯对接时，其一根绝缘线比铝接续管的 1/2 长 20～30mm，另一根绝缘线比钢接续管的 1/2 和铝接续管的长度之和长 40～60mm；当钢芯搭接时，其一根绝缘线比钢接续管和铝接续管长度之和的 1/2 长 20～30mm，另一根绝缘线比钢接续管和铝接续管的长度之和长 40～60mm。

4）将接续管、线芯清洗并涂导电膏。

5）钢芯铝绞线各种接续管的液压部位及操作顺序分别如图 ZY0800301004-10～图 ZY0800301004-13 所示。

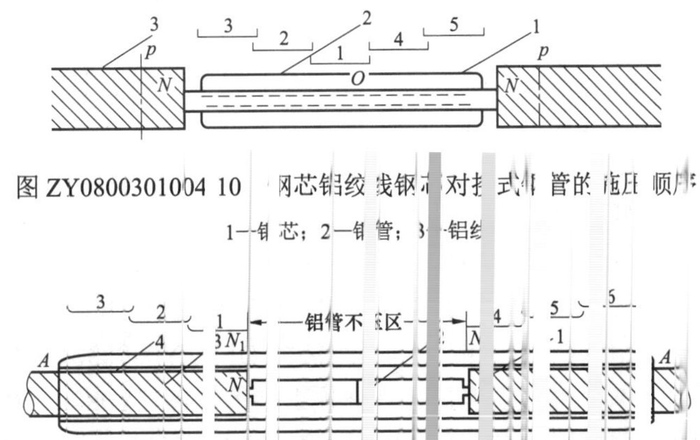

图 ZY0800301004-10 [钢芯铝绞线钢芯对接式钢管的液压顺序]

1—[钢芯；2—钢管；3—铝线]

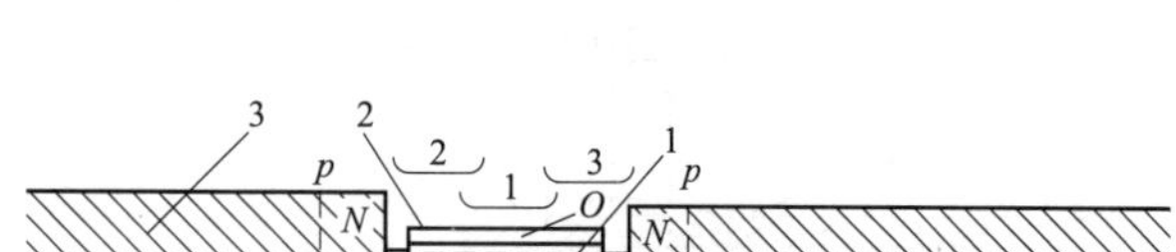

图 ZY0800301004-12 钢芯铝绞线钢芯搭接式钢管的施压顺序

1—钢芯；2—钢管；3—铝线

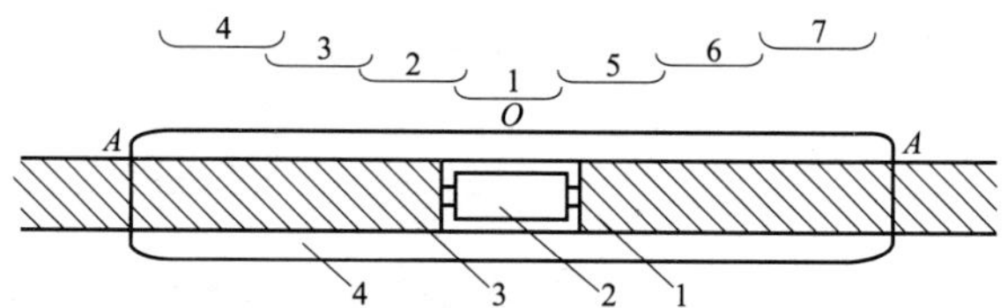

图 ZY0800301004-13 钢芯铝绞线钢芯搭接式铝管的施压顺序

1—钢芯；2—已压钢管；3—铝线；4—铝管

6）各种接续管压后压痕应为六角形，六角形对边尺寸为接续管外径的 0.866 倍，最大允许误差 S 为（$0.866\times0.993D+0.2$）mm，其中 D 为接续管外径，三个对边只允许有一个达到最大值。接续管不应有肉眼可看出的扭曲及弯曲现象，校直后不应出现裂缝，应锉掉飞边、毛刺。

7）将需要进行绝缘处理的部位清洗干净后进行绝缘处理。

（7）辐射交联热收缩管护套的安装步骤：

1）加热工具使用丙烷喷枪，火焰呈黄色，避免蓝色火焰。一般不用汽油喷灯，若使用时，应注意远离材料，严格控制温度。

2）将内层热缩护套推入指定位置，保持火焰慢慢接近，从热缩护套中间或一端开始，使火焰螺旋移动，保证热缩护套沿圆周方向充分均匀收缩。

3）收缩完毕的热缩护套应光滑无皱褶，并能清晰地看到其内部结构轮廓。

4）在指定位置浇好热熔胶，推入外层热缩护套后继续用火焰使之均匀收缩。

5）热缩部位冷却至环境温度之前，不准施加任何机械应力。

（8）预扩张冷缩绝缘套管的安装。将内外两层冷缩管先后推入指定位置，逆时针旋转退出分瓣开合式芯棒，冷缩绝缘套管松端开始收缩。采用冷缩绝缘套管时，其端口应用绝缘材料密封。

4. 非承力接头的连接和绝缘处理

（1）非承力接头包括跳线、T 接时的接续线夹（含穿刺型接续线夹）和导线与设备连接的接线端子。

（2）非承力接头的裸露部分与承力接头一样必须进行绝缘处理，安装专用绝缘护罩。如图 ZY0800301004-7～图 ZY0800301004-9 所示。

（3）绝缘罩不得磨损、划伤，安装位置不得颠倒，有引出线的要一律向下，需紧固的部位应牢固严密，两端口需绑扎的必须用绝缘自粘带绑扎两层以上。

【思考与练习】

1. 导线的连接要求有哪些？
2. 导线的压接方法有哪些？
3. 绝缘线连接的一般要求有哪些？

模块 5 配电线路杆塔组立（ZY0800301005）

【模块描述】本模块介绍架空线路的杆顶组装图、配电线路杆塔的组立。通过操作工艺介绍，熟悉架空线路的杆顶组装图，掌握配电线路杆塔组立的操作方法、工艺标准和质量要求。

【正文】

一、架空线路的杆顶组装图

架空线路的杆顶组装应根据施工设计要求进行，通常可按照下列杆顶组装图进行组装，施工人员应能看懂杆顶组装图。下面介绍几种常见的 10kV 配电线路电杆杆顶组装图。

（1）10kV 直线杆。10kV 角铁横担直线杆杆顶组装图如图 ZY0800301005-1 所示。

（2）陶瓷横担直线杆。10kV 陶瓷横担直线杆杆顶组装图如图 ZY0800301005-2 所示。

（3）耐张杆。常用耐张杆杆顶组装图有两种：图 ZY0800301005-3（a）为双夹横担的耐张杆杆顶组装图，其主要部件见表 ZY0800301005-1；图 ZY0800301005-3（b）为单横担的耐张杆杆顶组装图，其主要部件见表 ZY0800301005-2。

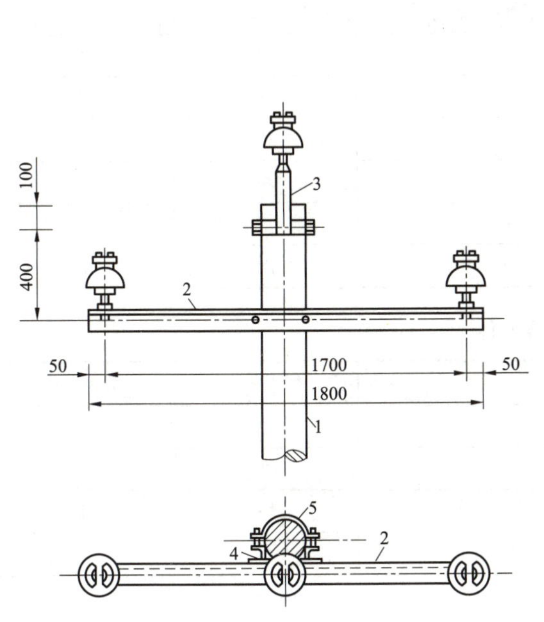

图 ZY0800301005-1　10kV 角铁横担直线杆杆顶组装图

1—钢筋混凝土电杆；2—角铁横担；

3—单瓶抱箍；4—抱铁；5—抱箍

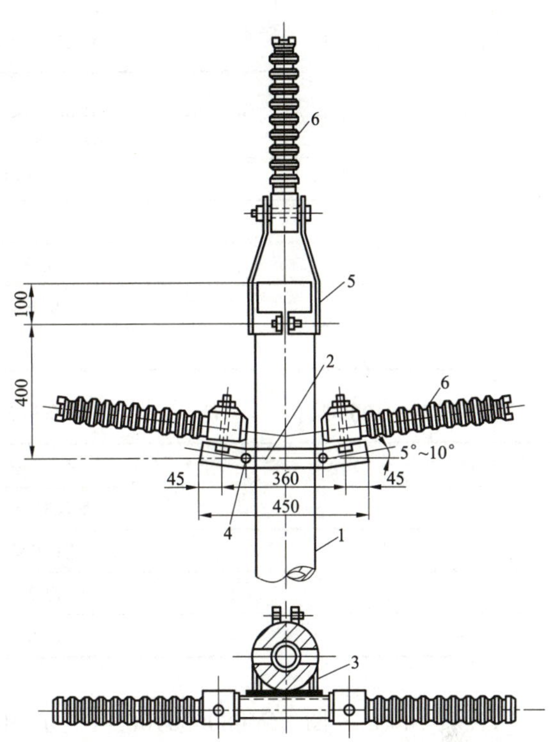

图 ZY0800301005-2　10kV 陶瓷横担直线杆杆顶组装图

1—杆身；2—角铁横担；3—抱铁；4—抱箍；

5—瓷横担抱箍；6—瓷横担绝缘子

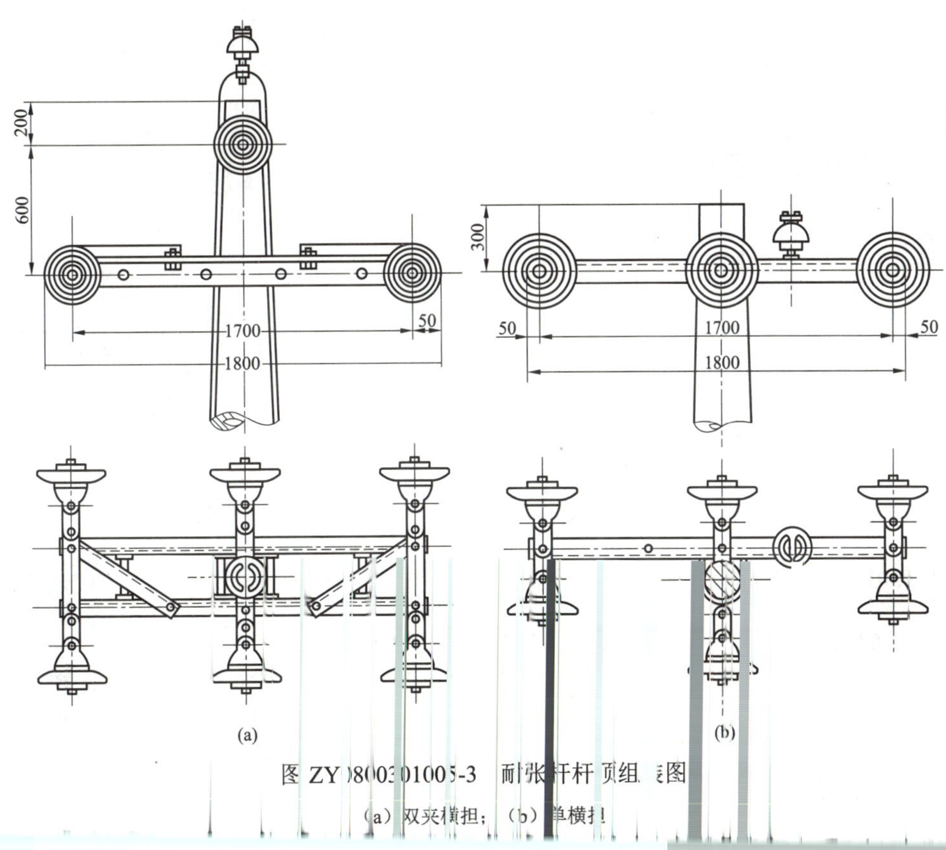

图 ZY0800301005-3　耐张杆杆顶组装图

(a) 双夹横担；(b) 单横担

表 ZY0800301005-1 双夹横担耐张杆主要部件

序 号	名 称	单 位	数 量
1	钢筋混凝土电杆	根	1
2	角铁横担	副	2
3	立铁	块	2
4	连铁	块	2
5	横铁	块	1
6	抱箍	副	2

表 ZY0800301005-2 单横担耐张杆主要部件

序 号	名 称	单 位	数 量
1	钢筋混凝土电杆	根	1
2	角铁横担	副	1
3	抱铁	块	1
4	抱箍	个	1

（4）转角杆。图 ZY0800301005-4 为 30°以下转角杆杆顶组装图，其主要部件见表 ZY0800301005-3；图 ZY0800301005-5 为 45°～90°转角杆杆顶组装图，其主要部件见表 ZY0800301005-4。

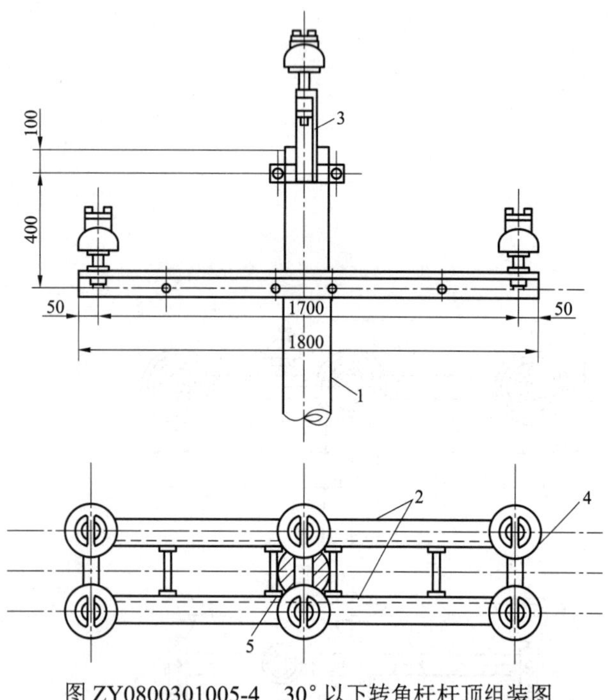

图 ZY0800301005-4 30°以下转角杆杆顶组装图

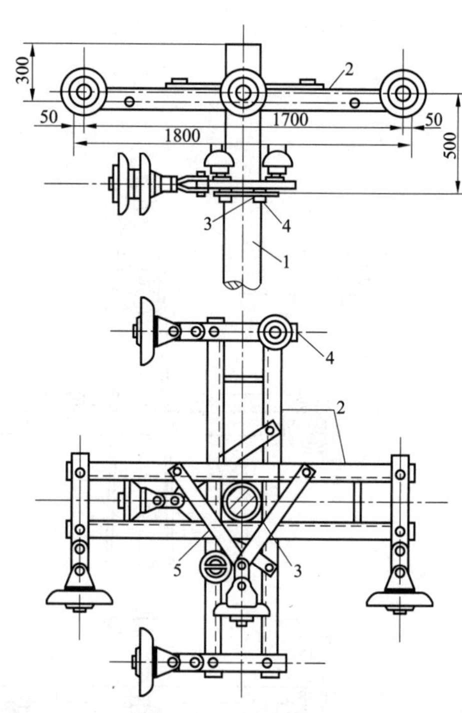

图 ZY0800301005-5 45°～90°转角杆杆顶组装图

表 ZY0800301005-3 30°以下转角杆主要部件

序 号	名 称	单 位	数 量
1	钢筋混凝土电杆	根	1
2	角铁横担	副	2
3	双绝缘子抱箍	副	1
4	拉板	块	3
5	抱铁	块	2

表 ZY0800301005-4　　　45°～90°转角杆主要部件

序　号	名　称	单位	数量
1	钢筋混凝土电杆	根	1
2	角铁横担	副	4
3	抱铁	块	4
4	连铁	块	4
5	拉板	块	4

二、排杆

在某些场合需要较高的混凝土电杆，可采用分段的混凝土电杆在施工现场按设计要求排直并焊接成整杆，这个过程叫排杆。

（1）排杆前的检查。排杆之前应根据设计图纸或施工手册核对杆段数量、规格、型号是否符合要求，并进行外观检查。外观检查包括：① 电杆是否弯曲，是否有流浆露筋、裂纹、麻面等现象；② 预留孔、脚钉孔、接地孔是否齐全，有无堵塞现象。

（2）排杆过程及注意事项。

1）排杆位置应根据立杆方法而定。如整体起吊双杆，应使两杆排列时方向在顺线路方向上，根开符合要求，两杆根对准坑口且距离相等；如采用单吊法，则电杆重心应基本放在杆坑中心处。

2）排杆场地应平整，为使杆段保持同一水平状态，可在杆段下面垫枕木，枕木的位置要防止电杆因自重弯曲引起裂纹。

3）排杆时要拨正各穿孔的位置和方向，焊接前应再次检查。拨动时可用木棒或绳索，需防止电杆滚动伤人。

4）组装过程中，需要杆身下沉时，可以敲打电杆下面的枕木，切不可直接击打电杆。

5）组装横担、抱箍和吊杆等部件时，与杆身的连接不宜过紧，以免起吊电杆时损坏横担或电杆。

6）组装叉梁时，需将叉梁交叉处垫平，防止叉梁弯曲变形。

7）焊接电杆接头过程中要保证焊缝的机械强度，应按照焊接的要求进行。当杆头钢板厚度为 6mm 时采用单层焊，厚度为 8mm 以上时采用双层焊。在焊接时，如果电杆两端已经封堵，应在一端凿排气孔。

三、立杆

立杆通常有吊车立杆法和人工立杆法两种。在条件许可的情况下，应尽量采用吊车整体起立电杆。人工立杆的方法很多，如叉杆立杆、独脚抱杆立杆、固定式人字抱杆立杆和倒落式人字抱杆立杆等。

（一）吊车立杆

吊车立杆所需的工器具主要有吊车、挂钩、滑轮、传递绳和钢丝绳套等。

1. 吊车立杆的操作步骤

（1）粗略估算电杆的重心位置，绑上吊绳，将电杆吊至杆坑附近。

（2）将吊绳移至电杆重心上方适当位置，缓慢起吊电杆，当杆梢离地 1m 左右时停止起吊，检查吊点及电杆各部受力无异常后，组装横担。

（3）电杆起立到 70°后，应减缓速度，并注意各侧拉绳。

（4）电杆对准杆坑位置下落，并一次完成。

（5）回填杆坑。回填土每升高 500mm，夯实一次。回填土应高出地面 300mm。

（6）拆除临时拉绳和吊钩，吊车立杆完毕。

2. 吊车立杆时的安全注意事项

（1）立杆工作要设专人统一指挥，开工前讲明施工方法。在居民区和交通道路附近进行施工应设专人看守。

（2）为防止杆塔在起吊中脱落，吊装前，应对钢丝绳套进行外观检查，应无断股、烧伤、挤压伤

（4）电杆起立离开地面后，应对各吃力点作一次全面检查，确认无问题后再继续起立。起立 70°后应减缓速度，注意各侧拉绳，特别要控制好后侧头部拉绳，防止过牵引。

（5）吊车的吊臂下严禁有人逗留，立杆过程中坑内严禁有人，除指挥人及指定人员外，其他人员远离电杆 1.2 倍杆高的距离以外。

（6）现场人员必须戴好安全帽。杆塔作业人员要防止掉东西，使用的工具和材料等应装在工具袋内，工器具的传递要使用传递绳。杆塔下方禁止行人逗留。

（7）利用钢钎做地锚时，应随时检查钢钎受力情况，防止过牵引将钢钎拔出。

（8）登杆塔前要对杆塔进行检查，包括杆塔是否有裂纹，杆塔埋设深度是否达到要求。同时要对登高工具检查，看其是否在试验期限内，登杆前要对脚扣和安全带作冲击试验。

（9）杆塔上转移作业位置时，不得失去安全带保护。杆塔上有人工作时，严禁调整和拆除拉线。

（二）叉杆立杆

叉杆立杆一般只限于木杆和 10m 以下质量较轻的水泥杆。当电杆在地面组装完毕以后即可着手立杆。叉杆立杆的主要工具有叉杆、顶板、滑板、绳索和绳套等。叉杆立杆的现场布置如图 ZY0800301005-6 所示。

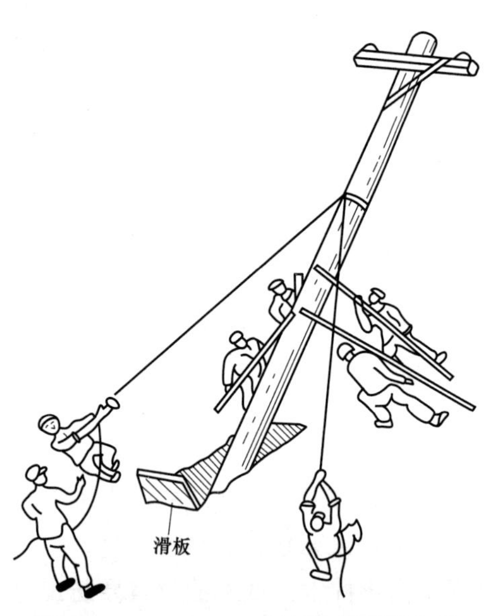

图 ZY0800301005-6 叉杆立杆现场布置

1. 叉杆立杆的操作步骤

（1）开好马道，马道尽可能开挖至坑底部，使电杆起升过程中有一定的坡度保持稳定。

（2）电杆梢部两侧用活结绑扎。用直径 25mm 左右、长度超过杆长 1.5 倍的棕绳或具有足够强度的线绳作为拉绳和晃绳，控制好绳索，防止电杆在起升过程中左右倾斜。

（3）在电杆起升至一定高度时，两侧拉绳可移至叉杆对面，保持一定角度，用人力牵引电杆帮助起升。

（4）电杆根部移入基坑马道内，顶住滑板。电杆梢部开始用杠棒缓缓抬起，随即用顶板顶住，可逐渐向前交替移动，使电杆梢逐步升高。

（5）当电杆梢部升至一定高度时，加入另一副叉杆，使叉杆、顶板、杠抬合一交替移动，逐步使电杆头部升高，到一定高度时再加入另一副较长的叉杆与拉绳合一用力，使电杆再度升高。一般用叉杆立杆需要 3～4 副叉杆。

（6）当电杆梢部升到一定高度还未垂直前，左右两侧拉绳移到两侧作控制晃绳用，使电杆不向左右歪斜。电杆垂直时，将一副叉杆移到竖立方向对面，防止电杆过牵引倾倒。

（7）电杆立直后，有两副叉杆相对支撑住电杆，然后检查杆位是否在线内中心，随即覆土分层夯实。

2. 叉杆立杆时的安全注意事项

（1）立杆应设专人统一指挥。开工前，要交待施工方法、指挥信号和安全组织、技术措施，工作人员要明确分工、密切配合、服从指挥。在居民区和交通道路附近立、撤杆塔时，应具备相应的交通组织方案，并设警戒范围或警告标志，必要时派专人看守。

（2）立杆过程中基坑内严禁有人工作。除指挥人及指定人员外，其他人员应在离开杆塔高度 1.2 倍距离以外。

（3）立杆及修整杆坑时，应采取措施防止杆身倾斜、滚动，如采用拉绳和叉杆控制等。

（4）顶杆及叉杆不得用铁锹、桩柱等代替。立杆前，应开好马道。工作人员要均匀地分配在电杆的两侧。

（三）独脚抱杆和固定式人字抱杆立杆

独脚抱杆和固定式抱杆立杆所需的工器具有抱杆、固定拉线、衬木（短横木）、定滑轮、总牵引钢丝绳、动滑轮、地滑轮（转向滑车）、垫木、晃风绳（耳绳）、钎桩（地锚）等。

1. 独脚抱杆立杆

独脚抱杆又称固定单扒杆或冲天扒杆，其现场布置如图 ZY0800301005-7 所示。利用独脚抱杆起吊电杆的方法适用于地形较差，场地很小而且不能设置倒落式、人字抱杆所需要的牵引设备和制动设备装置的场合。这种起吊方法的特点是，每次只能起吊一根电杆，电杆起吊后还需高空安装横担等构件。该方法只能起吊中等长度且质量较轻的电杆。其施工要求如下：

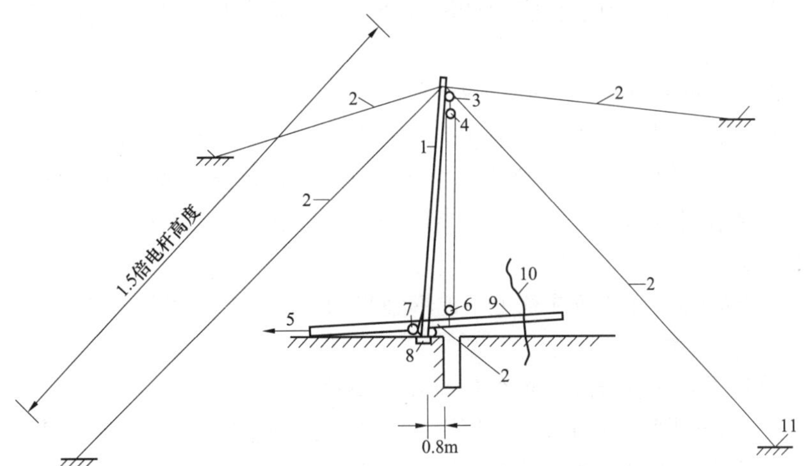

图 ZY0800301005-7 独脚抱杆立杆现场布置

1—抱杆；2—固定拉线；3—衬木（短横木）；4—定滑轮；5—总牵引钢丝绳；6—动滑轮；7—地滑轮（转向滑车）；8—垫木；9—电杆；10—晃风绳（耳绳）；11—钎桩（地锚）

（1）施工时独脚抱杆 1 的根部应垫一块方木 8，以防抱杆下沉。

（2）抱杆顶部固定 4 条拉线 2 互成 90°，以保证抱杆不致倾倒。

（3）被起吊的电杆 9 接顺线路方向放置，抱杆上部固定一根短横木 3，该横木与定滑轮 4 连接，电杆与动滑轮 6 连接，钢丝绳 5 穿过地滑轮 7 接到牵引设备。

（4）一切布置就绪后，利用牵引设备牵动钢绳 5 即可将电杆徐徐起立。

（5）施工时抱杆（抱）应设置牢固，抱杆最大倾斜角应不大于 15°，以减少水平力，并充分发挥抱杆的起吊能力。

（6）拉线对地夹角不宜大于 45°，起吊滑轮组起升后的高度，必须大于电杆吊点到杆根的高度，以使电杆根部能够离开地面。

（7）摆放电杆时，电杆的吊点要处于基坑附近，最好在起吊滑轮组正下方。必要时可在电杆根部加置临时重荷，使电杆重心下移，以助起吊。

（8）对每种杆型，第一次起吊时，必须进行强度验算和试吊。

2. 固定式人字抱杆立杆

固定式人字抱杆起立电杆属悬吊式立杆，它基本上不受地形的限制，适用于起吊 18m 及以下的杆塔，其现场布置如图 ZY0800301005-8 所示。单吊起立是一种比较方便简单的施工方法，其施工要求如下：

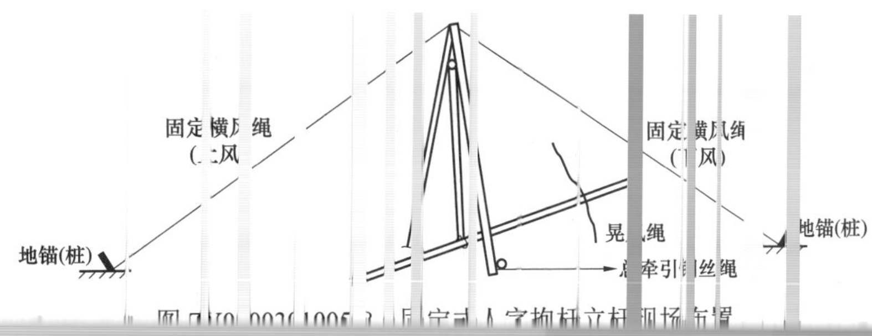

图 ZY0800301005-8 固定式人字抱杆立杆现场布置

两滑轮碰头的距离适当增加裕度来考虑。

（2）横风绳根据杆坑中心距离，可取电杆高度的 1.2～1.5 倍。

（3）滑轮组应根据水泥杆质量来确定。一般水泥杆质量为 555～1000kg 时，采用走一起一滑轮组牵引；水泥杆质量为 1000～1500kg 时，采用走一起二滑轮组牵引；水泥杆质量为 1500～2000kg 可选用走二起二滑轮组牵引。

（4）18m 电杆单点起吊时，由于预应力杆吊点处承受弯矩较大，因此必须采取补强措施来加强吊点处的抗弯强度。

（5）如果土质较差，抱杆脚需铺垫道木或垫木，以防止抱杆起吊受力后下沉。

（6）抱杆的根开一般根据电杆质量与抱杆高度来确定，计算比较复杂。一般线路起吊立杆实践经验在 2～3m 范围内。根开过大，下压为容易集中在抱杆中部，可能造成抱杆折断。

（7）起吊过程中要求缓慢均匀牵引，电杆离地 0.8m 左右时，应停止起吊，全面检查横风绳受力情况以及地锚是否牢固。

（8）水泥杆竖立进坑时，特别应注意上下的横绳受力情况，并要求缓慢松下牵引绳，切忌突然松放而冲击抱杆。

3. 独脚抱杆和固定式人字抱杆立杆时的安全注意事项

（1）使用抱杆立、撤杆塔时，主牵引绳、尾绳、杆塔中心及抱杆顶应在一条直线上。抱杆下部应固定牢固，抱杆顶部应设临时拉线控制，临时拉线应均匀调节并由有经验的人员控制。抱杆应受力均匀，两侧拉绳应拉好，不得左右倾斜。固定临时拉线时，不得固定在有可能移动的物体或其他不可靠的物体上。

（2）整体立、撤杆塔前应进行全面检查，各受力、连接部位全部合格方可起吊。立、撤杆塔过程中，吊件垂直下方、受力钢丝绳的内角侧严禁有人。杆顶起立离地约 0.8m 时，应对杆塔进行一次冲击试验，对各受力点处作一次全面检查，确无问题，再继续起立；起立 70° 后，应减缓速度，注意各侧拉线；起立至 80° 时，停止牵引，用临时拉线调整杆塔。

（3）牵引时，不得利用树木或外露岩石作受力桩，临时拉线不得固定在有可能移动或其他不可靠的物体上。一个锚桩上的临时拉线不得超过 2 根；临时拉线绑扎工作应由有经验的人员担任。临时拉线在永久拉线全部安装完毕承力后方可拆除。

（4）选用抱杆应经过计算或负荷校核。独立抱杆至少应有 4 根拉绳，人字抱杆应有 2 根拉绳，所有拉绳均应固定在牢固的地锚上，必要时经校验合格。

（5）抱杆有下列情况之一者严禁使用：① 圆木抱杆木质腐朽、损伤严重或弯曲过大；② 金属抱杆整体弯曲超过杆长的 1/600，局部弯曲严重、磕瘪变形、表面严重腐蚀、裂纹或脱焊；③ 抱杆脱帽环表面有裂纹或螺纹变形。

（四）倒落式人字抱杆立杆

倒落式人字抱杆立杆是一项复杂的起重作业，在起吊过程中需要考虑现场环境、人员组成、钢丝绳及抱杆的受力情况、桩锚的位置、临时拉线或横绳、防沉、抱杆的起始夹角、起吊系统整体的平衡、吊点的选择、防止振动电杆产生裂纹等各方面的因素。整体起吊的施工方案应包括施工方法及现场平面布置、抱杆及工器具的配置、操作注意事项及安全措施。图 ZY0800301005-9 为单点起吊 13～15m 拔梢混凝土单杆的现场布置情况。

1. 倒落式人字抱杆立杆的要求

（1）根据施工实践经验，通常抱杆的长度取电杆高度的 1/2，抱杆的有效高度一般取电杆重心高度 80%～110%为宜。

（2）抱杆的根开一般取抱杆长度的 1/4～1/3，具体可根据现场实际决定，以不使抱杆在起吊过程中与电杆碰擦为原则。根开之间应用钢丝绳锁牢。

（3）抱杆根部距离杆坑中心，一般可取电杆重心高度的 20%～40%（13～15m 的电杆可取 4.5m）。

（4）固定点位置尽量选在电杆与横担的接点处，如吊点高度大于电杆重心高度，一般取电杆重心高度的 1.1～1.2 倍。

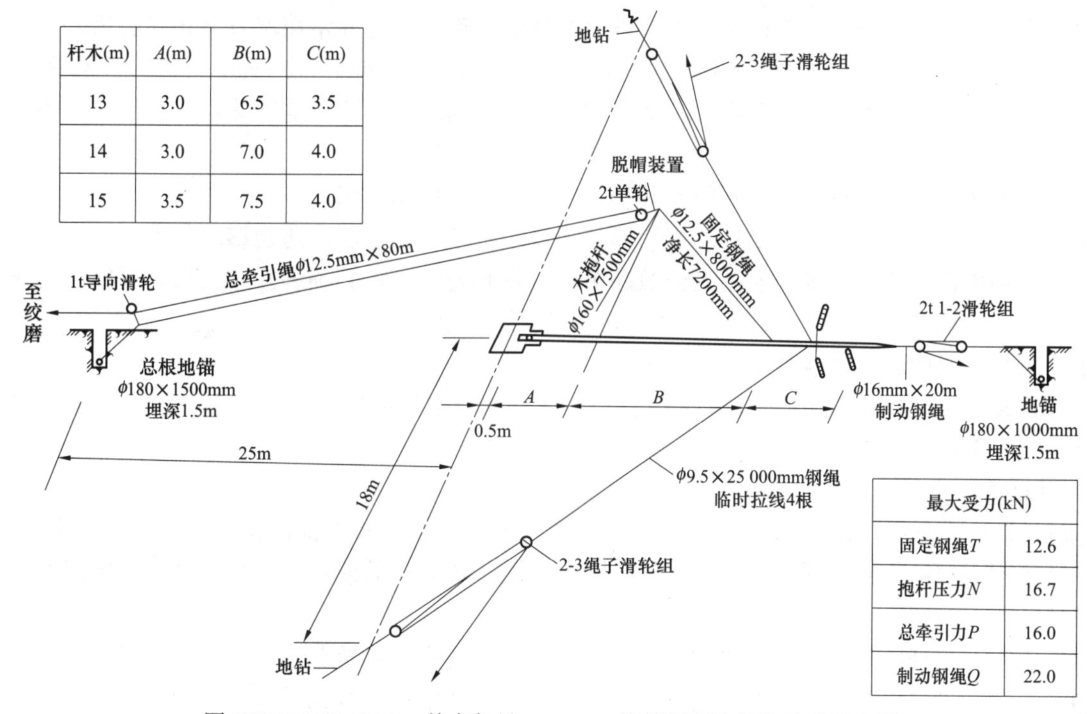

杆木(m)	A(m)	B(m)	C(m)
13	3.0	6.5	3.5
14	3.0	7.0	4.0
15	3.5	7.5	4.0

最大受力(kN)	
固定钢绳T	12.6
抱杆压力N	16.7
总牵引力P	16.0
制动钢绳Q	22.0

图 ZY0800301005-9　单点起吊 13～15m 拔梢混凝土单杆的现场布置

（5）抱杆起动时，抱杆对地面的夹角一般在 60°～70° 之间。

（6）抱杆失效（脱帽）时，对地面夹角应以电杆对地面的夹角来控制，一般应使电杆对地面的夹角大于 50°。

2. 倒落式人字抱杆立杆的步骤

（1）按照现场布置图布置好倒落式起吊的施工现场。

（2）电杆离地 0.5～1m 时应停止起吊，进行冲击试验，检查各部受力情况，各绳扣、扣环等是否牢固，各锚桩有无松动，锚坑表面覆土有无抬动；主杆有无弯曲、裂纹、偏斜；抱杆两侧受力是否均匀，抱杆脚有无滑动及下沉等，确定正常才可继续起吊。

（3）电杆对地夹角 30°～45° 时，应使电杆根部落入底盘，最迟也应在抱杆脱帽前使根杆落入底盘。若无底盘，应使电杆根部落入杆坑。

（4）当电杆对地夹角 45° 后，应注意抱杆脱帽。脱帽时电杆应停止起立，待抱杆落下并撤离后继续起立，此时要注意带好晃风绳。

（5）当电杆对地夹角 70° 时，应带住后晃风绳（制动绳）以防倒杆，并放慢起吊速度。

（6）当电杆对地夹角 80° 时，应立即停止牵引，利用牵引系统的自重缓缓调整杆身，并收紧各侧临时晃风绳。

（7）等电杆竖正并及时填土夯实后，登杆拆除起吊工器具及设备。

（8）安装横担、金具、绝缘子等。

3. 倒落式人字抱杆立杆时的安全注意事项

（1）立杆前应确定好立杆方法，明确分工，统一指挥。严禁工作人员不听命令，各行其是。

（2）仔细检查立杆工具。叉杆、拦护绳应牢固、无缺损，严禁用木棒代替叉杆。

（3）立杆现场严禁非工作人员逗留。

（4）电杆起立时，禁止任何人在杆下逗留。工作人员应分布在电杆两侧，以防电杆突然落下伤人。

（5）立杆时，禁止工作人员在杆坑进行挖土等工作。

（6）电杆立正以后，要立即回填土。回填土要分层夯实，回填土夯实前不准登杆，也不准拆去拦护绳。

（2）当重物吊离地面后，工作负责人应再检查各受力部位，无异常情况方可正式起吊。

（3）在起吊和牵引过程中，受力钢丝绳的周围上下方、内角侧和起吊物下面，严禁有人逗留和通过。

（4）起吊物必须绑牢，起吊电杆时，绳套应在电杆适当位置，防止电杆偏重。起吊变压器时，绳套交叉吊挂，注意防止碰伤套管。

（5）在使用开门滑车时，应将开门勾环扣紧，防止绳索自动跑出。

（6）使用车辆不得超载，运电杆、变压器和线盘时必须绑扎牢固，防止移动伤人。

（7）装卸电杆应防止散堆伤人，当分散卸车时，每卸完一处，必须绑扎牢固后方可继续运送。

（8）多人抬杆必须同肩，步调一致，起放电杆时应互相呼应。

四、电杆各部件的质量检查及验收要求

电杆组装应进行一次全面检查，所用材料和构件是否合乎规范规定，安装工艺是否符合质量要求。其检查项目如下：

1. 材料质量检查

电杆、横担、金具、绝缘子等各部件应由正规厂家生产，并有该产品的出厂质量检验合格证明书、有关符合国家现行标准的各项质量检验资料。对无检验资料的产品或对产品检验结果有疑问的均应重新抽样，并经检验合格方准使用。

（1）混凝土电杆的质量检查。混凝土电杆杆身表面应光滑，混凝土的标号在C30号以上，杆身弯曲不超过0.1%，没有流浆露筋现象，没有纵向裂纹，横向裂纹小于0.1mm且不大于1/3周长。对于露筋现象应进行简易处理，用水泥浆或沥青涂缝，防止钢筋在空气中生锈。

（2）横担及金具质量检验。横担一般为镀锌角钢横担，常见的有L50mm×50mm×5mm（只用于低压）、L63mm×63mm×6mm和L80mm×80mm×8mm等。由于特殊要求需要自己加工的铁横担应作防锈处理，处理方法是先刷一层防锈漆，再刷两层灰漆。金具检查主要检查表面是否光滑，是否有裂纹，镀锌层是否破坏严重等。

（3）绝缘子的质量检查。绝缘子表面应干净、平滑，没有砂眼、裂纹，瓷质细腻，旧的绝缘子还要留意表面是否有灼伤放电的痕迹。现场安装绝缘子前可以用2500V（10kV及以下线路）绝缘电阻表检查绝缘子的绝缘电阻，具体要求是悬式绝缘子的绝缘电阻大于500MΩ，针式绝缘子的绝缘电阻大于300MΩ。还可以用热水对绝缘子均匀加热，然后用冷水迅速降温，以检查绝缘子瓷体与金属体的膨胀率及黏和程度。

2. 电杆装配的质量要求

电杆组装之后应进行一次全面检查，检查电杆装配是否符合设计或规范、安装工艺是否符合要求。其检查项目如下：

（1）电杆各部螺栓，螺钉穿入方向，顺线路者均由送电侧穿入，在横线路方向位于两侧者一律向外穿，中间者向统一方向穿（一般是面向受电侧，由左向右），垂直地面者一律由下向上穿。螺钉两端必须有铁垫，伸出的长度要露出螺母三丝以上，但不应大于50mm。

（2）横担应牢固装设在电杆之上，并与电杆保持垂直。当电杆立起后，横担应处于水平位置。如果是双重以上的横担，各横担应保持平行。横担端部上下、左右歪斜不大于20mm。线路采用单横担时，安装要求直线杆装于受电侧，分支、转角、终端杆装于拉线侧。

（3）绝缘子安装应连接可靠、牢固。安装前应清除绝缘子表面污垢、附着物或涂料。针式绝缘子应竖直安装，固定在铁横担上时应有弹簧垫圈或使用双螺母以防松脱。悬式绝缘子安装时，与横担、导线金具的连接处无卡压现象，绝缘子串上的弹簧销子、螺栓及穿钉方向规定为：垂直方向应由上向下穿，顺线路方向由电源侧向受电侧穿入，两边应由内向外，中间应由左向右穿入。35kV悬垂线夹绝缘子串应垂直于地面，与竖直方向的夹角不大于5°。

（4）导线与电杆、构架、导线间距离的规定。导线与拉线、电杆、构架的净空距离要求高压不小于0.2m，低压不小于0.1m。过引线、引下线与邻相净空距离要求高压不小于0.3m，低压不小于0.15m。高压引下线与低压线间距离不小于0.2m。线路档距的规定见表ZY0800301005-5，最小线间距离的规定见表ZY0800301005-6。

表 ZY0800301005-5　　线路档距规定值　　m

档距类别	高压	低压
城镇档距	40～50	40～50
郊区档距	60～100	40～60

表 ZY0800301005-6　　线路最小线间距离的规定　　m

档距	<40	50	60	70	80	90	100
高压	0.60	0.65	0.70	0.75	0.85	0.90	1.00
低压	0.30	0.30	0.45				

3. 基坑施工定位

（1）直线杆顺线路方向位移误差：35kV 要求不大于档距的 1%；10kV 及以下要求不大于 3%设计档距。直线杆横线路方向位移不超过 50mm。

（2）转角杆、分支杆的横线路、顺线路方向的位移不超过 50mm；杆塔向外倾斜 2°～3°；导线未架设前，在转角杆塔内侧应有临时拉线。

（3）终端杆架线后应向拉线侧有预偏，但杆顶偏移不大于杆梢直径。

（4）双杆中心与中心桩横线路偏差不大于 50mm，根开偏差不大于 30mm，迈步不得大于 30mm。

【思考与练习】

1. 电杆组装过程中检查的项目有哪些？

2. 立杆方法有哪些？其安全注意事项有哪些？

3. 对电杆装配质量有哪些要求？

模块 6　配电线路导线的架设（ZY0800301006）

【模块描述】本模块介绍架线前准备工作、放线、紧线、导线在绝缘子上的固定和架线工艺的质量要求。通过操作工序及工艺介绍，掌握配电线路导线架设的操作方法、工艺标准和质量要求。

【正文】

导线架设包括架线前准备工作、放线、导线连接、紧线、弧垂观测等工序。架空配电线路架线施工人员较多，又在一个较长距离的施工现场同时进行作业，有时还要通过一些交叉跨越物，因此，在施工中所有施工人员必须听从统一指挥。如有交叉跨越，事先必须与有关单位联系征得同意，并采取必要的措施，以保证施工的安全。

一、架线前准备工作

（一）组织施工

（1）根据施工现场情况及实训需要将人员进行分组。

（2）施工前应介绍施工内容、安装要求及质量标准，使实训人员做到心中有数。

（3）制定安全措施，并明确现场实训中各项安全措施，以保障施工安全。

（4）在实训前应先将实训所需要的材料和工具准备好，并进行外观检查。

（5）安装完毕后，进行质量标准检查。

（二）放线前的准备

（1）放线前应组织施工人员学习有关放、紧线的技术，了解线路情况和施工方法，熟悉导（地）线的连接及缺陷处理规定。

（2）清理路径，消除障碍，对于必经的易损坏导（地）线的坚石地段和尖利杂物地区，应采取防护措施保护导（地）线。

放线滑轮。禁止用起重滑轮代替放线滑轮。

（4）依据耐张长度与线盘导线长度，安排好各线盘的放置地点，同时做好导线接头工具材料的准备。

（5）考虑到地形与弧垂的影响，一般布线裕度应比耐张长度增加5%。

（6）布线时还应考虑到：① 导线接头的位置应离开耐张线夹或悬垂线夹，最好位于弧垂的最低点；② 重要跨越档内不准有接头。

（7）在线路经过的铁路、公路、河流及与弱电线路交叉处，应搭设跨越架。但跨越低压线、广播线路时，若征得当地同意，可不搭设跨越架，而在放线时将其停电拆下，紧线完毕后复位。

跨越通航河道时，应向航道管理部门申请封航施工。有关电力线停电及交通指挥联系，应在事前做好。

（三）放线通信联系

放线的通信联系极为重要，利用“旗语”作为通信联系，可按习惯规定：

（1）一面红旗高举。表示危险、已发生问题，应立即停止工作。

（2）一面白旗高举。表示正常，工作可继续进行。

（3）两手红白旗平举，相对举过头部连续挥动。表示线已拉到指定处，接头工作已结束。

（4）一手同时取红白两旗，在空中划圆圈。表示工作已结束，全部停止工作，收工。

（5）若同时拖两线，需要停拖动一根线。则需两旗伸开平举，需停的一边执红旗，另一手执白旗。

（6）当三根线同时拖动，以左、右及头上方代表三根线的部位。当某线需停止拖动，则举红旗停止不动，需拖动的两线则以白旗连续挥动。

（7）当挥旗人身体转向侧面，两手同向一边平举，以红白旗上下交叉挥动。表示线要放松，绞磨要倒退。慢动作挥旗表示线要慢慢放松。

（8）每次变换“旗语”均应以哨子示意，直至对方变换“旗语”为止，否则应继续吹哨并挥旗。

（四）放线技术措施

（1）通道有影响放、紧线的障碍物必须清除。

（2）越线架搭设采用杉木杆、毛竹，公路、电力线路、通信线必须采用双面横架，立柱间距为1.5m，横杆间距为1.0m，埋深不少于0.5m，宽度应大于两边线1.5m。

（3）根据耐张段长度及线盘大小，将线盘放置到位，固定牢固并设制动装置。

（4）布置护线人员，安置信号人员，越线架设专人监护，保证信号准确及时。

（5）看线盘和护线员应注意检查导线，发现有问题及时处理。

（6）放线滑轮应转动灵活，轮槽与导线直径适应，其滑轮轮径应大于导地线直径的10倍，绝缘导线不小于12倍导线直径。

（五）文明施工及环境保护

1. 文明施工要求

（1）现场着装应符合劳动保护的要求。

（2）工器具应摆放整齐，做到工完、料净、场地清。

（3）施工现场应设安全围栏，安全警示牌应悬挂在醒目的位置。

（4）施工风雨棚应搭设整齐，位置适当、合理。

（5）施工现场语言要文明。

2. 环境保护

（1）加强对施工人员的宣传教育，增强环境保护意识；认真贯彻执行国家电网公司环境管理体系文件，并按照程序文件的要求做好各项工作，以实现环境管理目标。

（2）各种施工坑开挖时，出土应堆置整齐，施工时尽可能少占地。

（3）施工时满足设计要求，严格防火要求。

（4）施工后及时做好现场清理，做到工完、料净、场地清。

（5）配合建设单位做好工程环保工作。

（六）安全注意事项

（1）应认真检查线盘是否牢固可靠，制动装置是否可靠。

（2）线盘处必须有专人指挥，保持轴杆水平。

（3）应有防止发生导线磨伤的措施。

（4）工作人员必须戴安全帽。

二、放线

1. 放线前的检查

放线前应检查导线的规格、型号是否符合设计要求，导线有无严重的机械损伤，如断线、破股、背花、灯笼等情况，铝导线还应观察有无严重的腐蚀现象。当导线有损伤时，可按照表 ZY0800301006-1 的要求进行缠绕、补修。达到下列情况之一时，必须锯断重接：① 单金属绞线超过总截面的 17%，钢芯铝绞线超过总截面的 25%；② 导线损伤截面在允许范围内，但损伤长度已超过一个修补金具所能修补的长度；③ 钢芯铝绞线的钢芯断股；④ 导线的金钩、破股、灯笼使导线形成无法修复的永久变形。线股缠绕或补修时，导线损伤部分应位于缠绕束或补修金具两端各 30mm 以内。

表 ZY0800301006-1 导线损伤允许缠绕或补修标准

处理方法	钢芯铝绞线	单金属绞线
缠绕	在同一截面处铝股损伤面积占导电部分总截面的 5%～7%时	在同一截面处损伤面积占总截面的 5%～7%时
补修	在同一处铝股的损伤面积占铝股总截面的 7%～25%时	在同一处的损伤面积占总截面的 7%～17%时

架空地线钢绞线损伤标准及相应的处理方法可参照表 ZY0800301006-2 进行。

表 ZY0800301006-2 架空地线钢绞线损伤标准及相应的处理方法

股 数	镀锌铁丝缠绕	修补管	锯断重接
7	不允许	断 1 股	断 2 股
19	断 1 股	断 2 股	断 3 股

2. 线轴布置

线轴应放置在角钢或槽钢做成的三角架上，线轴安放好以后，必须要由有经验的电工看管，防止线轴在放线中倾倒，还要控制线轴的转动速度。线轴的出线端应从线轴上面引出，对准拖线方向，要有制动装置。线轴搁置方式如图 ZY0800301006-1 所示。导、地线线轴布置的原则如下：① 尽量将长度或质量相同的线轴集中放在各段耐张杆处；② 架空线的接头尽量靠近导线最低点；③ 导线接头避免在不允许有导线接头的档距内出现；④ 尽量考虑减少放线后的余线；⑤ 考虑施工方便，为运输、放线、连接及紧线创造有利条件。

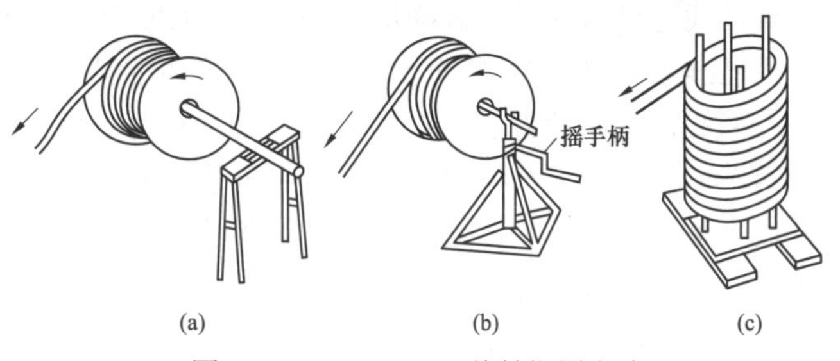

图 ZY0800301006-1 线轴搁置方式

3. 放线的组织工作

放线作业由于施工人员较多，又在一个较长距离的施工现场进行，为了确保工作的顺利进行和人身、设备的安全，现场工作负责人应做好相应的组织工作，对下述各工作岗位，应指定专人负责，并将具体工作任务交待明确：① 每只线轴的看管人员；② 每根导、地线拖线时的负责人员；③ 每基杆塔的登杆人员；④ 各重要交叉跨越处或跨越架处的监视人员；⑤ 沿线通信负责人员；⑥ 沿线检查障碍物的负责人员。

模块 6 ZY0800301006

的工作段较短时，一般口头指挥就可以；当放线的工作段较长时，可以利用旗号或者对讲机进行通信联系。

5. 放线

（1）放线架应支架牢固，如上所述，出线端应从线轴上方抽出，线轴处应设专人负责指挥和看护。

（2）导线经过地区要消除障碍，在岩石等坚硬地面处，应垫稻草、高粱秸等物，以免磨伤导线。

（3）在放线过程中应设专人监护，防止导线磨伤、断股、背花等现象。如发生上述情况，应及时发出信号，停止牵引，并标明记号进行处理。

（4）在每基电杆上应悬挂铝制滑轮，把导线放在轮槽内，以利滑动和避免磨损。

（5）在每基杆位上应设专人监护，注意滑轮转动是否灵活，导线是否掉槽，压接管通过滑轮是否卡住。

（6）放线有人力和机械放线两种方法。人力牵引导线放线时，拉线人之间要保持适当的距离，以不使导线拖地为宜。领线人应对准前方，不得走偏，每相导线不得交叉，随时注意信号，控制拉线速度。采用机械牵引导线时，牵引钢绳与导线连接的接头通过滑车时，应设专人监视，牵引速度不宜超过每分钟 20m。

三、紧线

紧线必须按照设计的弧垂要求进行，防止导线的弧垂过大或过小。弧垂太大，容易造成导线对地的限距不够，还容易造成导线间的混连；弧垂太小，使导线所承受的运行张力明显增大。经验和理论表明：导线的运行张力与导线的弧垂成反比，而导线的正常设计运行张力通常接近导线的极限张力的一半，所以弧垂的大小直接和导线的安全运行相联系，弧垂的正确观测与调整是紧线的关键。紧线工作的安全重点是解决杆塔和导线的受力问题。

在紧线之前应做好准备工作，紧线前的准备工作包括：① 在紧线区间两端杆塔上的临时拉线，必须重新检查，调整一次，以防止杆塔受力后发生倒杆塔事故；② 全面检查导线、避雷线的连接情况，确认符合规定时，方可进行紧线；③ 在紧线区间内未清除的障碍物（如房屋、树木等），应全部清除；④ 通信联系应保持良好状态，全部通信人员和护线人员均应到位，以便随时观察导线的情况，防止导线卡在滑轮中被拉断，或拉倒杆塔；⑤ 观测弧垂人员均应到位并做好准备；⑥ 在拖地放线越过路口处，有时会将导线临时埋入地中或支架悬空，在紧线前应将导线挖出或脱离支架；⑦ 冬季施工时，应检查导线通过水面是否被冻结；⑧ 逐基检查导线是否悬挂在轮槽内；⑨ 牵引设备和所用的紧线工具是否已准备就绪；⑩ 所有交叉跨越线路的措施是否都稳妥可靠，主要交叉处有无专人照管。

紧线最常用的方法是先紧中相，然后紧两边相。在紧两边相的时候，最好是两根线同时紧，或者先紧一边，但不要一下紧到位，然后再紧另一边，也不要紧到位，但要比前面紧的稍多一些，然后再反过来紧前面的一相，这样做的目的在于使横担两边受到的拉力基本均衡，不至于拉歪横担。必要时还要对杆塔头部进行加固处理。

四、导线在绝缘子上的固定

紧线后，要对架空配电线路的导线进行固定，耐张段中间的导线一般绑扎固定在针式绝缘子上，两端固定在耐张线夹上或绑扎在蝶式绝缘子上。在针式及蝶式绝缘子上的固定，普遍采用绑线缠绕法。绑线材料与导线材料相同，但铝镁合金导线应使用铝绑线。铝绑线的直径应在 2.6～3mm 范围内，铜绑线的直径应在 2.0～2.6mm 范围内。铝导线在绑扎之前，应将导线与绝缘子接触的地方缠裹宽 10mm、厚 1mm 的软铝带，其缠裹长度要超出绑扎长度 2～3cm。下面介绍绑扎方式。

1. 顶扎法

直线杆一般都采用顶扎法绑线，如图 ZY0800301006-2 所示，其绑扎步骤如下：

（1）在绑扎处的导线上缠绕铝包带，若是铜线则不缠绑铝包带，先把绑线盘成一个圆盘，留出一个短头，其长度为 250mm 左右，用短头在绝缘子一侧的导线上绕 3 圈，方向是从导线外侧，经导线上方绕向导线内侧，如图 ZY0800301006-2（a）所示。

（2）用盘起来的绑线在绝缘子颈内侧绕到绝缘子右侧的导线上绑 3 圈，其方向是从导线下方经外侧绕向上方，如图 ZY0800301006-2（b）所示。

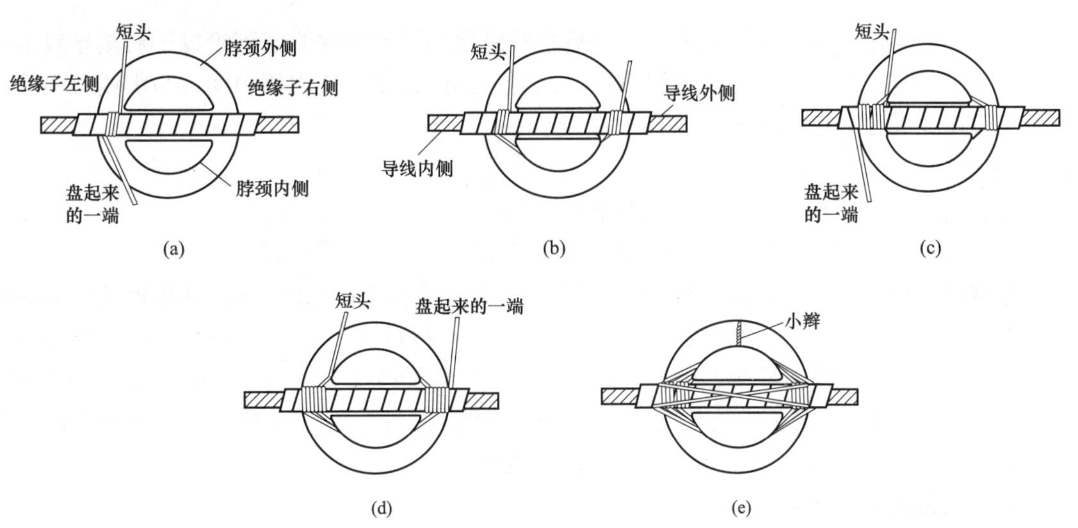

图 ZY0800301006-2 顶扎法

（3）用盘起来的绑线在绝缘子脖颈内侧绕到绝缘子右侧导线上，并再绑 3 圈，其方向是由导线下方经内侧绕到导线上方，如图 ZY0800301006-2（c）所示。

（4）再把盘起来的绑线自绝缘子脖颈内侧绕到绝缘子右侧导线上，并再绑 3 圈，其方向是由导线下方经外侧绕到导线上方，如图 ZY0800301006-2（d）所示。

（5）把盘起来的绑线自绝缘子外侧绕到绝缘子左侧导线下面，并自导线内侧上来，经过绝缘子顶部交叉压在导线上；然后从绝缘子右侧导线外侧绕到绝缘子脖颈内侧，并从绝缘子左侧的导线下侧经过导线外侧上来，经绝缘子顶部交叉压在导线上，此时已有一个十字压在导线上。

（6）重复按以上方法再绑一个十字，把盘起来的绑线从绝缘子右侧的导线内侧，经下方绕到绝缘子脖颈外侧，与绑线短头在绝缘子外侧中间拧一小辫，将其余绑线剪断并将小辫压平，如图 ZY0800301006-2（e）所示。

2. 颈扎法

颈扎法适用于转角杆，此时导线应放在绝缘子脖颈外侧。绝缘子顶槽太浅的直线杆也可以应用这种绑扎方法。其绑扎步骤如下：

（1）在绑扎处的导线上绑缠铝包带，若是铜线则可不缠铝包带。

（2）把绑线盘成一个圆盘，在绑线的一端留出一个短头，其长度为 250mm，用绑线的短头在绝缘子左侧的导线上绑 3 圈，方向是自导线外侧经导线上方绕向导线内侧，如图 ZY0800301006-3（a）所示。

（3）用盘起来的绑线自绝缘子脖颈内侧绕过，绕到绝缘子右侧导线上方，即交叉在导线上方，并自绝缘子左侧导线外侧经导线下方绕到绝缘子脖颈内侧；在绝缘子内侧的绑线，绕到绝缘子右侧导线下方，交叉在导线上，并自绝缘子左侧导线上方绕到绝缘子脖颈内侧，如图 ZY0800301006-3（b）所示，此时导线外侧已有一个十字。

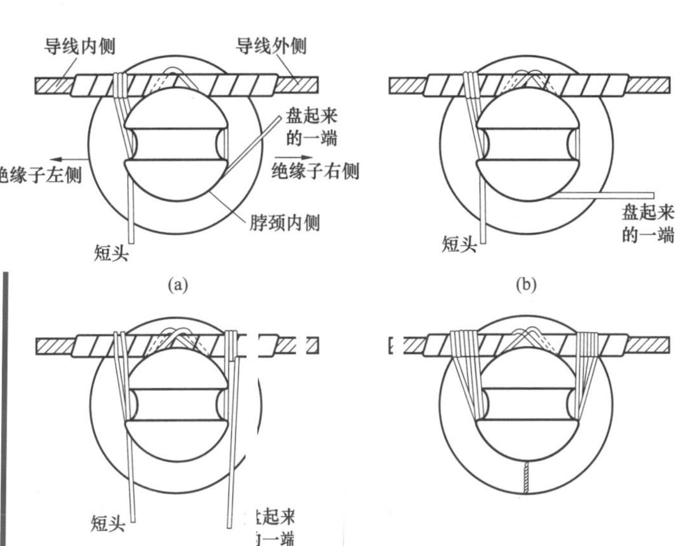

（4）重复以上步骤再绑一个十字，用盘起来的绑线绕到右侧导线上，并绑 3 圈，方向是自导线上方绕到导线外侧，再到导线下方，如图 ZY0800301006-3（c）所示。

方向是从导线下方经过外侧绕到导线上方；然后再经过绝缘子脖颈内侧回到绝缘子右侧导线上，并绑 3 圈，方向是从导线上方经外侧绕到导线下方；最后回到绝缘子脖颈内侧中间，与绑线短头拧一个小辫，剪去压平，如图 ZY0800301006-3（d）所示。

3. 终端扎法

终端扎法适用于蝶式绝缘子，其步骤如下：

（1）导线与蝶式绝缘子接触部分应绑铝包带，若是铜线可不绑铝包带。

（2）把绑线盘成一盘，在绑线一端留出一个短头，其长度为 200～250mm（绑扎长度为 150mm 者，短头长度为 200mm；绑扎长度为 200mm 者，短头长度为 250mm），把绑线短头夹在导线与折回导线之间，然后以盘起来的绑线在导线上绑扎。第一圈应距绝缘子边缘 80～100mm，绑扎的长度为：导线截面 LJ-50 或 TJ-35 及以下者，绑扎长度为 150mm；导线截面 LJ-70～LJ-120，TJ-50～TJ-60，绑扎长度为 200mm；如果导线截面较大，绑扎长度可适当增加。

五、架线工艺的质量要求

1. 在架设导线时应按弧垂曲线确定导线的弧垂

施工时，三相导线的弧垂应求一致。弧垂的大小需要根据设计要求计算出，实际弧垂与设计计算弧垂的误差要求：35kV 线路弧垂误差不大于+5%～−2.5%（误差最大不超过 500mm），三根导线弧垂一样；10kV 线路弧垂误差不大于±5%，水平排列三相弧垂误差不大于 200mm。

2. 配电架空线路的导线截面

导线截面应由计算决定，为保证导线具有一定机械强度，导线最小允许截面应符合表 ZY0800301006-3 的规定。

表 ZY0800301006-3　　配电架空线路导线最小允许截面　　mm^2

导线构造	导线材料	高压线路	低压线路	导线构造	导线材料	高压线路	低压线路
单股	铜	不准使用	直径 3.2mm 不准使用	多股	铜	16	10
	铝	不准使用			铝	70	25（16）
					钢芯铝线	35（25）	25（16）

注　括号内数字仅用于人烟稀少的非居民区。

3. 导线的接头要求

（1）10kV 及以下架空电力线路在同一档距内，同一根导线上的接头不超过一个，且与导线固定处距离大于 0.5m。

（2）35kV 在同一档距内，同一根导线或避雷线上不超过一个直线接续管，三个补修管，且它们与耐张线夹的距离不小于 15m。

（3）同一档距内应采用同一截面、同一金属材料的导线，且导线的绞合方向一致。

（4）交叉档档内导线不得有接头。

（5）档距内铝线、钢芯铝绞线接头采用钳压、液压或爆压，铜线可用插接法，铝导线为保证连接机械强度，不宜采用插接。

（6）铝导线、铝合金导线、铜绞线均可以在耐张杆塔跳引线处进行压接、并沟线夹连接、插接或缠绕连接。使用并沟线夹连接时，数量需要两个或两个以上。

（7）铜铝导线过渡连接须用铜铝过渡线夹，插接、缠绕连接须挂锡处理。

（8）配电线路的交叉跨越与邻近。

1）高压配电线路不应跨越屋顶为燃烧材料建成的建筑物，亦不宜跨越其他建筑物。如需跨越，应与有关单位（配电运行部门、工矿企业等）协商或取得当地政府的同意。导线与建筑物的垂直距离，在最大计算弧垂情况下不应小于 3m。低压线路也应避免跨越建筑物，必须跨越时，导线与建筑物的垂直距离在最大计算弧垂情况下不应小于 2.5m。线路边线与建筑物之间的距离在最大风偏情况下，不应小于：高压 1.5m；低压 1.0m。在无风情况下，导线与不在规划范围内的城市建筑物之间的水平距离，不应小于上列数值的一半（导线与城市多层建筑或规划建筑线间的距离指水平距离，导线与不在规划范围内的城市建筑物间距离指净空距离)。

2）配电线路通过林区应砍伐通道。10kV 及以下通道净宽度为线路宽度加 10m；35kV 及以上通道宽度为线路宽度两边再各加宽一个杆塔高度。在下列情况下，如不妨碍架线施工，可不砍伐通道：① 树木自然生长高度不超过 2m；② 导线与树木（考虑自然生长高度）之间的垂直距离不小于 3m。配电线路通过公园、绿化区和防护林带，导线与树木的净空距离在最大风偏情况下不应小于 3m。配电线路通过果林、经济作物林及城市灌木林，不应砍伐通道，但导线至树梢的距离不应小于 1.5m。配电线路导线与街道行道树之间的距离，不应小于表 ZY0800301006-4 所列数值。检验导线与树木之间的垂直距离，应考虑树木在修剪周期内生长的高度。

表 ZY0800301006-4　　配电线路导线与街道行道树之间的最小距离　　m

最大弧垂情况的垂直距离		量大风偏情况的水平距离	
高压	低压	高压	低压
1.5	1.0	2.0	1.0

3）配电线路与特殊管道交叉，应避开管道的检查井或检查孔。交叉处管道上所有部件应接地。

4）配电线路与甲类火灾危险性的生产厂房、甲类物品库房、易燃易爆材料堆场以及可燃或易燃易爆液（气）体储罐的防火间距，不应小于杆塔高度的 1.5 倍。配电线路与散发可燃气体的甲类生产厂房的防火间距应大于 30m。如因条件限制不能满足上述要求，应与有关单位协商，并采取措施。

5）配电线路与弱电线路交叉，应符合下列要求：① 配电线路与一级弱电线路的交叉角应大于或等于 45°；② 配电线路与二级弱电线路的交叉角应大于或等于 30°；③ 配电线路与三级弱电线路的交叉不受限制。配电线路一般架设在弱电线路的上方。配电线路的电杆应尽量接近交叉点，但不宜小于 7m（城区的线路不受此限制）。

6）配电线路导线与铁路、道路、通航河流、管道、索道及各种架空线路交叉或接近，应符合有关要求。

4. 配电线路导线的对地距离

配电线路导线与地面或水面的距离，不应小于表 ZY0800301006-5 规定数值；与山坡、峭壁、岩石之间的净空距离，在最大计算风偏情况下，不应小于表 ZY0800301006-6 所列数值。

表 ZY0800301006-5　　配电线路导线与地面或水面的最小距离　　m

线路经过地区	线路电压	
	高压	低压
公路	7.0	6.0
居民区	6.5	6.0
非居民区	5.5	5.0
不能通航也不能浮运的河、朔（至冬季冰面）	5.0	5.0

注　居民区指工业企业地区、港口、码头、火车站、市镇、乡等人口稠密地区；非居民区指上述居民区以外的地区，均属非居民区，虽然时常有人，有车辆或农业机械到达，但未建房屋或房屋稀少的地区，亦属非居民区。

表 ZY0800301006-6　　配电线路导线与山坡、峭壁、岩石之间的最小净空距离　　m

线路经过地区	线路电压	
	高压	低压
步行可以到达的山坡	4.5	3.0
步行不能到达的山坡、峭壁和岩石	1.5	1.0
不能通航也不能浮运的河、湖（至 20 年一遇洪水位）	3.0	3.0

模块 6 ZY0800301006

【思考与练习】

1. 导线架设包括哪些工序？
2. 架线前准备工作有哪些？
3. 紧线前的准备工作有哪些？
4. 导线在绝缘子上的固定方法有哪些？
5. 架线工艺的质量要求有哪些？

第四部分

带电作业基础知识

第五章 带电作业安全技术

模块 1 气象条件对带电作业的影响（GYDD00101001）

【模块描述】本模块介绍不同气象条件对带电作业的影响。通过概念描述和常识性介绍，掌握雷电、雪雹、雨雾、风力等气象情况对带电作业的影响。

【正文】

气象条件对带电作业产生的影响主要体现在两个方面，即对带电工器具设计制造的影响和对带电作业环境的影响。

对工器具的设计要求产生影响的是组合气象条件，是带电作业工具机械设计的主要依据。合理选择气象条件组合，可提高工具的通用性，降低工具的重量。带电作业工具一般按表 GYDD00101001-1 所列三类组合气象区域进行机械设计。特殊地区可按具体情况另行组合。全国通用的带电作业工具，则应按三个气象区中最苛刻的气象条件设计。使用在覆冰地区的带电作业工具，机械设计中还应适当考虑一定厚度覆冰后的综合风压。

表 GYDD00101001-1 气 象 区 域

气 象 区 域	最 低 气 温（℃）	最 大 风 速（m/s）
I	−25	10
II	−15	10
III	−5	10

对带电作业气象条件要求依据《国家电网公司电力安全工作规程（电力线路部分）》中规定：带电作业应在良好天气下进行。如遇雷电（听见雷声、看见闪电）、雪雹、雨雾不得进行带电作业，风力大于 5 级和湿度大于 80%时，一般不宜进行带电作业。在特殊情况下，必须在恶劣天气进行带电抢修时，应组织有关人员充分讨论并编制必要的安全措施，经本单位主管生产领导（总工程师）批准后方可进行。

一、雨、雪、雾的影响

雨、雪、雾对带电作业的影响体现在两方面，即对空气间隙和绝缘工具绝缘强度的影响。

空气间隙中气体产生游离与去游离的程度与气压、温度和湿度都有关，大致原理为：气压越低，分子密度小，去游离的产生比游离慢，放电电压就低；温度越高，分子的热运动越强，碰撞游离加快，放电电压就低；湿度越大，空气中水分子越多，去游离过程加强，放电电压就高。

雨、雾和潮湿天气时，绝缘工具长时间在露天中使用会被潮侵，此时绝缘强度明显下降，绝缘工具可能因泄漏电流剧增而导致绝缘闪络和烧损，从而造成严重的人身、设备事故，故带电作业不允许在雨天进行。一旦出现中途降雨，工作负责人应采取果断措施，首先命令从设备上撤除绝缘工具；若撤除工具来不及，应命令作业人员尽快撤离工作地点。

雾对绝缘工具的影响与雨相仿，只是受潮速度缓慢一些。雪对绝缘工具的影响一般比雨的影响小一些，刚开始下雪，可从容撤除绝缘工具，但若下黏雪，必须立即撤离作业人员。

二、雷电的影响

断，凡隐约可闻雷声或可见闪电，均应停止带电作业。

三、风的影响

风的影响主要体现在几方面：① 风速过大，人员在空中作业会受到较大的侧向力，使作业的稳定性受到影响，给操作和作业造成困难；② 风速过大会给杆（塔）作业人员动作、交流带来困难，影响作业的准确性和信息传递，对现场实施带电监护带来影响；③ 风速过大会引起荷重的增加和杆（塔）净空尺寸的变化，线路出现故障的几率也会增多；④ 风速过大会使带电作业用绳索难以控制，增加操作难度。综上所述，规定风力大于 5 级时，一般不宜进行带电作业。

四、温度、湿度的影响

《带电作业工具、装置和设备预防性试验规程》（DL/T 976）中规定进行绝缘试验时，工具温度应不低于+5℃，户外试验时空气相对湿度一般不高于 80%；在《带电作业用绝缘工具试验导则》（DL/T 878）中规定带电作业用绝缘工具的工作条件，一般湿度不大于 80%，当湿度大于 80%时，可采用具有防潮性能的绝缘工具。

带电作业硬质工具的绝缘性能短时间内直接受湿度的影响不大，但绝缘绳索类特别是非防潮型的受湿度影响较大。关于带电作业工具的保管，带电作业专用工具房内的相对湿度应保持在 50%～70%。进行室内通风时，必须在干燥的天气进行，并且室外的相对湿度不得高于 75%。通风结束后，应立即检查室内的相对湿度，并根据检查结果加以调控。

在冬天北方地区绝缘工具出库时，由于室内温度高于室外，会发生“凝露”现象；在夏天南方地区，由于室内温度低于室外，也同样会发生“雾化”现象。“凝露”现象和“雾化”现象都会对绝缘工具绝缘性能产生影响，所以在带电工具库房中须设置过渡间，绝缘工具进出库时从室内外温度平稳过渡，保证绝缘工具绝缘性能不受“凝露”和“雾化”影响。

温度与安全的关系主要从人体素质的影响来考虑。高温天气时，作业人员在杆塔和导线上工作时间过长会发生中暑，而过低的气温直接影响人体的体力发挥和操作的灵活性与准确性。温度范围同时也是确定工具使用荷重的一个重要因素。严寒风雪天气，导线本身弧垂减小，使拉伸应力增加，覆冰后甚至接近或超过导线的最大使用拉力。在这种状况下进行工作，又将加大导线的荷载，如过牵引，就有发生断线的可能。此外，带电作业专用工具房内的温度应略高于室外，宜控制在 5～40℃内。

五、几种气象条件的知识性介绍

1. 雷电

雷电现象是天空中一部分带电的云层内部、云层与云层之间或者云层与大地之间的放电现象。

雷击常见有直击雷和感应雷两种形式，雷击事故多属于直击雷和感应雷。

2. 雪雹

在地球上，水是不断循环运动的，海洋和地面上的水受热蒸发到天空中，这些水汽又随着风运动到别的地方，当它们遇到冷空气，形成降水又重新回到地球表面。这种降水分为两种：一种是液态降水，即下雨；另一种是固态降水，即下雪或下冰雹等。

大气里以固态形式落到地球表面上的降水，叫作大气固态降水。雪是大气固态降水中的一种最广泛、最普遍、最主要的形式。除了雪以外，固态降水还包括能造成很大危害的冰雹，还有不经常见到的雪霰和冰粒。

3. 雨雾

雨是一种液态降水过程，陆地和海洋表面的水蒸发变成水蒸气，水蒸气上升到一定高度后遇冷变成小水滴，这些小水滴组成云互相碰撞合并成大水滴，当它大到空气托不住的时候，就从云中落了下来，形成了雨。

凡是大气中因悬浮的水汽凝结，能见度低于 1km 时，气象学上称这种天气现象为雾。

4. 风

风是相对于地表面的空气运动，通常指它的水平分量，以风向、风速或风力表示。

风速是指空气在单位时间内流动的水平距离。根据风对地上物体所引起的现象将风的大小分为 13 个等级，称为风力等级，简称风级。风级以 0～12 等级数字记载，见表 GYDD00101001-2。

表 GYDD00101001-2　　　　风　级

风级和符号	名称	风速（m/s）	陆地物象	风级和符号	名称	风速（m/s）	陆地物象
0	无风	0.0～0.2	烟直上	7	疾风	13.9～17.1	步行困难
1	软风	0.3～1.5	烟示风向	8	大风	17.2～20.7	折毁树枝
2	轻风	1.6～3.3	感觉有风	9	烈风	20.8～24.4	小损房屋
3	微风	3.4～5.4	旌旗展开	10	狂风	24.5～28.4	拔起树木
4	和风	5.5～7.9	吹起尘土	11	暴风	28.5～32.6	损毁普遍
5	劲风	8.0～10.7	小树摇摆	12	台风	32.7 及以上	摧毁巨大
6	强风	10.8～13.8	电线有声				

注　本表所列风速是指平地上离地 10m 处的风速值。

【思考与练习】

1. 带电工器具的设计要求的组合气象条件有哪些？
2.《电力安全工作规程》中对相关气象条件的要求有哪些？
3. 如果带电作业现场遇雨，作为现场工作负责人，你会考虑哪几种方案紧急处理？

第五部分

规程、规范及标准

第六章　配电带电作业规程、规范及标准

模块 1　带电作业相关标准和导则（ZY0800401001）

【模块描述】本模块介绍配电线路带电作业基础类、绝缘材料类、防护和作业工具类等相关国家标准、行业标准和国家电网公司企业标准。通过术语解释和要点归纳，掌握配电线路带电作业相关标准和导则的有关内容与要求。

【正文】

配电线路带电作业对保证配电网络安全运行、提高配电网供电可靠性和经济性具有重要的意义。但配电线路带电作业存在较多危险因素，主要体现在配电线路结构复杂，作业方法不统一等。为了规范配电线路带电作业现场作业人员的作业行为，确保人身、设备和电网安全，提高线路带电作业技术管理水平，促进带电作业发展，国家和电力行业制定了许多标准、导则和规程。这些专业性、针对性更强的标准、导则和规程是配电带电作业人员必须熟悉并严格执行的。

目前带电作业的标准发布主要分为国际标准、国家标准、行业标准、企业标准四个层次。

（1）国际标准：是由国际标准化组织（ISO）和国际电工委员会（IEC）所制定的标准，以及国际标准化组织确认并公布的其他国际组织制定的标准。

（2）国家标准：由中华人民共和国国家质量监督检验检疫总局发布 GB 编号的国家标准。

（3）行业标准：由中华人民共和国国家发展和改革委员会发布 DL 编号的行业标准。根据相关规定，行业标准实施后，标准技术归口单位应根据实行情况定期进行复审和修订，周期一般不超过 5 年。因此，带电作业人员学习和运用标准时，应注意其时效性。

（4）企业标准：由国家电网公司系统各级发布的企业标准和管理制度。

一、配电线路带电作业常用标准类

配电线路带电作业基础性标准见表 ZY0800401001-1。

表 ZY0800401001-1　　常用配电线路带电作业基础性标准

序号	名　称	序号	名　称
1	GB/T 2900.55—2002　电工术语　带电作业	7	DL/T 877—2004　带电作业用工具、装置和设备使用的一般要求
2	GB/T 14286—2008　带电作业工具设备术语	8	DL/T 878—2004　带电作业用绝缘工具试验导则
3	GB/T 18037—2008　带电作业工具基本技术要求与设计导则	9	DL/T 972—2005　带电作业工具、装置和设备质量保证导则
4	GB/T 18857—2008　配电线路带电作业技术导则	10	DL/T 974—2005　带电作业用工具库房
5	DL/T 858—2004　架空配电线路带电安装及作业工具设备	11	DL/T 976—2005　带电作业工具、装置和设备预防性试验规程
6	DL/T 876—2004　带电作业绝缘配合导则		

（一）《电工术语　带电作业》（GB/T 2900.55）和《带电作业工具设备术语》（GB/T 14286）

通用工具附件、绝缘遮蔽罩（绝缘罩及类似组件）、旁路器具、手工工具（专用小手工工具）、个人防护器具（个人器具）、攀登就位器具、手持设备（装卸和锚固器具）、检测试验设备（测量试验设备）、液压设备（液压设备及其他）、支撑装配设备（支撑装置）、牵引设备、接地和短路装置、带电清洗共15类展开。

（二）《带电作业工具基本技术要求与设计导则》（GB/T 18037）

《带电作业工具基本技术要求与设计导则》是一项综合性基础标准。由于带电作业工具类别繁多，涉及面广，该标准对带电作业工具主要从电气、机械两个方面提出了基本技术。确定了安全、轻便、通用的设计规范，根据工具的不同类别，分别提出了选材原则、机械设计原则及要求、电气设计原则及要求、工艺结构要求、包装设计要求等。现阶段本标准只作为一项推荐性技术标准，经过一段时间的实施后，在完善、充实的基础上可上升为强制性技术标准。

在机械设计原则中规范了气象条件组合、工具额定设计荷重、各种材料的许用应力、机械强度验算的相关要求。

在电气设计原则中规范了电气强度设计中的有关参数、工具的电气强度设计依据、绝缘工具的电气强度设计计算等要求。

（三）《配电线路带电作业技术导则》（GB/T 18857）

《配电线路带电作业技术导则》作为配电线路带电作业的纲领性导则，对参加作业的人员、气象条件提出了要求，解释了配电线路带电作业中的工作票制度、监护制度、间断和终结制度，明确了“绝缘杆作业法”和“绝缘手套作业法”，严格禁止了在配电线路带电作业中穿屏蔽服进行“等电位作业法”的作业行为。更为重要的是，在作业安全注意事项中，针对配电带电作业过程中绝缘工具保管、车辆使用和检查、验电、绝缘遮蔽等一些共性的问题进行了规范。

根据国际电工委员会（IEC）对电压等级的划分规定：60kV及以下的电压等级为配电电压等级，60kV以上的电压等级为输电电压等级。按照我国目前的电力系统电压等级现状，66、110、220、330、500、750kV以及投入运行的1000kV特高压线路，均为输电线路；0.4、1、3、6、10、20、35kV电力线路，均为配电线路。其中1kV以下为低压配电线路，1kV及以上为高压配电线路。对于10kV电压等级配电线路带电作业，在《配电线路带电作业技术导则》（GB/T 18857）中，规定了10kV电压等级配电线路带电作业的作业方式、绝缘工具、防护工具、操作要领及安全措施等（3、6kV配电线路的带电作业可参照）。鉴于各地电气设备形式多样，作业项目种类较多，因此在作业项目及操作方法上只作原则指导。

1. 带电作业一般要求

（1）作业人员的要求。

1）配电带电作业人员应身体健康，无妨碍作业的生理和心理障碍。应具有电工原理和电力线路的基本知识，掌握配电带电作业的基本原理和操作方法，熟悉作业工具的适用范围和使用方法。通过专门培训，考试合格并具有上岗证。

2）熟悉《国家电网公司电力安全工作规程》和《配电线路带电作业技术导则》，掌握紧急救护法、触电解救法和人工呼吸法，熟悉绝缘斗臂车的操作要领及安全注意事项。

3）工作负责人（或安全监护人）应具有3年以上的配电带电作业实际工作经验，熟悉设备状况，具有一定组织能力和事故处理能力，经专门培训，考试合格并具有上岗证，经本单位总工程师批准后，负责现场的安全监护。

（2）作业气象条件的要求。

1）作业应在良好的天气下进行。如遇雷、雨、雪、雾天气，不得进行带电作业。风力大于10m/s（5级）以上时，不宜进行作业。

2）相对湿度大于80%的天气，若需进行带电作业，应采用具有防潮性能的绝缘工具。

3）在特殊或紧急条件下，必须在恶劣气候下进行带电抢修时，应针对现场气候和工作条件，组织有关工程技术人员和全体作业人员充分讨论，制定可靠的安全措施，经本单位总工程师或主管生产的领导批准后方可进行。夜间抢修作业应有足够的照明设施。

4）带电作业过程中若遇天气突然变化，有可能危及人身或设备安全时，应立即停止工作；在保证人身安全的情况下，尽快恢复设备正常状况，或采取其他措施。

（3）其他要求。

1）对于比较复杂、难度较大的带电作业新项目和研制的新工具，应进行试验论证，确认安全可靠，制订操作工艺方案和安全措施，并经本单位总工程师或主管生产的领导批准后方可使用。

2）带电作业工作票签发人和工作负责人对带电作业现场情况不熟悉时，应组织有经验的人员到现场查勘。根据查勘结果作出能否进行带电作业的判断，并确定作业方法和所需工具以及应采取的措施。

3）带电作业工作负责人在工作开始之前应与调度联系：需要停用自动重合闸装置时，应履行许可手续。工作结束后应及时向调度汇报。严禁约时停用或恢复重合闸。

4）在带电作业过程中如设备突然停电，作业人员应视设备仍然带电。工作负责人应尽快与调度联系，调度未与工作负责人取得联系前不得强送电。

（4）工作制度。

1）工作票制度。

a. 配电带电作业应按现行《国家电网公司电力安全工作规程》规定填写带电作业工作票。工作票由工作负责人按票面要求逐项填写。字迹应正确清楚，不得任意涂改。

b. 工作票的有效时间以批准检修期为限，已结束的工作票，应存档 3 个月备查。

c. 工作票签发人应由熟悉人员技术水平、熟悉设备情况、熟悉本规程并具有带电作业工作经验的生产领导人、技术人员或经本单位主管生产的领导或总工批准的人员担任。工作票签发人名单应书面公布。

d. 工作票签发人不得同时兼任该项工作的工作负责人。

e. 每次作业前，全体作业人员应在现场列队，由工作负责人布置工作任务，进行人员分工，交待安全技术措施、现场施工作业程序及配合等，并认真检查有关的工具、材料，备齐合格后开始工作。

2）工作监护制度。

a. 配电带电作业必须设专人监护，工作负责人（监护人）必须始终在工作现场，对作业人员的安全进行认真监护，及时纠正违反安全的动作。

b. 工作负责人（监护人）不得擅离岗位或兼任其他工作。

c. 监护的范围不得超过一个作业点；复杂的或高杆塔上的作业应增设（塔上）监护人。

3）工作间断和终结制度。

a. 配电带电作业过程中，可能因故需临时间断，在间断期间，工作现场的带电工具和器材应可靠固定，并保持安全隔离和派专人看守。

b. 间断工作恢复以前，必须检查一切工具、器材和设备，经查明确定安全可靠后才能重新工作。

c. 每项作业结束后，应仔细清理工作现场，工作负责人应严格检查设备上有无工具和材料遗留，设备是否恢复工作状态。全部工作结束后，应向调度部门汇报。

2. 带电作业方式

在配电线路带电作业中，其作业方式有两大类，一类为绝缘杆作业法（也称为间接作业法）；另一类为绝缘手套作业法（也称为直接作业法）。前者是以绝缘工具为主绝缘、以绝缘穿戴用具为辅助绝缘的间接作业法；后者是以绝缘斗臂或绝缘平台为主绝缘，作业人员戴绝缘手套直接接触带电体，以绝缘穿戴用具为辅助绝缘的直接作业法。这两类作业方法就人体电位而言，既不是等电位作业，也不是地点位作业，而是一个中间悬浮电位，按人体电位来划分，应该属于中间电位作业法。

（1）绝缘杆作业法（间接作业法）。《带电作业用工具和设备术语》（IEC 60743—2001）和《带电作业工具设备术语》（GB/T 14286—2008）对“绝缘杆作业”定义为：指作业人员与带电部分保持一定距离，用绝缘工具进行作业。这里的“一定距离”指相应电压等级的安全距离，也就是说，作业人

必须进行绝缘遮蔽，才能保证作业人员的安全。绝缘杆作业法既可在登杆作业中采用，也可在绝缘斗臂车的工作斗或其他绝缘平台上采用。

1）绝缘操作杆。作业人员通过登杆工具（脚扣等）登杆至适当位置，系上安全带，保持与带电体电压相适应的安全距离，作业人员应用端部装配有不同工具附件的绝缘杆进行作业。采用该种作业方法时，是以绝缘工具、绝缘手套、绝缘靴组成带电体与地之间的纵向绝缘防护，其中绝缘工具起主绝缘作业，绝缘靴、绝缘手套起辅助绝缘作用，形成后备防护。在相与相之间，空气间隙是主绝缘，绝缘遮蔽罩起辅助绝缘作用，组成不同相之间的横向绝缘防护，避免因人体动作幅度过大造成相间短路。现场监护人员主要应监护人体与带电体的安全距离、绝缘工具的最小有效长度。该作业方法的特点是不受交通和地形条件的限制，在绝缘斗臂车无法到达的杆位均可进行作业，但机动性、便利性和空中作业范围不及绝缘斗臂车作业。

2）绝缘平台。绝缘平台通常以绝缘人字梯、独脚梯等构成。绝缘平台与绝缘杆形成组合绝缘起主绝缘作用，绝缘手套、绝缘靴起辅助绝缘作用。在相与相之间，空气间隙起主绝缘作用，绝缘遮蔽罩形成相间后备防护。因作业人员与带电部件距离相对较近，作业人员应穿戴全套绝缘防护用具，形成最后一道防线，以防止作业人员偶然触及两相导线造成电击。

3）绝缘斗臂车。绝缘杆和绝缘斗臂形成组合绝缘，其中绝缘斗臂车的臂起主绝缘作用。在相与相之间，空气间隙起主绝缘作用，绝缘遮蔽罩形成相间后备防护。因作业人员距各带电体部件相对距离较近，绝缘手套和其他绝缘防护用具形成最后一道防线，以防止作业人员偶然触及两相导线造成电击。

（2）绝缘手套作业法（直接作业法）。《带电作业用工具和设备术语》（IEC 60743—2001）和《带电作业工具设备术语》（GB/T 14286—2008）对“绝缘手套作业”定义为：指作业人员通过绝缘手套并与周围不同电位适当隔离保护的直接接触带电体所进行的作业。在绝缘手套作业法中，绝缘手套是不能作为主绝缘的；作业人员必须借助于绝缘斗臂车或其他绝缘设施如人字梯、靠梯和操作平台等作为主绝缘，而作业人员穿戴的绝缘手套、绝缘服、绝缘袖套、绝缘披肩和绝缘鞋等只能作为辅助绝缘。因为作业人员穿戴着绝缘手套直接接触带电体进行作业操作，它比绝缘杆作业法（间接作业法）来得便捷和高效。当然，同样由于配电线路的作业空间狭小，作业人员还必须穿戴全套绝缘防护用具，相对地和相与相之间的导体和邻近的接地体也必须进行绝缘遮蔽，这样才能保证作业人员的安全。

1）绝缘平台。采用这种方式进行作业时，在相与地之间绝缘平台起主绝缘作用，绝缘手套、绝缘靴起辅助绝缘作用。在相与相之间，空气间隙为主绝缘，绝缘遮蔽罩起辅助绝缘隔离作用，作业人员穿着全套绝缘防护用具（手套、袖套、绝缘服、绝缘安全帽等），形成最后一道防线，以防止作业人员偶然触及两相导线造成电击。

2）绝缘斗臂车。采用这种方式进行作业时，在相与地之间绝缘斗臂车的绝缘臂起主绝缘作用，绝缘斗、绝缘手套、绝缘靴起到辅助绝缘作用。同样，在相与相之间，空气间隙起主绝缘作用，绝缘遮蔽罩起辅助绝缘隔离作用，作业人员穿着及全套绝缘防护用具，以防止作业人员偶然触及两相导线造成电击。

3. 带电作业安全要求

（1）最小安全距离。在配电线路带电作业中，安全距离可分为两类：一类为配电线路电气安全距离；另一类是配电线路带电作业时的安全距离。

1）电气安全距离。为防止发生触电或短路事故，在《电力安全工作规程（线路部分）》中，对 10kV 电压等级的最小电气安全距离规定如下：

a. 设备带电（不停电）时的安全距离：10kV 及以下为 0.7m。

b. 工作人员工作中正常活动范围与带电设备的安全距离：10kV 及以下为 0.35m。

c. 邻近或交叉其他电力线工作的安全距离：10kV 及以下为 0.35m。

d. 起重机械与带电体的最小安全距离：1kV 以下为 1.5m，1～20kV 为 2.0m。

2）带电作业安全距离。带电作业时的安全距离是指为了保证作业人员人身安全，作业人员与不同电位的物体之间所应保持各种最小空气间隙距离的总称。对 10kV 电压等级的最小安全距离（间隙）

规定如下：

a. 最小安全距离。是指为了保证人身安全，采用绝缘杆作业法（间接作业）时，人身与带电体之间应保持的最小距离：10kV 及以下不得小于 0.4m（此距离不包括人体活动范围）。

b. 最小对地安全距离。是指为了保证人身安全，带电体上作业人员与周围接地体之间保持的最小距离：10kV 及以下不得小于 0.4m。

c. 最小相间安全距离。是指为了保证人身安全，带电体作业人员与邻近带电体之间应保持的最小距离：10kV 及以下不得小于 0.6m。

d. 最小安全作业距离。是指为了保证人身安全，考虑到工作中必要的活动，采用绝缘杆作业法（间接作业）时，作业人员在作业过程中与带电体之间应保持的最小距离：10kV 及以下不得小于 0.9m（此距离是指在最小安全距离的基础上增加一个合理的人体活动范围的数值增量，一般取 0.5m）。

3）带电升起、下落、左右移动导线时，对与被跨物间的交叉、平行的最小距离：10kV 及以下不得小于 1m。

4）斗臂车的金属臂在仰起、回转运动中，与带电体间的安全距离：10kV 及以下不得小于 1m。

（2）最小有效绝缘长度。为保证带电作业人员和设备的安全，除保证最小空气间隙距离外，带电作业所使用的绝缘工具的有效绝缘长度也是保证安全的关键问题。绝缘工具的有效绝缘长度，是指绝缘工具的全长减掉握手部分及金属部分的长度。绝缘操作杆必须考虑由于使用频繁及操作时，人手有可能超越握手部分而使有效长度缩短，而承力工具在使用中，其绝缘长度缩短的可能性是极少的，故在相同电压等级下，前者的有效长度一般说来应较后者长 0.3m。对 10kV 电压等级的绝缘工具，最小有效绝缘长度规定为：

1）绝缘操作杆最小有效绝缘长度不得小于 0.7m。

2）支、拉、吊杆及绝缘绳等承力工具的最小有效绝缘长度不得小于 0.4m。

3）绝缘承载工具的最小有效绝缘长度不得小于 0.4m。

4）绝缘操作、承力、承载工具在试验距离为 0.4m 时，在 100kV 工频试验电压（1min）下应无击穿、无闪络、无发热。

（3）安全防护用具。

1）绝缘遮蔽用具。规定绝缘遮蔽用具在 20kV 工频试验电压（3min）下应无击穿、无闪络、无发热。绝缘遮蔽用具用于遮蔽带电导体或不带电导体部件的遮蔽器件，包括各种遮蔽罩和绝缘毯等。遮蔽用具不能作为主绝缘，只能用作辅助绝缘，它只适用于带电作业人员在作业过程中，意外短暂碰撞或接触带电部分或接地元件时，起绝缘遮蔽或隔离的保护作用。根据遮蔽对象的不同，绝缘遮蔽用具主要有导线遮蔽罩、耐张装置遮蔽罩、针式绝缘子和棒型绝缘子遮蔽罩、横担遮蔽罩、电杆遮蔽罩、套管遮蔽罩、跌落式开关遮蔽罩、特殊遮蔽罩、隔板和绝缘毯。

2）绝缘防护用具。绝缘防护用具在 20kV 工频试验电压（3min）下应无击穿、无闪络、无发热。绝缘防护用具用于作业人员隔离带电体，保护人体免遭电击。一般来说，绝缘防护用具不仅应具有较高的电气强度，而且应有较好的防潮性能和柔软性，使得作业人员穿戴后，仍可便利地工作。按照不同的组合，绝缘防护用具主要有绝缘手套（包括橡胶绝缘手套、合成绝缘手套和防机械刺穿绝缘手套）、绝缘鞋（包括绝缘靴）、绝缘安全帽、绝缘服装（包括绝缘衣和绝缘裤）和绝缘袖套（包括绝缘胸套和绝缘披肩）。

（4）带电作业工器具的试验、运输及保管。配电线路带电作业工器具根据其作业方法不同，可分人体绝缘支撑工器具、绝缘操作杆和绝缘手工工具。其中：

1）人体绝缘支撑工器具有杆上绝缘工作台、升降绝缘工作台和绝缘斗臂车等。由于绝缘斗臂车具有多种形式，如伸缩臂式、折叠臂式和伸缩带折叠式等，具有灵活方便和操控性能强等优点，在配电线路的带电作业中获得了广泛应用。近几年杆上绝缘工作台也得到了较大发展，主要应用于路面狭窄，不便于绝缘斗臂车进出的场合。

挤拉法（引拔法）带缠绕工艺制作的增强型绝缘管（填充管）和棒具有良好的电气特性和机械性能，用于制作绝缘操作杆和支、拉、吊杆各方面性能都能满足要求。

3）绝缘手工工具有全绝缘手工工具和包覆绝缘手工工具，主要适用于交流 1kV、直流 1.5kV 及以下电压等级的带电作业中使用。这些工具主要包括螺丝刀、扳手、手钳、剥皮钳、电缆剪、电缆切割工具、刀具、镊子等握在手中操作的工具。

4）带电作业工器具的试验。10kV 配电线路带电作业应使用额定电压不小于 10kV 的工器具。每一种工器具均应通过型式试验，每件工器具应通过出厂试验并定期进行预防性试验，试验合格且在有效期内方可使用。试验按《带电作业用绝缘工具试验导则》（DL/T 878—2004）要求进行，其中，绝缘防护用具、绝缘遮蔽工具、绝缘操作工具和绝缘承载工具的出厂及预防性试验项目见表 ZY0800401001-2～表 ZY0800401001-7。

5）工具的运输及保管。在运输过程中，绝缘工具应装在专用工具袋、工具箱或专用工具车内，以防受潮和损伤。绝缘工具在运输中应防止受潮、淋雨、暴晒等，内包装运输袋可采用塑料袋，外包装运输袋可采用帆布袋或专用皮（帆布）箱。带电作业用工具应存放在专用库房内，带电作业工具库房应满足《带电作业用工具库房》（DL/T 974）的规定。

表 ZY0800401001-2　　绝缘防护用具试验项目

工具类型	出厂试验		预防性试验		
	试验电压（kV）	试验时间（min）	试验电压（kV）	试验时间（min）	试验周期
绝缘防护用具	20	3	20	1	6 个月

注　试验中试品应无击穿、无闪络、无发热。

表 ZY0800401001-3　　绝缘遮蔽工具试验项目

工具类型	试验长度（m）	出厂试验		预防性试验		
		试验电压（kV）	试验时间（min）	试验电压（kV）	试验时间（min）	试验周期
绝缘遮蔽工具	—	20	3	20	1	6 个月

注　试验中试品应无击穿、无闪络、无发热。

表 ZY0800401001-4　　绝缘操作工具试验项目

工具类型	试验长度（m）	出厂试验		预防性试验		
		试验电压（kV）	试验时间（min）	试验电压（kV）	试验时间（min）	试验周期
绝缘操作工具	0.4	100	1	45	1	6 个月

注　试验中试品应无击穿、无闪络、无发热。

表 ZY0800401001-5　　绝缘承载工具试验项目

工具类型	试验长度（m）	出厂试验		预防性试验		
		试验电压（kV）	试验时间（min）	试验电压（kV）	试验时间（min）	试验周期
绝缘平台、绝缘梯	0.4	100	1	45	1	6 个月

表 ZY0800401001-6　　绝缘斗臂车工频耐压试验项目

工具类型	试验长度（m）	出厂试验		预防性试验		
		试验电压（kV）	试验时间（min）	试验电压（kV）	试验时间（min）	试验周期
绝缘臂	0.4	100	1	45	1	6 个月

续表

工具类型	试验长度（m）	出厂试验		预防性试验		
		试验电压（kV）	试验时间（min）	试验电压（kV）	试验时间（min）	试验周期
绝缘斗	0.4	100	1	45	1	6个月
	—	50	1	50	1	
整车	1.0	100	1	45	1	6个月

表 ZY0800401001-7　　绝缘斗臂车交流泄流电流试验项目

绝缘斗臂车	试验长度（m）	出厂试验		预防性试验		
		试验电压（kV）	泄漏值（μA）	试验电压（kV）	泄漏值（μA）	试验周期
绝缘臂	0.4	20	≤200	20	≤200	6个月
绝缘斗	0.4	20	≤200	20	≤200	6个月
整车	1.0	20	≤500	20	≤500	6个月

4. 带电作业注意事项

（1）作业前工作负责人应根据作业项目确定操作人员，如作业当天出现某作业人员明显精神和体力不适的情况，应及时更换人员，不得强行要求作业。

（2）作业前应根据作业项目、作业场所的需要，按数配足绝缘防护用具、遮蔽用具、操作工具、承载工具等，并检查是否完好，工器具及防护用具应分别装入规定的工具袋中带往现场。在运输中应严防受潮和碰撞，在作业现场应选择不影响作业的干燥、阴凉位置，分类整理摆放在防潮布上。

（3）绝缘斗臂车在使用前应认真检查其表面状况。若绝缘臂、斗表面存在明显脏污，可采用清洁毛巾或棉纱擦拭，清洁完毕后应在正常工作环境下置放 15min 以上。斗臂车在使用前应空斗试操作 1 次，确认液压传动、回转、升降、伸缩系统工作正常，操作灵活，制动装置可靠。

（4）工作负责人应针对作业项目制订作业方案，结合方案明确指示每位作业人员的分工，并在班前会议上对作业内容、作业顺序及安全注意事项等进行详细说明。

（5）到达现场后，在作业前应检查确认在运输、装卸过程中工具有无螺母松动，绝缘遮蔽用具、防护用具有无破损，并对绝缘操作工具进行检测。

（6）每次作业前全体作业人员应在现场列队，由工作负责人布置工作任务，进行人员分工，交待安全技术措施，现场施工作业程序及配合等，并认真检查有关的工具，材料，备齐合格后方可开始工作。

（7）作业人员在工作现场要仔细检查电杆及电杆拉线，以及上部的腐蚀状况，必要时要采取防止倒塌的措施。

（8）作业人员应根据地形地貌，将斗臂车定位于最适于作业位置，斗臂车应良好接地，作业人员进入工作斗应系好安全带，要充分注意周边电信和高低压线路及其他障碍物，选定绝缘斗的升降回转路径，平稳地操作。

（9）采用斗臂车作业前，应考虑工作负载及工具和作业人员的重量，严禁超载。

（10）绝缘防护用具的穿戴：① 高压绝缘手套和绝缘靴在使用前要压入空气，检查有无针孔缺陷，绝缘袖套、披肩、绝缘服在使用前应检查有无刺孔、划破等缺陷，若存在严重缺陷应退出使用；② 作业人员进入绝缘斗之前必须在地面上穿戴好绝缘安全帽、绝缘靴、绝缘服、绝缘手套及外层保护手套等，并由现场安全监护人员进行检查，作业人员进入工作斗内或登杆到达工作位置时，首先应系好安全带；③ 作业人员欲脱下绝缘手套和绝缘安全帽时，应充分注意头顶及周围的带电导线，并在距带电体有足够距离的安全位置进行。

过程中不应接触金属件，升降或作业过程中，应避免绝缘斗同时触及两相导线。工作斗的起升、下降速度不应大于 0.5m/s，斗臂车回转机构回转时，作业斗外缘的线速度不应大于 0.5m/s。

（12）在接近带电体的过程中，要从下方依次验电，对人体可能触及范围内的低压线亦应验电，确认无漏电现象。验电器应满足《电容型验电器》（DL/T 740—2000）的技术要求。验电时，人体应处于与带电导体保持安全距离的位置。在低压带电导线或漏电的金属紧固件未采取绝缘遮蔽或隔离措施时，作业人员不得穿越或碰触。

（13）对带电体设置绝缘遮蔽时，按照从近到远的原则，从离身体最近的带电体依次设置；对分布的带电导线设置遮蔽用具时，应按照从下到上的原则，从下层导线开始依次向上层设置；对导线、绝缘子、横担的设置次序是按照从带电体到接地体的原则，先放导线遮蔽罩，再放绝缘子遮蔽罩，然后对横担进行遮蔽。遮蔽用具之间的接合处应有大于 15cm 的重合部分。如遮蔽罩有脱落的可能，应采用绝缘夹或绝缘绳绑扎，以防脱落。作业位置周围如有接地拉线和低压线等设施，亦应使用绝缘挡板、绝缘毯、遮蔽罩等对周边物体进行绝缘隔离。另外，无论导线是裸导线还是绝缘导线，在作业中均应进行绝缘遮蔽。

（14）拆除遮蔽用具应从带电体下方（绝缘杆作业法）或者侧方（绝缘手套作业法）开始，拆除顺序与设置遮蔽顺序相反：按照从远到近的原则，从离作业人员最远的开始依次向近处拆除；如果拆除上下多回路的绝缘遮蔽用具，应按照从上到下的原则，从上层开始依次向下顺序拆除。对于导线、绝缘子、横担的遮蔽拆除，应按照先接地体后带电体的原则，先拆横担遮蔽用具（绝缘垫、绝缘毯、遮蔽罩），再拆绝缘子遮蔽罩，然后拆导线遮蔽罩。在拆除绝缘遮蔽用具时应注意不使被遮蔽体受到显著振动，要尽可能轻地进行拆除。

（15）在从地面向杆上作业位置吊运工具和遮蔽用具时，工具和遮蔽用具应分别装入不同的吊装袋，避免混装。采用绝缘斗臂车的绝缘小吊或绝缘滑轮吊放时，吊绳下端应不接触地面，要防止受潮及缠绕在其他设施上，吊放过程中应边观察边吊放。杆上作业人员之间传递工具或遮蔽用具时，应一件一件分别传递。

（16）工作负责人应时刻掌握作业的进展情况，密切注视作业人员的动作，根据作业方案及作业步骤及时作出适当的指示，整个作业过程中不得放松危险部位的监护工作。工作负责人要时刻掌握作业人员的疲劳程度，保持适当的时间间隔，必要时可以两班交替作业。

5. 带电作业项目及安全注意事项

（1）断、接引线。

1）严禁带负荷断、接引线。

2）接引流线前应查明负荷确已切除，所接分支线路或配电变压器绝缘良好，相位正确无误，相关线路上确无人工作。

3）在断、接引线时，严禁作业人员一手握导线、一手握引线发生人体串接情况。

4）在所接线路有电缆、电容器等容性负载时，还需使用消弧操作杆等消弧工具。

5）所接引流线应长度适当，与周围接地构件、不同相带电体应有足够的安全距离，连接应牢固可靠。断、接时可采用锁杆防止引线摆动。

（2）更换针式绝缘子。

1）对作业范围内的带电导线、绝缘子、横担等均应进行遮蔽。

2）可采用绝缘斗臂车小吊臂法、羊角抱杆法或吊、支杆法等进行更换，导线升起高度距绝缘子顶部应不小于 0.4m；或通过导线遮蔽罩及横担遮蔽罩的双重绝缘将导线放置在横担上。严禁用绝缘斗臂车的工作斗支撑导线。

3）拆除或绑扎绝缘子绑扎线时，应边拆（绑）边卷，绑扎线的展放长度不得大于 0.1m，绑扎完毕后应剪掉多余部分。

（3）更换跌落式熔断器或避雷器。

1）当配电变压器低压侧可以停电时，更换跌落式熔断器应在确认低压侧无负荷状况下进行。用绝缘拉闸杆断开三相跌落式熔断器后再行更换。

2）当配电变压器低压侧不能停电时，可采用专用的绝缘引流线旁路短接跌落式熔断器以及两端引线，在带负荷的状况下更换跌落式熔断器。更换完并务必合上跌落式熔断器后，再拆除旁路引流线。

3）三相跌落式熔断器或避雷器之间须放置绝缘隔离设施，三相引线、构架、横担处均应进行绝缘遮蔽。

4）一相检修或更换完毕后，应迅速对其恢复绝缘遮蔽，然后检修或更换另一相。

（4）更换横担。根据线路状况确定作业方法，一般可采用临时绝缘横担法作业；大截面导线线路可采用带绝缘滑轮组的吊杆法作业。

（5）带负荷加装分段开关、负荷隔离开关等。

1）带负荷作业所用的绝缘引流线和两端线夹的载流容量应满足最大负荷电流的要求，其绝缘层需通过 20kV/1min 的工频耐压试验，组装旁路引流线的导线处应清除氧化层，且线夹接触牢固可靠。

2）用旁路引流线带电短接载流设备前，应注意一定要核对相位，载流设备应处于正常通流或合闸位置。

3）在装好旁路引流线后，用钳形电流表检查确认通流正常。

4）加装分段开关、负荷隔离开关时，在切断导线并做好终端头之前，应装设防导线松脱的保险绳。保险绳应具有良好的绝缘性能和足够的机械强度。

5）在装好分段开关或负荷隔离开关后，务必合上并检查确认通流正常后再拆除旁路引流线。

6. 10kV 配电线路带电作业项目操作指导

10kV 配电线路带电作业项目主要有断、接引线，更换绝缘子（针式绝缘子、耐张绝缘子、棒式绝缘子、横担式绝缘子），更换（新装）跌落式熔断器，更换（加装）避雷器，更换横担，更换（新装或检查）柱上开关（隔离开关），修补导线，直线装置改耐张装置等常规作业项目，以及电杆更换、移位、迁移线路等大型作业项目。鉴于各地配电线路杆上电气设备的规格和布置的差异以及各地所使用的工具和操作步骤略有不同，故在使用配电带电作业操作导则的过程中应结合本地区的实际情况，制定出适用于本地区的操作导则和安全注意事项，以确保作业项目全过程的安全。有关 10kV 配电线路带电作业项目的操作指导详见《配电线路带电作业技术导则》（GB/T 18857—2008）以及有关 10kV 配电线路带电作业项目操作指导书。

（四）《带电作业用工具、装置和设备使用的一般要求》（DL/T 877）和《带电作业工具、装备和设备质量保证导则》（DL/T 972）

这两个标准分别对带电作业工具、装置和设备，在使用过程中和进行质量试验时的性能提出了要求。

在使用过程中提出，带电作业工具的选择应建立在其电气特性的基础之上，而一个工具的电气特性通常与其所使用的最高系统电压所要求的绝缘水平有关；还可根据带电作业的产品标准进行工具产品的分类及配置；明确了工具的使用范围、环境、预防措施和使用之前的检查。

在质量试验时，规范了质量保证原则、试验分类、质量保证方案及质量保证抽样程序进行了规定；明确了质量保证方案为缺陷分类、例行试验、抽样试验、验收试验、记录保存。

（五）《架空配电线路带电安装及作业工具设备》（DL/T 858）

《架空配电线路带电安装及作业工具设备》（DL/T 858）规定了架空配电线路带电安装及作业工具设备的分类、作业方法、接地及测试等，适用于交流 35kV 及以下架空配电线路（包括采用裸导线及绝缘包覆导线的线路，不包括电缆线路）进行带电安装、作业的设备。

在配电线路安装导线及作业的过程中，人员和设备的安全非常重要。危险主要源于线路带电、感应或静电充电。而在作业区域适当的位置，布置完备的接地系统，采用正确的作业方式和设备，作业人员明确危险源并经过培训，就可以确保全体作业人员的安全。

在作业过程中，导线及附属设备上充电是由于以下原因：

（1）新架设的导线偶然接触了邻近的带电导线。

（4）雷击正在安装的导线或作业设备，如雷击在架线作业中卷缠的绳索。

（5）由大气条件或电容耦合引起的对导线或绳索的静电充电。

DL/T 858 详细介绍了两种导线牵引的方法即松弛牵引方法和张力牵引方法。

（六）《带电作业绝缘配合导则》（DL/T 876）

《带电作业绝缘配合导则》（DL/T 876）规定了在交、直流电力系统进行带电作业时，空气绝缘、组合绝缘以及所使用的工具、装置及设备绝缘的额定耐受电压的选择原则。学习时注意，带电作业中只考虑正常运行条件下的工频电压、暂时过电压（包括工频电压升高）与操作过电压的作用。

1. 确定预期过电压水平的原则

一般而言，3～220kV 电压范围内的设备绝缘水平主要由雷电过电压决定，但也要估计操作过电压的影响。因而，在此电压范围内的带电作业工具、设备和装置，其绝缘水平应校核相应电压等级下的操作过电压水平。在确定 10～35kV 电压范围内的带电作业工具、设备和装置的绝缘水平时，操作过电压的影响较为突出，因而要求对考虑的系统中带电作业时可能遇到的过电压进行估算。

2. 作用电压与耐受电压之间的配合

主要包括：

（1）绝缘耐受各种电压的能力。

（2）3～220kV 电压范围内，作用电压与耐受电压的配合。

（3）绝缘试验类型和绝缘配合方法的选择。

（4）直流系统作用电压和耐受电压间的配合四方面的内容。

带电作业的安全性围绕带电作业危险率、带电作业的事故率、带电作业保护间隙三个角度展开，学习时注意区分定义不同，但概念又有紧密联系，还要了解其计算方法。

（七）《带电作业用绝缘工具试验导则》（DL/T 878）

该标准规定了带电作业用绝缘工具技术要求、试验方法、检验规则等，适用于以绝缘管、绝缘棒、绝缘板为主绝缘材料制成的硬质绝缘工具和以绝缘绳索为主绝缘材料制成的软质绝缘工具。

技术要求部分对适用于海拔 1000m 及以下绝缘工具的最小有效绝缘长度按电压等级作出了相应规定，对适用于海拔 1000m 以上绝缘工具提出了最小有效绝缘长度校正公式。对绝缘工具的工作条件、材料选择提出了相应规定。

技术要求部分还对各电压等级工具的试验项目、判别标准作出了明确的规定。

试验方法部分对绝缘工具的工频耐压试验、操作冲击波耐压试验、直流耐压试验、淋雨状态下的工频泄漏电流试验、淋雨条件下的直流泄漏电流试验、机械强度试验作出了具体规定。

校验规则部分对绝缘工具的型式试验、抽样试验、验收试验、预防性试验、检查性试验、试验周期作出了明确规定。

除上述导则以外的其他标准，大多数都针对具体工具的分类、技术要求、试验方法、校验规则、标志包装运输保管提出了更为具体的要求。对所列的一些工具的试验方法，一般涉及新工具的研制、鉴定时可参考相应标准使用。对于试验，通常按安全规程中所列的试验方法、试验标准进行已足够。

（八）《带电作业用工具库房》（DL/T 974）

该标准规定了带电作业用工具库房的一般要求、技术条件与设施、测控装置及库房信息管理系统，对库房的建设、技术条件、存放设施提出了相对严格的要求，规范库房的建设和管理。

（九）《带电作业工具、装备和设备预防性试验》（DL/T 976）

该标准规定了带电作业工具、装置和设备预防性试验的项目、周期和要求，用以判断工具、装置和设备是否符合使用条件，预防其损坏，以保证带电作业时人身及设备安全。只适用于交、直流电力系统（不适用在特殊环境下）进行带电作业所使用的工具、装置和设备。

技术部分要求规定：① 50Hz 交流耐压试验，加至试验电压后的持续时间，220kV 及以下电压等级的带电作业工具、装置和设备为 1min；② 进行预防性试验时，一般宜先进行外观检查，再进行机械试验，最后进行电气试验；③ 直流耐压试验持续时间为 3min；④ 在进行直流高压试验时，应采用负极性接线，操作波耐压应采用正极性。

试验方法部分对绝缘工具的工频耐压试验、操作冲击波耐压试验、直流耐压试验、试验电极间距、泄漏电流试验、静负荷试验、动负荷试验、外观及尺寸要求等作出了具体规定。

该标准基本涵盖了配电线路带电作业所有工器具和绝缘斗臂车的电气、机械试验方法的周期和标准。

二、配电线路带电作业绝缘材料标准类

配电线路带电作业绝缘材料标准见表 ZY0800401001-8。

表 ZY0800401001-8 绝缘材料标准

序号	名称
1	GB/T 13035—2008 带电作业用绝缘绳索
2	GB 13398—2008 带电作业用空心绝缘管、泡沫填充绝缘管和实心绝缘棒

（一）《带电作业用绝缘绳索》（GB/T 13035）

目前绝缘绳索产品的发展和品种增多，该标准添加了防潮绝缘绳索和高强度绝缘绳索的条文，并在产品分类、技术要求、试验方法、检验规则等方面增加了有关内容。

在绝缘绳索的机械性能要求中，规定了不同直径的天然纤维绝缘绳索、合成纤维绝缘绳索、高机械强度绝缘绳索的机械性能。为避免过于繁杂，不论编织工艺和结构的区别，统一规定了伸长率、断裂负荷等机械性能要求。其规定了带电作业用绝缘绳索的分类、材料、技术要求、试验方法、检验规则、保管、储存和运输等方法。只适用于在 750kV 及以下电压等级的电气设备上进行带电作业的绝缘绳索材料。

根据材料，绝缘绳索可分为天然纤维绝缘绳索和合成纤维绝缘绳索。

根据在潮湿状态下的电气性能，绝缘绳索分为常规型绝缘绳索和防潮型绝缘绳索。

根据机械强度，绝缘绳索分为常规强度绝缘绳索和高强度绝缘绳索。

根据编织工艺，绝缘绳索分为编织绝缘绳索、绞制绝缘绳索和套织绝缘绳索。

综合上述规定，卡具的型号规格分为四部分，如 GJS-B-18-F，表示高强度绝缘绳索、编织型、ϕ18mm、防潮型。

（二）《带电作业用空心绝缘管、泡沫填充绝缘管和实心绝缘棒》（GB 13398）

该标准规定了带电作业用管、棒类绝缘材料的分类、技术要求、试验方法、检验规则、标志和包装。适用于标称电压在 1kV 及以上电力系统中用于制作带电作业工具设备的空心绝缘管、泡沫填充绝缘管、实心绝缘棒（异型管、伸缩管不包括在本标准内）。这些绝缘材料是由合成材料制成的。

根据其制作材料及外形不同，绝缘管、棒材可分为 3 类，见表 ZY0800401001-9。

表 ZY0800401001-9 绝缘管、棒材分类 mm

类别	名称	标称外径系列
Ⅰ	实心棒	10，16，24，30
Ⅱ	空心管	18，20，22，24，26，28，30，32，36，40，44，50，60，70
Ⅲ	泡沫填充管	18，20，22，24，26，28，30，32，36，40，44，50，60，70

注 填充绝缘管其标称外径与空心管系列相同。

1. 材料要求

绝缘管、棒材应由合成材料制成。合成材料可用无机或人造纤维加强，其外观颜色可由用户确定。其密度不应小于 1.75g/cm^3，吸水率不大于 0.3%，50Hz 介质损耗角正切不大于 0.01。

2. 电气要求

受潮前和受潮后的电气特性用以制造绝缘工具的绝缘管、棒材应进行 [illegible]00mm 长试品的 1min 工频耐压试验，包括干试验和受潮后的试验。试品在 100kV 工频电压下的泄漏电流应符合相关规定。

性能。

三、配电线路带电作业防护和作业工具类

配电线路带电作业防护和作业工具类标准见表 ZY0800401001-10。

表 ZY0800401001-10　　防护和作业工具类标准

序号	名　称	序号	名　称
1	GB/T 17620—2008　带电作业用绝缘硬梯	10	DL/T 803—2002　带电作业用绝缘毯
2	GB/T 17622—2008　带电作业用绝缘手套	11	DL/T 853—2004　带电作业用绝缘垫
3	GB/T 18269—2008　交流 1kV、直流 1.5kV 及以下带电作业用手工工具通用技术条件	12	DL/T 879—2004　带电作业用便携式接地和接地短路装置
4	GB/T 13034—2008　带电作业用绝缘滑车	13	DL/T 880—2004　带电作业用导线软质遮蔽罩
5	GB/T 12168—2006　带电作业用遮蔽罩	14	DL/T 971—2005　带电作业用交流 1kV～35kV 便携式核相仪
6	GB/T 12167—2006　带电作业用铝合金紧线卡线器	15	DL/T 854—2004　带电作业用绝缘斗臂车的保养维护及在使用中的试验
7	DL/T 676—1999　带电作业绝缘鞋（靴）通用技术条件	16	DL/T 975—2005　带电作业用防机械刺穿手套
8	DL/T 740—2000　电容型验电器	17	DL/T 1125—2009　10kV 带电作业用绝缘服
9	DL/T 778—2001　带电作业用绝缘袖套	18	DL/T 779—2001　带电作业用绝缘绳索类工具

以上是防护和作业工具类的相关标准，这些标准的学习和运用可以在遇到具体问题时，结合通用性的标准学习使用，在此不逐项介绍，仅选择《带电作业用导线软质遮蔽罩》（DL/T 880—2004）作介绍。

该标准在导线遮蔽罩的适用电压等级上，根据 IEC 标准的分级并结合我国电力系统的电压等级及电网的中性点接地方式，并考虑适当的安全裕度，规定了带电作业用导线软质遮蔽罩的分类、要求、试验、检验规则、标志、包装、储存等方法。

遮蔽罩按电气性能分为 0、1、2、3 四级，适用于不同电压等级的遮蔽罩见表 ZY0800401001-11。

表 ZY0800401001-11　　适用于不同电压等级的遮蔽罩

级　别	交流电压（V）	级　别	交流电压（V）
0	380	2	10 000（6000）
1	3000	3	20 000

注　1. 三相系统中电压指的是线电压。
2. 2 级遮蔽罩也适用于 6000V 电压等级。

1. 交流耐压试验技术要求

试验电压从较低值开始上升，开始电压应小于试验电压的 50%，并以 1000V/s 的速度逐渐升压，直至达到规定的试验电压或遮蔽罩发生击穿。达到规定的试验电压后持续 1min，然后迅速降压至 1/2 试验电压，并断开试验回路。如试验无闪络、无击穿，则试验通过。

2. 直流验证试验技术要求

试验电压从较低值开始上升，并以 3000V/s 的速度逐渐升压，直至达到规定的试验电压或遮蔽罩发生击穿。试验时间从达到规定的试验电压的时刻开始计算。对于型式试验和抽样试验，电压持续时间分别为 3min 和 1min。如试验中无闪络、无击穿、无明显发热，则试验通过。

【思考与练习】

1. 目前配电线路带电作业的基础类标准有哪些？
2. 目前配电线路带电作业的绝缘材料类标准有哪些？
3. 目前配电线路带电作业的防护和作业工具类标准有哪些？

第六部分

配电带电操作技能

第七章 带电作业工器具

模块1 协助进行带电作业工器具的试验（ZY0800201001）

【模块描述】本模块介绍带电作业工器具电气试验场地布置和电气试验人员的要求、10kV 配电线路带电作业工器具电气预防性试验。通过概念讲解和要点介绍，熟悉协助进行 10kV 配电线路带电作业用工器具的电气预防性试验场地布置和要求。

【正文】

一、带电作业工器具电气试验场地布置和电气试验人员的要求

（一）电气试验场地布置的要求

为了保证电气试验时人员、设备的安全，对电气试验的场地布置提出了以下五方面要求。

1. 电气试验场有关试验台站的技术资料及安全管理制度和电气操作规程的要求

（1）具有能全面标识电气试验台站及具有高压电器设备驱动、控制的机械产品试验台站平面分布图。

（2）具有各试验台站的主要试验项目和内容及日常被试产品试验报告及测试数据。

（3）试验台站拥有设备清单和主要设备的说明书、合格证及台站内的设备平面布置图。

（4）具有试验台站供电系统图、继电保护的整定数据资料和日常产品试验的接线图。

（5）具有保护接地、工作接地和防雷接地的地下隐蔽资料及接地电阻的测试数值，以及安全用具的明细、试验报告单。

（6）具有电气试验台站的电气安全管理制度及电气试验安全操作规程文本资料。

2. 电气试验台站的环境要求

（1）设在车间、厂房的一侧，台站前通道应符合消防、交通要求，备有足够数量的消防器材。大型试验台站应封闭或独自建设。试验台站的建筑物应与设备设施保持足够的安全净距离，且配备足够的消防器材。对试验容量大，进户电压等级高的网络试验或合成回路试验独立的台站，站内试验用变压器油量在 1000kg 以上的试验变压器，应设置容量为 100%的储油池及排油设施。被试产品试验时有爆炸危险的，必须放在有排油设施和防爆性能的试验小室内，防止喷油爆炸影响环境，操作控制室和观察人员都应远离试品现场。高压试验台站应有屏蔽装置，门窗屏蔽连接应可靠。

（2）试验区域内不得有休息场所，被试产品和设备设施建筑物的安全净距离及人和带电设备试品安全净距离符合设计要求。

（3）试验台站及试验区在产品试验时，安装高度为 1.7m 的固定或移动网栏。试验充有压力的瓷套管，在试验前必须加装绵纶安全防护网捆绑，以防止瓷件破裂。试验区域内所有的门必须有联锁装置，门应向外开。

（4）试验台内有醒目的安全标志。信号警报、联锁装置须安全可靠，大型试验台站应配备通信和录音设备。

3. 试验用电器设备设施的要求

（1）高低压开关柜、变压器、调压器、互感器、电容器、避雷器、发电机组等各种设备应清洁、完好无渗漏，油质、油位、温升、绝缘强度应符合要求。要求试验用的设备是有生产许可证工厂生产的合格产品，并定期进行电气性能的预防性检测，绝缘性能应符合安全要求。对试验用 6kV 以上试

85℃。电容器壳体不鼓包、不渗油，外观清洁，摆放间距符合要求。避雷器定期进行预防性试验，有试验合格证并按电气安装规程要求进行安装。发电机组及变频设备运转正常，不超载运行，温升符合要求。

（2）各种保护联锁信号装置灵活可靠。各种保护装置应能及时动作切断电源，保证设备和被试产品的安全。有关部位及通道护栏的电气联锁或机械联锁灵活可靠。试验过程中停送电设备上的指示灯、指示标志必须正确。

4. 电气线路控制系统及测试仪器仪表的要求

（1）高低压母线排固定连接牢靠，应按要求涂刷相序色标。支撑绝缘子清洁无裂纹，符合绝缘耐压要求。各种电缆按规程敷设，充油电缆的电缆头不得渗油、漏油，高压电缆每年进行一次预防性试验，其耐压泄漏应合格。

（2）临时连接的试验线路，其安全间距应符合试验电压等级的要求。

（3）试验用的仪器仪表应符合国家技术标准，经上级计量部门检验合格，并在有效期内使用。

5. 接地系统及安全用具的要求

（1）必须按试验台站的设计要求装设接地装置。试验台站的接地系统必须符合原有设计要求，应是独立完整的接地系统。根据试验内容，作为试验设备的保护接地，也可作为被试产品为零电位及试验的设备和试验产品对地放电回路。可以和高压试验台站建筑物的接地采用一个系统。但不允许电力系统的工作接地作为试验用接地。小接地电流系统接地电阻值不得大于 4Ω，大电流接地系统的接地电阻值不得大于 0.5Ω。

（2）严禁利用保护接地系统作为大电流放电回路。

（3）独立高压试验站应加设防雷装置，建筑在厂内大的高电压试验大厅，及建筑在郊区空旷田野中的电气容量试验站，在建筑物上应设计防雷设施。对露天试验区域和高大的试验间及架设线路的金属构架，都应设置单体避雷针、架空避雷线和避雷器。

（4）电气安全用具必须定期进行安全检查，做到绝缘性能试验合格、保管合理、使用安全可靠。在大型试验台站必须配备相应电压等级且足够数量的电气安全用具，并有一定量的备用。电气安全用具必须在通风、干燥的场所保管，防止受潮，阳光暴晒或酸、碱、油的腐蚀及污秽。应将安全用具放置在专用的安全用具柜内。

（二）带电作业工器具电气试验人员的要求

（1）了解各种绝缘材料、绝缘结构的性能、用途，了解各种电气设备的型式、用途、结构及原理。

（2）熟悉发电厂、变电所电气主接线及系统运行方式，熟悉电气设备，了解继电保护及电气设备的控制原理及实际接线。

（3）熟悉各类试验设备、仪器、仪表的原理、结构、用途及使用方法，并能排除一般故障。

（4）能正确完成试验室及现场各种试验项目的接线、操作及测量，熟悉各种影响试验结果的因素及消除方法。

（5）试验前要进行周密的准备工作，根据设备及试验项目，准备齐全完好的试验设备及仪器、仪表、工器具等，不要漏带仪器、设备及器具。

（6）安全合理布置试验场地，做好安全措施，与带电部分保持足够的安全距离。测量、控制及操作装置应在就近处放置，以便于操作和读数。

（7）必须正确无误地接线、操作。

（8）记录人员应详细地记录被试设备名称、编号、试验项目、测量数据、使用仪器编号，以及试验时的温度、湿度、日期、试验人员等，最后整理好并填写试验报告。

（9）对于测试数据反映出的设备缺陷，应及时向负责人及有关领导反应。

二、10kV 配电线路带电作业工器具电气预防性试验

（一）带电作业用工器具

带电作业用工器具分为主绝缘工器具、辅助绝缘工器具和个人绝缘防护用具。其中：主绝缘工器具是指隔离电位起主要作用的电介质，耐压水平不小于 45kV 的绝缘工器具；辅助绝缘工器具是指除

主绝缘外，为了安全另增加的独立绝缘，起保护作业人员偶尔短时擦过接触，限制人员作业范围的作用；个人绝缘防护用具是指工作人员在带电作业时穿戴的起辅助绝缘保护作用的用具。

（二）带电作业用工器具的电气预防性试验

带电作业用工器具电气预防性试验包括预防性试验、交流耐压试验和泄漏电流试验。其中：预防性试验是指为了发现带电作业工具、装置和设备的隐患，预防发生事故或人身事故，对工具、装置和设备进行的检查、试验和检测；交流耐压试验是指对绝缘施加一次相应的额定工频耐受电压（有效值）的试验，分为短时耐压试验和长对间耐压试验；泄漏电流试验是指测量交直流电压下，流过被试绝缘的直流电流，它可以有效地发现绝缘内部的缺陷。通常，泄漏电流的测量与直流耐压同时进行。泄漏电流用毫安表或微安表测量。

1. 绝缘杆

绝缘杆根据用途和操作方法分为绝缘操作杆、绝缘支杆和拉（吊）杆三类。其中：绝缘操作杆是用于短时间对带电设备进行操作的绝缘工具，如接通或断开高压隔离开关、跌落式熔断器等；绝缘支、拉、吊杆是起支撑、拉动作用，吊起导线或其他设备的绝缘杆件。

绝缘杆的电气试验项目、时间和要求见表 ZY0800201001-1。试验方法是：用直径不小于 30mm 的单导线作模拟导线，模拟导线两端应设置均压球（或均压环），其直径不小于 200mm，均压球距试品不小于 1.5m。试品垂直悬挂。试品的高压试验电极布置于试品的最上端，也可以用试品顶端的金具作高压试验电极。高压试验电极和接地极间的距离（试验长度）按表 ZY0800201001-1 的规定，如在两试验电极间有金属部件时，其两试验电极间的距离还应在此数值上再加上金属部件的总长度。接地极的对地距离应不小于 1m。接地极和高压电极（无金具时）以宽 50mm 的金属箔或导线包绕。对多个试品同时进行试验时，试验布置图如图 ZY0800201001-1 所示，试品间距离 d 应不小于 500mm。试验周期为 1 年，使用寿命为 6～8 年（推荐）。

表 ZY0800201001-1　　　　绝缘杆的电气试验项目、时间和要求

项　目	试验电压（kV）	时　间（min）	电极间距（m）	判断依据
工频耐压试验	45	1	0.4	无击穿、无闪络及无过热为合格（红外图谱对比）

2. 绝缘遮蔽工具

常用绝缘遮蔽工具有绝缘罩、绝缘隔板、绝缘毯（布）、硬质绝缘管、软质绝缘管以及绝缘套筒。其中：绝缘罩是由绝缘材料制成，用于遮蔽带电导体或非带电导体的保护罩；绝缘隔板是用于隔离带电部件、限制工作人员活动范围的绝缘平板；绝缘毯（布）是由合成绝缘橡胶或塑料制成，用来绝缘导线或带电、不带电或其他接地的金属部分的软质薄片；硬质绝缘管是用来遮蔽导线的绝缘硬管；软质绝缘管是用来遮蔽导线的绝缘软管；绝缘套筒是由绝缘材料制成，套于电杆顶端进行遮蔽的套筒。

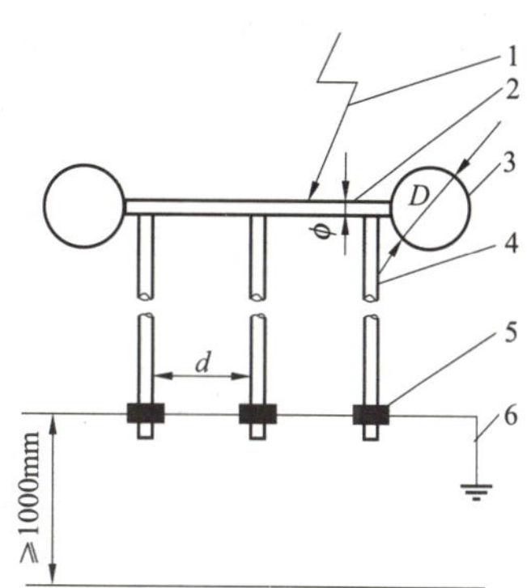

图 ZY0800201001-1　绝缘杆工频耐压及操作耐压试验布置图

1—高压引线；2—模拟导线，d≥30mm；3—均压球，D=200～300mm；4—试品，试品间距 d≥500mm；5—下部试验电极；6—接地引线

（1）绝缘罩的电气试验项目、时间和要求见表 ZY0800201001-2。试验方法是：对于同电压等级类型不同的遮蔽罩，应使用不同形状相匹配的电极进行试验。一般分为内外两个电极。通常遮蔽罩的内部电极是一根金属棒或一块金属网，置于遮蔽罩的中心处，此为接地电极。再由金属箔（网）等导电材料制作成略小于遮蔽罩外形尺寸的电极罩在遮蔽罩上，接通工频试验电压，此为高压电极。试验在

表 ZY0800201001-2　　绝缘罩的电气试验项目、时间和要求

项　　目	额定电压（kV）	工频电压（kV）	时　　间（min）	判 断 依 据
工频耐压试验	10	45	1	无击穿、无闪络及无明显过热为合格（红外图谱对比）

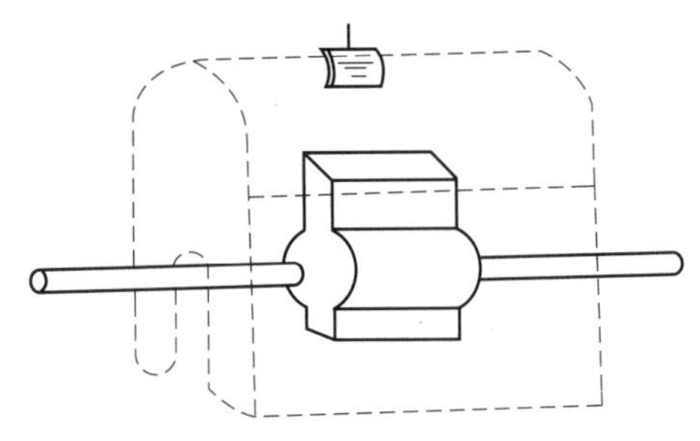

图 ZY0800201001-2　绝缘罩工频耐压及操作耐压试验布置图

（2）绝缘隔板的电气试验项目、时间和要求见表 ZY0800201001-3。试验方法是：试验时，先将待试验的绝缘隔板上下铺上湿布或者金属箔（网），上下四周边缘各留出 200mm 以免沿边放电，除了上述区域以外的所有区域都应该用导电极板覆盖。试验中，试品不应出现闪络；试验后，试样各部分应无灼伤、无发热（红外图谱对比）现象。试验布置见图 ZY0800201001-3。试验周期为 1 年。使用寿命为 5～8 年（推荐）。

表 ZY0800201001-3　　绝缘隔板的电气试验项目、时间和要求

项　　目	额定电压（kV）	工频电压（kV）	时　　间（min）	判 断 依 据
工频耐压试验（含表面工频耐压）	10	45	1	无击穿、无闪络及无明显过热为合格（红外图谱对比）

（3）绝缘毯（布）的电气试验项目、时间和要求见表 ZY0800201001-4。试验方法是：试验时，先将待试验的绝缘毯（布）上下铺上湿布或者金属箔（网），上下四周边缘各留出 100mm 以免沿边放电，除了上述区域以外的所有区域都应该用导电极板覆盖。试验中，试品不应出现闪络和击穿；试验后，试样各部分应无灼伤、无发热（红外图谱对比）现象。试验布置见图 ZY0800201001-3。试验周期为 1 年。使用寿命为 3～5 年（推荐）。

表 ZY0800201001-4　　绝缘毯（布）的电气试验项目、时间和要求

项　目	试验电压（kV）	时　间（min）	判 断 依 据
工频耐压试验	20	1	无击穿、无闪络及无明显过热为合格（红外图谱对比）

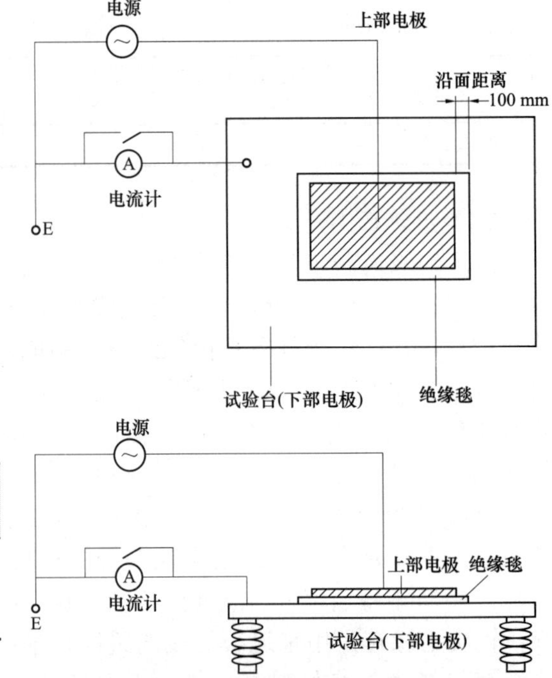

图 ZY0800201001-3　绝缘毯（绝缘隔板）工频耐压及操作耐压试验布置图

（4）硬质绝缘管的电气试验项目、时间和要求见表 ZY0800201001-5。试验方法是：试验中准备一根金属棒（线），架空离地 0.5m，两端良好接地。将绝缘管套在这根金属棒（线）上。然后再准备电阻小于 100Ω的金属材料（如导电纤维、金属箔或者网眼小于 2mm 金属网）附于绝缘管外表面，做高压接电电极。外电极距绝缘管边缘应大于 100mm。试验中，试品不应出现闪络、击穿；试验后，试样各部分应无灼伤、无发热（红外图谱对比）现象。试验布置见图 ZY0800201001-4。试验周期为半年。使用寿命为 3～5 年（推荐）。

表 ZY0800201001-5　　硬质绝缘管的电气试验项目、时间和要求

项　　目	额定电压（kV）	工频电压（kV）	时　　间（min）	判断依据
工频耐压试验	10	20	1	无击穿、无闪络及无明显过热为合格（红外图谱对比）

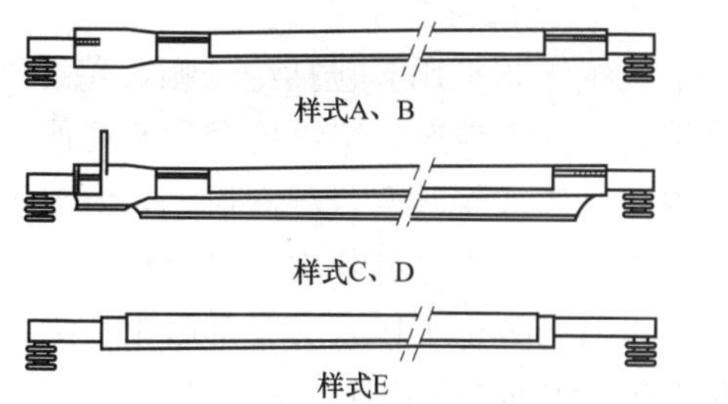

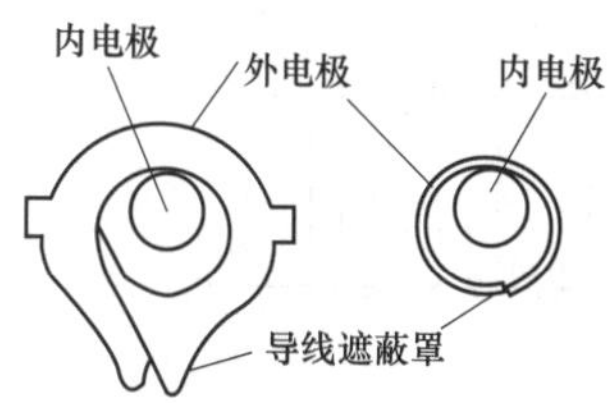

图 ZY0800201001-4　绝缘管工频耐压及操作耐压试验布置图

（5）软质绝缘管的电气试验项目、时间和要求见表 ZY0800201001-6。工频耐压试验软质绝缘管的试验方法与硬质绝缘管相同。试验周期为半年。使用寿命为 3～5 年（推荐）。

表 ZY0800201001-6　　软质绝缘管的电气试验项目、时间和要求

项　　目	额定电压（kV）	工频电压（kV）	时　　间（min）	判断依据
工频耐压试验	10	20	1	无击穿、无闪络及无明显过热为合格（红外图谱对比）

（6）绝缘电杆套筒。绝缘电杆套筒是带电立杆套于电杆顶端的，主要防止带电导线对电杆顶部放电。绝缘电杆套筒的电气试验项目、时间和要求见表 ZY0800201001-7。绝缘电杆套筒整根工频耐压试验需要大功率的试验设备，常用的工频耐压试验设备功率不够，整根试验会造成升压不足，试验无法达到要求，所以对于绝缘电杆套筒的工频耐压试验用分段进行，每段 40cm 左右，最多分成 4 段。分段试验电压为整体试验电压的 1.2 倍。在绝缘电杆套筒内部放入一个合适大小的金属桶，金属桶接地。将绝缘电杆套筒竖起来，从上端开始在外表面附上金属箔，长度为 40cm。金属箔外面用细金属丝一道道扎紧，让金属箔紧附在绝缘套筒上，在金属箔上加上高压电极。试验中，试品不应出现闪络和击穿；试验后，试样各部分应无灼伤、发热（红外图谱对比）现象。依次分段完成绝缘电杆套筒的工频耐压试验。试验布置见图 ZY0800201001-5。试验周期为 1 年。使用寿命为 6～8 年（推荐）。

表 ZY0800201001-7　　绝缘电杆套筒的电气试验项目、时间和要求

项　　目	试验电极间距离（m）	试验时间（min）	试验电压（kV）	判断依据
工频耐压试验	0.4	1	45	无击穿、无闪络及无明显过热为合格（红外图谱对比）

3. 绝缘绳索

绝缘绳索是由天然纤维材料或合成纤维材料制成，具有良好电气绝缘性能的绳索。绝缘绳索的电气试验项目、时间和要求见表 ZY0800201001-8。试验方法是：试验前，应将试样放在 50℃干燥箱里进行 1h 的烘干，然后，在标准大气条件下保持 1h 再进行试验。用直径 1.0mm 铜线缠绕作为试验电极。两侧为支持绝缘子，上部横梁用环氧绝

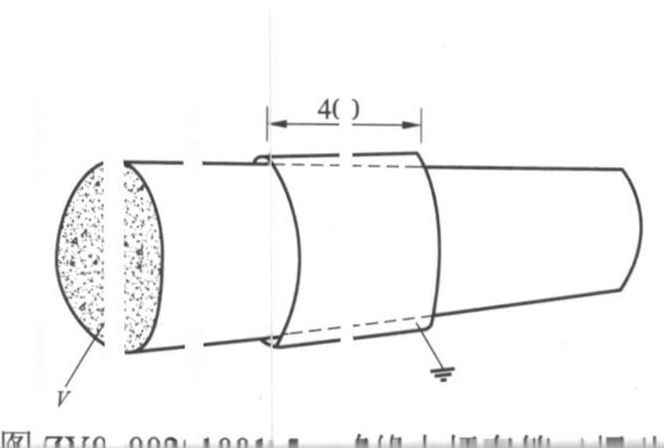

表 ZY0800201001-8 绝缘绳索的电气试验项目、时间和要求

项 目	试验电极间距离（m）	试验时间（min）	试验电压（kV）	判 断 依 据
工频耐压试验	0.4	1	45	无击穿、无闪络及无明显过热为合格（红外图谱对比）

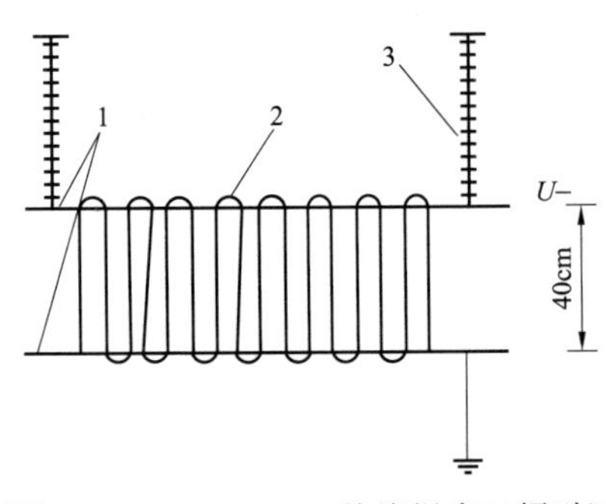

图 ZY0800201001-6 绝缘绳索工频耐压及操作耐压试验布置图

1—金属棒；2—绝缘绳；3—绝缘子串

4. 个人绝缘防护用具

个人绝缘防护用具包括绝缘帽、绝缘手套、绝缘靴、绝缘袖套、绝缘披肩、绝缘护套和绝缘服。其中：绝缘帽是由绝缘橡胶或绝缘合成材料制造，用来防止工作人员头部触电的帽子；绝缘靴是由绝缘材料制成，带有防滑鞋底的靴子，用来防止工作人员脚部触电；绝缘袖套是由绝缘橡胶或绝缘合成材料制造，用来防止工作人员臂部触电的袖套；绝缘披肩是由绝缘橡胶或绝缘合成材料制造，用来防止工作人员肩部触电的披肩；绝缘服是由绝缘材料制成，用以防止工作人员身体触电的服装。

（1）绝缘帽的电气试验项目、时间和要求见表ZY0800201001-9。试验方法是：在被试绝缘帽内部放入电阻率不大于 750Ω • m 的水，然后浸入盛有相同水的金属盆中，使绝缘帽内外水平面呈相同高度，绝缘帽应有 90mm 的沿边距离露出水面部分，这一部分应该擦干。试验布置见图 ZY0800201001-7。试验周期为 1 年。使用寿命为 2 年（推荐）。

表 ZY0800201001-9 绝缘帽的电气试验项目、时间和要求

项 目	试 验 电 压（kV）	试 验 时 间（min）	判 断 依 据
工频耐压试验	20	1	无电气击穿

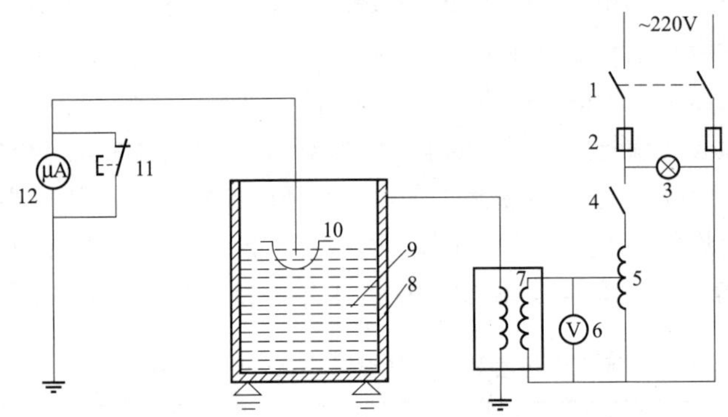

图 ZY0800201001-7 绝缘帽工频耐压及操作耐压试验布置图

1—闸刀开关；2—可断熔丝；3—电源指示灯；4—过负荷开关（也可用过电流继电器）；5—调压器；6—电压表；7—变压器；8—盛水金属器皿；9—试样；10—电极；11—毫安表短路开关；12—毫安表

（2）绝缘手套的电气试验项目试验项目、时间和要求见表 ZY0800201001-10。试验方法是：在被试手套内部放入电阻率不大于 750Ω • m 的水，然后浸入盛有相同水的金属盆中，使手套内外水平面呈相同高度，手套应有 90mm 的露出水面部分，这一部分应该擦干。试验布置见图 ZY0800201001-8。试验周期为 1 年。使用寿命为 2 年（推荐）。

表 ZY0800201001-10 绝缘手套的电气试验项目试验项目、时间和要求

项 目	试验电压（kV）	持续时间（min）	泄 漏 电 流（μA）			判 断 依 据
			手套长度（mm）			
工频耐压试验	20	1	360	410	460	无电气击穿，泄漏电流满足要求
			14	16	18	

（3）绝缘靴的电气试验项目、时间和要求见表 ZY0800201001-11。试验方法是：在被试绝缘靴内部放入电阻率不大于 750Ω·m 的水，然后浸入盛有同质水的金属盆中，使绝缘靴内外水平面呈相同高度，绝缘靴应有 90mm 的露出水面部分，这一部分应该擦干，试验布置见图 ZY0800201001-9。试验周期为 1 年。使用寿命为 3～5 年（推荐）。

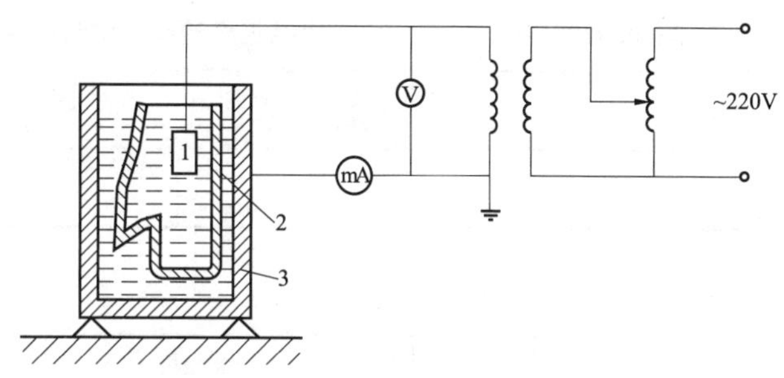

图 ZY0800201001-8 绝缘手套工频耐压及操作耐压试验布置图

1—电极；2—试样；3—盛水金属器皿

表 ZY0800201001-11 绝缘靴的电气试验项目、时间和要求

项 目	工频耐压（kV）	持续时间（min）	判 断 依 据
工频耐压试验	20	1	无电气击穿

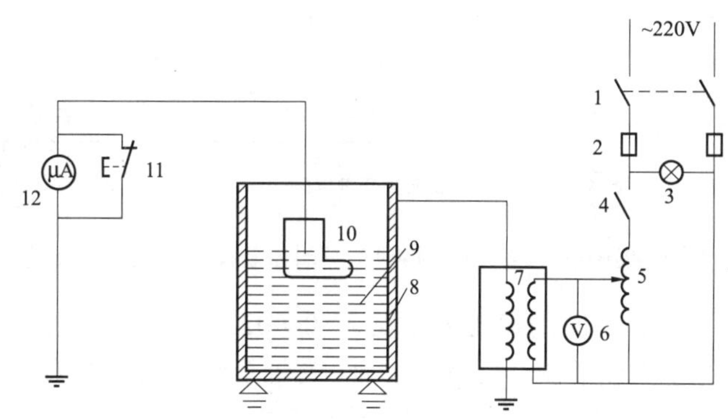

图 ZY0800201001-9 绝缘靴工频耐压及操作耐压试验布置图

1—闸刀开关；2—可断熔丝；3—电源指示灯；4—过负荷开关（也可用过电流继电器）；5—调压器；6—电压表；7—变压器；8—盛水金属器皿；9—试样；10—电极；11—毫安表短路开关；12—毫安表

（4）绝缘袖套的电气试验项目、时间和要求见表 ZY0800201001-12。试验方法：电极由两块电极板组成，电极形状与袖套内外形状相符，表面应光滑，不应有刻痕和凸块。将袖套平整布置于内外电极之间，不应强行拽拉。袖套试验时，用绝缘材料隔离即可进行试验，电极如图 ZY0800201001-10 所示。试验周期为 1 年。使用寿命为 3～5 年（推荐）。

表 ZY0800201001-12 绝缘袖套的电气试验项目、时间和要求

项 目	工频耐压（kV）	持续时间（min）	判断依据
工频耐压试验	20	1	无击穿、无闪络及无明显过热为合格（红外图谱对比）

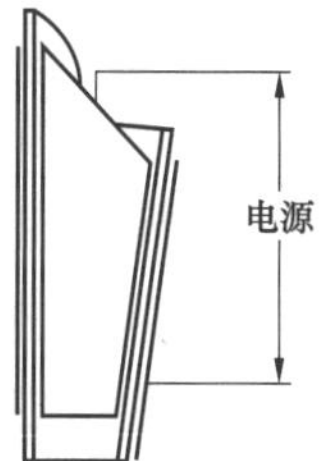

（5）绝缘披肩的电气试验项目、时间和要求见表 ZY0800201001-13。试验方法是：电极由两块电极板组成，电极形状与披肩内外形状相符，表面应光滑，不应有刻痕和凸块。将披肩平整布置于内外电极之间，不应强行拽拉披肩。为了能对不同尺寸披肩进行试验，可以将电极做得比图中标示尺寸更长。当做较小尺寸披肩试验时，用绝缘材料隔离即

表 ZY0800201001-13　　绝缘披肩的电气试验项目、时间和要求

项　目	试 验 电 压 (kV)	持 续 时 间 (min)	判 断 依 据
工频耐压试验	20	1	无击穿、无闪络及无明显过热为合格（红外图谱对比）

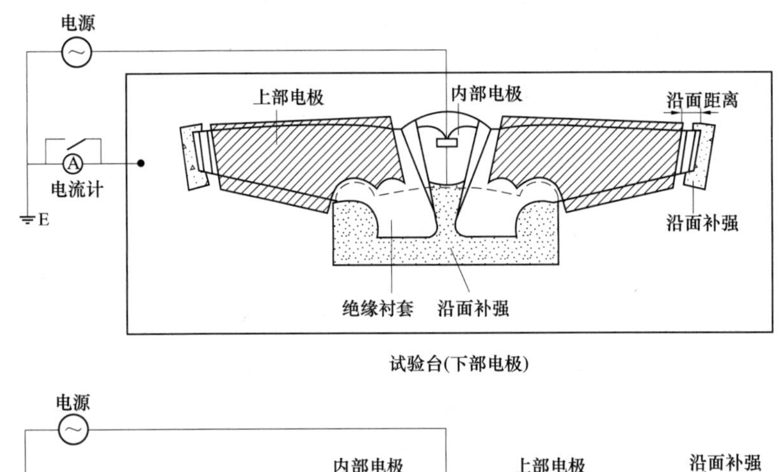

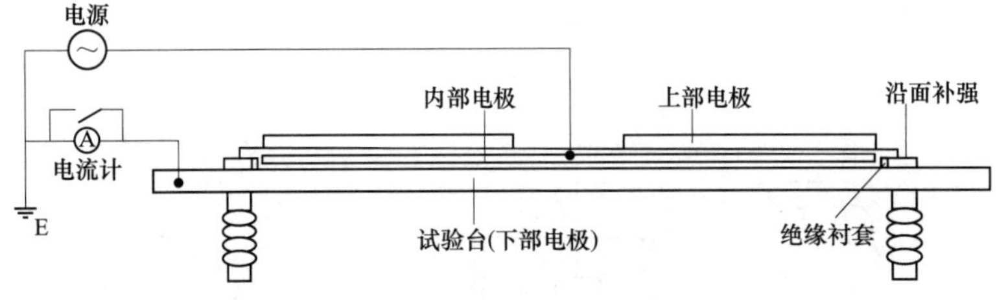

图 ZY0800201001-11　绝缘披肩工频耐压及操作耐压试验布置图

（6）绝缘服的电气试验项目、时间和要求见表 ZY0800201001-14。试验方法是：对绝缘服进行工频耐压试验时应注意，绝缘上衣的前胸、后背、左袖、右袖及绝缘裤的左右腿的上下方都要进行试验。进行试验时的电极由两块电极板组成，电极形状与绝缘服内外形状相符，表面应光滑，不应有刻痕和凸块。将绝缘服平整布置于内外电极之间，不应强行拽拉。电极设计及加工应使电极之间的电场均匀，无电晕发生。电极边缘距绝缘服边缘的间距为 65mm。为防止沿绝缘服边缘的闪络，可采用套管引入高压的方式。试验电压应从较低值开始，并以大约 1000V/s 的速度逐渐上升，直至 20kV。试验时间从达到规定试验电压值开始计时，持续时间为 1min。如试验无闪络、无击穿、无明显发热，则试验通过。试验布置见图 ZY0800201001-12。试验周期为 1 年。使用寿命为 3～5 年（推荐）。

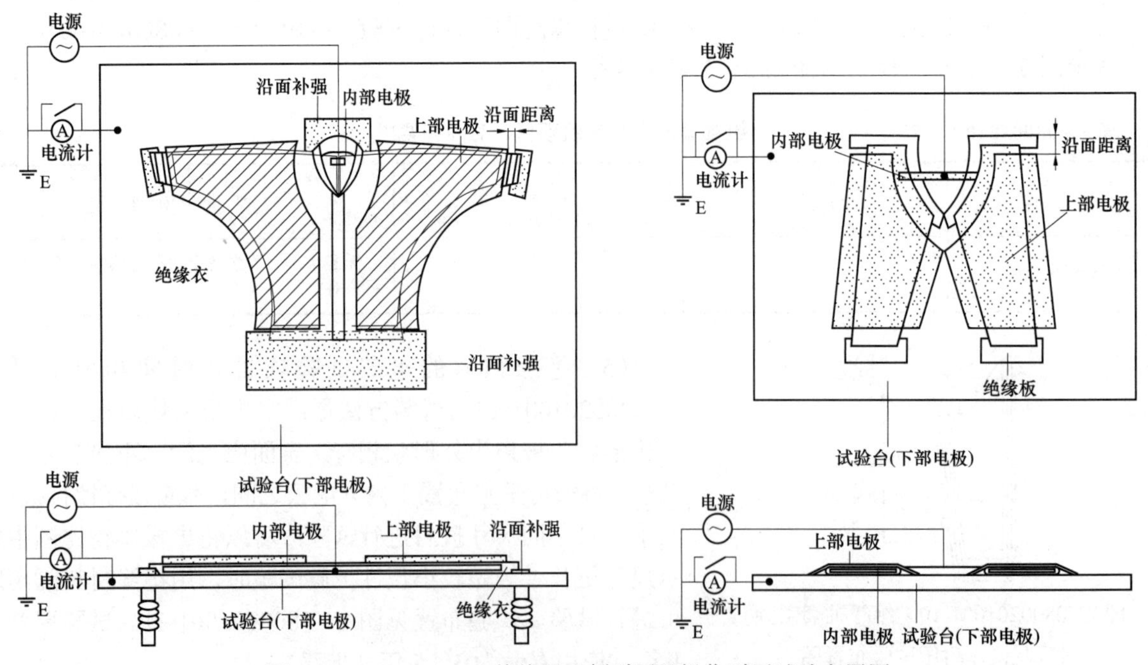

图 ZY0800201001-12　绝缘服工频耐压及操作耐压试验布置图

表 ZY0800201001-14　　绝缘服的电气试验项目、时间和要求

项　目	绝缘服厚度（mm）	试验电压（kV）	耐压时间（min）	判 断 依 据
工频耐压试验	2.0	20	1	无击穿、无闪络及无明显过热为合格（红外图谱对比）

5. 绝缘载人工具

绝缘载人工具包括绝缘硬梯和绝缘平台。绝缘硬梯是指在带电作业中，作业人员攀登用的具有相应机械强度和电气性能的硬质绝缘梯的总称。绝缘平台由绝缘材料制成的操作平台，固定在支架上，给操作人员提供工作位置。

绝缘平台的电气试验项目、时间和要求见表 ZY0800201001-15。试验方法是：绝缘平台试验时，应将绝缘平台中金属构件的部分用金属线缠绕接地，将绝缘平台上（包括绝缘平台的两根支杆）距离金属部位最短有效绝缘长度（0.4m）位置处用金属丝缠绕作为施压的高压端。试验中要求无击穿，无闪络，无明显发热。试验布置见图 ZY0800201001-13。试验周期为 1 年。使用寿命为 8～10 年（推荐）。

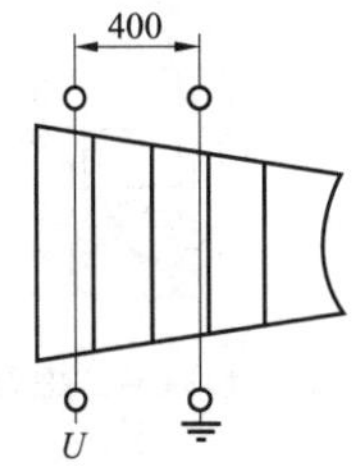

图 ZY0800201001-13　绝缘平台耐压及操作耐压试验布置图

表 ZY0800201001-15　　绝缘平台的电气试验项目、时间和要求

项　目	额定电压（kV）	试验长度（m）	工频耐压（kV）	耐压时间（min）	判 断 依 据
工频耐压试验	10	0.4	45	1	无击穿、无闪络及无明显过热为合格（红外图谱对比）

6. 绝缘承力工具

绝缘（临时）横担是由绝缘材料制成，用来临时支撑导线、载流（临时）电缆的横担装置。绝缘（临时）横担的电气试验项目、时间和要求见表 ZY0800201001-16。其试验方法同绝缘杆工频耐压试验。试验周期为 1 年。使用寿命为 8～10 年（推荐）。

表 ZY0800201001-16　　绝缘（临时）横担的电气试验项目、时间和要求

项　目	试验长度（m）	工频耐压（kV）	耐压时间（min）	判 断 依 据
工频耐压试验	0.4	45	1	无击穿、无闪络及无明显过热为合格（红外图谱对比）

7. 绝缘滑轮、滑车（含牵引器具）

绝缘滑轮、滑车（含牵引器具）是由鞍座、滑轮杆夹钳和绝缘子叉组成，用来移动绝缘子的支撑杆装置。绝缘滑车的电气试验项目、时间和要求见表 ZY0800201001-17。试验方法是：将滑车按图 ZY0800201001-14 所示方式悬挂在接地的 50cm 宽的等边角钢横梁中部。横梁长度不小于 2m，挂环固定在横梁中部，滑车吊钩挂在 U 型环上（多用钩滑车可直接挂在角钢横梁中部），高压引线从滑车的中轴处引入。滑车及高压引线与周围物体间的距离不小于滑车干闪距离的 1.5 倍，且应不小于 1m。按试验要求的工频耐受电压值对滑车施加工频电压，耐受 1min（不含绝缘钩型滑车），试验中要求无击穿，无闪络，无明显发热。试验周期为 1 年。使用寿命为 8～10 年（推荐）。

表 ZY0800201001-17　　绝缘滑车的电气试验项目、时间和要求

项　目	试验耐压（kV）	试验时间（min）	判断依据

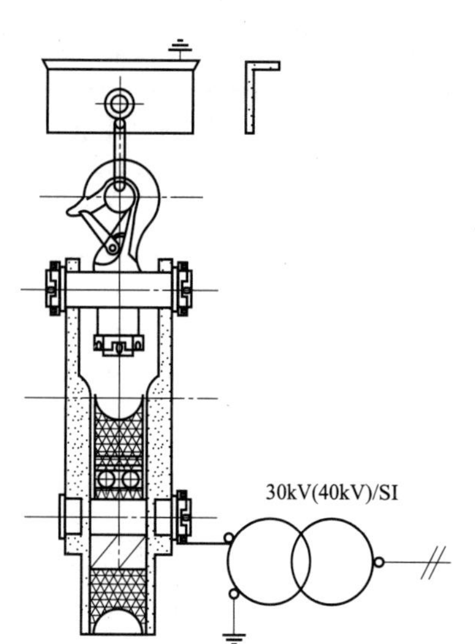

图 ZY0800201001-14 绝缘滑车耐压及操作耐压试验布置图

8. 载流工具

绝缘跨接线是指用于带电作业的，起临时跨接作用的绝缘线。绝缘跨接线的电气试验项目、时间、要求见表 ZY0800201001-18。试验方法是：先将绝缘跨接线用长度大于 0.4m 的绝缘绳索悬挂在空中，绝缘跨接线的金属头部分用金属线缠绕接地，将绝缘跨接线外层距离两端金属头最短有效绝缘长度（0.4m）中间的部位用锡箔包裹，并用金属丝缠绕作为施压的高压端。试验中要求无击穿，无闪络，无明显发热。试验布置见图 ZY0800201001-15。试验周期为 1 年。使用寿命为 8～10 年（推荐）。

表 ZY0800201001-18 绝缘跨接线的电气试验项目、时间和要求

项目	试验耐压（kV）	试验时间（min）	判断依据
工频交流耐压试验	30	1	无击穿、无闪络及无明显过热为合格（红外图谱对比）

9. 防雨工具

防雨带电作业工具主要指防雨绝缘操作杆（它由一般绝缘操作杆件、硅橡胶外套和硅橡胶防雨罩组成），用于雨天特殊情况下进行抢修操作。防雨绝缘操作杆的试验项目、时间和要求见表 ZY0800201001-19。防雨绝缘操作杆的工频耐压试验与非防雨绝缘操作杆相同，其水冲洗泄漏电流试验的方法是：试验前，在防雨绝缘操作杆上部用金属丝连通高压电极，再用金属丝往下 70cm 跨过绝缘裙边紧密缠绕，连接接地体，作为接地电极。在进行防雨绝缘操作杆的淋雨泄漏电流试验时，被试品的安放位置应与其工作状态一致。施压端架一根 ϕ20mm、长 2.5m 的金属棒作为模拟导线。施压前试品不必进行预淋。淋雨试验条件应满足《高电压试验技术 第 1 部分：一般试验要求》（GB 16927.1）中的规定，淋雨率为：垂直分量 1.0～1.5mm/min，水平分量 1.0～1.5mm/min，雨水校正到 20℃的电阻率（100±15）Ω·m。试品与地面呈 45°，与淋雨方向呈 90°。在达到规定电压以后保持规定的时间，同时记录流过试品的最大泄漏电流。试验中以试品的泄漏电流小于规定值 1mA，且无闪络、无击穿、无发热为试验合格。试验布置见图 ZY0800201001-16。试验周期为 1 年。使用寿命为 5～8 年（推荐）。

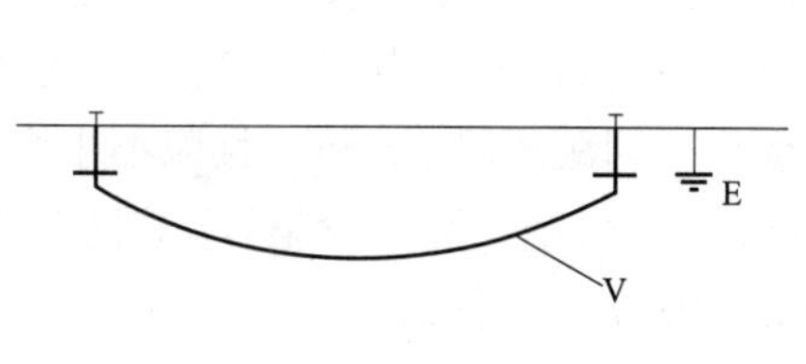

图 ZY0800201001-15 绝缘跨接线耐压及操作耐压试验布置图

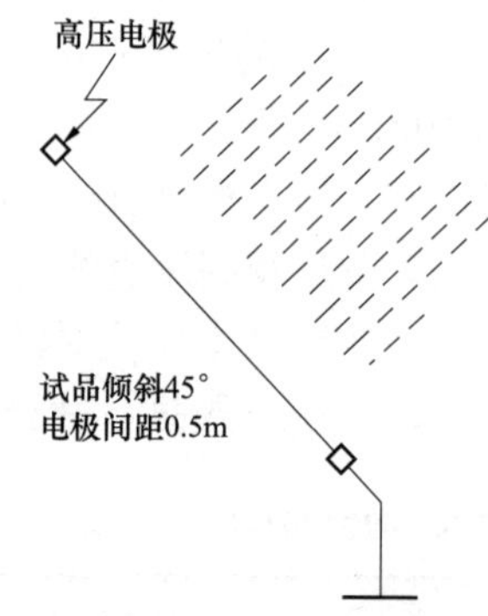

图 ZY0800201001-16 防雨绝缘操作杆耐压及操作耐压试验布置图

模块1 ZY0800201001

表 ZY0800201001-19　　防雨绝缘操作杆的电气试验项目、时间和要求

项　目	额定电压（kV）	工频电压（kV）	时　间（min）	判 断 依 据
工频耐压试验	10	45	1	无击穿、无闪络及无明显过热为合格（红外图谱对比）
淋雨试验	10	15	5	

【思考与练习】

1. 如何协助做好试验前的准备工作？其人员的确定和要求有哪些？

模块 2　带电作业工器具的试验（ZY0800201002）

【模块描述】本模块介绍带电作业工器具的试验规则、机械试验、电气试验以及预防性试验报告。通过要点讲解和试验方法介绍，掌握带电作业工器具的机械试验、电气试验的试验项目、方法和标准。

【正文】

带电作业工器具的试验包括电气试验与机械试验两种，任何一种带电作业工具都必须进行定期的电气试验和机械试验，来检验其是否达到规定的电气性能指标和机械强度。即使是刚出厂的产品，也应及时进行上述两种试验，方可做出合格与否的结论。因为这些工具在制作、运输和保管各个环节中，都可能引起或遗留下观察不到的缺陷，只有在试验中才会暴露出来。所以，带电作业工具的试验是检验工具合格与否的唯一可靠手段。这一点，应该引起每个从事带电作业人员的高度重视。

一、带电作业工器具的试验规则

绝缘工器具的试验规则有多种，包括型式试验、抽样试验、验收试验、预防性试验、检查性试验。

（1）型式试验。在下列情况下，应对产品进行型式试验：① 新产品投产前的定型鉴定；② 产品的结构、材料或制造工艺有较大改变，影响到产品的主要性能；③ 原型式试验已超过 5 年。

（2）抽样试验。抽样试验按照买方与生产厂家的协议，可做全部型式试验项目，也可以抽做部分型式试验项目。试验结果应满足有关标准中的技术要求。

（3）验收试验。根据购买方的要求可进行产品的验收试验，验收试验可以抽样做部分试验项目，也可以做全部型式试验项目。验收试验可在双方指定的、有条件的单位进行。

（4）预防性试验。对绝缘工具应进行周期性的预防性试验。对 10～750kV 交直流带电作业用硬质绝缘工具和软质绝缘工具，预防性试验周期为 1 年。

（5）检查性试验。将绝缘工具分成若干段进行工频耐压试验，300mm 耐压 75kV，时间为 1min，以无击穿、闪络及过热为合格。

在这五种试验中，预防性试验是带电作业工具、装置和设备使用之前的一个重要环节，是保证人身和设备安全的有效手段，是带电作业工作人员应重点掌握的内容。

二、带电作业工器具的机械试验

带电作业工器具的机械试验分静负荷试验和动负荷试验两种。有些带电作业工器具，如绝缘拉板（杆）、吊线杆等，只做静负荷试验；而有些可能受到冲击荷重作用的工具，如操作杆、收紧器等，除做静负荷试验外，还应做动负荷试验。

1. 静负荷试验

静负荷试验是使用专用加载工具（或机具），以缓慢的速度给被试品施加荷重，并维持一定加载时间，以检验被试品变形情况为目的的试验项目。

使用荷重可按以下原则确定：

（1）对紧、拉、吊、支工具（包括牵引器、固定器），凡厂家生产的产品可把铭牌标注的允许工作荷重作为使用荷重，也可按实际使用情况来计算最大使用荷重。

（3）对托、吊、钩绝缘子工具，以一串绝缘子的重量为使用荷重。

在进行静负荷试验时，加载方式为：将工具组装成工作状态，模拟现场受力情况施加试验荷重。

2. 动负荷试验

动负荷试验是检验被试品在经受冲击时，机构操作是否灵活可靠的试验项目。因此，其所施负荷量不可太大。一般规定用一定倍数的使用荷重加在安装成工作状态的被试品上，操作被试品的可动部件（如丝杠柄、液压收紧器的扳把及卸载阀等），操作 3 次，无受卡、失灵及其他异常现象为合格。

由于操作杆经常用来拔取开口销、弹簧销或拧动螺钉，因此也要做抗冲击和抗扭试验，冲击矩可取 500N • cm，扭矩可取 250N • cm。

3. 试验标准

在型式试验中，静负荷试验应在 2.5 倍额定工作负荷下持续 5min 而无变形、无损伤。动负荷试验应在 1.5 倍额定工作负荷下操作 3 次，要求机构动作灵活，无卡住现象。

在预防性试验中，静负荷试验应在 1.2 倍额定工作负荷下持续 1min 无变形、无损伤。动负荷试验应在 1.0 倍额定工作负荷下操作 3 次，要求机构动作灵活，无卡住现象。

目前，我国的带电作业工具机械试验还是一个比较薄弱的环节，无论是静负荷试验还是动负荷试验，在试验方法、试验条件、试验设备等一些技术性的问题上还有待于进一步的研究、完善。例如有关静负荷试验的安全系数问题，统一规定为 2.5 倍是不细致的，其中载人工具的安全系数应当有所区别，且应高于其他使用荷重很大的承力工具。还有试验周期的问题，机械试验本身就是一种有损检测，也就是说施加的试验荷重可能对工具产生累积性损伤。如果试验次数过多，势必影响工具的使用寿命。因此，这一问题也有待于进一步研究、解决。再有就是试验设备的问题，目前大多数单位没有试验设备，所以，许多机械试验不能正常进行，尤其是动负荷试验，因缺乏具体的试验手段和要求，基本上不能实现。

三、带电作业工器具的电气试验

带电作业用绝缘工器具在出厂前就应进行出厂试验，而且试验项目和达到的指标必须满足国标要求。由于产品长期积压、出厂运输以及有些厂家在出厂试验时只进行随机抽样试验等原因，产品到达用户手中时，还必须进行验收试验。试验标准应参照国标规定。

除了以上两项试验外，带电作业工器具经过一段时间的使用和储存后，在电气性能方面还是在机械性能方面可能会出现一定程度的损伤或劣化，因此还应进行定期试验，即预防性试验和检查性试验。下面就绝缘工具电气试验的内容、标准进行重点介绍。

绝缘工具电气试验应定期进行，预防性试验每年一次，检查性试验每年一次，两种试验间隔半年，试验内容为工频耐压试验、操作冲击试验。

1. 耐压标准

绝缘工具定期试验的试验电压一般按式（ZY0800201002-1）计算得出

$$U=U_{ph}\times K_0K_1/K_2 \qquad \text{(ZY0800201002-1)}$$

式中 K_1——绝缘裕度系数，出厂取 1.1，预防性试验取 1.0；

K_2——海拔修正系数，取 1000m 为 0.91；

K_0——最大过电压倍数，取 2.18；

U_{ph}——额定相电压，kV。

上述试验电压最好在工具的有效长度上整段施压，加压时间为 1min。试验结果以无发热、不放电为合格。

如果试验设备受到限制而不能整段施压，允许进行分段试验，但最多不能超过四段。分段试验电压可按式（ZY0800201002-2）计算得出

$$U'=1.2UL'/L \qquad \text{(ZY0800201002-2)}$$

式中 U'——分段试验电压，kV；

U——整段试验电压，kV；

L——整段试验长度，m；

L'——分段试验长度，m。

式（ZY0800201002-2）中的 1.2 如以 K 表示，则可改写为

$$U'=KUL'/L \qquad \text{（ZY0800201002-3）}$$

大量试验证明，K 不是一个固定值，它随试验分段数而变化，即分段越多，K 值越大。故 330kV 及以上电压等级的绝缘工具必须进行整段施压试验。

2. 试验方法

（1）绝缘杆工频耐压试验。试验时绝缘操作杆及支、拉、吊杆等绝缘杆的金属头（或金属接头）部分应挂在施压的高压端（一般用长度不小于 2.5m、直径为 20mm 的金属棒做高压端来模拟导线，并悬挂在空中），接地线接在握手部分与有效绝缘长度的分界线处（指操作杆）或原接地端（指支、拉、吊杆而言），然后按式（ZY0800201002-1）计算得出的电压值 U 进行施压（指整段耐压试验）。如进行分段试验，施压值按式（ZY0800201002-2）计算出的 U' 值选取。通常试验标准可按表 ZY0800201002-1 选择。

表 ZY0800201002-1　　支、拉、吊杆的电气性能

额定电压（kV）	试验电极间距离（m）	1min 工频耐受电压（kV）
10	0.40	45
35	0.60	95

（2）绝缘硬梯的工频耐压试验。绝缘硬梯包括直立梯、人字梯、水平梯和挂梯，试验时同样以一根直径为 20mm、长 2.5m 的金属棒做施压的高压端，并水平悬挂来模拟导线。然后将绝缘硬梯的一端（一般指金属头的那端）挂在高压端上，接地线接在最短有效绝缘长度处（先用锡箔包绕其表面，然后再用裸铜线缠绕接地）。施压值同样按式（ZY0800201002-1）或式（ZY0800201002-2）计算值选取。通常试验标准也可按表 ZY0800201002-1 选择。

（3）绝缘绳索的工频耐压试验。为了检验整根绝缘绳索的全部耐压水平，试验时，按图 ZY0800201002-1 所示的方法，在两根直径为 20mm、长度适当的金属棒上缠绕绝缘绳索，其中一根金属棒为高压端，通过绝缘子水平悬挂于空中，另一根金属棒同时悬挂于空中并接地。两根金属棒之间的距离等于最高使用电压下的最短有效绝缘长度。通常试验标准也可按表 ZY0800201002-1 选择。

（4）绝缘遮蔽物的工频耐压试验。绝缘遮蔽物包括各种绝缘软板、硬板、薄膜等。在进行耐压试验时，如图 ZY0800201002-2 所示，将绝缘遮蔽物水平放置在绝缘支承台上，同时在被试物的两侧用铝箔作电极，上下均用泡沫塑料和连接片压紧，以保证其接触良好。然后将上面极板接电源，下面极板接地。此外，试验时被试品应按使用电压要求留足边缘宽度。

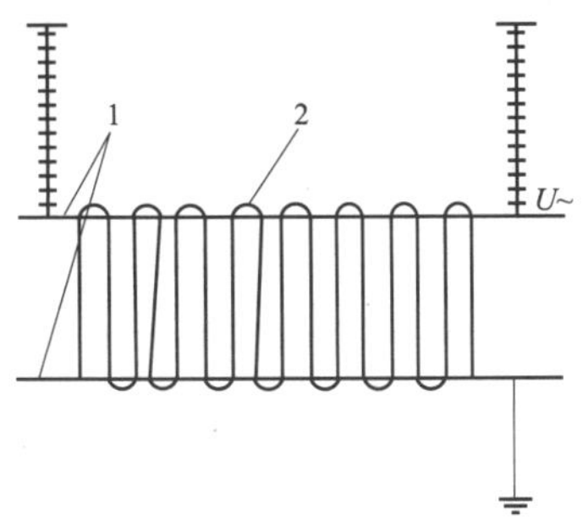

图 ZY0800201002-1　绝缘绳索的工频耐压试验

1—金属棒；2—绝缘绳

图 ZY0800201002-2　绝缘遮蔽物的工频耐压试验

1—支承台；2—泡沫塑料；3—电源；4—连接片；5—试品；6—锡箔

（5）雨天作业工具的工频耐压试验。在进行雨天作业工具的工频耐压试验时，被试品的安放位置

10Ω·m，淋雨方向与地面成 45° 角。操作杆等被试品与地面呈 45° 角，与淋雨方面成 90° 角；直立梯等被试品与地面成 90° 角，与淋雨方向呈 45° 角；水平梯等被试品应与地面平行放置，与雨水呈 45° 角，被试品雨淋 10min 后开始施压。

雨天作业工具在耐压试验中，与水冲洗工具一样要测量泄漏电流。但测量引线要使用屏蔽线，并在测量引线端加防雨罩，且引线端部绝缘部分还应涂凡士林等防水剂。同时，被试品低压端要离地，如图 ZY0800201002-3 所示。

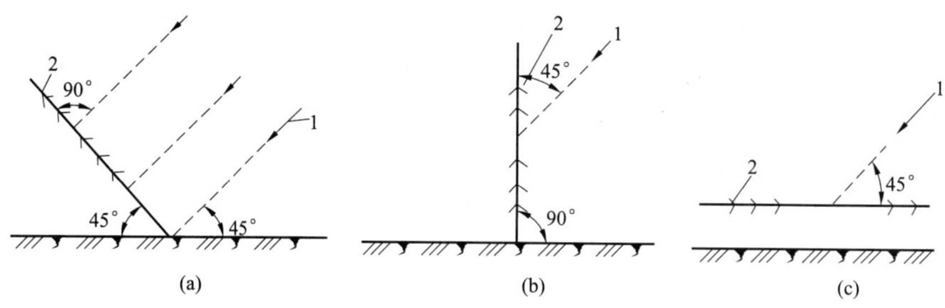

图 ZY0800201002-3 雨天作业工具的工频耐压试验

1—雨水方向；2—雨罩

（6）绝缘靴的工频耐压试验。将一个与试样鞋号一致的金属片为内电极放入鞋内，金属片上铺满直径不大于 4mm 的金属球，其高度不小于 15mm，外接导线焊一片直径大于 4mm 的铜片，并埋入金属球内。外电极为置于金属器内的浸水海绵，试验电路见图 ZY0800201002-4。以 1kV/s 的速度使电压从零上升到所规定电压值的 75%，然后再以 100V/s 的速度升到规定的电压值，当电压升到规定的电压时，保持 1min，然后记录毫安表的电流值。电流值小于 10mA，则认为试验通过。

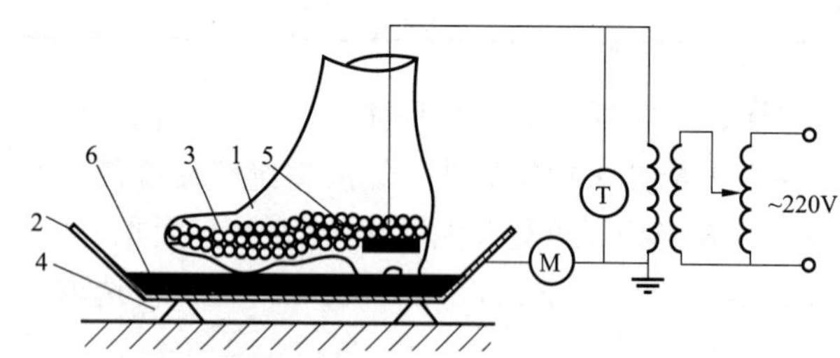

图 ZY0800201002-4 绝缘靴的工频耐压试验

1—被试靴；2—金属盘；3—金属球；4—金属片；5—海绵加水；6—绝缘支架

（7）绝缘手套的工频耐压试验。绝缘手套是配电线路带电作业中非常重要的人身防护工具，它的种类很多，见表 ZY0800201002-2。试验方法和接线见图 ZY0800201002-5，10kV 用绝缘手套露出水面部分长度为 75mm。

表 ZY0800201002-2 **绝缘手套分类**

绝缘产品级别（CLASS）	验证试验电压有效值（kV）	最低耐受电压有效值（kV）	最大使用电压有效值（kV）
00	2500	5000	500
0	5000	10 000	1000
1	10 000	20 000	7500
2	20 000	30 000	17 500
3	30 000	40 000	26 500
4	40 000	50 000	36 000

3. 试验条件

试品应在温度为（23±5）℃，相对湿度不大于 80%的环境中预置 24h，试验前用适当溶剂擦净试品表面，并置于空气中 15min 以上，以便使溶液全部挥发。

采用直径不小于 30mm 的单导线（或多分裂导线）作模拟导线，模拟导线两端应安装均压球（或均压环），均压球（或均压环）的直径应不小于 200mm，距试品距离应不小于 1.5m。

试品应垂直悬挂，高压引线接在模拟导线上，高压试验电极和接地极间的距离（试验长度）按有关规定。在试品中有金属部件时，两电极间的距离还应加上金属部件的总长度。接地电极对地距离应不小于 1m，接地电极和高压电极以宽50mm 的金属箔或金属导线包绕（试品端部有金属部件时不需包绕）。对多个试品同时进行试验时，试品间的距离应不小于500mm。

对试品施加电压时，应从足够低的电压开始升压，以防止操作瞬变过程引起的过电压影响。当试验电压值达到 75%U（U为规定的耐受电压）时，再以每秒 2%U 的速率升压，达到耐受电压后保持规定的时间，然后迅速降压，但不得突然切断。

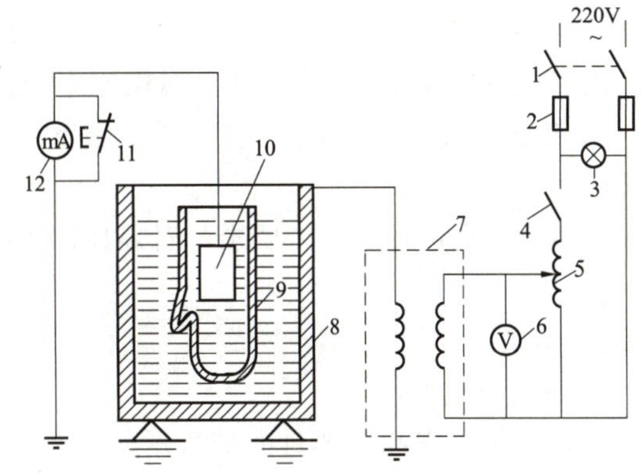

图 ZY0800201002-5 绝缘手套交流耐压试验接线图

1—刀闸开关；2—可断熔丝；3—电源指示灯；4—过负荷开关（也可用过电流继电器）；5—调压器；6—电压表；7—变压器；8—盛水金属器皿；9—试样；10—电极；11—毫安表短路开关；12—毫安表

如果试品无闪络、无击穿、无发热现象，则认为试验通过。

配电线路带电作业绝缘工具种类较多，既有主绝缘工具，又有大量的绝缘遮蔽和人身防护用具，试验方法、电极布置、耐压高低、加压时间、合格标准等应按照《带电作业工具、装置和设备预防性试验规程》（DL/T 976—2005）执行。

四、带电作业工器具预防性试验报告

带电作业工器具预防性试验合格后，应出具试验合格报告。试验报告应包括试验目的、试验人员、试验环境、试验标准、试验内容、试验结果、试验结论等相关内容，应有批准、审核、编写人员签名，并加盖公章有效。

以下为配电线路带电作业用绝缘工器具的预防性试验报告书示例。

（一）封面格式

报告编号：×××

×××公司

绝缘工器具预防性试验报告书

批　　准：×××

审　　核：×××

编　　写：×××

委托单位：×××供电公司

委托日期：××年××月××日

完成日期：××年××月××日

（二）内文格式

1　试验目的

受××供电公司委托，××有限公司对其委托的带电作业工器具、安全工具进行试验，以考核其性能。

2　试验人员及环境条件

（1）试验时间：××年××月××日。

（2）环境温度：28℃。

3 试验标准

（1）国家电网安监［2009］664 号《国家电网公司电力安全工作规程（线路部分）》。

（2）DL/T 976—2005《带电作业工具、装置和设备预防性试验规程》。

4 试验内容

按照上述规程规定及委托方要求，对委托试验的带电作业工器具、安全工具进行电气试验和机械试验。

5 试验结果

5.1 交流耐压试验

委托试验的带电作业工器具的交流耐压试验详见表 1，在规定电压及规定时间下试验过程中未发生闪络或击穿，试验后试品无放电、灼伤痕迹，无发热现象。

表 1 带电作业工器具的交流耐压试验

序号	工器具名称	工频耐压试验（kV/min）	试品长度（m）	单位	数量	试验结果
1	验电器	45kV/1min	0.7	个	2	通过
2	绝缘安全帽	20kV/1min	—	顶	4	通过
3	绝缘服	20kV/1min	—	件	4	通过
4	绝缘裤	20kV/1min	—	件	4	通过
5	绝缘手套	20kV/1min	—	双	4	通过
6	绝缘鞋套	15kV/1min	—	双	4	通过
7	绝缘紧线器	45kV/1min	0.4	套	1	通过
8	高压绝缘毯	20kV/1min	—	块	20	通过
9	绝缘导线遮蔽管	20kV/1min	—	根	2	通过
10	绝缘跳线遮蔽管	20kV/1min	—	根	6	通过
11	绝缘后备保护绳	45kV/1min	0.4	根	2	通过
12	绝缘固定杆	45kV/1min	0.7	根	2	通过
13	绝缘操作杆	45kV/1min	0.7	根	2	通过
14	绝缘引流线	30kV/1min	—	根	1	通过

5.2 机械试验

5.2.1 承力工具机械试验

委托试验的带电作业工器具机械试验分为静荷重试验、动荷重试验，承力工具均需通过机械试验，具体试品清单详见表 2。

试验结果：静负荷试验为额定负荷 1.2 倍，持续 1min，工器具无变形、损伤。

动负荷试验在 1 倍额定负荷下实际操作 3 次，试验后机构操作灵活、无卡住等现象。

表 2 承 力 工 具 清 单

序号	名 称	额定负荷（t）	单位	数量	试验结果
1	绝缘紧线器	1.5	套	2	合格
2	绝缘滑车	0.5	个	2	合格

5.2.2 紧线卡线器机械试验

委托试验的紧线卡线器，按照表 3 进行静荷重试验、动荷重试验。

试验结果：

（1）静荷重试验在其相应负荷作用下，持续 5min，工器具无变形、损伤。

（2）动荷重试验：卡线器在实际状态下进行 3 次操作，操作灵活可靠，无卡住现象。

表 3 紧线卡线器的机械试验

序号	工器具名称	额定负荷	静荷重试验	动荷重试验	单位	数量	试验结果
1	紧线卡线器（LJKc-240）	24kN	28.8kN/5min	24kN	个	4	合格

5.2.3 绝缘绳索类机械试验

委托的绝缘绳索按照表 4 进行静拉力试验，持续时间 5min，各部位无损伤无变形。

表 4 绝缘绳索机械试验

序号	名　称	规　格	单位	数量	静拉力试验（kN）
1	绝缘导线保险绳	φ14mm×2m	根	2	20

5.2.4 安全带静负荷试验

委托试验的 4 条安全带进行静负荷试验均为 2250N，荷载时间为 5min，试验合格。

5.2.5 安全帽冲击性能试验

委托试验的 4 顶安全帽进行冲击性能试验，受冲击力均小于 4900N，试验合格。

5.3 绝缘斗臂车预防性试验

委托试验的 HYL5078JGK 型绝缘斗臂车交流耐压试验及泄漏电流试验，分别对绝缘臂、绝缘内衬、绝缘外斗、液压油进行试验，详见表 5。在规定电压及规定时间下试验过程中未发生闪络或击穿，试验后试品无放电、灼伤痕迹，无发热现象。

表 5 HYL5078JGK 绝缘斗臂车预防性试验

序号	试验部件	工频耐压	泄漏电流	沿面放电	试验结果
1	绝缘内衬	45kV 1min	—	—	通过
2	绝缘外斗	—	0.4m 20kV ≤0.2mA	0.4m 45kV 1min	通过
3	液压油	油杯：2.5mm 电极，6 次试验平均击穿电压≥20kV，任一单独击穿电压≥10kV			通过
4	绝缘臂	0.4m 45kV 1min	—	—	通过
5	整车	—	1.0m 20kV ≤0.5mA	—	通过

6 试验结论

×××供电公司委托的试品，试验结果符合有关标准要求，试验合格。

【思考与练习】

1. 带电作业工器具的试验项目和标准有哪些？现场可做哪些测试工作？
2. 带电作业用绝缘工具的电气试验内容有哪些？试验周期是如何规定的？

模块 3 带电作业工器具的使用（ZY0800201003）

【模块描述】本模块介绍带电作业常用的工器具及其使用方法。通过使用说明讲解和要点介绍，熟

【正文】

带电作业工器具的种类繁多，可根据工器具的材质、用途、功能等进行分类。根据工器具的材质可分为绝缘工具和金属工具两大类；按工器具的功能和用途可分为绝缘承力工具、牵引工具、固定器、绝缘操作杆、通用小工具、载人工具、载流及断接引工具、清扫工具、绝缘隔离工具、安全防护工具、带电作业工程车十一类。

（1）绝缘承力工具。此类工具在电气上承担全电压作用，在机械上则承担带电导体和绝缘子上的全部机械荷重，如紧线杆、吊线杆、支拉杆、滑车组及托瓶架等。

（2）牵引工具。此类工具是指产生各种机械牵引力的工具，如液压收紧器、丝杠收紧器、扁带紧线器等。

（3）固定器。此类工具是在带电作业中起支承或锚固作用的工具，如二联板上的前、后卡具，卡线器和横担，水泥杆和铁塔固定器，以及各种绝缘子卡具。

（4）绝缘操作杆。此类工具是间接操作中的主要手持工具，人的各种操作意图和功能均通过它传递到带电体上，如各种操作杆、夹钳、缠绕杆、钩（取）瓶杆及测量杆等。

（5）通用小工具。此类工具是绝缘操作杆的配套用具。每种小工具都有特殊的操作功能，如开口销拔出器、弹簧销夹钳、碗头扶正器、拉绳板等。这些工具通过共用型工具座安装在操作杆上使用。通用小工具分金属和绝缘两类，其中绝缘小工具是使用在 10kV 以下户外及户内设备的间接操作用工具。

（6）载人工具。此类工具是为作业人员创造某种作业条件（中间电位或近距离）的专用工具，有绝缘的和非绝缘的两种。前者如各种绝缘梯、台、斗；后者如金属飞车、木质操作梯（台）等。

（7）载流及断接引工具。此类工具是指断、接空载电流或承担负荷电流的专用工具，如消弧绳、消弧杆、接引线夹、过引线盘、断线剪（枪）、液压钳及绕线器等。

（8）清扫工具。此类工具指清扫各类瓷质绝缘设备的专用工具，又分为机械清扫、气吹和水冲洗三种类型。

（9）绝缘隔离工具。此类工具是在较低电压（35kV 及以下）设备上，补充外绝缘不足的辅助绝缘用具，如各种绝缘挡板、绝缘套（罩）、绝缘包裹物等。

（10）安全防护工具。指由绝缘材料制成，用于作业人员穿戴的防护用具，包括绝缘服、绝缘手套、绝缘靴、绝缘安全帽、绝缘袖套、绝缘胸套、绝缘肩套等。

（11）带电作业工程车。是指带电作业专用的高架绝缘斗臂车、旁路作业车以及带电作业移动库房车等。

一、绝缘操作杆及其工作部件

绝缘操作杆由绝缘管（棒）和杆头工作部件两部分组成，用于短时间对带电设备进行操作，如接通或断开高压隔离开关、跌落熔丝等。由于绝缘操作杆是一种手持操作工具，绝缘工具顶部在操作过程中往往会超过带电设备一段距离而使这段距离失效，故规定各级电压的操作杆均较原承力工具的长度增加 30cm，以弥补上述失效的绝缘段。

1. 绝缘操作杆的种类

绝缘操作杆有棒式及钳式两大类。棒式操作杆完成的操作功能有挑、拉、推、旋等简单动作，钳式操作杆能完成一些比较复杂的动作，如拿、放、缠绕、绑结等。

（1）棒式操作杆。此类工具通常用环氧树脂玻璃布管制成。为了方便工具的携带和运输，棒式操作杆可根据电压的高低加工成 1～3 段。因此，棒式操作杆通常由工具头、接头、杆身及尾环四部分组成（见图 ZY0800201003-1）。金属接头影响杆子的闪络电压，因此使用的数量越少越好。

工具头是供安装各类工具的部件，目前使用最广的有齿瓣、球窝型工具头和快速工具头三种（见图 ZY0800201003-2）。各类通用工具通过特殊的工具座用螺钉压紧在工具头上，齿瓣、球窝起调节方向及稳定工具的作用，具有承载荷重（拉、旋、冲击等）能力强的特点。快速工具头依靠压

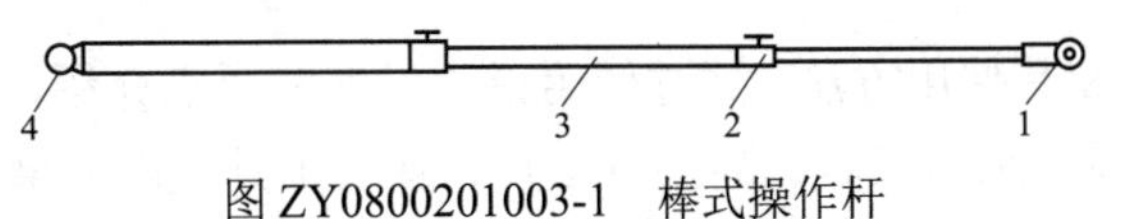

图 ZY0800201003-1 棒式操作杆

1—工具头；2—接头；3—杆身；4—尾环

模块3 ZY0800201003

销式结构固定小工具，无论安装与拆卸都可以快速完成，但承载能力不如齿瓣、球窝型工具头。

接头的形式有螺扣式、插入式、压瓣式以及折叠式等多种（见图 ZY0800201003-3）。目前使用较广的是插入式，它又可分为穿销式、花键式两种。前者安装时需要定位，拆卸时需要拔出一枚销钉或松紧螺扣，具有承载力强、耐用等特点；后者无论安装或拆卸都无需定位，因此省力省时，但承受冲击荷载的能力低一些。

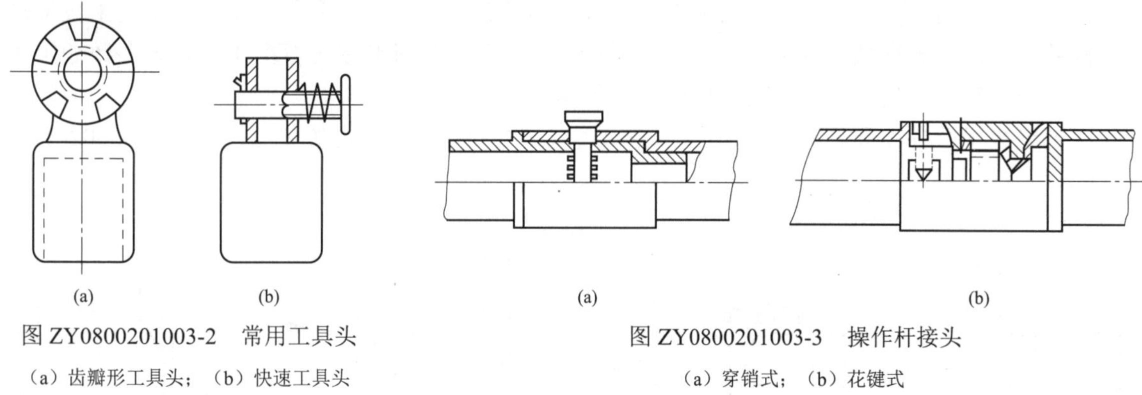

图 ZY0800201003-2 常用工具头

（a）齿瓣形工具头；（b）快速工具头

图 ZY0800201003-3 操作杆接头

（a）穿销式；（b）花键式

杆身的外形有等径和拔梢两种，220kV 以上做成拔梢形可减少杆身的挠度。最近几年，又出现伸缩式结构（见图 ZY0800201003-4），其中又分等径伸缩杆及拔梢伸缩杆。前者配合（尼龙）按扣式接头；后者则无需任何接头，利用杆身锥面的摩擦配合来固定杆身，一般只能做测试杆或测尺用。操作杆的尾环只起临时固定、方便传递和存放的作用。

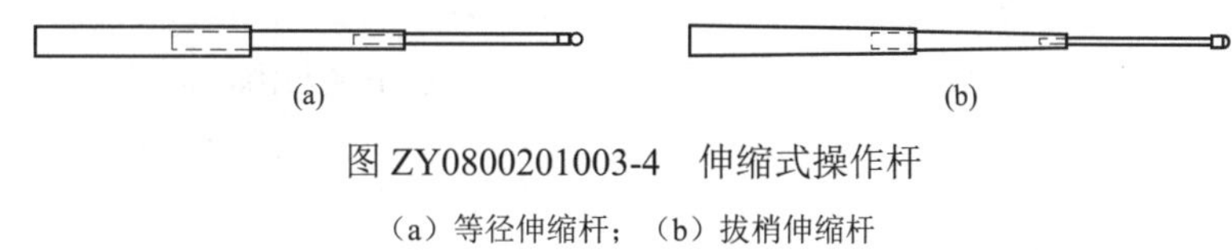

图 ZY0800201003-4 伸缩式操作杆

（a）等径伸缩杆；（b）拔梢伸缩杆

（2）钳式操作杆（简称夹钳）。此类工具一般适合于 35kV 以下，特别是 10kV 以下间接作业使用。由于杆身较短、较轻，一般可以单手使用。它比棒式操作杆多了绝缘拉筋及操作把手，可以随时控制前端钳口的开合动作（见图 ZY0800201003-5），因而使一些比较复杂的操作（如在针式绝缘子上绑扎线或拆卸线）能较好地完成。钳式操作杆除了具有钳子的基本功能外，还可安装一些特殊的附件，实现一些高级的动作，如取蝶式绝缘子等。

（3）缠绕杆。这是一种传递旋转动作的操作杆。手持杆的内部有传动杆，两层杆上下端口部位装有滚珠轴承（见图 ZY0800201003-6）。杆的尾部有摇动传动杆的把手，杆的前部有特殊插头，缠线器及拆线器等工具可以通过它与传动杆连接，完成缠绕绑线或拆除绑线的工作。

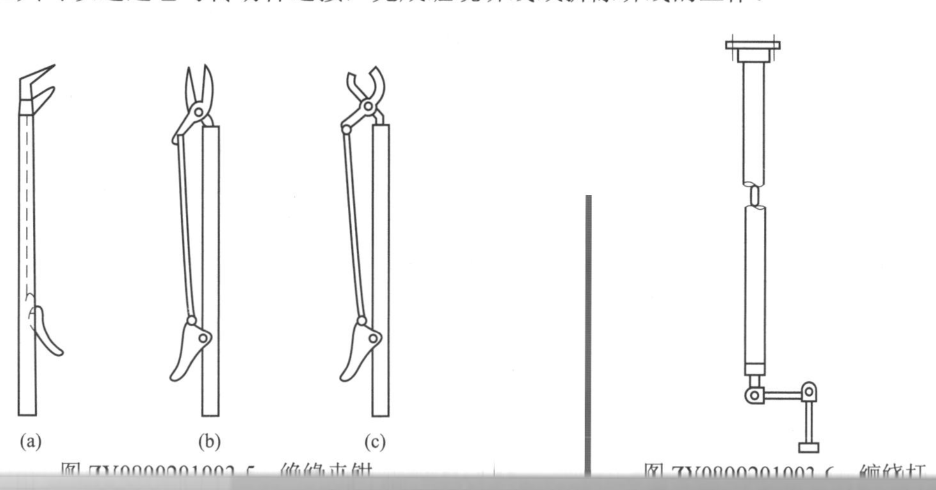

图 ZY0800201003-5 绝缘夹钳

图 ZY0800201003-6 缠绕杆

2. 操作杆上安装的通用小工具

操作杆上安装的通用小工具种类非常多，形式也多种多样。常用的工具有取（安）销子、扶正绝缘子及金具、安装及旋紧螺母的工具等。

（1）取（安）销子的工具。此类工具分开口销、弹簧销以及大头钢销三种类型。

开口销用拔销器取出，用安销器安装及掰开（掰成八字形）（见图 ZY0800201003-7）。拔销器安放在工具座内，利用一段空行程来加大冲击力。拔销器的钩子有长、短多种形式，分别用来拔除钢质或铁质销针。开口销子安装器也可以安在工具座内。工具座是一种共用过渡型工具，大多数通用小工具都可以方便地装入工具座内，安装在操作杆上使用。

插销绝缘子及各种金具的连接销（大头销）用投销器投出，用安装器安装（见图 ZY0800201003-8）。

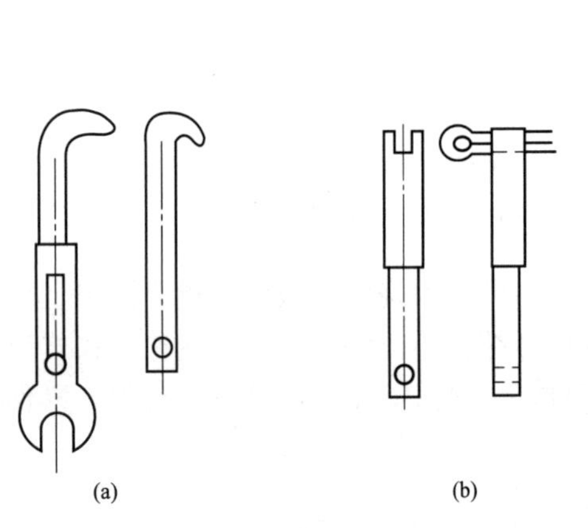

图 ZY0800201003-7　拔（安）开口销针工具

（a）拔销；（b）安销

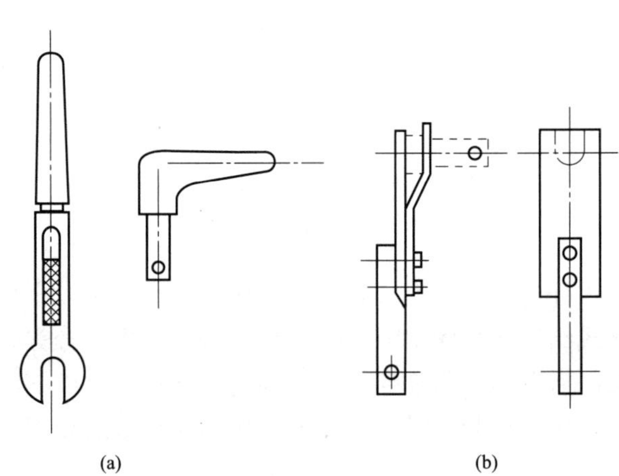

图 ZY0800201003-8　投（安）大头销工具

（a）投销；（b）安销

球头绝缘子及其金具上的弹簧销用弹簧销夹钳取出及安装。根据取销的方向不同，这类工具的种类也特别多，如图 ZY0800201003-9 所示，其中：图（a）型只能用于一种方向的直线串绝缘子（顺线路方向）；图（b）型是万向夹钳，在各种方向均可使用，但金属部件过长；图（c）型是在担上取耐张绝缘子串弹簧销的工具，它的特点是只夹弹簧销的半面，因此钳嘴较小；图（d）型是用锥力从弹簧销尾端推出销子的工具，操作时需要一定的技巧。有的地方采用图 ZY0800201003-9（a）型拔销器勾弹簧销，这是一种破坏性取弹簧销子的办法，只能在各种取销器不能奏效的情况下采用。

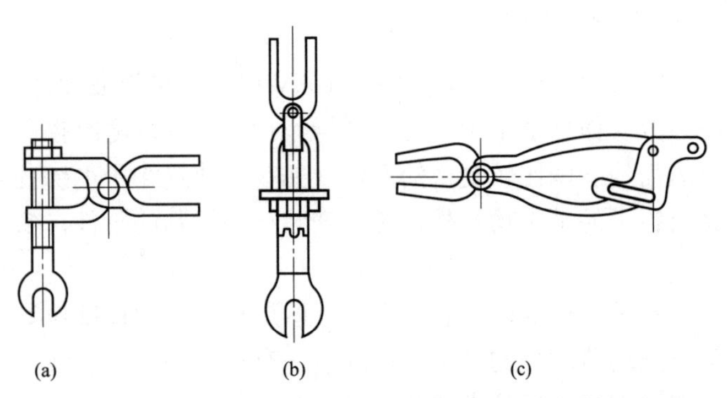

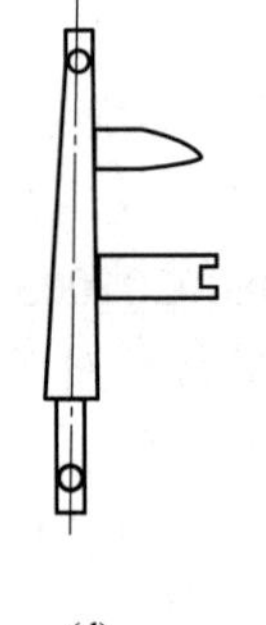

图 ZY0800201003-9　取（安）弹簧销工具

（a）、（b）取悬垂绝缘子销；（c）取耐张绝缘子销；（d）推销

（2）扶正器。此类工具用于扶正绝缘子及其金具，使安装插销子或球头（碗头）的工作快速完成，如图 ZY0800201003-10 所示，其中：图（a）是扶正绝缘子用的月牙铲（绝缘子扶正器）；

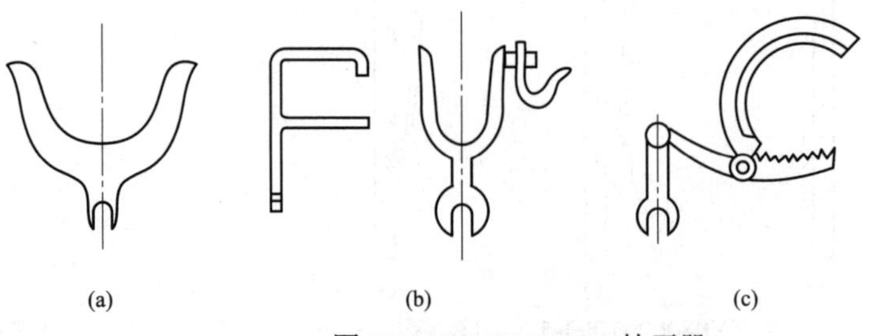

图 ZY0800201003-10　扶正器

（a）扶绝缘子月牙铲；（b）碗头扶正器；（c）转瓶器；（d）扶引线线夹

图（b）是单、双联碗头及悬垂线夹挂板的扶正器（碗头扶正器），扶正器上的挑钩还可以挑挂走线滑轮、卡线器以及辅助安装各种卡具等工作，是比较有用的工作部件；图（c）是转动球头瓶的开口方向的转瓶器，以使取瓶器能方便地摘出单片绝缘子；图（d）是扶持引线用的专用线夹。在 ZY0800201003-10（a）中的投销器也可用作为调整孔位的工具。

（3）安装及拆卸螺母的工具。此类工具用来拆装各种金具和接头上的螺母，如图 ZY0800201003-11 所示，其中：图（a）是安装在工具座内的套筒扳手，只能横线路方向使用；图（b）是拉绳扳手，可以在顺线路方向使用；图（c）是万向扳手，可在各种不同的角度（上、下、横、顺）使用；图（d）是在螺母已松动灵活的情况下，快速松（紧）螺母空行程的胶皮扳手。

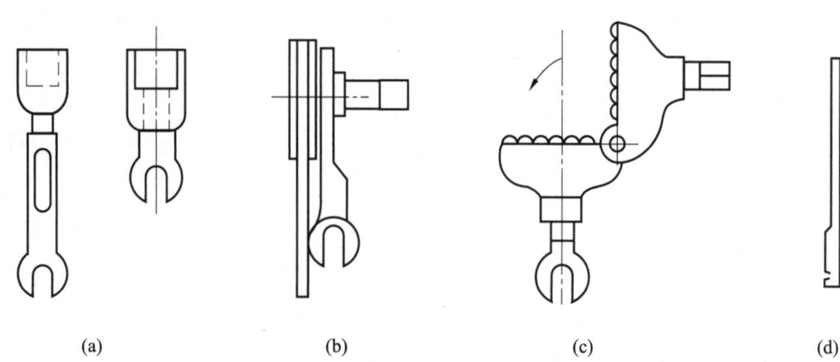

图 ZY0800201003-11 安装及旋转螺母的工具

（a）套筒扳手（横线路用）；（b）拉绳扳手（顺线路用）；（c）万向扳手；（d）胶皮扳手（快速松紧）

3. 操作杆顶部安装的其他专用小工具

还有一些安装在操作杆顶部用以安装防振器、并沟线夹、U 型线夹以及固定释放线夹等的专用工具，可使比较困难的间接操作简单化，取得良好的效果。

二、绝缘绳

带电作业常用的绝缘绳有蚕丝绳（分生蚕丝绳和熟蚕丝绳）和尼龙绳（分尼龙丝绳和尼龙线绳）等，在带电作业中绝缘绳用作牵引、提升物体、临时拉线、制作软梯和滑车绳等。绝缘绳不但应有较高的机械强度，而且还应具有耐磨性。各种绝缘绳的机械性能特性见表 ZY0800201003-1。选用绝缘绳时，机械强度安全系数不应低于 2.5。各种绝缘绳的允许使用应力不应大于表 ZY0800201003-2 所列值，即应小于或等于表中数值才安全。

表 ZY0800201003-1　　绝缘绳的机械性能

名称	抗拉强度（MPa）	耐磨次数（次/mm²）	伸长率（%）	名称	抗拉强度（MPa）	耐磨次数（次/mm²）	伸长率（%）
熟蚕丝绳	87	8.0	65	尼龙丝绳	112	3.3	60～80
生蚕丝绳	62	3.99	40～50	尼龙线绳	108	1.59	40～60

表 ZY0800201003-2　　绝缘绳的允许使用应力

名　称	使用应力（MPa）	名　称	使用应力（MPa）
熟蚕丝绳	≤34.78	尼龙丝绳	≤43
生蚕丝绳	≤24.7	尼龙线绳	≤43

绝缘绳的允许拉力 T 为

$$T=\sigma A(\mathrm{N}) \qquad (\text{ZY0800201003-1})$$

式中 σ——绝缘绳的允许使用应力，MPa；

A——绝缘绳的有效断面积，mm^2。

绝缘绳受潮后，其绝缘强度显著降低，故应保持绝缘绳干燥。实践证明，尼龙绳受潮之后，由于泄漏电流增加往往产生明火烧断，所以在阴雨天气不得使用尼龙绳。生蚕丝绳较熟蚕丝绳容易受潮且耐磨性能差，故采用熟蚕丝绳较为安全。

三、承力工具

概括起来，通常由四种功能的工器具（部件）构成，即绝缘承力工具（部件）、牵引机具、紧线夹具以及更换针式绝缘子的工具。其中前三者构成张力转移系统。这些配套工具的结构因更换绝缘子的类型（直线或耐张）和更换方式（整串或单片）的不同而有较大差异。更换悬式绝缘子的配套工具中，有的工具在载荷转换中只有一种功能，有的则同时兼有两种及两种以上的功能，如绝缘滑车组就有三种功能。

（一）绝缘承力工具

绝缘承力工具在电气上承担全电压作用，在机械上则承担带电导体和绝缘子上的全部机械荷重，如紧线杆、吊线杆、支拉杆、滑车组及托瓶架等。它是代替绝缘子承担电气及机械力作用的重要工具，其所受的机械力有垂直荷载（导线自重）和水平荷载（导线张力）两种。

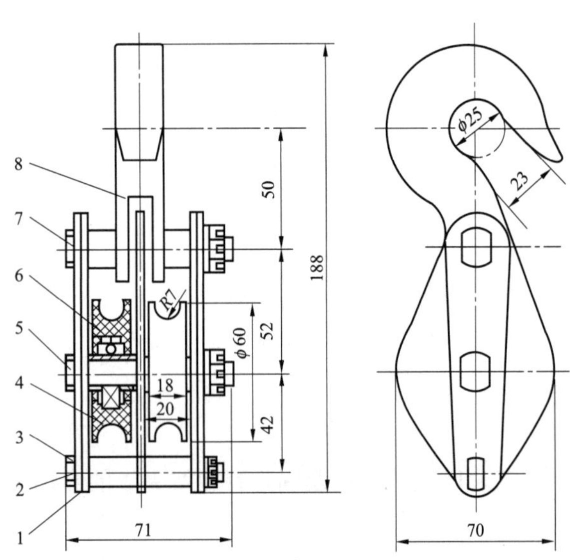

图 ZY0800201003-12 JH5-2J 型滑车结构图

1—隔板；2—拉板；3—联结轴；4—滑轮；5—中轴；6—轴承；7—吊轴；8—吊钩

1. 绝缘滑车组

绝缘滑车组是绝缘承力工具和牵引工具的联合体。绝缘滑车组由绝缘绳和滑车组合而成。滑轮一般用尼龙、有机玻璃或工程塑料车制或压塑成形，内装轴承，其个数根据荷载的大小确定；隔板及加强板均用 3240 环氧玻璃布板制成；吊钩和一般滑车相同，用优质结构钢锻造而成，少数关键绝缘部位的吊钩也可用 3240 绝缘板制作。图 ZY0800201003-12 所示为 JH5-2J 型滑车的结构。

（1）型号规格。绝缘滑车共分为 15 种型号，其种类见表 ZY0800201003-3。型号编制采用汉语拼音第一个字母及阿拉伯数字表示的方法：JH 表示绝缘滑车；JH 之后的数字表示额定负荷；短横线后的数字表示滑轮个数；最后一个字母表示结构特点，如 B—侧板闭口型，K—侧板开口型，D—短钩型，C—长钩型，J—绝缘钩型，X—导线钩型。

表 ZY0800201003-3 绝缘滑车型号规格

型号	名 称	额定负荷（kN）	滑轮个数	型号	名 称	额定负荷（kN）	滑轮个数
JH5–1B	单轮闭口型绝缘滑车	5	1	JH10–2C	双轮长钩型绝缘滑车	10	2
JH5–1K	单轮开口型绝缘滑车	5	1	JH10–3D	三轮短钩型绝缘滑车	10	3
JH5–2D	双轮短钩型绝缘滑车	5	2	JH10–3C	三轮长钩型绝缘滑车	10	3
JH5–2X	双轮导线钩型绝缘滑车	5	2	JH15–4D	四轮短钩型绝缘滑车	15	4
JH5–2J	双轮绝缘钩型绝缘滑车	5	2	JH15–4C	四轮长钩型绝缘滑车	15	4
JH5–3D	三轮短钩型绝缘滑车	5	3	JH20–4D	四轮短钩型绝缘滑车	20	4
JH5–3X	三轮导线钩型绝缘滑车	5	3	JH20–4C	四轮长钩型绝缘滑车	20	4
JH10–2D	双轮短钩型绝缘滑车	10	2				

注 额定负荷指吊钩负荷。单轮滑车作为导向轮时，单根绳索牵引力为额定负荷的 1/2。

（2）整体技术要求：① 零件及组合件按图纸检查合格后才能使用装配；② 装配后滑轮在中轴上应转动灵活，无卡阻和碰擦轮缘现象；③ 吊钩、吊环在吊梁上应转动灵活；④ 各开口销不得向外弯，并切除多余部分；⑤ 侧向螺栓高出螺母部分不大于 2mm；⑥ 侧板开口在开合 90° 范围内无卡阻现象；⑦ 各种型号绝缘滑车均应按表 ZY0800201003-4 的规定进行电气性能试验，交流工频耐压试验 1min 后应不发热、不击穿；⑧ 机械性能试验按 1.6 倍额定负荷，持续 5min 无永久变形或开裂，滑车的破坏拉力不得小于 3 倍额定负荷。

表 ZY0800201003-4　　　　绝缘滑车工频耐受电压标准

滑车型号	耐受电压（kV）	加压时间（min）	滑车型号	耐受电压（kV）	加压时间（min）
JH5-1B	30	1	JH5-2X	30	1
JH5-1K	30	1	JH5-2J	44	1
JH5-2D	30	1	JH5-3D	30	1
JH5-3X	30	1	JH15-4D	30	1
JH10-2D	30	1	JH15-4C	30	1
JH10-2C	30	1	JH20-4D	30	1
JH10-3D	30	1	JH20-4C	30	1
JH10-3C	30	1			

2. 绝缘吊线杆

绝缘吊线杆是承受垂直荷重的绝缘部件，一般 2 根为一组（也有只用单根的），适用于垂直荷重较大的场合。按其结构可分为共用型、固定型、压杆型以及绝缘子托架型（见图 ZY0800201003-13），其中前两种需配合固定器和牵引机具使用。

共用型吊线杆的本体用 3240 环氧板制作，用双片插入式结构来调整使用长度，以适应各种绝缘子串的长度。使用后可缩短长度，以便保管及运输。上部连接环（铝合金）与牵引机具连接，下部的吊钩按导线情况分为单钩、双分裂或四分裂钩。这种共用型吊线杆可在同一电压等级的数条线路上使用。

固定型吊线杆只适用于某一固定设备情况，使用、运输、保管都不太方便。

压杆型吊线杆是用杠杆原理制成的，兼有承力、牵引、固定三种功能。具有操作省力、能远距离安装及操纵等特点，适用于 35～110kV 净空距离较小的设备（例如上字型杆塔）。由于它与横担的连接部件必须适合横担的结构特点，故适用性差。由于杠杆不可能做得太长，荷重过大的地方也不宜采用。

有的地方把吊线杆做成锯齿形，并安装能上下移动的绝缘子托架［见图 ZY0800201003-13（d）］，可以用来更换单片绝缘子。这种吊线杆不仅受到垂直拉力，还受到较大的弯曲力（由承担的绝缘子中造成）作用。

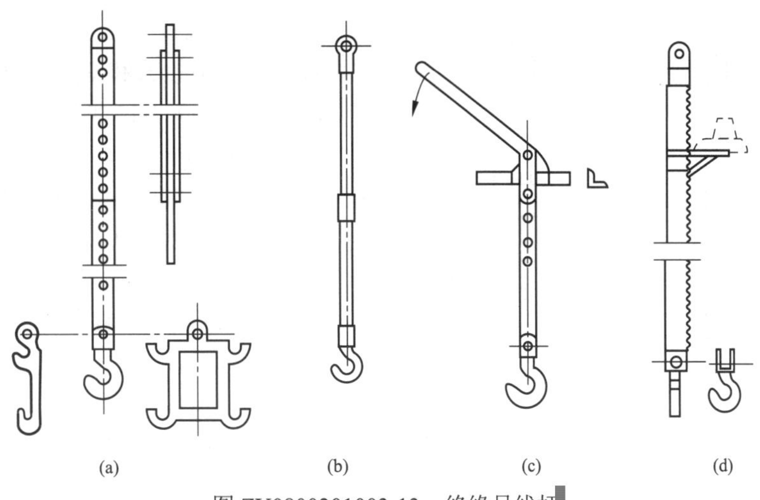

图 ZY0800201003-13　绝缘吊线杆

（a）共用型；（b）固定型；（c）压杆型；（d）绝缘子托架型

3. 绝缘紧线拉杆

绝缘紧线拉杆是承担水平荷重（导线紧力）的绝缘部件。更换单串耐张绝缘子需用 2 根拉杆，更换双联串绝缘子多数情况只用一根拉杆。

单拉杆只能配合固定卡具（如大刀型卡具）使用。单拉杆的结构与图 ZY0800201003-13（a）所示

耐张单串绝缘子的适用型工具，其紧线拉杆的长度也可以调整，如图 ZY0800201003-14 所示。

4. 绝缘支（拉）杆

绝缘支（拉）杆是以电杆杆身为依托的绝缘承力工具，它可以使导线同时做水平及垂直方向的位移，常用的支（拉）杆有两种，如图 ZY0800201003-15 所示。其中：图 ZY0800201003-15（a）所示的支拉杆用两组固定器与杆身卡牢，组成一个稳定的三角形，伸长与缩短支拉杆靠两组滑车操纵，支拉杆顶端是封死导线的线夹；图 ZY0800201003-15（b）所示的双钩吊支杆是在图 ZY0800201003-15（a）的基础上发展而来的，它用滑车组代替原有的拉杆，而支杆只起旋转支承作用，因而只需用滑车组控制支杆顶部。封装导线的钩子全部用绝缘板制成，安装比较方便、可靠。此种工具不仅能更换绝缘子，而且也适用于更换横担及电杆的工作。

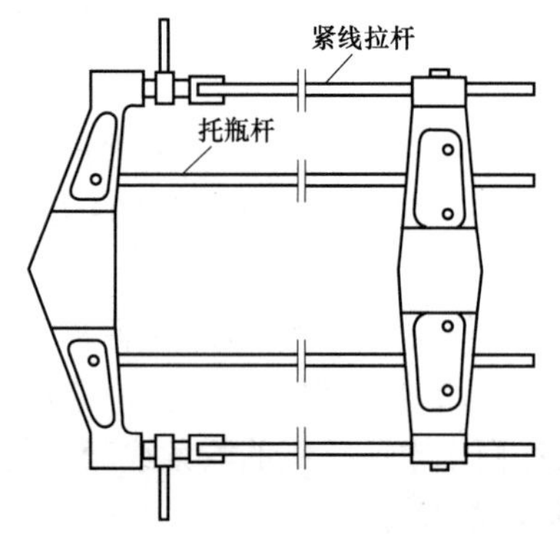

图 ZY0800201003-14　HDL35/110 型紧线拉杆

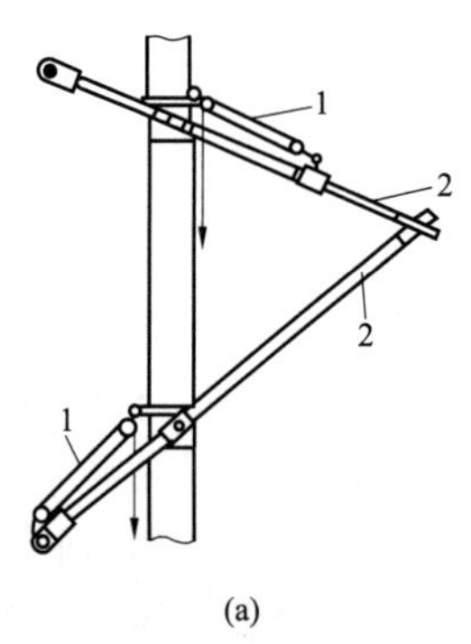

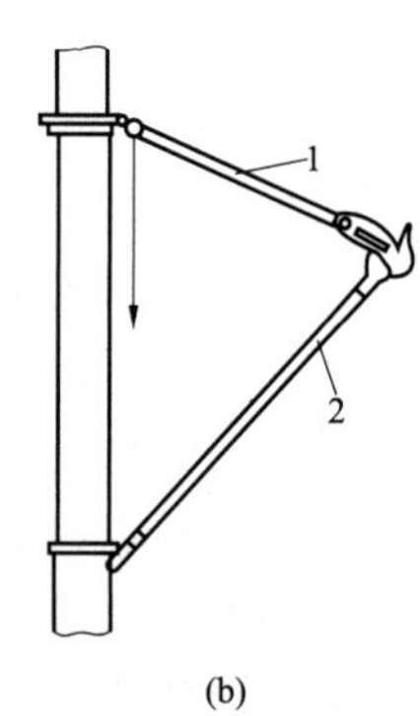

图 ZY0800201003-15　绝缘支（拉）杆

（a）两组固定器；（b）双钩吊支杆

1—滑车组；2—吊杆

（二）牵引机具

牵引机具是产生牵引力（或收紧力）的工具。带电作业的牵引机具多数都以人力为动力，而且多数是单人操纵。其中，丝杠紧线器是一种最常用的牵引机具，丝杠可分为单行程（终端）、双行程（串接）和双行程套筒丝杠三种，如图 ZY0800201003-16 所示。紧线丝杠的扳把长不超过 400mm 时，单人操作收紧力大约为 15 000～20 000N（1500～2000kg）。单行程丝杠适用于端部使用，其丝杠座能调整受力方向，不易产生弯曲力。优点是不侵占带电作业有效净空尺寸，丝杠行程一般为 300～500mm。双行程收紧速度较快，但比较费力，其结构和停电作业用的丝杠相同，多用于换单个绝缘子的工作，丝杠的收紧长度一般为 200～300mm。双行程套筒丝杠外形和丝杠型千斤顶相似，但收紧速度快 1 倍，这种丝杠体积小，丝杠行程 400mm，允许工作荷重 2t，质量不超过 1kg。

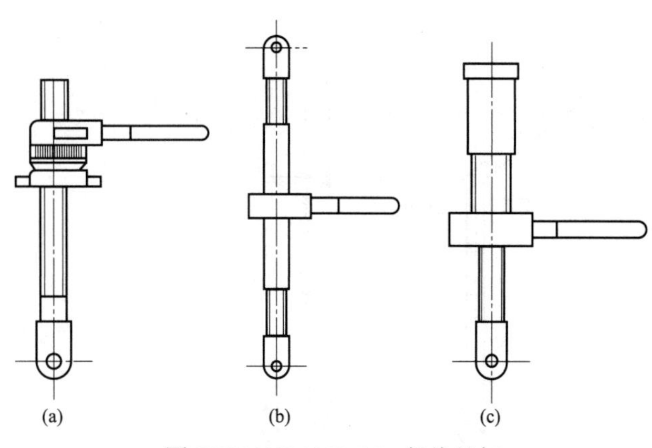

图 ZY0800201003-16　紧线丝杠

（a）单行程；（b）双行程；（c）双行程套筒

（三）铝合金紧线夹具

铝合金紧线夹具是架空电力线路进行松紧导线作业时，能自动夹牢和装拆的连接导线和牵引机具的中间连接工具。

（1）型号和规格。铝合金紧线夹具分为Ⅰ、Ⅱ、Ⅲ、Ⅳ、Ⅴ型夹具等，见表 ZY0800201003-5。其中型号采用汉语拼音的第一个字母及阿拉伯数字表示的方法，如 J 表示紧线夹具，L 表示铝合金，K 表示开口式；字母后的数字表示夹持的导线公称截面范围，单位为 mm；规格表示被夹导线最大直径/夹具开口尺寸。

表 ZY0800201003-5　　紧线夹具型号和规格

名　称	Ⅰ型夹具	Ⅱ型夹具	Ⅲ型夹具	Ⅳ型夹具	Ⅴ型夹具
型　号	JLK25～70	JLK95～120	JLK150～240	JLK300	JLK400
规　格	ϕ12/14	ϕ16/20	ϕ22/24	ϕ26/28	ϕ30/32

（2）技术要求。铝合金紧线夹具分为单牵式（U 型拉环式）和双牵式（机翼拉板式），其结构与主要零件如图 ZY0800201003-17 所示。各类型铝合金紧线夹具的基本尺寸应符合表 ZY0800201003-6 的规定，其主要技术性能应符合表 ZY0800201003-7 的规定。各类型铝合金紧线夹具在额定负荷下与所夹持的铝线应不产生相对滑移，不允许夹伤铝线表面。夹具的主要零件应表面光滑，无尖边毛刺、缺口裂纹等缺陷。各部件连接应紧密可靠，开合夹口方便灵活，整体性好。夹具的所有零件表面均应进行防腐蚀处理。

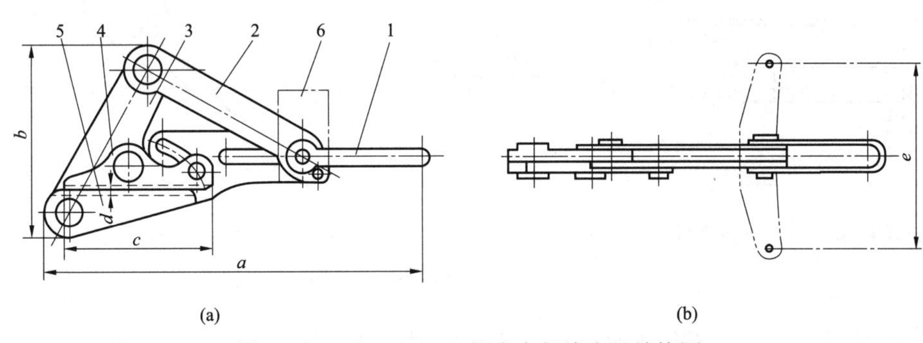

图 ZY0800201003-17　铝合金紧线夹具结构图

（a）单牵式；（b）双牵式

1—拉环；2—翼形拉板；3—拉板；4—连接片；5—上夹板；6—下夹板

表 ZY0800201003-6　　铝合金紧线夹具的基本尺寸要求

名　称		Ⅰ型夹具	Ⅱ型夹具	Ⅲ型夹具	Ⅳ型夹具	Ⅴ型夹具
型　号		JLK25～70	JLK95～120	JLK150～240	JLK300	JLK400
适用铝线范围		LGJ25～70	LGJ95～120	LGJ150～240	LGJ300	LGJ400
总体尺寸（mm）	a	320	360	420	470	470
	b	120	140	160	180	180
上、下夹板尺寸（mm）	c	115×15	120×18	160×25	180×32	180×32
	d	ϕ12	ϕ16	ϕ22	ϕ26	ϕ30
上、下夹板最大开口（mm）		14	20	24	28	32
翼形拉板宽（mm）	e	250	250	250	250	250

表 ZY0800201003-7　　铝合金紧线夹具的主要技术性能指标

名　称	Ⅰ型夹具	Ⅱ型夹具	Ⅲ型夹具	Ⅳ型夹具	Ⅴ型夹具
型　号	JLK25～70	JLK95～120	[illegible]	JLK300	JLK400
额定负荷（kN）	8.0	16.0	[illegible]	45.0	
最大动试验负荷（kN）	12.0	24.0	[illegible]	67.0	
最大静试验负荷（kN）	20.0	40.0	[illegible]	112.5	
破坏负荷（≥kN）	24.0	48.0	[illegible]	135.0	
最大动试验负荷下，	15	15	[illegible]	15	

（四）更换针式绝缘子的工具

10kV 配电线路绝缘子只有部分具备条件的才能更换。针式绝缘子的线路边相导线一般用图 ZY0800201003-15 所示绝缘支（拉）杆撑开后更换，中相导线则常用图 ZY0800201003-18 所示的羊角抱杆提升导线，如安全距离不足，还要借助图 ZY0800201003-9（c）所示的取耐张绝缘子销工具。

在导线截面不大的 10kV 配电线路上，可以用循环滑车更换针式绝缘子，其原理如图 ZY0800201003-19 所示。先将滑车挂在电杆侧高于导线的地方，固定下滑车，绷紧循环绳后，把绳上托钩勾住导线，让导线沿绝缘绳下落到足够远的地方，则杆上电工可安全更换绝缘子或横担。

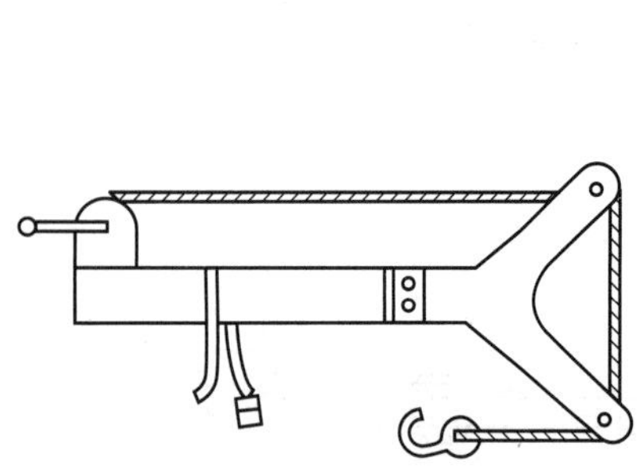

图 ZY0800201003-18 羊角抱杆

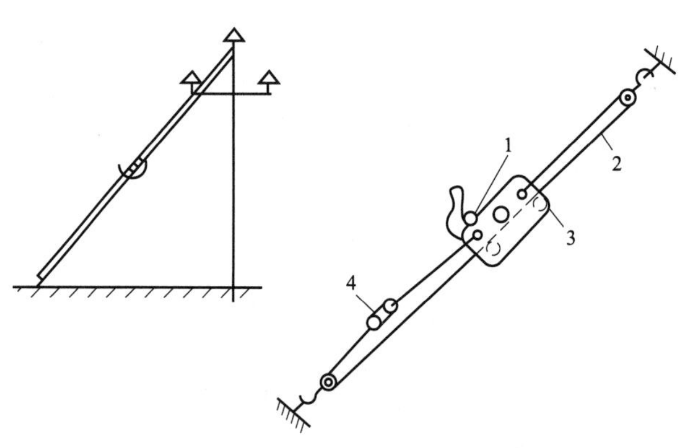

图 ZY0800201003-19 循环滑车

1—导线；2—循环绳；3—循环滑车；4—收绳滑车

采用平举绝缘横担（见图 ZY0800201003-20）或伞形绝缘横担（见图 ZY0800201003-21），不但可以更换针式绝缘子，也可更换横担，后一种绝缘横担还可以扩展两边线距，更利于安全操作。

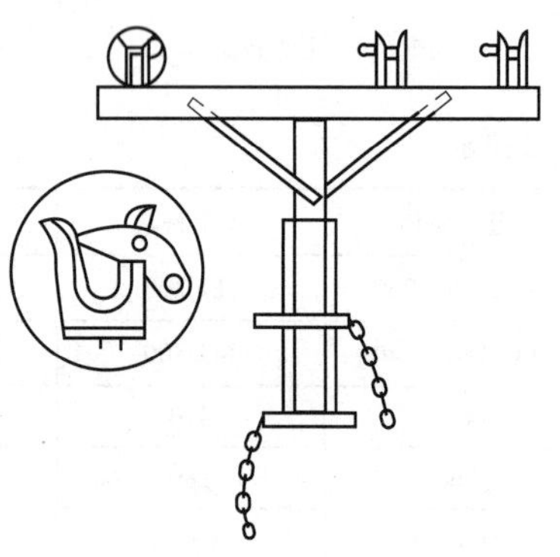

图 ZY0800201003-20 平举绝缘横担

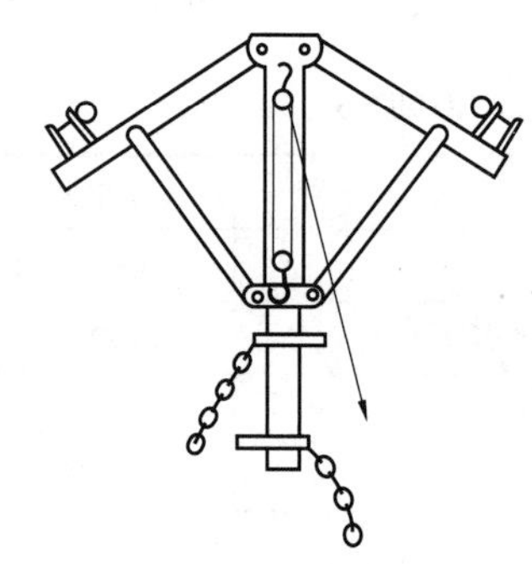

图 ZY0800201003-21 伞形绝缘横担

四、断接引工具

改变电力系统运行方式，或因检修和试验需要断开空载线路，或新建线路投入系统运行，除了可以利用开关设备将其切除或投入外，还可以用带电作业方法进行断接引。断接引包括剪断、消弧、接引三种操作工具。

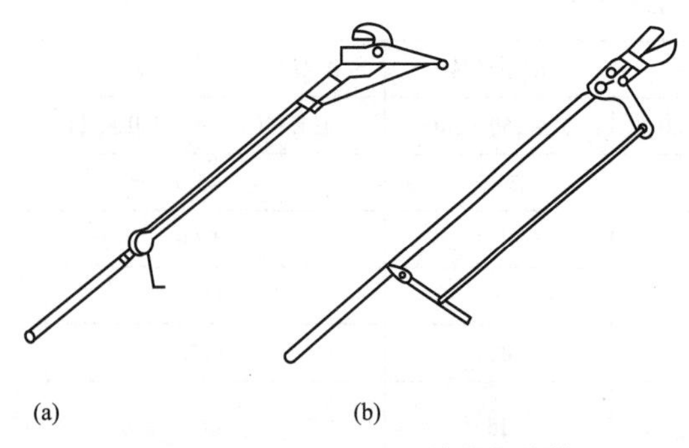

图 ZY0800201003-22 绝缘断线剪

（a）小型摇臂式；（b）大型压臂式

（一）剪断导线工具

视剪断导线粗细及远近不同，可分为绝缘断线剪、丝杠断线剪、液压断线剪和断线枪。应当注意在以上工具中，除绝缘断线剪外其余均需在等电位下用双手直接操纵。

（1）绝缘断线剪。一般在间接工作中使用，有小型剪和大型剪之分。图 ZY0800201003-22（a）所示是一种质量极轻的棘轮摇臂剪，一般只适用于 35mm^2 以下的铜线和铝线；图 ZY0800201003-22（b）所示是一种压臂式大型断线剪，它有两套加力结构，可以切断截面较大（185mm² 以下）的钢芯铝绞线。

（2）丝杠断线剪。图 ZY0800201003-23 所示为一种强有力的断线剪，它通过摇把扳动棘轮扳手，可以剪断 IGJQ–300 及以下的导线，质量约 4kg。

（3）液压断线剪。图 ZY0800201003-24 所示为一种液压传动方式推动刀片切断导线的断线剪，它可以切断 LGJ–240 及以下的导线，质量约 3kg。

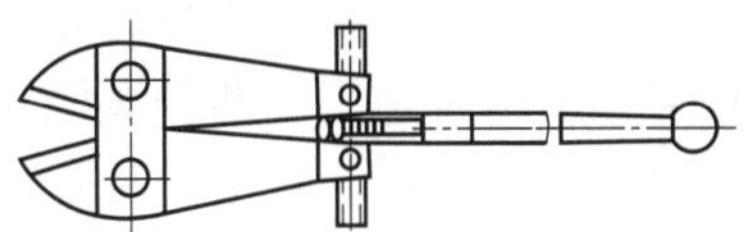

图 ZY0800201003-23 丝杠断线剪

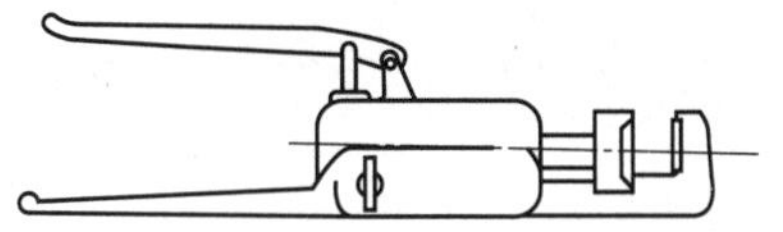

图 ZY0800201003-24 液压断线剪

（4）断线枪。断线枪是利用炸药爆炸时产生的巨大推动力来切断导线的工具。一般可将断线、射绳、打孔等多种功能汇集于一枪之上，称为"多用枪（断线、射绳、断接引）"。如果配断线刀架，则推动刀片将导线切断；如果配射绳装置，则推动弹头将细绳抛射至 30m 以上高度；如果配打孔器，则推动冲头可在厚度 8mm 以下的钢板（或铁板）上打出ϕ16.5mm 的孔；如果配断接引管，则推动动触头作断接引。枪体的结构主要由发射管、枪机、枪把、击发机构、保险销等组成。断线枪具有结构简单、体积小、操作安全可靠、用药少、推力大等优点，且便于携带。不但在带电作业中得到广泛应用，在一般工程上也得到应用。

（二）消弧工具

根据电弧断口能量大小可采用不同的消弧工具，如消弧绳或携带式消弧器（开关）。

（1）消弧绳。消弧绳由一段套有 1～1.5m 长编织软铜线的绝缘绳及金属滑车组成。由于消弧绳没有特殊的消弧措施，电弧将发生在绳索的表面，为了防止电弧高温烧伤绳子引起断绳，在起弧段的表面要缠以防烧层并定期更换，绳的直径不宜过细（应大于 12mm）。消弧绳滑车必须是金属结构的，其钩口要尽可能地大一些，以便用于各种导线，防止出现绳索在断弧中发生掉辙卡住现象。滑车要做成活开门的，以便于绳子从滑车内取出、放入。由于滑车钩子通过电流的能力有限，在接入较大电流时应加装分流线。

（2）携带式消弧器（开关）。携带式消弧器有利用绝缘油、有机玻璃产气、压缩空气消弧及快速断引等类型，断引枪是利用炸药爆炸时推力使动、静触头快速分离，以达到消弧目的。

（三）接引线工具

在断路器、隔离开关两侧加分流线或在线路临时接引（接火）时，必须使用适合带电接引特点的接引工具。

（1）接引线夹。间接接引时需使用专用的接引线夹（等电位时也可以使用）。一般按导线粗细分为几个等级，如图 ZY0800201003-25（a）所示，其中图（a）所示较为常见。接引线夹的材质有铜、铝两种，分别用于铝线和铜线的接引。按导线截面分为 35～120mm²、150～240mm²、300～400mm² 三个等级，分别用 1、2、3 只螺栓压住，以保证足够的载流量。以上三种线夹的安全载流量分别为 150、200、250A，因此应根据负荷电流的大小决定使用线夹的个数。

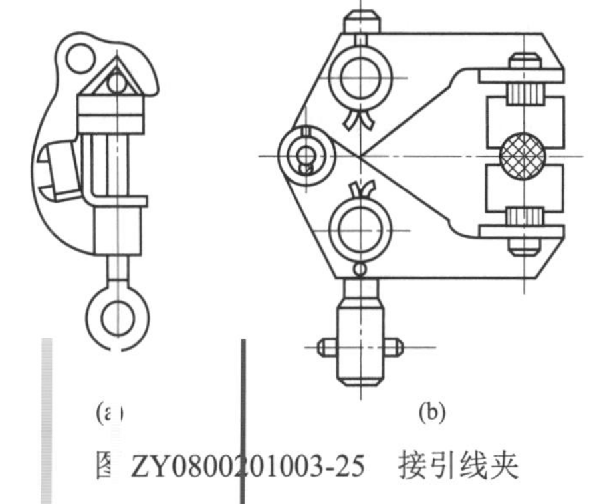

图 ZY0800201003-25 接引线夹

（a）常见型；（b）新型

（2）接引线夹安装器。它是一种间接取拿、安装接引线夹的专用工具，如图 ZY0800201003-26 所示。安装器把线夹尾部圆环夹紧，安装在操作杆上使用，因此制作图 ZY0800201003-25 中的线夹时，尾环的规格必须相同，才能与安装器配套使用。

（3）过引线。过引线（分流线）长短一般按设备的具体情况而定。为使接引工作规格化，也可制

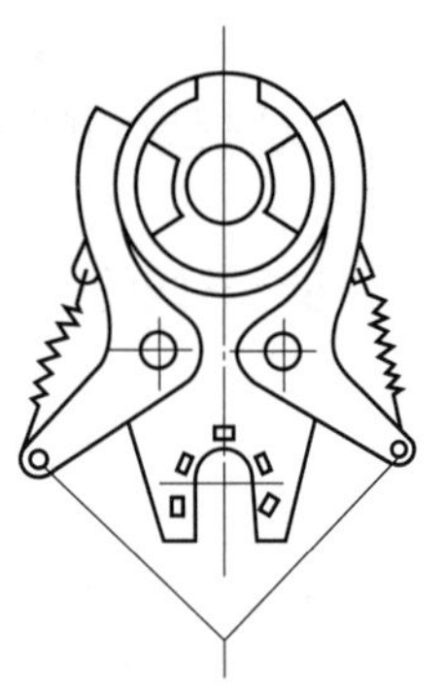
图 ZY0800201003-26　接引线夹安装器

边（两个盘）展放出来，需要多长拉出多长，使用完毕可以卷成一盘，便于传递和存放；图（b）为一种剪形过引线，将引线装入绝缘管内成为“剪刀状”，使用时可根据需要跨度展开剪刀的角度。剪形过引线由于用绝缘套管套在线外，传递比较安全，在隔离开关短接中使用比较方便。

（4）缠绕器。缠绕器是用在线路上可以做正规的导线搭接及接火工作。图 ZY0800201003-28 所示为常用的两种缠绕器，其中：图（a）是配合缠绕杆使用的连续缠绕器，它由一对伞形齿轮组成传动系统，绑线事先缠在绕线棒上，放在旋转筒上，在缠绕中绑线随转筒旋转而缠于导线上整齐有力，但在 10kV 以下线间距离小的地方，应使用工程塑料或龙尼制作伞形齿轮，用绝缘板、管做转筒及支架；图（b）是一种间歇拉动式缠绕器，其优点是体积小，绑扎有力，但会因操作不熟练而出现绑线重叠的现象。

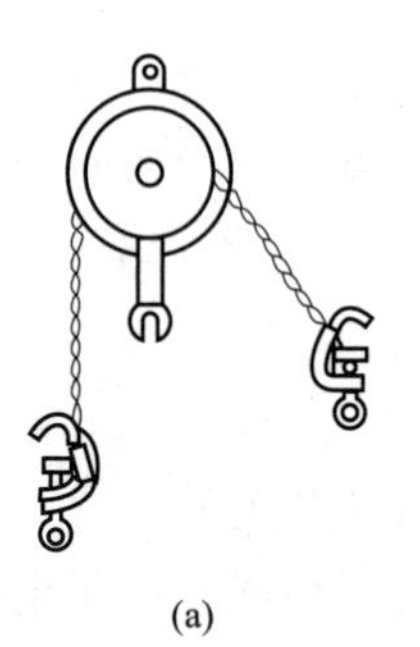
(a)

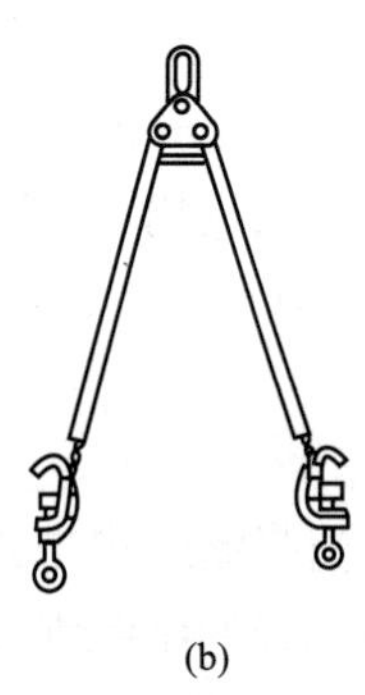
(b)

图 ZY0800201003-27　通用过引线
（a）过引线盘；（b）剪形过引线

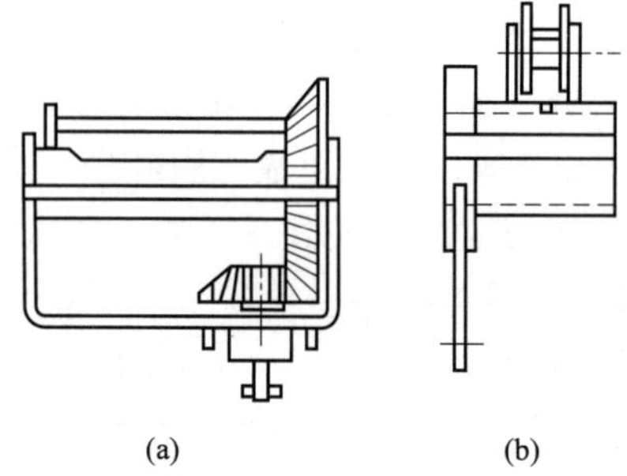
(a)　(b)

图 ZY0800201003-28　缠绕器
（a）连续式；（b）间歇拉动式

五、载人工具

载人工具包括等电位或中间电位作业用的绝缘载人工具和地电位作业用的非绝缘载人工具两种。

（一）绝缘梯

绝缘梯一般用绝缘板、管制作，按其受力情况可分为以导线为依托的绝缘硬挂梯或绝缘软梯、以地面为依托的绝缘直立梯或绝缘人字梯、以杆（塔）身为依托的水平梯（即转臂梯，以及一半靠地面支承的丁字梯等。下面主要介绍绝缘硬梯。

绝缘硬梯是等电位和中间电位作业的载人工具，一般使用绝缘板、管制作，按其受力情况可分为以地面、导线（或杆塔）为依托两种。

（1）绝缘直立梯。它是以地面为依托的绝缘硬梯，高度以 13m 为限，有固定型和升降型两种，如图 ZY0800201003-29 所示。其中：图（a）为分段式直立梯，一般每节长 3～5m，其接头可做成搭接

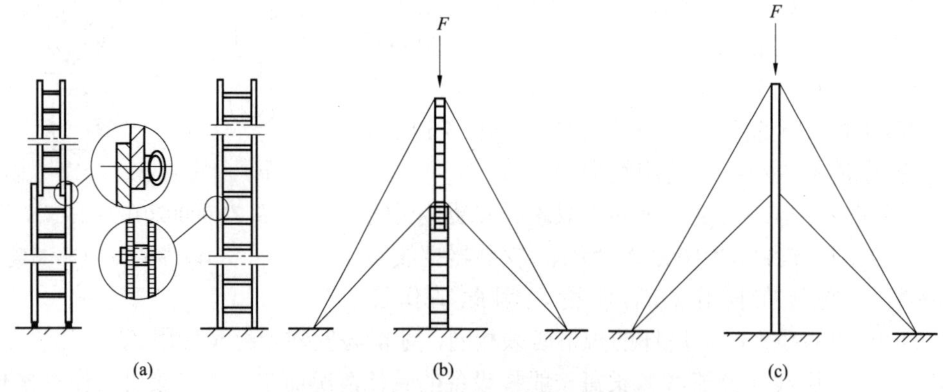

(a)　(b)　(c)

图 ZY0800201003-29　绝缘直立梯
（a）分段式直立梯；（b）升降梯；（c）直立绝缘独杆梯

（板材）及插入（管材）两种；图（b）为升降梯；图（c）为直立绝缘独杆梯。绝缘直立梯通常用在截面较小或有断股缺陷的导线上以及脆弱的变电设备上，一般以高度 13m 为限，梯身用一层及两层的拉绳来固定，升降部分采用滑车组或蜗轮—滑车结构。

（2）绝缘挂梯。它是以导线为依托的绝缘硬梯，梯长一般不超过 8～9m，适合在变电站内的低层母线上使用。图 ZY0800201003-30 所示为可在导线上移动和固定的绝缘挂梯。

（3）人字梯。它也是以地面为依托的绝缘硬梯，高度一般为 4～5m，梯身及梯脚需用拉线适当稳固，用在变电站低层的断路器、隔离开关及电气等设备上进行等电位作业。图 ZY0800201003-31 所示为用圆（或矩形）管及绝缘板制作的等宽和拔梢形人字梯。

（4）丁字梯。它是一种一半靠地面支承，一半靠设备（瓷柱）支承的绝缘硬梯。其水平部分的梯子可以按设备高度预先调整，主要用于变电站的低层设备上作业，其结构如图 ZY0800201003-32 所示。

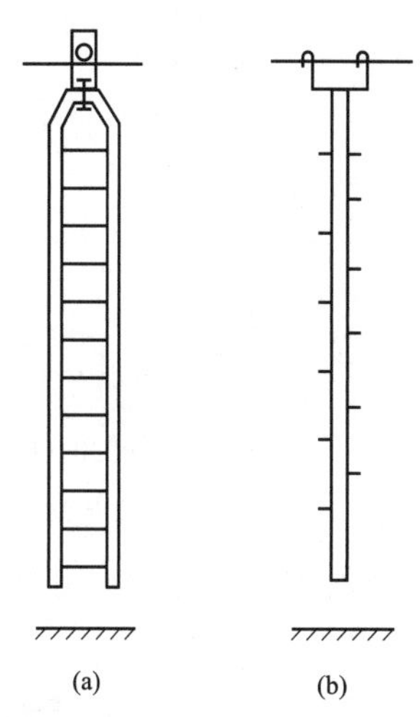

图 ZY0800201003-30 绝缘挂梯

（a）移动式挂梯；（b）固定式挂梯

（5）绝缘平梯（转臂梯）。它是以杆（塔）身为依托的水平梯子，一般在杆塔附近的导线等电位使用，有时也将其前部依附在导线上为支承，如图 ZY0800201003-33 所示。其中：图（a）为设有吊绳的水平梯，它只能在一个固定位置上使用；图（b）为可以沿杆子做 360° 旋转的液压转臂梯；图（c）为依靠杆身及导线为支承的吊挂式水平梯，其梯身可以做成较长。

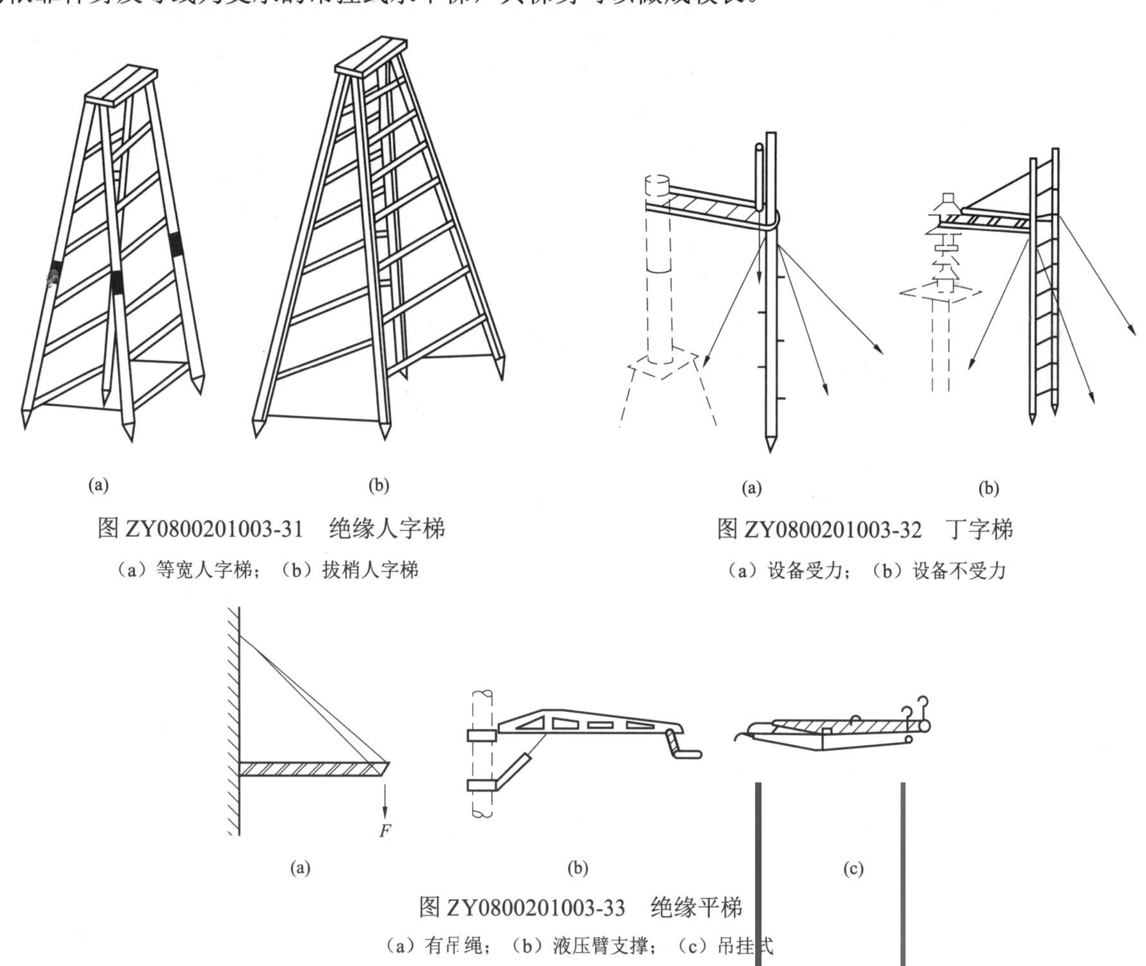

图 ZY0800201003-31 绝缘人字梯

（a）等宽人字梯；（b）拔梢人字梯

图 ZY0800201003-32 丁字梯

（a）设备受力；（b）设备不受力

图 ZY0800201003-33 绝缘平梯

（a）有吊绳；（b）液压臂支撑；（c）吊挂式

（二）绝缘作业平台

绝缘作业平台为环氧树脂结构，通过固定器固定在杆塔适当位置 一般只能作用在中间电位间接

图 ZY0800201003-34 绝缘作业平台

（a）安于角钢上；（b）安于杆上

（三）绝缘斗臂车

绝缘斗臂车是配电线路带电作业的专用工具，通常能在高于 10kV 的线路上进行带电高空作业。其工作斗、工作臂、控制油路和线路、斗臂结合部都能满足一定的绝缘性能指标，并带有接地线，在带电作业时为工作人员提供相对地之间绝缘防护。我国配电线路带电作业绝缘斗臂车主要采用美制和日制两种技术。绝缘斗臂车根据绝缘臂的动作原理可分为折叠臂、伸缩臂和折叠+伸缩臂三种，如图 ZY0800201003-35 所示。

(a)

(b)

(c)

图 ZY0800201003-35 绝缘斗臂车

（a）折叠臂；（b）伸缩臂；（c）折叠+伸缩臂

六、防护工具

（一）绝缘遮蔽工具

带电作业中常用的绝缘遮蔽工具有绝缘防护罩（筒）、挡板、绝缘毯等。

1. 绝缘防护罩（筒或套）

绝缘防护罩有横担防护罩、母线防护罩、针式绝缘子防护罩、套在导线上用的绝缘套、低压线的Ω形套等，如图 ZY0800201003-36 所示。

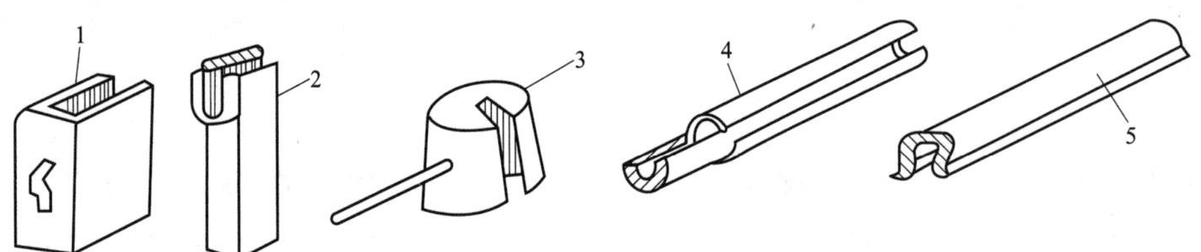

图 ZY0800201003-36 绝缘防护罩、筒、套

1—横担罩；2—母线罩；3—针式绝缘子套筒；4—导线套；5—低压线套

2. 绝缘隔板（垫、毯）

绝缘隔板（垫、毯）常用绝缘硬板（环氧玻璃布板）、软板（聚氯乙烯或聚乙烯）及塑料薄膜制作，包括垫在针式绝缘子下部以防止解脱绑线触碰横担的闭口式隔离垫、装于横担上两条导线之间的挡板、导线护管和覆盖于针式绝缘子顶端的包毯等，如图 ZY0800201003-37 所示。使用中应注意防止薄膜老化、刺破、遮蔽不严密等问题。

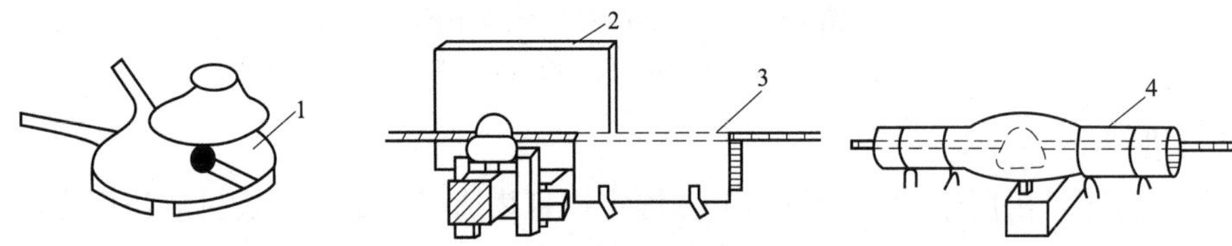

图 ZY0800201003-37 绝缘隔离板、垫、毯

1—垫板；2—挡板；3—导线护管；4—包毯

（二）个人绝缘防护用具

个人绝缘防护用具包括绝缘帽、绝缘手套、绝缘靴、绝缘袖套、绝缘披肩、绝缘护套和绝缘服等，如图 ZY0800201003-38 所示，其材质主要划分为橡胶制品、树脂 E.V.A 制品、塑料制品等。目前有两种绝缘服应用于配电网带电作业：一种是由袖套、胸套、背套组成的组合式绝缘服；另一种是由上衣、裤子组成的整套式绝缘服。

图 ZY0800201003-38　个人绝缘防护用具

（1）高压绝缘手套和绝缘靴在使用前要压入空气，检查有无针孔缺陷；绝缘袖套、披肩、绝缘服在使用前应检查有无刺孔、划破等缺陷。若存在严重缺陷应退出使用。

（2）作业人员进入绝缘斗或登杆之前必须在地面上穿戴好绝缘安全帽、绝缘靴、绝缘服、绝缘手套及外层保护手套等，并由现场安全监护人员进行检查。作业人员进入工作斗内或登杆到达工作位置时，首先应系好安全带。

（3）作业过程中，作业人员严禁摘下个人绝缘防护用具。

【思考与练习】

1. 带电作业工器具按功能和用途可分为哪几类？各有哪些主要工具？
2. 如何正确使用带电作业工器具？

模块 4　带电作业工器具的运输和保管（ZY0800201004）

【模块描述】本模块包含带电作业工器具专用库房的设计标准、带电作业工器具的保管与管理制度、带电作业工器具现场使用的运输与保管要求等内容。通过要点归纳和分类说明，了解带电作业工器具库房设计的技术标准，熟悉带电作业工器具的管理与保管制度以及现场使用的运输与保管要求。

【正文】

带电作业工器具应实行从采购、使用保管至报废的全过程管理，采取有效的措施进行保护，确保保持完好的待用状态，杜绝使用不良或报废的作业器具。在运输过程中，绝缘工具应装在专用工具袋、工具箱或专用工具车内，以防受潮和损伤。铝合金工具、表面硬度较低的卡具、夹具及不宜磕碰的金属机具（如丝杆），运输时应有专用的木质和皮革工具箱，每箱容量以一套工具为限，零散的部件在箱内应予固定。

一、带电作业工器具专用库房的设计标准

带电作业工器具应设立专用的工器具库房进行存放与保管。带电作业工具库房应按照《带电作业用工具库房》（DL/T 974—2005）的规定配有通风、干燥、除湿设施，其设计标准如下：

1. 环境要求

库房宜修建在周边环境清洁、干燥、通风良好、工具运输及进出方便的地方。

（1）空间要求。库房面积可参考表 ZY0800201004-1 要求进行设计。

表 ZY0800201004-1　　库房面积设计表

存放工具的电压等级（kV）	库房面积（m^2）
10～66	20～60
66～220	50～150
220～500	60～200

如果是综合放置 10～500kV 带电作业工具的库房，则库房面积应根据工具数量及尺寸专门设计，还应注意分区存放，并有分区标志说明，如电压等级、工具名称、规格等。一般要求工具存放空间与活动空间的比例为 2:1。库房的内空高度宜大于 3.0m，若建筑高度难以满足时，一般应不低于 2.7m。

火功能。

（3）地面防潮要求。处于一楼的库房，地面应做好防水处理及防潮处理。

（4）消防要求。库房内应配备足够的消防器材。消防器材应分散安置在工具存放区附近。

（5）照明要求。库房内应配备足够的照明灯具。照明灯具可采用嵌入式格栅灯等，以防止工具搬动时撞击损坏。

（6）装修材料要求。库房的装修材料中，宜采用不起尘、阻燃、隔热、防潮、无毒的材料。地面应采用隔湿、防潮材料。工器具存放架一般应采用不锈钢等防锈蚀材料制作。

（7）绝缘斗臂车库。绝缘斗臂车库的存放体积一般应为车体的 1.5～2.0 倍，顶部应有 0.5～1.0m 的空间。车库门可采用具有保温、防火的专用车库门。车库门可实行电动遥控，也可实行手动。

2. 技术条件与设施

（1）湿度要求。库房内空气相对湿度应不大于 60%。为了保证湿度测量的可靠性，要求在库房的每个房间内安装两个湿度传感器。

库房的设计应满足《带电作业工具基本技术要求与设计导则》（GB/T 18037）的规定。

（2）温度要求。

1）带电作业工具及防护用具应根据工具类型分区存放，各存放区可有不同的温度要求。

2）硬质绝缘工具、软质绝缘工具、检测工具、屏蔽用具的存放区，温度宜控制在 5～40℃内；配电带电作业用绝缘遮蔽用具、绝缘防护用具存放区的温度，宜控制在 10～21℃之间；金属工具的存放不做温度要求。

另外，考虑到北方地区冬天室内外温差大，工具入库时易出现凝露问题，该地区的库房温度应根据环境温度的变化在一定范围内调控。若库房整体温度难以调整，工具在入库前也可先在可调温度的预备间暂存，在不会出现凝露时再入库存放。

为保证温度测量的可靠性，要求在库房的每个房间内安装两个温度传感器。为比较室内外温差，整套库房控制系统在室外安装一个温度传感器。

（3）除湿设施。库房内应装设除湿设备。除湿量按库房空间体积的大小来选择，一般按 0.05～0.2L/（d • m^3）选配；对于北方地区，可按 0.05～0.15L/（d • m^3）选配；对于南方地区，可按 0.13～0.2L/（d • m^3）选配。在上述地区中，对湿度相对较高的区域，除湿机应按上限选配。

（4）烘干加热设施。库房内应装设烘干加热设备。建议采用热风循环加热设备，在能保证加热均匀的情况下也可以采用红外线加热设备、不发光加热管、新型低温辐射管等。加热功率按库房空间体积的大小来选择，可根据当地的温度环境按 15～30W/m^3 选配。

加热设备在库房内应均匀分散安装。加热设备或热风口距工器具表面距离应不少于 30～50cm；热风式烘干加热设备安装高度以距地面 1.5m 左右为宜；低温无光加热器可安置于与地面平齐高度。车库的加热器安装在顶部或斗臂部位高度。加热设备内部风机应有延时停止装置。

（5）通风设施。库房内可装设排风设备，可按每平方米 1～2m^3/h 选配排风机。吸顶式排风机应安装在吊顶上；轴流式排风机宜安装在库房内净高度 2/3～4/5 高度的墙面上。出风口应设置百叶窗或铁丝窗，进风口应设置过滤网，预防鸟、蛇、鼠等小动物进入库房内。

（6）报警设施。应设有温度超限保护装置、烟雾报警、室外报警器等报警设施。当库房温度超过 50℃时，温度超限保护装置应能自动切断加热电源并启动室外报警器，要求温度超限保护装置在控制系统失灵时也应能正常启动。当库房内产生烟雾时，烟雾报警器和室外报警器应能自动报警。

（7）库房设施的综合配置和选择。在除湿、烘干加热、通风设施的综合配置和选择上，主要应以能否满足温度、湿度要求，以及调控要求来确定。

（8）绝缘斗臂车库。绝缘斗臂车库的通风、除湿、烘干装置要求与带电作业工具库房的要求相同。车库的加热器一般应安装在便于烘烤斗臂的部位或顶部，下部不需安装加热器。

3. 测控功能及装置要求

（1）功能要求。为了保证工具库房的温度、湿度环境能满足使用要求，应专设温、湿度测控系统。温、湿度测控系统应具备湿度测控、温度测控、库房温湿度设定、超限报警及库房温、湿度自动记录、显示、查询、报表打印等功能。

（2）监测要求。由传感器、测量装置、控制屏柜及其附件等组成的监测系统应对库房的温、湿度实施实时监测并加以记录保存。

（3）调控要求。工具库房的湿度、温度调控系统，应可根据监测的参数自动启动加热、除湿及通风装置，实现对库房湿度、温度的调节和控制。当调控失效并超过规定值时，应能报警及显示；当库房温度超限时，温度超限保护装置应能自动切断加热电源。

为了有效保证测控系统的安全有效运行，控制系统需设置自动复位装置，以保证测控系统在受到外界干扰而失灵时能立即自动复位进而恢复正常运行。为了保证在测控系统完全失效或检修时除湿装置及加热装置等仍能投入工作，应在控制屏柜上设立手动/自动切换开关及相应的手动开关。

（4）元件及设备要求。库房内的设备、装置、元器件的技术性能和指标均应满足相关设备和元件标准的要求，以保证测控系统稳定、可靠、安全运行。

（5）显示和打印。测控系统应能存储库房 1 年时间的温、湿度数据，具备全天任意时段的库房温、湿度数据的报表显示、曲线显示、报表打印等功能，实时监测和记录库房的工作状态。

（6）其他要求。根据需要还可配备防盗报警系统及视频监控系统。

根据需要，还可具备在企业局域网上实施 WEB 发布及远程监控的功能。为了方便维护，测控系统还可具备远程维护功能。

4. 主要测控元件的技术性能要求

（1）温度测控指标：范围−10～80℃，精度±2℃。

（2）湿度测控指标：范围 30%～95%RH，精度±5%。

（3）温度传感器指标：量程−50～120℃，在−10～85℃范围内精度±0.5℃。

（4）湿度传感器指标：量程 0～100%RH，在 10%～95%RH 范围内精度±3%。

5. 存放设施及要求

带电作业工器具应按电压等级及工具类别分区存放，主要分类为金属工器具、硬质绝缘工具、软质绝缘工具、屏蔽保护用具、绝缘遮蔽用具、绝缘防护用具、检测工具等。

（1）金属工器具。金属工器具的存放设施应考虑承重要求，并便于存取，可采用多层式存放架。

（2）硬质绝缘工具。硬质绝缘工具中的硬梯、平梯、挂梯、升降梯、托瓶架等可采用水平式存放架存放，每层间隔 30cm 以上，最低层对地面高度不小于 50cm，同时应考虑承重要求，应便于存取。绝缘操作杆、吊拉支杆等的存放设施可采用垂直吊挂的排列架，每个杆件相距 10～15cm，每排相距 30～50cm。在杆件较长、不便于垂直吊挂时，可采用水平式存放架存放。大吨位绝缘吊拉杆可采用水平式存放架存放。

（3）软质绝缘工具。绝缘绳索、软梯的存放设施可采用垂直吊挂的构架。绝缘绳索挂钩的间距为 20～25cm，绳索下端距地面不小于 30cm。

（4）滑车。对滑车和滑车组可采用垂直吊挂构架存放。根据滑车的大小、质量、类别分组整齐吊挂。

（5）检测仪器。验电器、相位检测仪、分布电压测试仪、绝缘子检测仪、干湿温度仪、风速仪、绝缘电阻表等检测用具应分件摆放，防止碰撞，可采用多层水平不锈钢构架存放。

（6）绝缘遮蔽用具。绝缘遮蔽用具，如导线遮蔽罩、绝缘子遮蔽罩、横担遮蔽罩、电杆遮蔽罩等，应储存在有足够强度的袋内或箱内，再置放在多层式水平构架上；禁止储存在蒸汽管、散热管和其他人造热源附近，禁止储存在阳光直射的环境下。

（7）绝缘防护用具。绝缘防护用具，如绝缘服、绝缘袖套、绝缘披肩、绝缘手套、绝缘靴等应分件包装，要注意防止阳光直射或存放在人造热源附近，尤其要避免直接碰触尖锐物体，造成刺破或划伤。

（8）屏蔽用具。屏蔽用具如屏蔽服、导电手套、导电袜、导电鞋、屏蔽面罩等应分件包装，成套储存在有足够强度的包装袋或箱内，再置放在多层式水平构架上。

记录。根据需要工具，库房计算机管理系统还可具备在企业局域网上实施 WEB 发布及远程维护的功能。

二、带电作业工器具的保管与管理制度

带电作业工器具要设专人管理，要将所有的工器具登记入册并上账。各类工器具要有完整的出厂说明书、试验卡片或试验报告书。工器具出入库必须进行登记，要定期对工器具进行烘干或进行外表检查及保养，发现问题应及时上报专责人员。此外，还要负责监督进行定期的电气试验和机械试验。

（1）带电作业工器具应置于通风良好、备有红外线灯泡或清洁干燥的专用房间存放。

（2）在运输过程中，带电绝缘工具应装在专用工具袋（箱）、工具车内，以防受潮和损伤。

（3）不合格的带电作业工具应及时检修或报废，不得继续使用。

（4）发现绝缘工具受潮或表面损伤、脏污时，应及时处理并经试验合格后方可使用。

（5）使用工具前，应仔细检查其是否损坏、变形、失灵，并使用 2500kV 绝缘电阻表或绝缘检测仪进行分段绝缘检测（电极宽 2cm，极间宽 2cm），阻值应不低于 700MΩ。操作绝缘工具时，应戴清洁、干燥的手套，并应防止绝缘工具在使用中脏污和受潮。

（6）带电作业工器具应设专人保管，登记造册，并建立每件工具的试验记录。

三、带电作业工器具现场使用的运输与保管要求

带电作业工器具出库装车前必须用专用清洁帆布袋包装，在运输过程中，绝缘工具应装在专用工具袋、工具箱或专用工具车内，以防受潮和损伤。铝合金工具、表面硬度较低的卡具、夹具及不宜磕碰的金属机具，运输时应有专用的木质和皮革工具箱，每箱容量以一套工具为限，零散的部件在箱内应予固定。现场使用工器具时，在工作现场地面应放毡布，所有工器具均应摆放在毡布上，严禁与地面直接接触。每个使用和传递工具的人员，无论在塔上还是地面，均需戴干净的手套，不得赤手接触绝缘工器具，传递人员传递工具时要防止与杆塔磕碰。若绝缘工具在现场偶尔被泥土粘污时，应用清洁干燥的毛巾或用无水酒精清洗，对严重粘污或受潮的，经过处理后须进行试验方可再用。外出连续工作时，还应配备烘干设备，每日返回驻地后，要对所带绝缘工器具进行一段时间的烘干，以备次日使用。此外，工器具管理还应把好采购及报废、淘汰等重要环节。带电作业工器具有许多是根据作用项目的特殊要求而研制的，非标准型居多，因此，采购环节、监造工作十分重要。同时，新工具的入库也要把好验收试验关，而报废或淘汰工器具要坚决及时清理出库房，不得与可用工器具混放，以确保作业安全。

【思考与练习】

1. 设立专用工器具库房的设计标准有哪些？
2. 如何保管带电作业工器具？
3. 简述带电作业工器具现场使用的运输与保管要求。

模块5 配电带电作业工器具的选择和匹配（ZY0800201005）

【模块描述】本模块介绍常用带电作业工器具的选择和匹配。通过性能介绍和要点讲解，掌握人身防护用具、绝缘遮蔽工具等常用带电作业工器具的选择原则和匹配要求。

【正文】

一、带电作业工器具的选择原则和匹配要求

（1）配电带电作业系指：

1）不停电作业，即在用户不停电或短时停电情况下的作业方法。

2）旁路作业法，即用临时电缆将工作区域的导线跨接，并临时输送到工作区域内的用户，将工作区域导线隔离，工作区域内停电而用户不停电的工作作业方法。

3）临时供电法，是通过工作区域的导线停电工作，而对工作区域内用户采用发电车、移动箱式变压器等技术手段不间断供电的作业方法。

（2）带电作业工器具及特种车辆的运行情况是否良好涉及作业人员的人身安全，各级人员必须认真对待，严格管理。

（3）带电作业工器具的管理单位应经常了解带电作业所需工器具，带电班应将带电作业工器具编制材料清册，并注明适用电压等级，入库存放。

（4）带电作业工具应有永久编号，在一个单位内，不允许出现相同的编号。

（5）生产单位必须配备合格的工具房，带电作业工具必须放置在工具房内，工具房必须通风，设置温、湿度表，并配备去湿、烘干设备等。

（6）各单位不停电作业负责人应掌握工器具的采购、使用、试验、保管情况，新采购带电作业工具必须是各省市电力公司认可的产品。购买材料、工具或自制工具，均需按《国家电网公司电力安全工作规程（线路部分）》有关规定或制造厂标准进行试验验收，在取得合格证后，才允许投入现场使用。

（7）新购置的带电作业工器具或安全工器具，必须按照出厂标准进行试验验收，在取得合格证后，才允许投入现场使用。

（8）带电作业工器具应定期进行预防性试验，预防性试验（包括电气和机械试验）结果和有效日期应填入试验卡片，加盖合格章后才能继续使用。

（9）带电作业绝缘工具试验不合格者，应找出原因，进行处理，并经试验合格后才能使用。否则，必须淘汰并清出带电作业专用工具房。

（10）带电作业工具用毕入库前，工具保管员应进行外观检查和验收。发现缺陷，应及时处理并检验合格，否则不能继续使用。

（11）带电作业工具的保管、运输、使用等其他方面规定均按《国家电网公司电力安全工作规程（线路部分）》规定执行。

（12）带电作业特种车辆应用于带电作业，原则上不应用于停电作业，不得露天停放。

（13）绝缘斗臂车必须配备专用库房，库房必须通风，配备必要的去湿、烘干设备等。

（14）应根据带电作业项目的需求配备工器具，工器具数量应配足，防止数量不足。特别是进行遮蔽作业时，必须在可能触碰带电体的各个方位进行全面遮蔽，防止数量不足造成的人身意外伤害。

（15）人身穿着绝缘服应合体，应防止过于宽大或瘦小造成工作不便而引发事故。

（16）徒手操作的绝缘工器具应考虑带电作业人员的作业习惯，尽量配备熟悉的工器具，防止新型工器具未经试操作而仓促作业导致的作业障碍。

二、个人绝缘防护用具

个人绝缘防护用具包括绝缘帽、绝缘手套、绝缘靴、绝缘袖套、绝缘披肩、绝缘护套和绝缘服，如图 ZY0800201005-1 所示。其中：绝缘帽是由绝缘橡胶或绝缘合成材料制造，用来防止工作人员头部触电的帽子；绝缘靴是由绝缘材料制成，带有防滑鞋底的靴子，用来防止工作人员脚部触电；绝缘袖套是由绝缘橡胶或绝缘合成材料制造，用来防止工作人员臂部触电的袖套；绝缘披肩是由绝缘橡胶或绝缘合成材料制造，用来防止工作人员肩部触电的披肩；绝缘服是由绝缘材料制成，用以防止工作人员身体触电的服装。

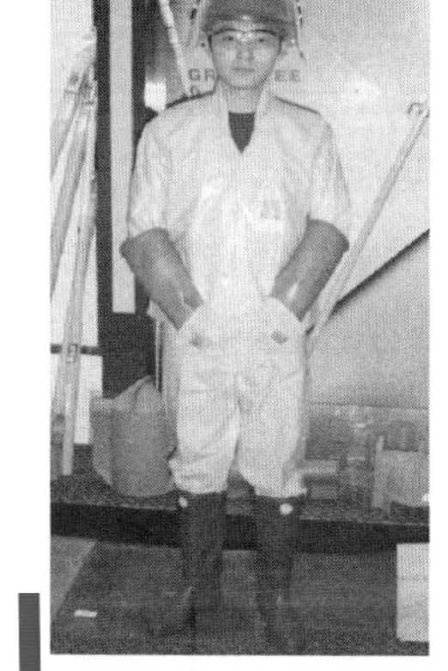
图 ZY0800201005-1 个人绝缘防护用具

1. 绝缘帽

绝缘帽及其技术参数如图 ZY0800201005-2 和表 ZY0800201005-1 所示。绝缘帽采用高密度复合聚酯材料制成，选用时应符合安全帽检测标准的机械性能和相关带电作业电气检测标准。

(a)

(b)

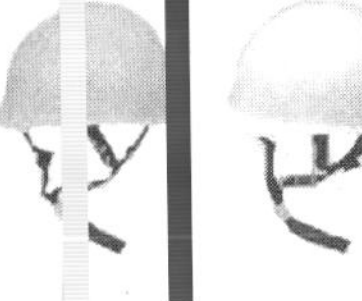

表 ZY0800201005-1　　　　绝缘帽技术参数

型　　号	交流试验电压	高压使用电压（kV）
美制安全绝缘帽 SA29	20kV/3min	17
美制安全绝缘帽 SA99	20kV/3min	17
日制安全绝缘帽 YS125-02-01	20kV/3min	17

2. 绝缘服

绝缘服及其技术参数如图 ZY0800201005-3 和表 ZY0800201005-2 所示。绝缘服采用 EVA 材料（PVC+树脂）制成，其要求是不仅应具有高电气绝缘强度，而且应有较好的防潮性能和柔软性，使作业人员在穿戴绝缘服后仍可便利地工作。目前有两种绝缘服应用于配电网带电作业：一种是由袖套、胸套、背套组成的组合式绝缘服；另一种是由上衣、裤子组成的整套式绝缘服。作业人员身穿整套绝缘服在配电线路上带电作业时，一般采用两种作业方法。第一种方法是作业人员身穿全套绝缘服，站在绝缘斗臂车或者绝缘平台上，通过绝缘手套直接接触带电体。绝缘服作为人体与带电体间的绝缘防护，可以解决配电线路净空距离过小问题。但是，考虑到绝缘护具本身耐受电压的安全裕度不大，使用中可能产生磨损，因此，在直接作业中仅作为辅助绝缘，作为主绝缘是绝缘斗臂车的绝缘臂或绝缘平台，相间的绝缘防护采用绝缘遮蔽罩。第二种方法是通过绝缘工具进行作业，此时绝缘工具作为主绝缘，绝缘服和绝缘手套作为人体安全的后备保护用具。

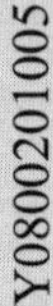

(a)

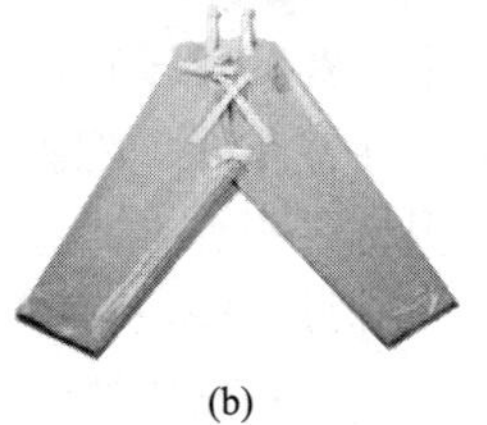
(b)

图 ZY0800201005-3　绝缘服

（a）日制绝缘服 YS126-01/02/03；（b）日制绝缘裤 YS127-01/02/03

表 ZY0800201005-2　　　　绝缘服技术参数

型　　号	交流试验电压	高压使用电压（kV）
日制绝缘服 YS126-01/02/03	20kV/3min	17
日制绝缘裤 YS127-01/02/03	20kV/3min	17

3. 绝缘手套

绝缘手套及其技术参数如图 ZY0800201005-4 和表 ZY0800201005-3 所示。带电作业用绝缘手套是指在高压电气设备上进行带电作业时起电气绝缘作用的手套，该手套区别于一般劳动保护用的安全防护手套，要求具有良好的电气性能，较高的机械性能，并具有良好的绝缘性能。手套用合成橡胶或天然橡胶制成，其形状分为直口形、斜口形、钟口形、喇叭口形和三指形。根据不同的电压等级，绝缘手套分为Ⅰ型和Ⅱ型两种型号。Ⅰ型适用于在 6kV 及以下的电器设备上工作；Ⅱ型适用于在 10kV 及以下的电器设备上工作。

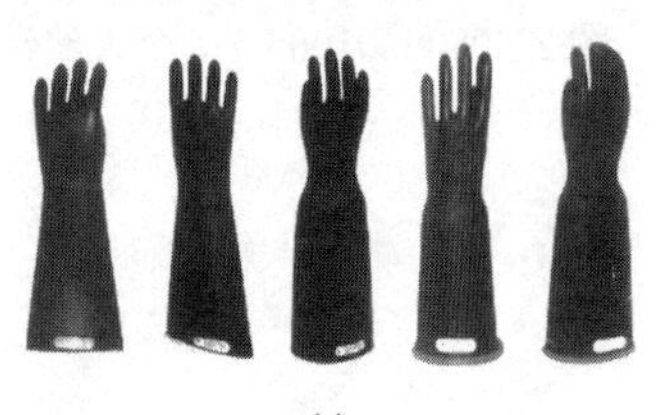
(a)

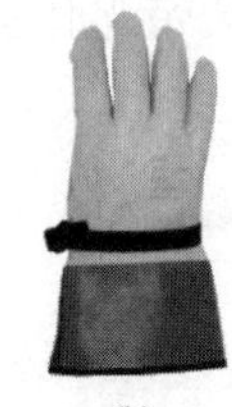
(b)

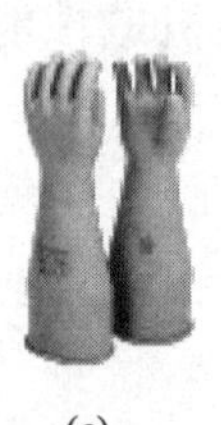
(c)

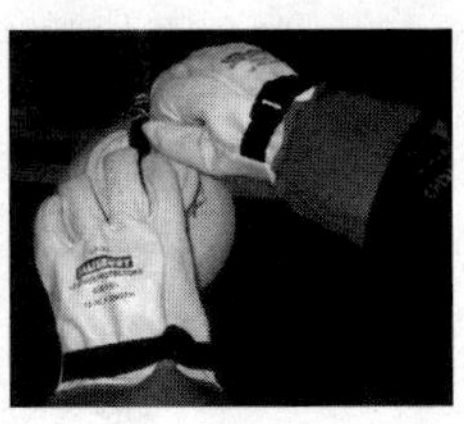
(d)

图 ZY0800201005-4　绝缘手套

（a）直口形、斜口形、钟口形、喇叭口形和三指形；（b）美制绝缘手套 E126R；

（c）美制 YS103-12-02 型羊皮保护手套；（d）日制 YS101-31 型

表 ZY0800201005-3　　绝缘手套技术参数

型　号	交流试验电压	高压使用电压（kV）
美制绝缘手套 E126R	20kV/3min	17
日制 YS101-31	20kV/3min	17

4. 绝缘袖套

绝缘袖套及其技术参数如图 ZY0800201005-5 和表 ZY0800201005-4 所示。绝缘袖套指用绝缘材料制成的、保护作业人员接触带电体时免遭电击的袖套。绝缘袖套按电气性能分为 0、1、2、3 四级，适用于不同的系统标称电压。

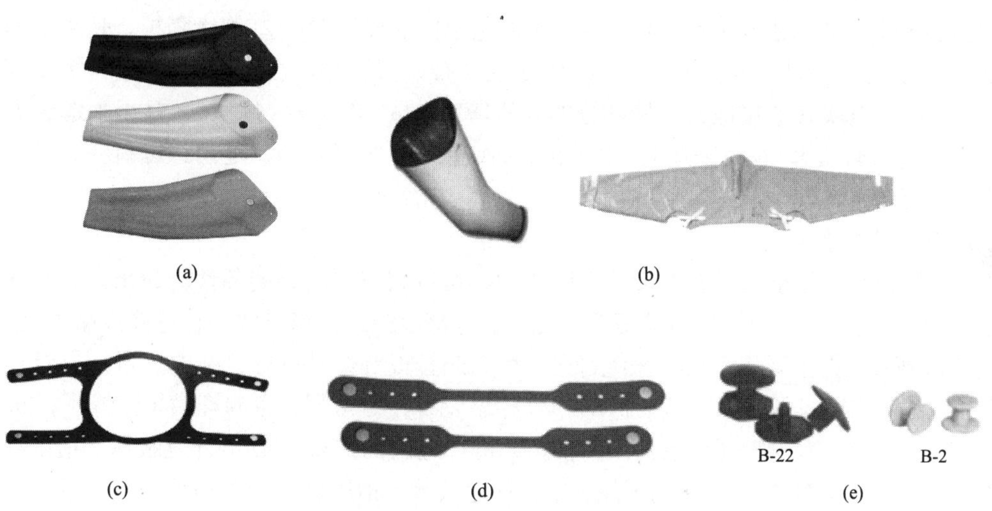

图 ZY0800201005-5　绝缘袖套

（a）美制橡胶绝缘袖套 D2-R-RB；（b）日制绝缘肩套 YS126-01；
（c）绝缘袖套用带扣 H1（常用型）；（d）绝缘袖套用带扣 S1；（e）绝缘袖套用扣 B-22，B-2

表 ZY0800201005-4　　绝缘袖套技术参数

型　号	交流试验电压	高压使用电压（kV）
美制橡胶绝缘袖套 D2-R-RB	20kV/3min	17
日制绝缘肩套 YS126-01	20kV/3min	17

5. 绝缘鞋（靴）

绝缘鞋及其技术参数如图 ZY0800201005-6 和表 ZY0800201005-5 所示。绝缘鞋（靴）是配电线路带电作业时使用的辅助安全用具，并且只能在规定的范围内作辅助安全用具使用。

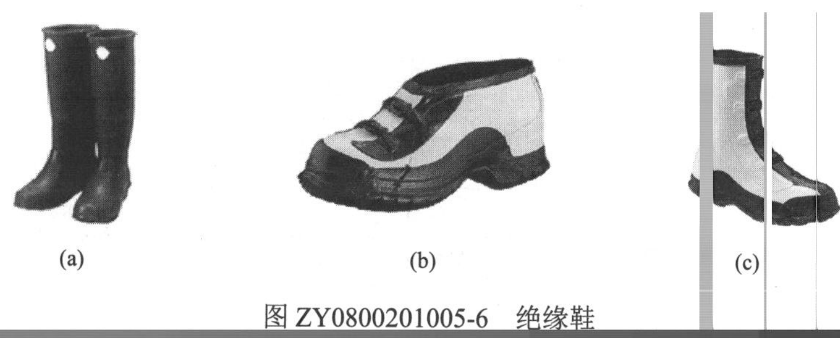

图 ZY0800201005-6　绝缘鞋

表 ZY0800201005-5　　绝缘鞋技术参数

型　号	交流试验电压	高压使用电压（kV）
日制绝缘靴 YS113-01	20kV/3min	17
美制绝缘鞋 51530	20kV/3min	17
美制绝缘鞋 31924	20kV/3min	17

三、绝缘遮蔽工具

绝缘遮蔽工具是配电线路带电作业的一项重要安全防护措施。在配电线路带电作业中，常因安全距离不能满足要求，需要在人体与带电体或者带电体附近的横担、杆塔之间，加装一层绝缘遮蔽罩或挡板，来弥补空气间隙的不足，以保证带电作业人员和设备的安全。常用的绝缘遮蔽工具有：① 绝缘罩，是由绝缘材料制成，用于遮蔽带电导体或非带电导体的保护罩；② 绝缘隔板，是用于隔离带电部件、限制工作人员活动范围的绝缘平板；③ 绝缘毯（布），是由合成绝缘橡胶或塑料制成，用来绝缘导线或带电、不带电或其他接地的金属部分的软质薄片；④ 绝缘管（硬质），是用来遮蔽导线的绝缘硬管；⑤ 绝缘管（软质），是用来遮蔽导线的绝缘软管；⑥ 绝缘套筒，是由绝缘材料制成，套于电杆顶端进行遮蔽的套筒。

1. 绝缘罩（筒或套）

绝缘罩（筒或套）是根据设备外形特点制作的，可以将需要隔离的部件罩起来，大都使用塑料模压、热加工或焊接而成，有：① 导线遮蔽罩，指用于对裸导线或绝缘导线进行绝缘遮蔽的套管式护罩；② 耐张装置遮蔽罩，指主要用于对耐张绝缘子、线夹或拉板等金具进行遮蔽的护罩；③ 针式绝缘子遮蔽罩，指用于对针式绝缘子进行遮蔽的护罩；④ 棒型绝缘子遮蔽罩，也叫瓷横担绝缘子；⑤ 横担遮蔽罩，指用以对铁横担、木横担（也包括低压横担）进行遮蔽的护罩；⑥ 电杆遮蔽罩，指由绝缘材料制成，用以对电杆或其头部进行遮蔽的护罩；⑦ 套管遮蔽罩，指用以对开关等设备的套管进行遮蔽的护罩；⑧ 跌落式开关遮蔽罩，指用于对变压器台和线路上的跌落开关（包括其接线端子）进行遮蔽的护罩。这类工具具有安装方便、遮闭严密等特点，缺点是外形奇特、制作困难、通用性差、携带保管都不太方便。

（1）针式绝缘子遮蔽罩。针式绝缘子遮蔽罩使用 SALCOR 合成橡胶制成，如图 ZY0800201005-7 所示，其技术参数见表 ZY0800201005-6。

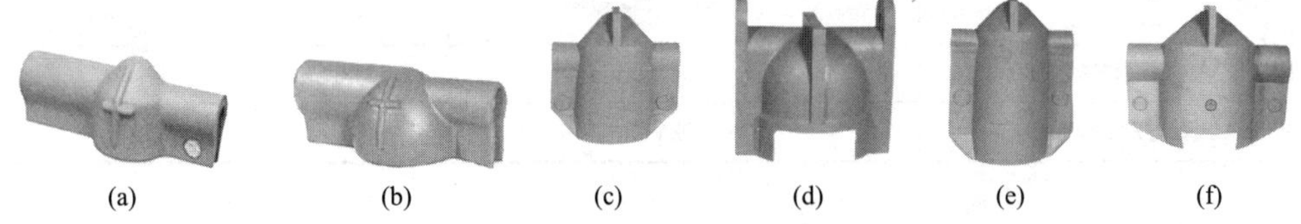

图 ZY0800201005-7　美制 OR 系列绝缘子遮蔽罩

（a）OFRG 绝缘子遮蔽罩；（b）OKRG 绝缘子遮蔽罩；（c）PTHS 绝缘子遮蔽罩；（d）UH 绝缘子遮蔽罩；（e）PTHL 绝缘子遮蔽罩；（f）LRG 绝缘子遮蔽罩

表 ZY0800201005-6　　美制 OR 和 SU 系列绝缘子遮蔽罩技术参数

型号	交流试验电压	高压使用电压（kV）	尺　寸（mm）	适用绝缘子	适用导线遮蔽罩	质　量（kg）
OFRG	20kV/3min	17	368×127	P10	OR100 系列	2.3
OKRJ	20kV/3min	17	406×203	P15	OR125 系列	3.2
LRG	40kV/3min	36	305×400	P20	SU250 系列	4.4
UH	20kV/3min	17	184×300	P15	SU150 系列	3.2
PTHL	40kV/3min	36	172×400	柱式或耐张绝缘子	SU150～250 系列	4.4
PTHS	40kV/3min	36	184×300	柱式或耐张绝缘子	SU150 系列	3.2

（2）导线绝缘子遮蔽罩。导线绝缘子遮蔽罩及其技术参数如图 ZY0800201005-8 和表 ZY0800201005-7 所示。其中美制导线绝缘子遮蔽罩使用 SALCOR 合成橡胶制成；日制 YS301 导线遮蔽罩采用 EVA 合成树脂复合材料制作。遮蔽罩具有良好的电气绝缘性能，轻便耐用，适用于较长导线的绝缘遮蔽。

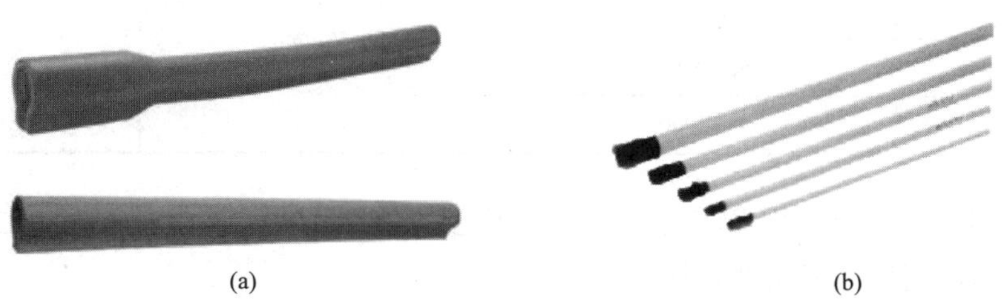

(a)　(b)

图 ZY0800201005-8　美制 OR 系列和日制 YS301 导线遮蔽罩

（a）美制 OR 系列导线遮蔽罩；（b）日制 YS301 导线遮蔽罩

表 ZY0800201005-7　美制 OR 系列和日制 YS301 导线遮蔽罩技术参数

型　号	直径×长度（mm×mm）	绝缘级别、试验电压、最大使用电压
OR125-3、OR125-3C	31.5×915	CLASS 2、试验电压 20kV/3min、最大使用电压 17 000V
OR125-45、OR125-45C	31.5×1372	CLASS 2、试验电压 20kV/3min、最大使用电压 17 000V
OR125-6、OR125-6C	31.5×1820	CLASS 2、试验电压 20kV/3min、最大使用电压 17 000V
YS301-62-01	35×3000	试验电压 20kV/3min、最大使用电压 11.5kV
YS301-52-01	25×3000	试验电压 20kV/3min、最大使用电压 11.5kV

注　美制 OR 系列型号末有 C 字母为具有端末接口。

（3）横担遮蔽罩。美制横担遮蔽罩使用 SALCOR 合成橡胶制成，如图 ZY0800201005-9 所示，其技术参数见表 ZY0800201005-8。

表 ZY0800201005-8　美制横担遮蔽罩技术参数

型　号	交流试验电压	高压使用电压（kV）	尺　寸（mm×mm×mm）	质　量（kg）
145	40kV/3min	17	386×117×105	1.4

2. 绝缘包毯

（1）日制绝缘毯。日制绝缘毯及其技术参数如图 ZY0800201005-10 和表 ZY0800201005-9 所示。其中，日制的 PVC 树脂绝缘毯只符合日本 JIS 的标准。日本国内对绝缘毯的要求是试验电压 20kV/1min，最大使用电压是 7000V。因此使用者必须注意所选购的产品必须是出厂标示的试验电压是 20kV/3min，最大使用电压是 17kV 的产品，才能适合我国 10kV 的系统。此外，要严格把关验收试验及预防性试验。此类产品轻薄容易折叠，适合任意形体的电气遮蔽，便于作业。其缺点是容易受潮、刺穿、撕裂或磨损，降低绝缘强度，使用周期短，安全效益不足。

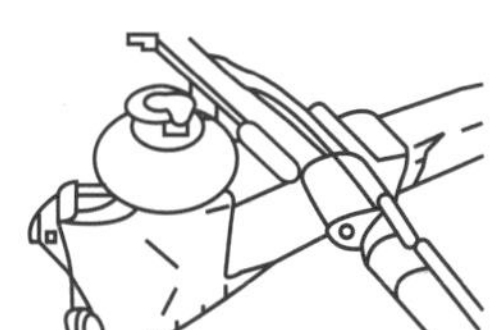

表 ZY0800201005-9 日制绝缘毯（型号 YS241-01）技术参数

型　号	尺　寸（mm×mm）	试 验 电 压	最大使用电压（kV）
YS241-01-04	800×1000	20kV/3min	17
YS241-01-03	680×1200		
YS241-01-02	680×800		
YS241-01-01	600×1000		

（2）美制绝缘毯。美制绝缘毯及其技术参数如图 ZY0800201005-11 和表 ZY0800201005-10 所示，采用天然橡胶，Class2 绝缘毯多用此材料。

表 ZY0800201005-10 美制绝缘毯技术参数

型　号	尺　寸（mm×mm）	交流试验电压	高压使用电压（kV）
12	559×599	20kV/3min	17
400E	686×914	20kV/3min	17
300E	914×914	20kV/3min	17

（3）电杆包毯。美制绝缘毯及其技术参数如图 ZY0800201005-12 和表 ZY0800201005-11 所示，采用 EVA 树脂材料制成。特点是轻柔轻便，容易使用，可遮蔽不同尺寸形状电杆。

表 ZY0800201005-11 电杆包毯技术参数

型　号	尺　寸（mm×mm）	交流试验电压	高压使用电压（kV）
YS435-01-01	410×4500	20kV/3min	17
YS435-02-02	410×4800	20kV/3min	17

（4）日制绝缘毯夹。日制绝缘毯夹及其技术参数如图 ZY0800201005-13 和表 ZY0800201005-12 所示，其中，型号 YS211 适用于各种绝缘毯的固定。

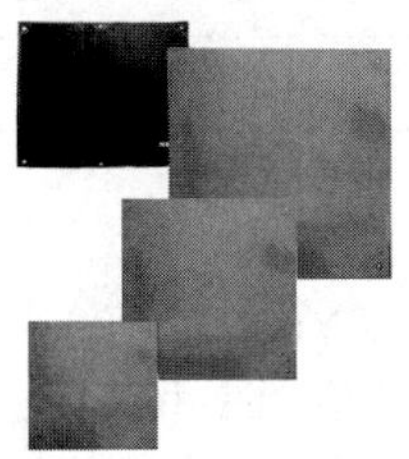

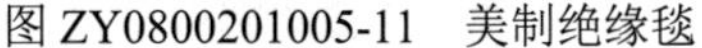

图 ZY0800201005-11　美制绝缘毯

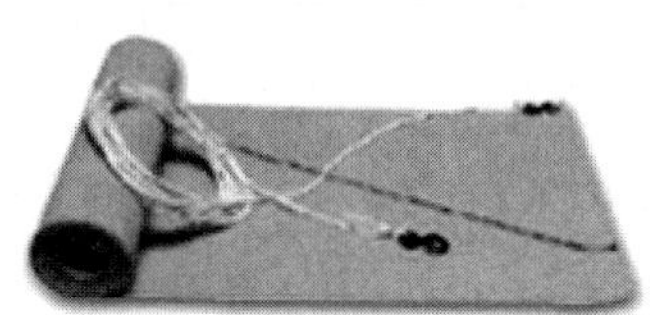

图 ZY0800201005-12　电杆包毯

图 ZY0800201005-13　日制绝缘毯夹

表 ZY0800201005-12 日制绝缘毯夹技术参数

型　号	名　称	尺　寸（mm）	颜　色
YS211-01-01	1 型	65	绿色
YS211-02-01	2 型	55	绿色
YS211-03-01	3 型	140	绿色

四、硬质绝缘工具

在硬质绝缘工具中，使用最广泛的是绝缘杆，以及利用绝缘管材或板材制成的绝缘平台和绝缘硬梯等。绝缘杆根据用途和操作方法分为绝缘操作杆、绝缘支杆和拉（吊）杆三类。其中：① 绝缘操作杆用于短时间对带电设备进行操作的绝缘工具，如接通或断开高压隔离开关、跌落熔丝等；② 绝缘支、拉、吊杆起支撑、拉动、吊起导线或其他设备的绝缘杆件；③ 绝缘平台是由绝缘材料制成的操作平台，固定在支架上，给操作人员提供工作位置；④ 绝缘硬梯是指在带电作业中，作业人员攀登用的具有相应机械强度和电气性能的硬质绝缘梯的总称。硬质绝缘工具基本上都采用环氧玻璃钢为原材料。环氧玻璃钢（通常简称为玻璃钢）是由玻璃纤维与环氧树脂复合而成，由于玻璃纤维和环氧树脂的电气绝缘性能都十分优良，因此由它们复合而成的玻璃钢具有优良的电气性能。

1. 绝缘操作杆

绝缘操作杆由绝缘管（棒）和杆头工作部件两部分组成，它是配电线路带电作业间接操作中的主要手持工具，人的各种操作意图和功能均可通过它传递到带电体上，如图 ZY0800201005-14 所示。

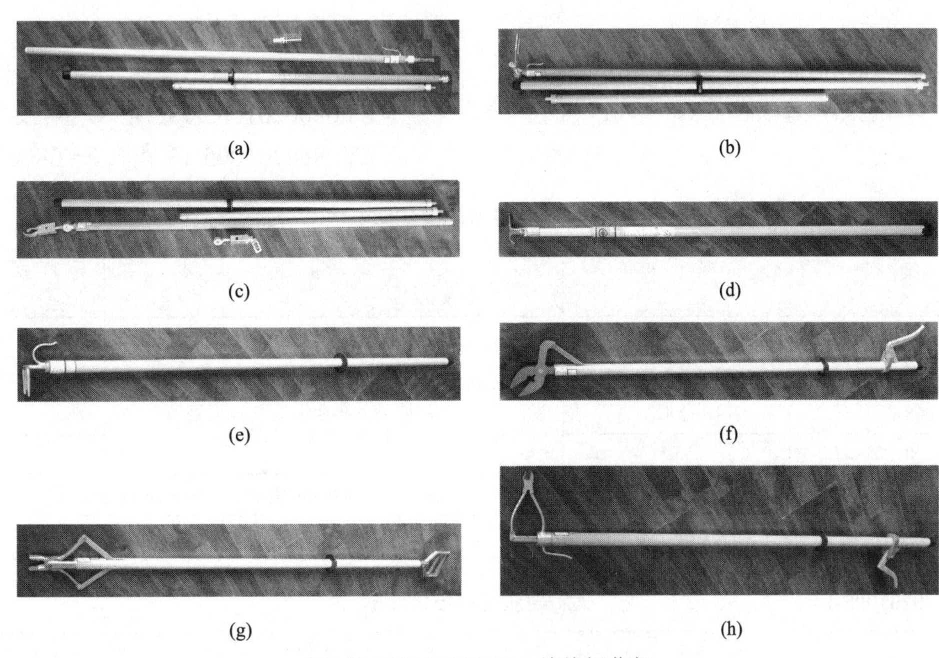

(a)　(b)　(c)　(d)　(e)　(f)　(g)　(h)

图 ZY0800201005-14　绝缘操作杆

（a）套筒操作杆；（b）线夹操作杆；（c）绝缘锁杆；（d）多功能伸缩操作杆；（e）三齿扒；（f）绝缘尖嘴钳；（g）绝缘虎钳；（h）绝缘尖嘴剪

在选用绝缘操作杆时，有以下注意事项：

（1）操作杆接头应尽可能使用绝缘材料。目前操作杆普遍采用金属和绝缘两种接头，从试验比较来看：在均匀升压时，绝缘接头操作杆的放电电压比金属的提高约 18%；在耐压试验时，绝缘接头操作杆的击穿电压比金属的提高约 14%；在所有试验（包括雨天操作杆试验）中发现，只要金属操作接头伸入绝缘管内，则其第一次均匀升压试验放电时，操作杆就从管内壁开始放电而导致全管击穿。这是由于金属操作接头在管内部分的棱角处造成电场集中，电场强度过强，电力线穿透管壁所致。可以看出金属接头在这里起着两个作用：① 电容作用，这个电容分布使得节间电压分布变得恶劣；② 产生电场集中，使操作杆在接头处出现一个电场强度特别强的点，这就使操作杆在接头附近发生层间击穿，使内绝缘破坏。

（2）尽量避免电场集中。端部或中间接头应为圆弧形；金属接头改为绝缘接头，或将伸入管内的金属接头两端棱角改为圆弧形。

（3）操作杆管内必须清洗并堵封。先把管内用钢刷将脏物刷掉，再用丙酮洗净，之后用浸渍漆或环氧树脂配方进行绝缘处理。再把内孔两端加绝缘堵头（用环氧酚醛玻璃布板或棒车制而成），并用环

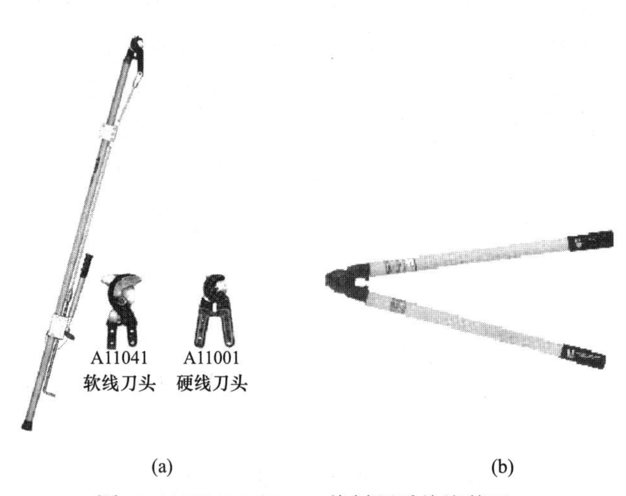

图 ZY0800201005-15 美制硬质绝缘剪刀
（a）美制长柄绝缘棘轮剪；（b）美制硬质切刀

浸入，堵塞了沿管子内壁的放电通道，提高了管子的电气性能。泡沫塑料的密度很小，所以内充泡沫塑料的管子并不增加很多质量。

（4）带电作业操作杆有效绝缘长度应比其他绝缘工具有效长度多 30cm。由于绝缘操作杆是一种手持操作工具，绝缘工具顶部在操作过程中往往会超过带电设备一段距离而使这段距离失效，故规定各级电压的操作杆均较原承力工具的长度增加 30cm，以弥补上述失效的绝缘段。

2. 硬质绝缘剪刀

美制长柄绝缘棘轮剪和硬质切刀如图 ZY0800201005-15 所示，其技术参数见表 ZY0800201005-13 和表 ZY0800201005-14。

表 ZY0800201005-13 美制长柄绝缘棘轮剪技术参数

型号		长度（m）	切断能力	质量（kg）
11-005		1.5	配备 A1001 硬线刀头，可以切断 300mm² 的 LGJ 钢芯铝绞线	4.1
11-006		1.8		4.5
11-008		2.4		4.8
11-010		3.05		5.2
备份刀头	A11041	软线刀头	500mm² 铝电缆，250mm² 铜电缆	
	A11001	硬线刀头	300mm² 钢芯铝绞线	

表 ZY0800201005-14 美制硬质切刀技术参数

型号	说明	质量（kg）
10-202	可切断硬导线 LGJ 直径 15.8mm	2.72

3. 绝缘平台

绝缘平台及其技术参数如图 ZY0800201005-16 和表 ZY0800201005-15 所示，它有不同长度的平台、不同形状的围栏及摆动旋转轴架可供选择。在其电气与机械性能的要求上均要达到 OSHA 和 ASTM 标准（ASTM-F711、ASTM-F1564、OSHA-1926.502）。

图 ZY0800201005-16 绝缘平台

表 ZY0800201005-15 绝缘平台技术参数

型号	说明	负载限制（kg）	质量（kg）
8415	长度 0.762m，链条收紧器，不能加装围栏和旋转器	227	10.0

续表

型号	说　明	负载限制（kg）	质　量（kg）
8416	长度 1.07m，链条收紧器，只能加装“A”型三角围栏	227	11.8
8401	长度 1.22m，链条收紧器，可加装围栏和旋转器	227	14.5
8402	长度 1.83m，链条收紧器，可加装围栏和旋转器	227	16.8
8403	长度 2.44m，链条收紧器，可加装围栏和旋转器	136	19.1
8404	长度 3.05m，链条收紧器，可加装围栏和旋转器	125	21.4

4. 绝缘临时横担

美制的尼龙带固定和链条固定的临时横担如图 ZY0800201005-17 所示，其技术参数见表 ZY0800201005-16 和表 ZY0800201005-17，适用于 35kV 及其以下线路带电作业。

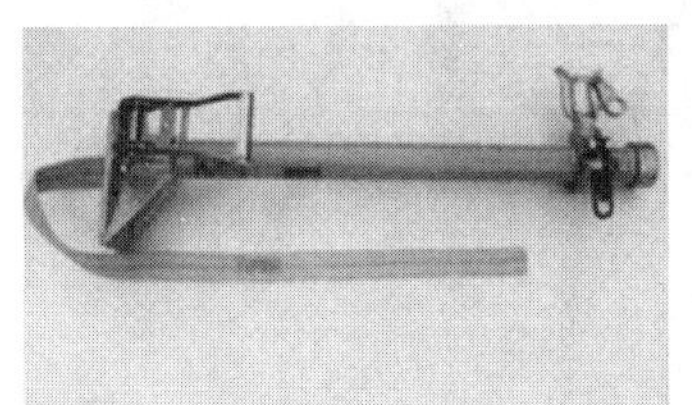

(a)

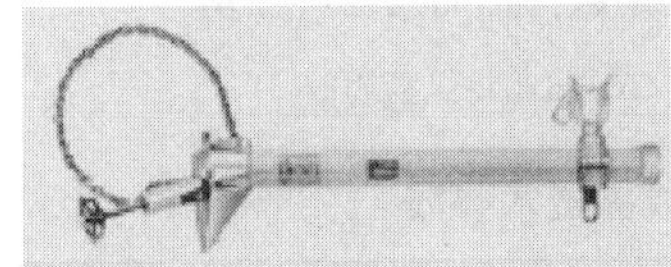
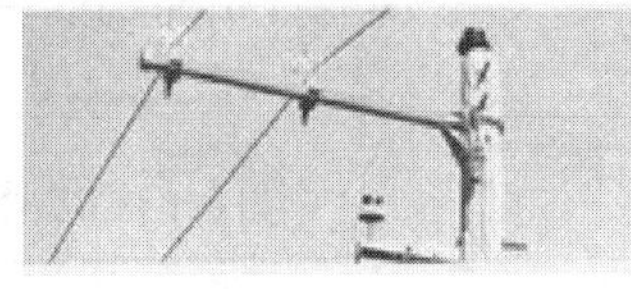

(b)

图 ZY0800201005-17　美制的尼龙带固定和链条固定的临时横担

（a）尼龙带固定；（b）链条固定

表 ZY0800201005-16　　美制尼龙带固定的临时横担技术参数

型号	说　明	最大电压	安全荷重（kg）	质　量（kg）
5038	864mm 长/1 个导线支撑器	15kV 相一相	91	5.5
5039	864mm 长/1 个导线支撑器/1	34.5kV 相一相	91	5.9
5040	1232mm 长/2 个导线支撑器	15kV 相一相	68	6.8
5041	1232mm 长/2 个导线支撑器/2 个 A30008 绝缘子	34.5kV 相一相	68	7.3

表 ZY0800201005-17　　美制链条固定的临时横担技术参数

型号	说　明	最大电压	安全荷重（kg）	质　量（kg）
5018	864mm 长/1 个导线支撑器	15kV 相一相	91	6.4
5019	864mm 长/1 个导线支撑器	34.5kV 相一相	91	6.8
5020	1232mm 长/2 个导线支撑器	15kV 相一相	68	7.7
5021	1232mm 长/2 个导线支撑器/2 个 A30008 绝缘子	34.5kV 相一相	68	8.2

5. 绝缘紧线器

美制和日制的绝缘紧线器如图 ZY0800201005-18 所示，其技术参数见表 ZY0800201005-18 和表

表 ZY0800201005-18 美制绝缘紧线器技术参数

型号	单带			双带			手柄长（mm）	质量（kg）
	负载（kg）	提线长度（m）	最小头距（mm）	负载（kg）	提线长度（m）	最小头距（mm）		
E153-10	1500（681）	10（3）	22（559）	3000（1362）	5（1.5）	27（686）	20（508）	12（5.4）
*E153-10	1500（681）	10（3）	22（559）	3000（1362）	5（1.5）	27（686）	20（508）	12（5.4）
*EH24-12	2000（907）	15（4.6）	17（432）	4000（1816）	7.5（2.3）	30（762）	30（635）	12（5.7）

*包括绝缘手柄环及 HSSL 操作杆快速钩扣。

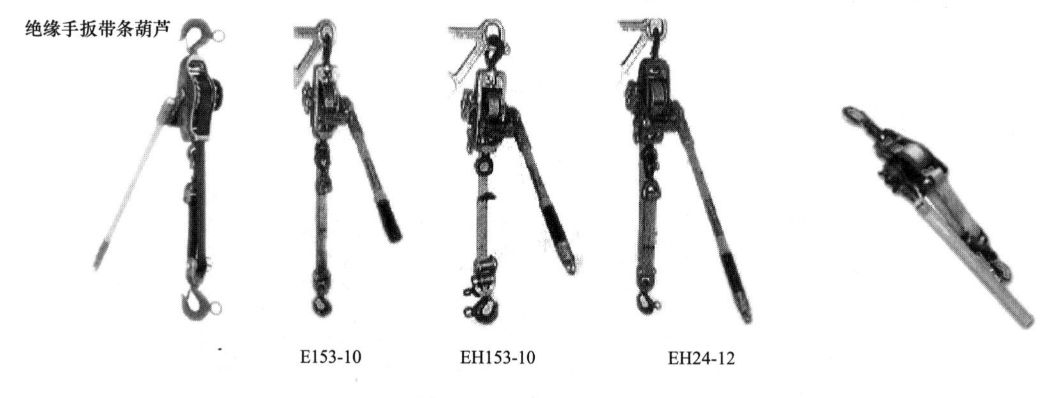

图 ZY0800201005-18 美制和日制的绝缘紧线器

（a）美制绝缘紧线器；（b）日制绝缘紧线器

表 ZY0800201005-19 日制的绝缘紧线器技术参数

型号	工作能力（t）	织带尺寸	缩长（mm）	扬程（mm）	绝缘手柄长度（mm）	质量（kg）	备注
N-1000	1	2×33mm	420	850	400	3.2	双带式
N-1500R	1.5	2×40mm	450	850	460	4.5	双带式

五、软质绝缘工具

在软质绝缘工具中，使用最广泛的是绝缘绳，如图 ZY0800201005-19 所示。绝缘绳是广泛应用于带电作业的绝缘材料之一，可用作运载工具、攀登工具、吊拉绳，连接套及保安绳等。以绝缘绳为主绝缘部件制成的工具，具有灵活、轻便、便于携带、适于现场作业等特点。此外，利用绝缘绳或绝缘带又可以制成绝缘软梯、腰带等。软质绝缘工具主要采用蚕丝或合成纤维为原料，其中以蚕丝绳应用得最为普遍。蚕丝在干燥状态时是良好的电气绝缘材料，但由于蚕丝的丝胶具有亲水性及纤维具有多孔性，因此蚕丝具有很强的吸湿性，当蚕丝作为绝缘材料使用时，应特别注意避免受潮。

图 ZY0800201005-19 蚕丝绝缘绳

【思考与练习】

1. 配电线路带电作业工器具的选择原则和匹配要求有哪些？
2. 简述配电线路带电作业用个人防护用具的性能特点和技术要求。
3. 简述配电线路带电作业用绝缘遮蔽工具的性能特点和技术要求。
4. 简述配电线路带电作业用硬质绝缘工具的性能特点和技术要求。
5. 简述配电线路带电作业用软质绝缘工具的性能特点和技术要求。

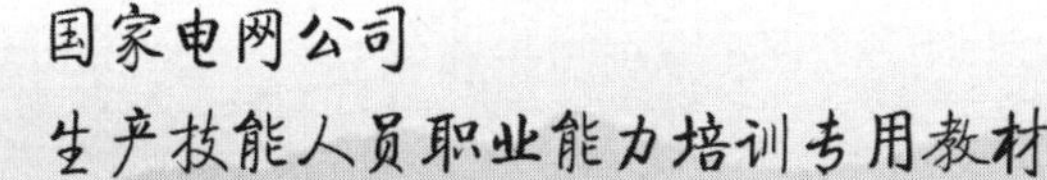

第八章　带电作业用绝缘斗臂车

模块 1　带电作业用绝缘斗臂车的使用（ZY0800202001）

【模块描述】本模块介绍带电作业用绝缘斗臂车的使用。通过结构介绍和使用要点讲解，掌握带电作业用绝缘斗臂车的结构、类型和使用注意事项。

【正文】

一、绝缘斗臂车的结构和类型

绝缘斗臂车（见图 ZY0800202001-1）一般都是利用汽车发动机和底盘改装而成，车的后部安装活动转盘和液压斗臂装置，臂采用折叠伸缩结构，前端带方形或圆形绝缘斗。整个斗臂装置安装在一个转盘上，可以旋转 360°。为了增加车子的稳定性，从而最大限度地加大斗臂的长度，一般都装有液压支腿。绝缘斗臂车的工作斗、工作臂、控制油路、斗臂结合部都能满足一定的绝缘性能指标。绝缘臂采用玻璃纤维增强型环氧树脂材料制成，绕制成圆柱形或矩形截面结构，具有质量轻、机械强度高、电气绝缘性能好、憎水性强等优点，在带电作业时为人体提供相对地之间的绝缘防护。绝缘斗有的为单层斗，有的为双层斗，外层斗一般采用环氧玻璃钢制作，内层斗采用聚四氟乙烯材料制作。绝缘斗应具有高电气绝缘强度，与绝缘臂一起组成相与地之间的纵向绝缘，使整车的泄漏电流小于 500μA，同时当工作时，若绝缘斗同时触及两相导线，应不发生沿面闪络。工作斗定位有的是通过绝缘臂上部斗中的作业人员直接进行操作，有的是通过下部驾驶台上的人员控制，有的作业车上下部都可以进行液压控制，具有水平方向和垂直方向旋转功能。采用高空绝缘斗臂车带电作业，特别是配电线路带电作业更是一种便利、灵活、应用范围广泛、劳动强度较低的作业方法。

图 ZY0800202001-1　带电作业用绝缘斗臂车

我国配电线路带电作业用绝缘斗臂车主要采用美制和日制两种技术。绝缘斗臂车根据绝缘臂的动作原理可分为折叠臂、伸缩臂和折叠+伸缩臂三种，如图 ZY0800202001-2 所示；按高度一般可分为 6、

(a)

(b)

(c)

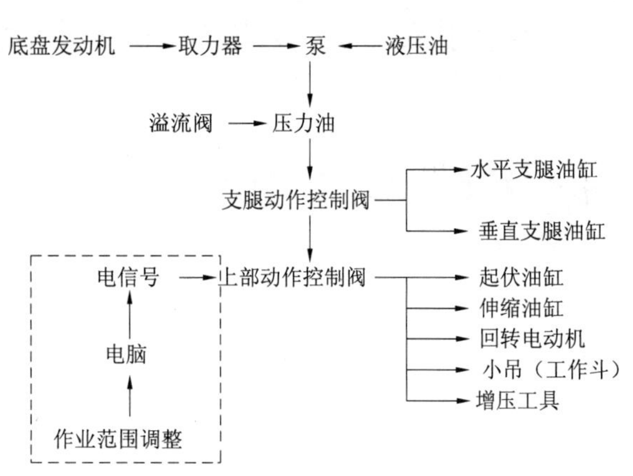

图 ZY0800202001-3 设有作业范围限制的绝缘斗臂车的工作原理图

8、10、12、16、20、25、30、35、40、50、60、70m 等；根据作业线路电压等级可分为 10、35、46、63（66）、110、220、330、345、500、765kV 等。我国主要在 10、35kV 和 66kV 的线路上使用。绝缘斗臂车的工作原理如图 ZY0800202001-3 所示；折叠臂式和伸缩式绝缘斗臂车的作业范围分别如图 ZY0800202001-4 所示。

二、绝缘斗臂车的使用

正确地使用和操作绝缘斗臂车，不仅保证了作业车的使用安全，也保证了操作人员的人身安全。

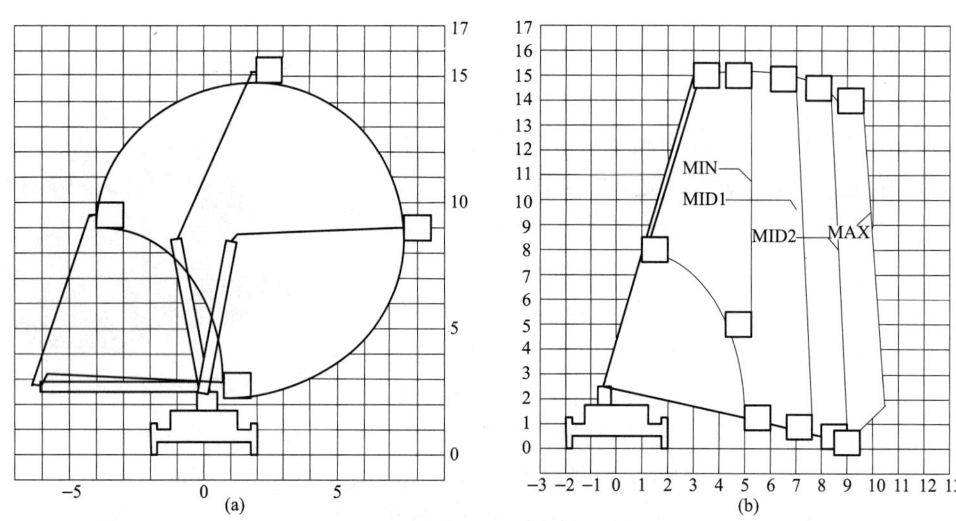

图 ZY0800202001-4 绝缘斗臂车作业范围图（单位：m）

（a）折叠臂式；（b）伸缩式

MIN—支腿伸出最小；MID1—支腿伸出第一档；MID2—支腿伸出第二档；MAX—支腿伸出最大

1. 发动机启动、取力器（PTO）及支腿的操作

（1）挂好手刹车，垫好三角块。

（2）确认变速器杆处于中间位置，取力器开关扳至“关”的位置。此时计时器开始启动。计时器指示出车辆液压系统的累计使用时间。变速器杆必须处于中间位置，不在中间位置时，操作发动机启动、停止会使车辆移动。

（3）将离合器踏板踩到底，启动发动机。

（4）踩住离合器踏板，将取力器开关扳至“开”的位置。此时计时器开始启动。计时器指示出车辆液压系统的累计使用时间。

（5）缓慢地松开离合器踏板。

（6）通过上述操作，产生油压。冬季温度较低时，请在此状态下进行 5min 左右的预热运转。

（7）油门高低速的操作。将油门切换至油门高速，提高发动机转速，以便快速的支撑好支腿，提高工作效率。工作臂操作时，为了防止液压油温过高，油门应调整为中速或怠速状态。在作业中，请不要用驾驶室内的油门踏板、手油门来提高发动机的转速。这样会使液压油温度急剧上升，造成故障。

（8）水平支腿操作。在 4 个转换杆中，选出欲操作的水平支腿的转换杆，切换至“水平”位置；“伸缩”操作杆扳至“伸出”位置时，水平支腿就会伸出。水平支腿设有不同张幅的绝缘斗臂车，根据不同的张幅，臂的作业范围就会在电脑的控制下做相应的调整。先确认水平支腿伸出方向没有人和障碍物后，再做伸出操作。没有设置支腿张幅传感器的作业车，水平支腿一定要伸出到最大跨距，否则有倾翻的危险。在支腿的位置放置支腿垫板。

（9）垂直支腿操作。将 4 个转换杆切换到“垂直”位置；“伸缩”操作杆扳至“伸出”位置，支腿就会伸出；先确认支腿和支腿垫板之间没有异物后，再放下支腿。放下垂直支腿后，确认以下几点：所有车轮全部离开地面；水平支腿张幅最大和垂直支腿着地的指示灯亮；车架基本处于水平状态，设有水平仪的车辆可根据水平仪进行调整。用手摇动各支腿确认已可靠着地。若未达到上述几点，操作相应的支腿，调节其伸出量或增加支腿垫板。水平支腿不伸出、轮胎不离地、垂直支腿放置不可靠时，车辆会出现倾翻；所有操作杆收回到中间位置，关闭支腿操作箱的盖子。绝对不允许为加大作业半径，而将支腿捆绑在建筑物上或者装上配重。这样做，会引起车辆倾翻、工作臂损坏等重大事故。不要在几个转换杆分别处于“水平”位置或“垂直”位置的状态下，操作水平支腿，这样做会引起水平支腿跑出或使垂直支腿收缩，引起车辆损坏。

（10）收回操作方法要将各支腿收回到原始状态，请按照“垂直支腿→水平支腿”的顺序，按 8 项和 9 项相反的顺序进行收回操作，收回后，各操作杆一定要返回到中间位置。

2. 安装接地棒

（1）在电杆的地线上固定地线盘的接地夹子。

（2）上述操作无法进行（近处没有地线）时，在泥地上先泼上水，将接地棒插进 40cm 以上，将地线盘的接地夹子固定在接地棒上，使其可靠地接地。在未安装接地状态下，不得进行带电作业，也不得在靠近带电电线的地方作业。接地线要定期检查，确保没有断线。

3. 上部操作（工作斗操作）

（1）工作臂的操作。

1）下臂操作（臂的升降操作）。折叠臂式绝缘斗臂车将下臂操作杆扳至“升”，使下臂油缸伸出，下臂升；将下臂操作杆扳至“降”，使下臂油缸缩进，下臂降。直伸臂式绝缘斗臂车则选择“升降”操作杆，扳至“升”，升降油缸伸出，工作臂升起；扳至“降”，使下臂油缸缩回，工作臂下降。

2）回转操作。将回转操作杆按标牌箭头方向扳，使转台回转或左回转。回转角度不受限制，可做 360° 全回转。在进行回转操作前，要先确认转台和工具箱之间是否有人或东西及有可能被夹的其他障碍物。作业车在倾斜状态下进行回转操作，会出现回转不灵活，甚至转不动的情况。因此，一定要使作业车基本水平停放。

3）上臂操作（伸缩操作）。折叠臂式高空车将上臂操作杆扳至“升”，使上臂油缸伸出，伸缩臂升；将上臂操作杆扳至“降”，使上臂油缸缩回，伸缩臂缩。

（2）工作斗摆动操作。将工作斗摆动操作杆按标牌箭头方向扳，使工作斗右摆动或左摆动。

（3）紧急停止操作。接通紧急停止操作杆时，上部的动作均停止，发动机不会停止。在下述情况时可参考操作：

1）工作斗上的作业人员为避免危险情况需停止工作臂的动作。

2）操作控制出现失控的情况。

（4）小吊操作。设有工作斗小吊的绝缘斗臂车小吊的操作请参考以下方法进行：

1）按照下面的顺序进行作业前的准备。把小吊置于水平位置，插入升降调整销，固定小吊；副臂插进臂架槽，用插销固定；把滑轮插进副臂的前端，用螺栓固定；挂好在吊车滚筒内的纤维绳；确定副臂的位置，升降固定销勾在固定装置上，把调整旋转插销放在垂直位置，并固定回转。

2）按照表 ZY0800202001-1 的顺序进行作业前小吊缆绳的检查。

表 ZY0800202001-1　　小吊缆绳的检查表

顺序	项　目	现　象	对　策

模块1 ZY0800202001

续表

顺序	项　目	现　象	对　策
3	末端处理部	损伤，线头松开	有1/2以上的线头散开，容易在绳索内部发生脱落以致套环脱落，请更换； 指示（器）绳被拉到绳索中看不见，说明在绳索内部发生脱落，将导致套环脱落，所以请更换； 目视检查，在外层有一根损伤，就需更换（对起毛多的要注意检查）
4	指示（器）绳（指示绳脱落）	指示（器）绳看不见	
5	绳索	外层损伤	
6	内层损伤	在绳索外侧用触感检查，有凹凸的可能内层已损伤，请更换	
7	绳索	潮湿	潮湿后，将减低绝缘性能，会引起触电，所以绝对不允许进行带电作业。另外，与干燥时相比拉伸强度有明显降低，所以请充分干燥后使用
8	吊钩防脱落装置	损伤	目视检查，有损伤的请更换
9	卸扣	松弛	螺栓应可靠拧紧，如松弛请拧紧

注　绳索应定期更换零件。在使用过程中由于紫外线、材质老化或由于磨损使强度减低，所以即使未损伤，也必须注意每年更换一次。

3）小吊载荷。各种设有工作斗小吊装置的绝缘型液压绝缘斗臂车对小吊设置的起重载荷各不相同，应仔细阅读其使用说明书，按要求操作。

4）操作。将小吊操作杆扳至“升”，吊钩上升；将小吊操作杆扳至“降”，吊钩下降。不能用上下臂的升降操作来起吊物品，否则会损坏副臂，造成重大事故。

5）注意事项。① 不使用小吊时，必须盖好小吊罩盖；② 雨天不要使用；③ 含有水分的绳索要充分干燥后使用；④ 如只是外层松弛，绳索的强度要下降，所以把整根绳索整平为相同张紧力后使用；⑤ 注意在小吊绳索卷筒上不要乱卷绕；⑥ 为保护绳索前端加工部位，请不要将绳索前端红色部位卷入滑轮头部；⑦ 为了防止绳索从卷筒脱落，请不要把绳索尾部的红色部位抽放至滑轮；⑧ 注意绳索不要与锐角物摩擦；⑨ 请不要把绳索当作挂钩绳子使用。

（5）辅助装置的操作。设置辅助装置的绝缘斗臂车用辅助装置操作杆进行操作，主要用来使用液压工具。

1）操作。把油压口的进油、回油及泄油接头和装在油压工具上的接头连接上，把辅助操作杆转换到“工具”这一边，用操作液压工具的操作杆进行操作。

2）注意事项。① 在对液压快速接头装卸时，应把辅助操作杆扳到中间位置。② 绝对不要扭曲、折弯油管。③ 装卸油管时请把金属环的缺口对准插销，拉出金属滑环。④ 装好油管后，旋转金属滑环，将缺口和插销错开。⑤ 要防止快速接头沾上垃圾、泥以及损伤。⑥ 液压工具使用后，一定要把辅助操作杆扳至中间位置。⑦ 把液压工具接到液压口之前，要先确认一下油压口的最大吐出流量是否和油压工具的必要流量相符合，若流量不相符合，液压工具不能正常进行工作。油压口的最大流量和最大压力，各类型车辆各不相同，使用前务必了解清楚。液压工具的必要流量请参考工具的操作说明书。⑧ 不使用辅助装置时，请把油压口的接头用附带的盖子盖好，如果不盖住的话，垃圾等物会进入油管造成油压零件的故障。

4. 下部操作（转台处的操作）

（1）工作臂的操作。在工作臂收回到托架上的状态下，不可进行工作臂的回转操作。

1）下臂操作（或升降操作）。折叠臂式绝缘斗臂车，将下臂操作杆扳至“升”，使下臂油缸伸出，下臂升；将下臂操作杆扳至“降”，使下臂油缸缩进，下臂降。直伸臂式绝缘斗臂车，选择“升降”操作杆，扳至“升”，升降油缸伸出，工作臂伸长；扳至“缩”，伸缩油缸缩回，工作臂降落。

2）上臂操作（或伸缩操作）。折叠臂式绝缘斗臂车，将上臂操作杆扳至“升”，使上臂油缸伸出，上臂升；将上臂操作杆扳至“降”，上臂油缸缩进，工作臂降落。直伸臂式绝缘斗臂车，选择“伸缩”操作杆，扳至“伸”，伸缩油缸伸出，工作臂伸长；扳至“缩”，伸缩油缸缩回，工作臂缩短。

3）回转操作。将回转操作杆按标牌箭头方向扳，转台左回转或右回转。

（2）紧急停止操作。使用紧急停止操作杆进行紧急停止操作。接通紧急停止操作杆时，上部及下部操作的全部动作均停止，上述操作主要在以下情况时进行：

1）地面上的人员判断继续由上部进行操作会出现危险的情况；

2）操作控制出现失控的情况。

（3）应急泵的操作。该操作用应急泵开关来进行。绝缘斗臂车因发动机或泵出现故障，是操作无法进行时，可启动应急泵，使工作斗上的作业人员安全降到地面。只有在应急开关“接通”时，应急泵工作。应急泵一次动作时间在 30s 内，到下一次启动，必须要等待 30s 的间隔才可以进行。为了防止损坏应急泵，应急泵不要用于常规作业，也不要在不符合的状态下进行动作。操作前须确认取力器和发动机钥匙开关拨至“ON”位置。

三、使用绝缘斗臂车的注意事项

在使用绝缘斗臂车进行作业之前，必须全面了解绝缘斗臂车的操作步骤及性能，操作员必须经过专门的技术培训。同时为了确保作业安全，绝缘斗臂车必须设有专用车库。

1. 作业前的检查

在开始作业之前，应进行作业前的检查。

（1）作业前检查时，作业车应处于保管放置的状态：水平支腿全缩、垂直支腿伸至最大行程。

（2）擦掉活塞杆上涂的防漆油。

（3）环绕车辆进行目测检查，看有无漏油、标牌及车体损坏的情况。标牌损坏及污损会影响到正确的使用，要先清除污损换上新的标牌。

（4）检查工作斗有无破损、变形，检查工作斗（工作斗内衬）、副吊臂、临时横杆等有无损伤、污垢及积水。

（5）启动发动机，产生油压，操作垂直支腿伸出，用于检查在保管中有无油缸漏油。在取力器切换后，检查传动轴等方面有无出现异响。如果垂直支腿伸出后出现自然回落的现象，须进行检查。

（6）检查液压油的油量。

（7）在下面状态下进行：① 车辆水平设置；② 水平支腿全收回；③ 工作斗摆动在中间收回状态；④ 工作斗电源关闭；⑤ 油门低速；⑥ 慢操作；⑦ 工作斗零负荷；⑧ 性能开关切换至小臂。

（8）检查并确认安全装置正确动作。

（9）检查操作杆和开关，检查各部分动作是否正常，有无异常声响。

（10）检查工作斗的平衡，重复几次上臂及下臂的操作，检查工作斗是否保持在水平状态。

（11）检查安全带挂钩的绳索有无磨损。

（12）在工作斗内操纵各操作杆，检查各部分动作是否正常，有无异常声响。

（13）收回各液压装置至原始位置，关闭取力器及总电源，检查各部件有无漏油现象。

（14）每月进行一次定期的自行检查（月度检查及年度检查），并将检查的结果记录保存。

（15）带电绝缘斗臂车，需要在每 6 个月内做一定期的绝缘性能方面的检查。

（16）在做定期检查的时候（包括日常维护、作业前检查、维修等），不要进入工作臂及工作斗的下方。

2. 行驶中的注意事项

（1）作业车在行驶时，必须达到以下状态：工作臂、工作斗及支腿收回到原始位置；小吊副臂移至水平位置；扣好小吊回转固定销；卸下液压工具油管；接地线收到滚筒上。若不收回工作臂、工作斗及支腿时行驶，将改变车辆的尺寸和平衡，是十分危险的。不要在工作斗内载人的状态下行驶。

（2）全部卸下工作斗内的工具等物品，然后盖好工作斗外罩。工作斗内装载工具等重物时行驶，因行驶的振动可能会造成工作斗装置的损坏。行驶时，将工作斗收回到原始位置并可靠的挂好固定工作臂的缆绳或工作斗的缆绳。绝缘斗臂车带有高空作业装置，比一般车辆重，重心也较高。因此不能急刹车，不能急拐弯，以防止发生翻车事故。在下雪天时，为防止各机械及操作装置冻结，要装好工作斗外罩。

因油压发生装置出于工作状态，可能造成工作臂等装置动作和油压发生装置的损坏。

（4）轮胎的气压过低会降低行驶的安全性，轮胎的气压要保持在规定的压力范围内，更换轮胎时，要使用规定的轮胎。

（5）在长坡道、雨天、冰冻及积雪路面行驶时，因刹车性能减弱，要控制车辆的行驶速度。

（6）行驶在有高度限制的道路上，要注意不要使工作臂部分和工作斗碰到建筑物上，作业车的总高度标示在驾驶室内的铭牌上。在松软的道路、木桥及有质量限制的道路上行驶时，应先确认能否行驶。

（7）在工具箱及装载区堆放工具等物品，装载时不许偏载，不许超载，要可靠地固定，以防因行驶中的振动而倒塌。在行驶前，要可靠地关闭工具箱的门并加上锁。

（8）作业车因有高空作业装置，后方的视野较差，在倒车时，必须有人指挥，按照指挥者的指令驾驶。

（9）从高空作业装置上掉下来的液压油或润滑脂等沾在前挡风玻璃上时，会使视线变差，要注意清除。

3. 作业前的注意事项

（1）绝缘斗臂车的操作员必须经过专业的技术培训，并且由接受任务的操作员来进行操作。作业前，必须佩戴安全用具，正确穿着服装。在带电线路上及带电线路附近作业时，一定要使用规定的绝缘防护服用具。破损的绝缘用具有可能有触电的危险，绝对不允许使用。过度疲劳和饮酒后不得驾驶绝缘斗臂车。

（2）注意加强绝缘斗臂车的保养管理工作，加强安全作业的意识。确定作业指挥员，并遵从指挥员的指示进行作业。天气情况恶劣、下雨及绝缘工作斗等部件潮湿时，应停止使用绝缘斗臂车。恶劣天气的标准：强风—10min 内的平均风速大于 10m/s；大雨——次降雨量大于 50mm；大雪——次积雪量大于 25mm。即使在低于上述标准时，也要遵从指挥员的指示进行作业。在开阔平地上空 10m 处的风速概况如表 ZY0800202001-2 所示。平均风速在离开地面的高度越高时就越大。在离地面高度超过 10m 时，应考虑风速的因素，作业高度处的风速应不超过 10m/s。

表 ZY0800202001-2 风 速 概 况

地面上空 10m 处的风速（m/s）	地面上的状况	地面上空 10m 处的风速（m/s）	地面上的状况
5.5～8.0	灰沙被吹起，纸片飞扬	10.8～13.9	树干摇动，电线作响，雨伞使用困难
8.0～10.8	树叶茂盛的大树摇动，池塘里泛起波浪	13.9～17.2	树木整体晃动严重，迎风步行困难

（3）夜间作业时，应确保作业现场的亮度，操作装置部分更要明亮些，以防止误操作。

（4）灰尘及水分附着在工作斗、工作斗内衬、绝缘工作臂上时，会使绝缘性能下降，作业前，必须使用柔软干燥的布擦净。如发现有裂纹、破损处时，应立即到指定的维修点进行修理，当工作斗有潮湿、水分、污垢等情况时，不能完全确保其绝缘性能。

（5）在进行带电作业及接近带电线路作业时，车辆必须做好接地工作。

4. 作业时的注意事项

（1）在进行作业时，必须伸出水平支腿，可靠地支撑车体，确认着地指示灯亮后，再进行作业。水平支腿未伸出支撑时，不得进行旋转动作，否则车辆有发生倾翻的危险（装有支腿张幅传感器及电脑控制作业范围的车辆除外）。在固定水平支腿时，不要使水平支腿支撑在路边沟槽上，沟槽盖板破损时，会引起车辆倾翻。

（2）斗内工作人员要佩戴安全带，将安全带的钩子挂在安全绳索的挂钩上。不要将可能损伤工作斗、工作斗内衬的器材堆放在工作斗内，当绝缘工作斗出现裂纹、伤痕等，会使其绝缘性能降低。工作斗内请勿装高于工作斗的金属物品，工作斗中金属部分接触到带电导线时，有触电的危险。任何人不得进入工作臂及其重物的下方。火源及化学物品不得接近工作斗。

（3）操作工作斗时，要缓慢动作。急剧地操纵操作杆，动作过猛有可能使工作斗碰撞较近的物体，造成工作斗损坏和人员受伤。在进行反向操作时，要先将操作杆返回到中间位置，使动作停止后扳到反向位置。斗内人员工作时，不要使物品从斗内掉出去。

（4）工作中还要注意以下情况：作业人员不得将身体越出工作斗之外，不要站在栏杆或踏板上进行作业。两腿要可靠地站在工作斗底面，以稳定的姿态进行作业。不要在工作斗内使用扶梯、踏板等进行作业，不要从工作斗上跨越到其他建筑物上，不要使用工作臂及工作斗推拉建筑物，不要在工作臂及工作斗上装吊钩、缆绳等起吊物品，工作斗不得超载。

1）水平支腿还未支出时，禁止进行旋转作业，在有屋顶的停车场等地方操作支腿时，防止工作斗碰撞到屋顶。不要将电线杆架在工作斗上，用工作臂抬举电线，不要用吊车进行拉线作业，不要用吊绳横向拉电线。

2）进行起吊作业时，不要让吊绳在支撑角的角上摩擦，防止磨损吊绳。起吊物品时，一定要用吊具，不要直接用吊绳来吊重物。

3）操作工作斗摆物时，要先拔掉吊车的旋转固定销，防止摆动工作斗和副吊臂时，损坏工作斗。

5. 冬季及寒冷地区的注意事项

在冬季室外气温低及降雪等情况下进行作业时，因动作不便可能引起事故，应注意以下情况：

（1）在降雪后进行作业，一定要先清除工作臂托架的限位开关等安全装置、各操作装置及其外围装置、工作臂、工作斗周围部分、工作箱顶、运转部位等部位的积雪，确认各部位动作正常后再进行作业。

（2）清除积雪时，不要采用直接浇热水的方法，防止热水直接浇在操作装置部位、限位开关部位及检测器等的塑料件上，因温度的急剧变化有可能产生裂痕或开裂，同时也会造成机械装置的故障。

（3）开关及操作杆有可能比正常情况重一些，这是由于低温使得各操作杆的活动部分略有收缩引起的，功能方面不会有问题。在动作之前，多操作几次操作杆，并确认各操作杆都已经返回到原始位置之后，再进行正常作业。由于同样的原因，工作臂在动作中可能出现“噗”或“噼”的声音，通预热运转，随着油温及液压部件温度上升，这些声音会随之消失。

（4）作业人员在上下工作斗时，工具箱的上部、车顶踏板处容易滑倒，应小心。

（5）下雪天作业后，在收回工作臂前，先清除工作臂托架上的限位开关处的积雪，然后再收回工作臂。如果不先清除积雪就收回工作臂，就会使积雪冻结，引起安全装置动作不可靠等问题。

（6）在积雪道路上行驶时，将车轮挡泥罩上的凝雪清除干净。

6. 其他注意事项

（1）使用易燃物（燃料、油漆等）要远离火源。

（2）禁止对车辆进行自行改造。

四、绝缘斗臂车的停放

1. 车辆在作业位置上停放时的注意事项

（1）尽量选择既水平又坚固的地方停车，并尽量靠近作业对象。不要在支腿的支撑部分无法与地面可靠接触的不平整地面上作业，不要在冻结的路面上进行作业，防止因冻面裂开或解冻引起车辆滑动或翻倒。

（2）必须挂好手刹车，垫好车轮的三角垫块。

（3）除工作人员外，其他人员不得进入工作区。要设置绕道等标志，防止行人、过往车辆进入施工现场。

2. 操作支腿的注意事项

（1）作业时，必须铺垫板以加固支腿着地部位。

（2）垫板数量不要超过两块，且必须大的放在下面、小的放在上面，保证摆放稳定

（5）放置垂直支腿时，要按从前支腿到后支腿的顺序，防止因后轮的离地而使手刹车失去作用，车辆发生滑动。同样的原因，收回支腿时要按先前支腿后后支腿的顺序收回，且左右支腿应同时收回。

（6）支腿撑地后，检查并确认前后轮胎完全离地，车体停放完全水平。

3. 车辆在斜坡上的停放方法

（1）车辆可停放的最大路面坡度为车辆前后方向上 7° 以内。不要在超过 7° 的路面上停车作业，避免滑行翻车。

（2）车辆要朝下坡方向停，挂上刹车，在全部的车轮下面垫上三角垫块且车辆停放水平。

4. 车辆在冻结或积雪路面的停放方法

（1）车辆在积雪路面停放时，必须先清除积雪，确认路面状况，采取防止滑行的措施后再停放。

（2）车辆在冻结的路面上停放时，避免停放在凹凸不平的路面处，要采用有防滑功能的垫板。放置支腿与收回支腿的顺序与在斜坡路面的顺序相同。

（3）放置后，有时会出现接地指示灯不亮的情况，这是因为水平支腿内框与水平支腿外框之间卷进冰雪而造成的偶发故障。此时，可重复作几次支腿进出动作。如果内外框上有冰雪，除去冰雪即可正常。在确认接地指示灯亮后再进行作业。支腿在收回的时候，也会出现同样的情况，即指示灯不熄灭，可采用同样的方法排除故障。

（4）作业完毕后，路面和支腿的底座之间的支腿垫板可能会冻结粘在一起，这时进行支腿收回作业会使车体倾斜或因冻结的支腿垫板损坏车体。应先敲打支腿垫板，解开冻结后再收回支腿。

【思考与练习】

1. 绝缘斗臂车的类型有哪些？
2. 使用绝缘斗臂车的注意事项有哪些？
3. 绝缘斗臂车的停放有哪些注意事项？

模块 2 带电作业用绝缘斗臂车的维护及试验（ZY0800202002）

【模块描述】本模块介绍带电作业用绝缘斗臂车的维护及试验。通过要点讲解和试验方法介绍，熟悉带电作业用绝缘斗臂车的维护及检测项目的试验方法及要求。

【正文】

一、绝缘斗臂车的维护和保养

1. 液压油的使用及更换

如果长期使用液压油而不进行更换，在液压油的清洁度降低或变质后，液压油的电气性能会降低，从而影响绝缘斗臂车的性能，所以对液压油有以下几点要求：

（1）在购新车使用 100h 或一个月（计数器读数）后，进行第一次液压油的更换。以后每 1200h 或 12 个月更换一次液压油。

（2）加油时，油位控制在游标的 H～L 之间。

（3）每次更换液压油时，都要清洗油箱，清洗或更换回油过滤器及吸油过滤器的滤芯。

2. 润滑

按规定的周期对车辆进行润滑保养，将提高整车的性能，延长绝缘车的使用寿命。润滑要求如下：

（1）按车辆的润滑图给各部位加油。

（2）每 30h 或每周一次对以下部件进行润滑：起吊部、摆动部、工作斗回转轴、平衡油缸、升降油缸、工作臂轴、回转臂轴。

（3）每 100h 或一个月、800h 或 6 个月对以下部件进行润滑：中心回转体、转动轴。

（4）以下部位每 1200h 或 12 个月更换一次油脂（第一次更换的时间为 100h 或 1 个月）：小吊减速机齿轮油、同轴减速器齿轮油。

3. 车辆保管注意事项

（1）经常清洗或清扫各部位。不要用高压水冲洗，冬季要防止冻结。

（2）车辆应停放在专用合格的库房内，特殊情况需停放在室外时，要选择平坦的地面停车。工作斗和绝缘臂应加装防护罩。

4. 常见故障及处理方法见表 ZY0800202002-1

表 ZY0800202002-1　　常见故障及处理方法

<table>
<tr><th colspan="2">故障情况</th><th colspan="2">主要原因</th><th>采取措施</th></tr>
<tr><td colspan="2" rowspan="3">全部的操作杆不能操作（支腿的上部、下部）</td><td>泵没有转动</td><td>（1）取力器没有工作；
（2）取力器没有挂上；
（3）传动轴损坏</td><td>（1）修理或更换取力器；
（2）挂上取力器；
（3）更换</td></tr>
<tr><td>压力升不上去</td><td>（1）泵不正常；
（2）溢流阀不正常</td><td>（1）修理；
（2）修理或更换</td></tr>
<tr><td>互锁电磁阀没有工作</td><td>（1）电源未打开或电源熔丝断开；
（2）互锁熔丝断开；
（3）连接电线断开或插件损坏</td><td>（1）打开电源或更换熔丝；
（2）更换；
（3）修理或更换</td></tr>
<tr><td colspan="2">车辆上部不动作，支腿动作正常</td><td>互锁电磁阀没有切换</td><td>（1）支腿没有接地或接地不实，接地指示灯不亮；
（2）行程开关不正常；
（3）互锁电磁阀不正常</td><td>（1）重新操作支腿至接地指示灯亮；
（2）更换或调节行程开关；
（3）修理或更换</td></tr>
<tr><td colspan="2">应急泵不工作</td><td colspan="2">（1）按钮开关不正常；
（2）电线断或连接插件损坏；
（3）应急泵继电器不正常；
（4）应急泵损坏</td><td>（1）修理或更换；
（2）修理或更换；
（3）修理或更换；
（4）更换</td></tr>
<tr><td colspan="2">示宽灯不正常</td><td colspan="2">（1）示宽灯灯泡损坏；
（2）闪光继电器不正常；
（3）按钮开关损坏</td><td>（1）更换；
（2）更换；
（3）更换</td></tr>
<tr><td colspan="2">作业灯不亮</td><td colspan="2">（1）熔丝断；
（2）灯泡损坏；
（3）按钮开关损坏；
（4）电线断</td><td>（1）更换；
（2）更换；
（3）更换；
（4）更换</td></tr>
<tr><td>升降</td><td>工作速度极慢，自然下降</td><td colspan="2">（1）泵不正常；
（2）溢流阀不正常；
（3）操作阀不正常；
（4）液压锁不正常；
（5）油缸内部泄漏</td><td>（1）更换；
（2）修理或更换；
（3）修理或更换；
（4）修理或更换；
（5）修理或更换</td></tr>
<tr><td>伸缩</td><td>不能圆滑地旋转和停止时摆动过大</td><td colspan="2">（1）电动机不正常；
（2）回转减速机不正常；
（3）回转支承磨损；
（4）齿轮啮合不良或夹进异物</td><td>（1）更换；
（2）修理或调整；
（3）更换；
（4）调整齿轮间隙或清除异物</td></tr>
</table>

二、绝缘斗臂车的检测

绝缘斗臂车的检测方法的依据是 DL/T 854—2004《带电作业用绝缘斗臂车的保养维护及在使用中的试验》、DL 409—1991《电业安全工作规程（电力线路部分）》而进行的。绝缘斗臂车一般的检测项目有：

（1）斗及斗内衬耐压及泄漏电流检测；

（2）绝缘臂的耐压及泄漏电流检测；

（3）工作斗内小吊车臂耐压检测；

（4）悬臂内绝缘拉杆耐压检测；

（5）整车耐压及泄漏电流检测；

（6）液压软管的性能检测；

（7）液压油耐压检测。

表 ZY0800202002-2 工作斗及斗内衬耐压及泄漏电流检测试验参数

额定电压（kV）	试验距离（m）	1min 工频耐压试验（kV）		交流泄漏电流试验	
		型式试验	成品（出厂试验）	试验电压（kV）	泄漏值（μA）
10	0.4	100	50	20	≤200

（1）工频耐压试验布置见图 ZY0800202002-1。试验过程中，无火花、飞弧或击穿，无明显发热（容限 10℃）为合格。

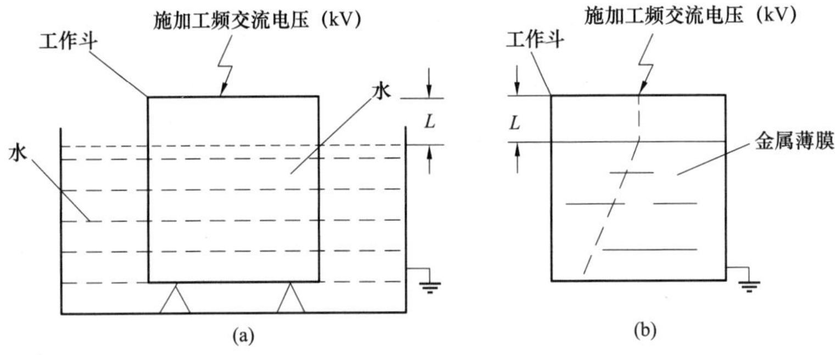

图 ZY0800202002-1 工频耐压试验布置图

（a）方法 1：工作斗内外加水（可拆卸式）；（b）方法 2：工作斗内外包金属薄膜（固定式）

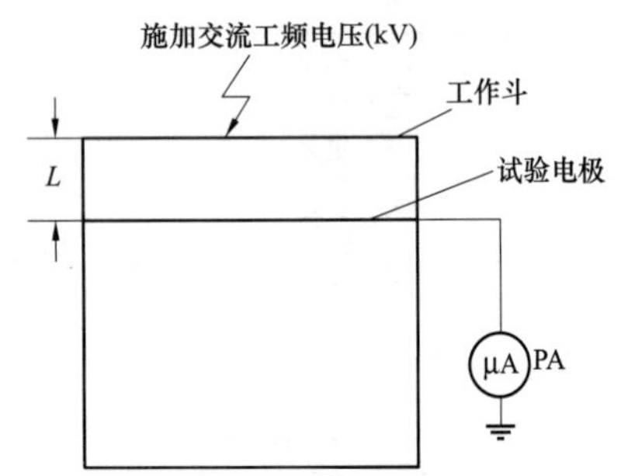

图 ZY0800202002-2 泄漏电流检测试验布置图

（2）泄漏电流检测试验布置见图 ZY0800202002-2。

2. 绝缘臂的耐压及泄漏电流检测（悬臂内绝缘拉杆、工作斗内小吊车臂耐压检测与绝缘臂的耐压检测相同）

一般采用连续升压法升压，试验电极一般采用宽为 12.7mm 的导电胶带设置，试验参数见表 ZY0800202002-3。

（1）绝缘臂、悬臂内绝缘拉杆、工作斗内小吊车臂的工频耐压试验方法基本一致，试验布置见图 ZY0800202002-3。

（2）绝缘臂泄漏电流检测试验布置见图 ZY0800202002-4。

表 ZY0800202002-3 绝缘臂的耐压及泄漏电流检测试验参数

额定电压（kV）	试验距离（m）	1min 工频耐压试验（kV）		交流泄漏电流试验	
		型式试验	成品（出厂）试验	试验电压（kV）	泄漏值（μA）
10	0.4	100	50	20	≤200
35	1.5	150	105	70	
63	0.7	175	141	105	
110	1.0	250	245	126	
220	1.8	450	440	252	

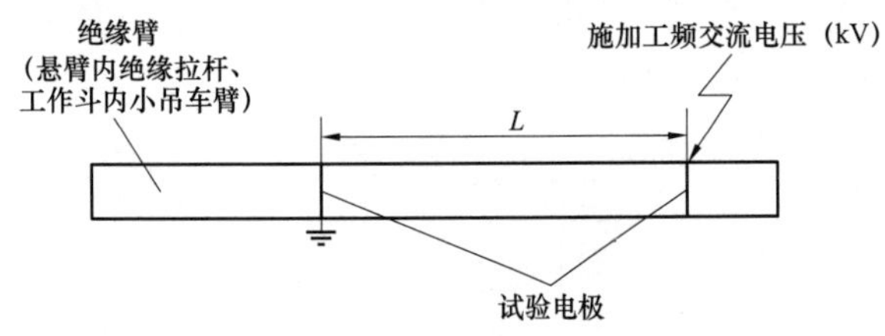

图 ZY0800202002-3 绝缘臂（悬臂内绝缘拉杆、工作斗内小吊车臂）的工频耐压试验布置图

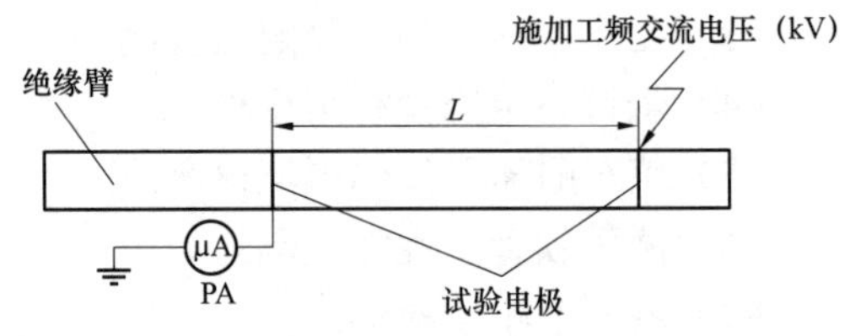

图 ZY0800202002-4 绝缘臂泄漏电流检测试验布置图

3. 整车耐压及泄漏电流检测

（1）接地部分与工作斗之间仅绝缘臂绝缘的斗臂车，其试验参数见表 ZY0800202002-4。

表 ZY0800202002-4　　接地部分与工作斗之间仅绝缘臂绝缘的斗臂车耐压及泄漏电流检测试验参数

额定电压（kV）	试验距离（m）	1min 工频耐压试验（kV）		交流泄漏电流试验	
		型式试验	成品（出厂）试验	试验电压（kV）	泄漏值（μA）
10	0.4	100	50	20	≤200
35	1.5	150	105	70	
63	0.7	175	141	105	
110	1.0	250	245	126	
220	1.8	450	440	252	

整车耐压试验布置见图 ZY0800202002-5。

（2）具有上下操作功能及自动平衡功能（有承受带电作业电压的胶皮管、液压油、光缆、平衡拉杆等）的斗臂车，其耐压和整车泄漏电流试验参数见表 ZY0800202002-5。整车耐压试验布置见图 ZY0800202002-6。交流泄漏试验布置见图 ZY0800202002-7。

（3）斗臂上具有绝缘臂段的斗臂车，该绝缘臂段的试验布置见图 ZY0800202002-8。

表 ZY0800202002-5　　斗臂车耐压和整车泄漏电流试验参数

额定电压（kV）	试验距离（m）	1min 工频耐压试验（kV）		交流泄漏电流试验	
		型式试验	成品（出厂）试验	试验电压（kV）	泄漏值（μA）
10	0.4	100	50	20	≤200
35	1.5	150	105	70	
63	0.7	175	141	105	
110	1.0	250	245	126	
220	1.8	450	440	252	

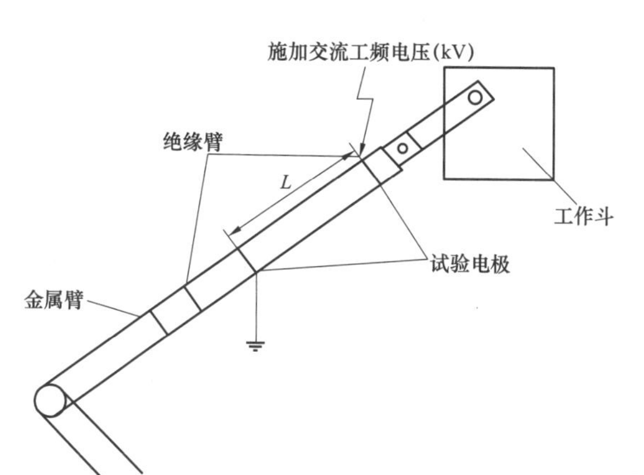

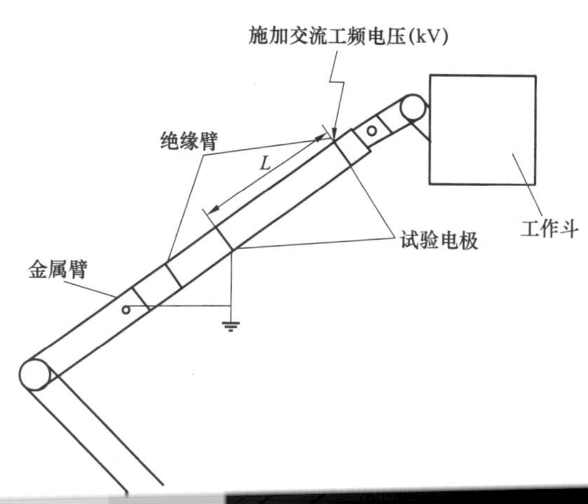

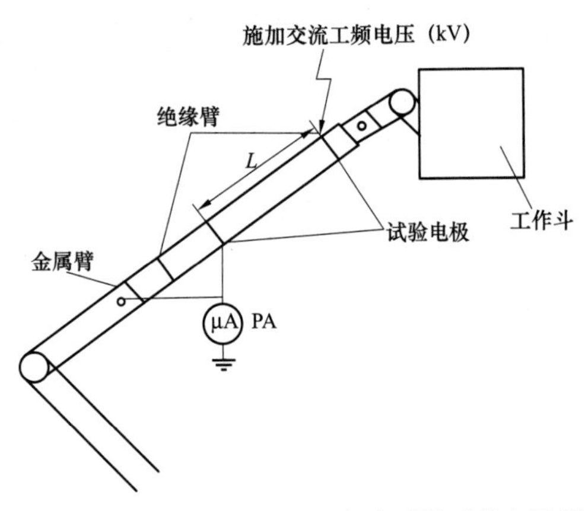

图 ZY0800202002-7　交流泄漏试验布置图

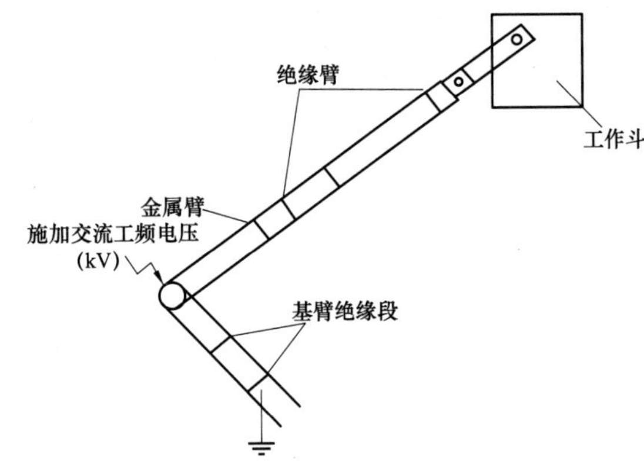

图 ZY0800202002-8　绝缘臂段的试验布置图

4. 液压软管的性能检测

（1）液压试验。

（2）电气试验。

1）交流耐压试验；

2）交流泄漏试验；

3）胶皮管漏油试验（抽样）；

4）机械疲劳试验，试验方法见图 ZY0800202002-9；

5）长度改变试验，胶皮管改变的百分比计算式为

$$\text{胶皮管改变的百分比}=\frac{\text{加压后长度}-\text{加压前长度}}{\text{加压前长度}}\times 100\%$$

6）冷弯试验，胶皮管长度计算式为

$$\text{胶皮管长度}=\frac{\pi\times\text{最小弯曲直径}}{2}+2\times\text{胶皮管外径}$$

7）受损后的试验。

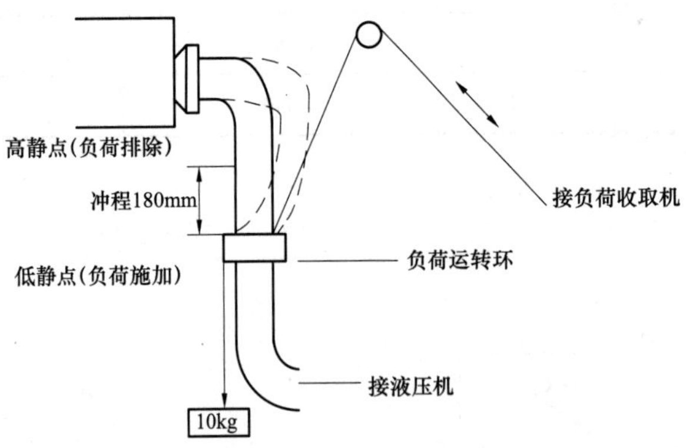

图 ZY0800202002-9　胶皮管机械疲劳试验方法

5. 液压油耐压检测

绝缘斗臂车接地部分与作业斗之间承受带电作业电压的液压油应进行耐压检测。

【思考与练习】

1. 如何维护和保养绝缘斗臂车？

2. 绝缘斗臂车一般检测的项目有哪些？

模块 2　ZY0800202002

第九章　绝缘杆间接作业法

模块1　绝缘杆作业法断、接直线支接引线（ZY0800203001）

【模块描述】本模块介绍绝缘杆作业法断、接直线支接引线工作程序及相关安全注意事项。通过流程和操作要点讲解，了解绝缘杆作业法断、接直线支接引线作业中的危险点预控措施，掌握绝缘杆作业法断、接直线支接引线作业的操作技能、工艺标准和质量要求。

【正文】

一、作业内容

本模块主要讲述绝缘杆作业法采用并沟线夹拆装杆断、接10kV架空配电线路（单回路三角排列）直线支接杆引线，该引线与主导线固结的器件采用并沟线夹。

二、作业方法

本模块主要介绍采取脚扣和升降板登杆进行的绝缘杆作业法。

1. 断（拆）引线

主要介绍并沟线夹搭接的引线的拆除方法，引线如采用安普线夹或绝缘穿刺线夹搭接，拆引线则必须用其他的专用工具，在此不再赘述。当引线运行时间较长，运行环境又较差时，并沟线夹搭接部位往往有锈蚀现象，较难拆卸，作业时间较长，劳动强度相对较大。并沟线夹一般均侧向安装，需要专用操作杆——并沟线夹装拆杆来拆除引线，基本方法见图ZY0800203001-1。

2. 接引线

乡村10kV配电线路较多采用裸导线，使用并沟线夹法较多，搭接示意图见图ZY0800203001-2。

图ZY0800203001-1　并沟线夹装拆杆拆卸并沟线夹示意图

图ZY0800203001-2　并沟线夹法搭接引线示意图

三、作业前准备

1. 作业条件

本作业应在良好天气下进行，如遇雷电（听见雷声、看见闪电）、雪雹、雨雾和空气相对湿度超过80%时禁止进行作业，风力大于5级（10m/s）时不宜进行作业。

其中工作负责人 1 名（监护人）、杆上电工 2 名、地面电工 1 名。

3. 工器具及材料准备

（1）断（拆）引线所需主要工器具见表 ZY0800203001-1。

表 ZY0800203001-1　　断（拆）引线所需主要工器具

序号	名称		型号/规格	单位	数量	备注
1	个人安全防护用具	绝缘安全帽		顶	2	
2		绝缘手套		副	2	
3	绝缘遮蔽用具	导线绝缘遮蔽罩		只	若干	
4	绝缘工具	绝缘吊绳		根	1	
5		绝缘锁杆		副	1	夹持引线用
6		并沟线夹装拆杆		副	1	拆卸并沟线夹的专用操作杆 图 ZY0800203001-3　并沟线夹装拆杆
7		线夹夹持杆		副	1	防止并沟线夹拆卸后脱落，造成高空落物，在拆卸并沟线夹时需使用线夹夹持杆夹住线夹
8		遮蔽罩安装杆		副	1	用来将导线绝缘遮蔽罩设置在架空线上，或从架空线上将导线绝缘遮蔽罩取下来

注　已略去配电线路带电作业常备的工器具（如绝缘电阻测量仪表）、登杆工具和材料等。

（2）搭接引线所需主要工器具、材料见表 ZY0800203001-2。

表 ZY0800203001-2　　并沟线夹法搭接引线所需主要工器具、材料

序号	名称		型号/规格	单位	数量	备注
1	个人安全防护用具	绝缘安全帽		顶	2	
2		绝缘手套		副	2	
3	绝缘遮蔽用具	导线绝缘遮蔽罩		只	若干	
4	绝缘工具	绝缘吊绳		根	1	
5		绝缘测距杆		副	1	
6		遮蔽罩安装杆		副	1	
7		导线清洁刷		副	1	
8		线夹操作杆		副	1	
9		绝缘锁杆		副	1	
10		套筒操作杆		副	1	
11	绝缘手工工具	绝缘柄扳手		把	1	
12	普通工具	剥线钳		把	1	
13		压接钳		把	1	
14		断线钳		把	1	
15	材料	并沟线夹		只	6	
16		绝缘导线		m	若干	
17		铜铝接头		只	3	

4. 作业流程图

（1）断（拆）引线作业流程见图 ZY0800203001-4。

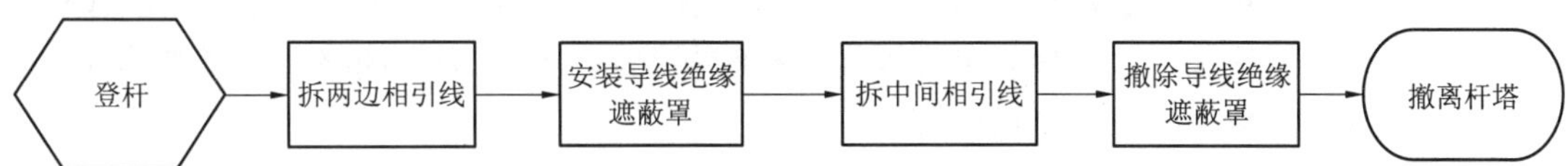

图 ZY0800203001-4　断（拆）引线作业流程图

（2）搭接引线作业流程见图 ZY0800203001-5。

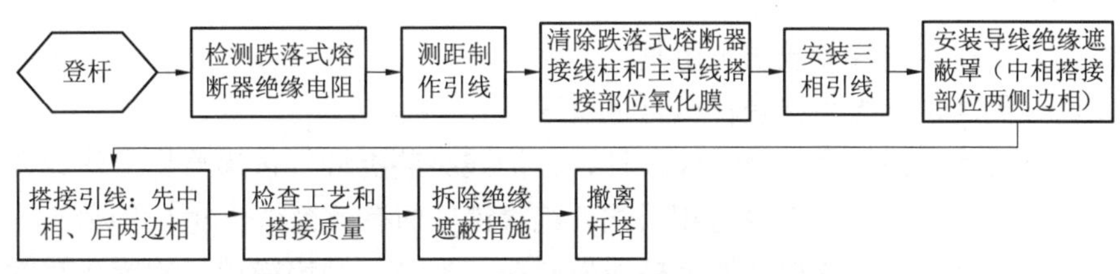

图 ZY0800203001-5　搭接引线作业流程图

四、危险点分析及控制措施

影响到断（拆）、搭接引作业的危险点分析及控制措施基本相同，见表 ZY0800203001-3。

表 ZY0800203001-3　　危险点分析及控制措施

序号	防范类型	危　险　点	控　制　措　施	备注
1	触电	分支线路倒送电，杆上工作人员站位较高碰触分支线路	（1）工作前，应确认分支线有防倒送电措施（如分支线应挂设接地线）； （2）如有同杆架设的低压线路，应确认低压线已采取停电、接地措施	
		气象条件不符合《国家电网公司电力安全工作规程（线路部分）》要求，引起绝缘工器具表面泄漏电流增大	遇到天气突然变化，工作负责人应立即命令杆上作业人员停止作业，并恢复线路装置状态	
		绝缘工器具不合格，作业时绝缘工器具表面泄漏电流增大； 在接引线工作时，由于跌落式熔断器绝缘损坏，泄漏电流过大或导致相对地短路	（1）出库时检查试验标签应在试验周期内； （2）现场作业前对绝缘工器具进行表面检查和表面绝缘电阻检测； （3）作业时必须使用绝缘手套，而且绝缘手套仅作辅助绝缘； （4）在接引线工作前应确认跌落式熔断器绝缘完好，上下接线板间绝缘电阻应大于或等于 300MΩ，上、下接线板与安装板之间绝缘电阻应大于或等于 150MΩ	
		带负荷断、接引线，电弧灼伤工作人员	到达现场后，应首先确认支线开关如跌落式熔断器已断开，熔管已取下	
		作业时，安全距离不足引起触电	（1）作业时，作业工具最小有效绝缘长度应大于或等于 0.7m； （2）人身与带电作业体的安全距离不得小于 0.4m，不能满足以上距离时，应采用绝缘遮蔽、隔离措施； （3）为避免引起相间短路和相对地短路，先拆两边相的引线，再拆中间相引线； （4）在断（拆）、接中间相引线时为避免引线脱落同时碰触边相导线和电杆或横担，从而导致相对地短路，应先在边相导线上设置导线绝缘遮蔽罩； （5）线路停电仍然当作有电处理	
		过电压	禁止在有雷电活动（听见雷声、看见闪电）时进行作业，在以电缆为主的城市 10kV 配电网络的架空线路上进行作业，作业前应联系调度停用线路重合闸	
2	高空坠落	登高工具有损伤，或超出试验周期	登杆前，检查脚扣（登高板）和安全带并作冲击试验	
		登杆、作业时不按要求使用安全工具	杆上作业人员登杆过程中应全程使用安全带	
		倒杆	登杆作业前，检查拉线和杆根	

五、操作过程及工艺和质量要求

1. 断（拆）引线

（1）工作负责人核对现场装置双重命名，并确认现场是否具备带电作业工作票所列的作业条件。

作业条件包括：气象条件、杆根与电杆埋深、拉线状况、引流线后端线路开关或跌落式熔断器已拉开使所断引流线无负荷、防倒送电措施等。

（2）与调度联系，确认作业线路重合闸已退出。

（3）召开现场站班会。

（4）布置工作现场。

（5）检查工器具。

（6）杆上作业人员穿戴绝缘安全防护用具。

（7）杆上作业人员携带绝缘吊绳登杆至合适位置。

（8）地面作业人员使用绝缘吊绳将绝缘锁杆、并沟线夹装拆杆等传递给杆上作业人员。

（9）杆上 2 号电工用绝缘锁杆锁住边相引线。绝缘锁杆的有效绝缘长度大于或等于 0.7m，且应注意作业中绝缘锁杆是否会与跌落式熔断器上接线板碰触，如是，则绝缘锁杆的绝缘有效长度应从跌落式熔断器上接线板与绝缘锁杆可能碰触的部位算起到手持部位的距离大于或等于 0.7m。

（10）杆上 1 号电工用并沟线夹装拆杆拆卸并沟线夹。并沟线夹装拆杆的有效绝缘长度的注意事项同（9）。

注意：杆上作业人员站位要合适，配合要密切，要注意防止线夹和螺杆脱落造成高空落物，在线夹螺杆全部松下之前可用线夹夹持工具夹住线夹。

（11）按照上述方法拆卸另一边相引线。

（12）地面作业人员使用绝缘吊绳将安装遮蔽罩绝缘杆和导线绝缘遮蔽罩传递给杆上作业人员。

（13）杆上作业人员将导线绝缘遮蔽罩设置在中间相引线两侧的主导线上。每侧主导线上的遮蔽应有足够长度，遮蔽材料接合部分的重叠距离应大于或等于 15cm。设置绝缘遮蔽、隔离措施时应遵循“从近到远、从下到上、先大后小”的原则。

（14）杆上作业人员拆除中间相引线。引线在向下移动过程中应防止与电杆、构件等碰触，且要保持一定距离，以防引起相对地短路。

（15）杆上作业人员由远到近撤除导线绝缘遮蔽罩。撤除绝缘遮蔽、隔离措施时应遵循“从远到近、从上到下、先小后大”的原则。

（16）检查完毕，杆上作业人员撤离杆塔返回地面。

（17）清理现场。

（18）工作负责人召开现场收工会。

（19）工作负责人联系调度，恢复线路重合闸。

2. 搭接引线

（1）工作负责人核对现场装置双重命名，并确认现场是否具备带电作业工作票所列的作业条件。

作业条件包括：气象条件、杆根与电杆埋深、拉线状况、引流线后端线路开关或跌落式熔断器已拉开使所接引流线无负荷、防倒送电措施等。

（2）与调度联系，确认作业线路重合闸已退出。

（3）召开现场站班会。

（4）布置工作现场。

（5）检查工器具。

（6）杆上作业人员穿戴绝缘安全防护用具。

（7）杆上作业人员携带绝缘吊绳登杆至合适位置。

（8）地面作业人员使用绝缘吊绳将绝缘测距杆传递给杆上作业人员。

（9）杆上作业人员依次检查三相跌落式熔断器的绝缘电阻是否符合要求，如不符合要求则更换新的完好的跌落式熔断器。

（10）杆上作业人员使用绝缘测距杆测量引线需要的长度，并由地面作业人员制作三相引线并圈好。

（11）地面作业人员使用绝缘吊绳将三相引线传递给杆上作业人员，杆上作业人员将引线安装到跌落式熔断器上桩头。

注意：杆上作业人员安装引线时，必须注意站位的高度，引线对导体的安全距离保持大于或等于 0.4m。

（12）地面作业人员使用绝缘吊绳将遮蔽罩安装杆、导线绝缘遮蔽罩传递给杆上作业人员。

（13）杆上作业人员将导线绝缘遮蔽罩安装在中间相引线两侧的主导线上。

注意：每侧主导线上的遮蔽应有足够长度，遮蔽物之间的重叠距离应大于或等于 15cm。

（14）地面作业人员使用绝缘吊绳将（绝缘杆）导线清洁刷传递给杆上作业人员，杆上作业人员清洁主导线的引线搭接部位氧化膜。

（15）地面作业人员使用绝缘吊绳将锁杆、线夹操作杆、套筒操作杆传递给杆上作业人员。

（16）杆上作业人员用锁杆依次锁住三相引线试搭，调整引线的长度。试搭顺序为先边相，最后中间相。

（17）杆上作业人员使用线夹操作杆将并沟线夹传送到中间相主导线搭接位置上，将主导线放入并沟线夹槽内。然后用锁杆锁住中间相引线，并调整引线搭接部位的部分导体的角度后，将引线放入到并沟线夹的另一槽。最后使用套筒操作杆紧固并沟线夹的螺栓，检查搭接质量后调整引线。引线露出并沟线夹的长度不得大于 5cm。

（18）杆上作业人员用遮蔽罩安装杆取下两边相主导线上的导线绝缘遮蔽罩，并传递到地面。

（19）杆上作业人员按照搭接中间相引线的方法依次搭接另两相的引线。

（20）检查完毕，杆上作业人员撤离杆塔返回地面。

（21）清理现场。

（22）工作负责人召开现场收工会。

（23）工作负责人联系调度，恢复线路重合闸。

六、其他作业方法

绝缘杆作业法断、接直线支接引线根据现场对运行和各地区工艺要求的不同还有其他多种方式，各有特点。

（1）其他绝缘杆作业法断直线支接引线常用方法及其特点见表 ZY0800203001-4。

表 ZY0800203001-4　　绝缘杆作业法断直线支接引线常用方法及其特点

序号	引线搭接方式	断引线常用方法	特　点
1	缠绕法	将引线和线路主导线连接的绑扎线拆开并剪断	速度慢
2	临时线夹	引流线夹法采取临时线夹将引线搭接在主导线上，可以使用临时线夹操作杆拆卸临时线夹	当线夹有锈蚀时较难拆卸，易引起导线较大幅度晃动

有时也可用绝缘剪线杆在搭接部位剪断引线。该方式简便易行、效率高，但会在线路上遗留下线夹和少量引线，必须结合停电检修时将残留物及时拆除。

（2）其他绝缘杆作业法接直线支接引线常用方法及其特点见表 ZY0800203001-5。

表 ZY0800203001-5　　绝缘杆作业法接直线支接引线常用方法及其特点

序号	方　式		特　点
1	缠绕法	用绕线器使用绑扎线将引线和线路主导线绑扎在一起。当主线路为绝缘导线时，需要将缠绕部位的绝缘皮削去	速度慢。当主导线是绝缘导线时，应做好防水防腐处理。要保证扎线的长度，扎线的材质应与被接导线相同，直径应适宜
2	临时线夹法	临时线夹法采取临时线夹将引线挂接在主导线上。当主线路为绝缘导线时，需要将缠绕部位的绝缘皮削去	简便易行、效率高。但一般只适用于负荷电流小的临时用户。当主导线是绝缘导线时，应做好防水防腐处理
	绝缘线刺	用绝缘线刺穿线夹装拆杆将绝缘线刺穿线夹安装在	简便易行、效率高，但会在线路上遗留下线夹和

当绝缘导线上采用并沟线夹、临时线夹或缠绕法接引线时，需要剥去绝缘导线接引线位置的绝缘层。采用间接作业法对绝缘导线进行剥皮需要专用的工器具。

需要注意的是：剥除绝缘导线的绝缘层时不要伤及导线，接引后必须使用3M胶带对主导线绝缘破损处进行缠绕包扎作防水防腐处理。

【思考与练习】

1. 试阐述绝缘杆的有效长度的概念。10kV配电线路带电作业中，绝缘杆的有效长度应为多少？

2. 进行10kV配电线路间接作业法带电作业，是否需要停用作业线路的重合闸？

3. 针对三角排列单回路装置，绝缘杆作业法断引线作业中应采取怎样的遮蔽隔离措施，有何具体作用？

模块2 编写绝缘杆作业法断、接直线支接引线作业指导书（ZY0800203002）

【模块描述】本模块介绍绝缘杆作业法原理、现场作业指导书编写和绝缘杆作业法断、接引线。通过原理讲解、要点介绍和实例展示，掌握绝缘杆作业法断、接引线现场标准化作业指导书编写的注意事项、格式及其要求。

【正文】

一、绝缘杆作业法原理

绝缘杆作业法属于间接作业法，间接作业人员以绝缘工具替代双手工作，不直接接触导体，而是与带电体保持安全距离，用各种绝缘工器具对带电设备进行检修的作业。此种作业方法难以完成远距离、复杂、细致的检修工作，这是它的突出缺点。间接作业人员无需占据带电设备固有净空，使它的应用范围不会受到电压等级和净空的限制，这又是间接作业法的突出优点。直接作业法和间接作业法是相辅相成的，在带电作业中是很难区分它们高低与优劣的。

作业人员可以使用脚扣、升降板在电杆上进行绝缘杆作业，也可以在绝缘斗臂车绝缘斗（绝缘槽）中进行。在作业范围窄小或线路多回架设，作业人员有可能触及不同电位的电力设施时，作业人员应穿戴绝缘防护用具，并对带电体进行绝缘遮蔽。绝缘防护用具一般最少应戴绝缘帽和绝缘手套，本教材中的绝缘杆作业法的登高方式采取脚扣和升降板。主要针对乡村道路不利于绝缘斗臂车进入、停放时采取的带电作业方式的一种有效补充措施，也是带电作业发展初始阶段或县级及以下供电部门提高供电可靠性的重要手段。

这种作业，杆上作业人员虽然穿着绝缘鞋，但身体其他部位还是会和电杆碰触，所以将其忽略。杆上作业人员可看作始终处在地电位状态。作业中，杆上作业人员与带电体的关系是：大地（杆塔）→作业人员→（绝缘手套）绝缘杆→带电体。这时通过人体的电流有两个回路：一是带电体→绝缘杆（绝缘手套）→人体→大地，构成泄漏电流回路，其中绝缘杆为主绝缘，绝缘手套为辅助绝缘；二是带电体→空气（绝缘体）→人体→大地，构成电容电流回路，其中空气为主绝缘，等值电路见图ZY0800203002-1。这两个回路电流都经过人体流入大地。必须说明，电容电流回路不仅是工作相导线有，其他两相导线对人体也有，但距离较远，电容电流很小，可忽略不计，使问题得到简化。

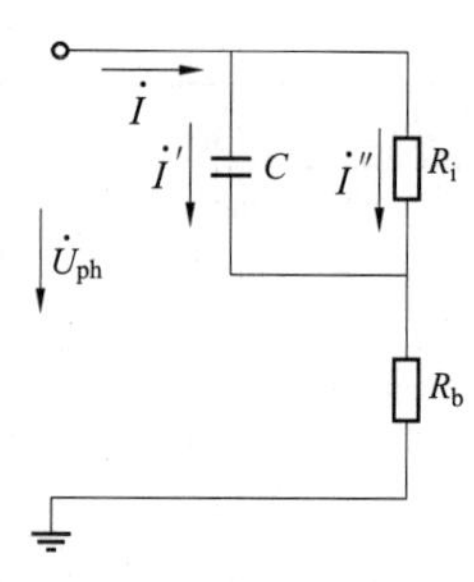

图ZY0800203002-1 绝缘杆间接作业法等值电路图

由于杆上作业人体电阻（R_b）比绝缘杆和绝缘手套（主绝缘和辅助绝缘）的绝缘电阻（R_i）和人体与导线间的容抗（X_C）都要小得多，人体电阻可以忽略不计。从图ZY0800203002-1可知，流过人体的电流为绝缘杆、绝缘手套的泄漏电流和导体对人体的电容电流的相量和，即$\dot{I}=\dot{I}'+\dot{I}''$。

带电作业所利用的环氧树脂类绝缘材料的电阻率都很高，如3240环氧酚醛层压玻璃布板的体积电阻率达到$10^{18}\Omega\cdot cm$，常态下表面电阻率达到$10^{13}\Omega\cdot cm$。制作成的工具，其绝缘电阻以欧姆（Ω）为单位的数量级可达到10^{12}以上。

所以绝缘操作杆等绝缘工具的泄漏电流，在正常的情况下，以安培（A）为单位的数量级在10^{-6}及以下，也就是说泄漏电流小到几个微安。这比带电作业时人体安全电流1mA的要求小得多了，所以使用合格的绝缘工具泄漏电流对间接作业人员毫无感觉。

根据欧姆定律公式计算，电容电流I'为

$$I'=\frac{U_{ph}}{X_C}=\omega CU_{ph}=2\pi fCU_{ph} \quad \text{（ZY0800203002-1）}$$

式中　U_{ph}——相电压，V；

ω——交流电角频率，$\omega=2\pi f$；

C——人体与带电体之间构成电容的电容量，据有关资料介绍，间接作业时，$C=2.2\times10^{-12}$～4.4×10^{-12}F；

X_C——人体电容电抗，Ω，根据上述ω和C，$X_C=0.72\times10^{11}$～1.44×10^{11} Ω。

可见人体电容电流也只不过是微安级的数量，远远小于人体的安全电流。总的来看，绝缘杆间接法带电作业时只要人体与带电体保持足够的安全距离，又是用绝缘性能良好的绝缘工具进行作业，所以通过人体的泄漏电流和电容电流都非常小（微安级电流），它们的相量和也非常小。这样小的电流人体是感觉不到的，对人毫无影响，从理论上说是十分安全的。但是必须指出，绝缘工具的绝缘状态是直接关系到操作人员的生命安全的，如果表面脏污了，有汗水、盐分存在，或绝缘严重受潮，那么泄漏电流将大大增加，就可能由于人为的疏忽造成麻电甚至触电事故。因此，在绝缘工具制作时要注意表面绝缘处理，使用时要保持表面干燥洁净，并注意妥善保管防污防潮。

二、标准化作业指导书的编写要求

配电线路带电作业标准化作业指导书，是对配电线路带电作业全过程控制指导的约束性文件，它针对作业前、作业中和作业后的各个作业环节进行了规范，使作业计划翔实、人员安排妥当、现场查看清楚、工器具准备齐全、材料准备充足、危险点分析到位、防范措施严密、工艺标准全面，充分体现了现场带电作业全过程、全方位、全员的管理，保证了作业过程处于“能控、在控、可控”状态，以获得最佳秩序与效果，各作业环节层次分明、连接可靠，各作业内容细化、量化和标准化，做到了作业闭环管理、作业有程序、安全有措施、质量有标准、考核有依据。具体在编写标准化作业指导书时，应重点注意以下几点要求：

（1）指导书编写人员必须参加现场勘察，主要包括：查明作业范围、核对杆名、杆号；查看作业杆塔周边环境、杆塔结构形式、电气关系（相序、分支、回路排列、相邻线路、交叉跨越、绝缘配置）、导线型号、导线损伤情况、杆塔运行工况等。如绝缘杆间接作业法一般适于单回路杆塔，有低压线路（需停电）、通信线路同杆架设时可能极大限制作业的进行。双回路、多回路同杆架设的杆塔，装置结构紧凑，安全距离相对减小，人员的作业范围加大、工具更长、工作强度更大等原因一般开展不易。

（2）根据杆塔运行工况，特别关注导线损伤、杆塔结构失稳、构件严重变形、绝缘配置损坏、现场环境确定修补作业方法。设计作业步骤，明确工艺标准，确定危险点控制和安全防范措施及注意事项。如绝缘杆间接作业法应特别注意杆根、拉线等情况是否适于人员登杆作业。

（3）根据作业内容合理安排带电作业人员，应安排工作经验丰富的作业人员担任工作负责人，并配备足够的工作班成员。

（4）根据作业内容配备工器具、材料，注意选用的工器具和使用的材料规格要与现场设备相符，使用的绝缘工器具应满足《国家电网公司电力安全工作规程（线路部分）》要求。

（5）针对现场实际情况和作业方法进行危险点分析，制订相应的防范措施，危险点分析要考虑作业全过程，防范措施要

（7）在编写标准化作业指导书时，还要使其语言标准化，其原则是：语言简练、通俗易懂、避开土语、语法严谨、标点正确。必要时可制定编写标准化作业指导书的标准化典型词句库。

三、标准化作业指导书的编写

标准化作业指导书的编写，可依据《国家电网公司现场标准化作业指导书编制导则》中规定的格式与要求而进行。它一般由封面、适用范围、引用文件、作业前准备（包括 1 份现场勘察记录）、流程图、作业程序及工艺标准（包括危险点和控制措施）、验收记录、作业指导书执行情况评估和附录等组成。具体编写时可结合实际情况与需要可作适当的删减与合并。

（一）编写绝缘杆作业法断直线分支引线作业指导书

以下为绝缘工具间接作业法使用“并沟线夹装拆杆”断跌落式熔断器上桩头引线的标准化作业指导书的示例：

【标准化作业指导书——封面】

编号：Q/××××-××-××

带电××10kV××线××杆断分支引线作业指导书

批准：________　_____年___月___日

审核：________　_____年___月___日

编写：________　_____年___月___日

作业负责人：__________________

作业时间：_____年___月___日___时至____年___月___日___时

××供电公司×××

【标准化作业指导书——内文】

1　适用范围

本作业指导书适用于××供电公司 10kV××线××杆采用间接作业法断（拆）跌落式熔断器（断开状态）分支引线用。

2　引用文件

下列文件中的条款通过本作业指导书的引用而成为本作业指导书的条款。

GB/T 2900.55—2002　电工术语　带电作业

GB/T 14286—2008　带电作业工具设备术语

GB/T 18857—2008　配电线路带电作业技术导则

GB 50061—2010　66kV 及以下架空电力线路设计规范

国家电网公司现场标准化作业指导书编制导则

国家电网公司电力安全工作规程（线路部分）

3　人员组合

本作业项目工作人员共计 4 名，其中工作负责人 1 名（监护人）、杆上电工 2 名、地面电工 1 名。

4　作业方法

绝缘杆作业法。

5　作业前准备

5.1　准备工作安排

√	序号	内　　容	标　　准	责任人	备注
	1	明确作业项目、确定作业人员、合理进行任务分工，并组织学习作业指导书	作业人员必须认真听取工作任务布置，对作业任务及存在的危险点做到心中有数，明确人员分工；认真学习工作票内容，对作业任务及存在的危险点做到心中有数，作业前认真学习作业指导书并签名确认		
	2	确定作业所需材料和工器具及相关技术要求，并按要求准备	所有工器具准备齐全，满足作业项目需要；所有带电作业工器具应满足如下试验周期： 电气试验：预防性试验每年一次，检查性试验每年一次，两次试验间隔半年。 机械试验：绝缘工具每年一次，金属工具两年一次		

5.2　人员要求

√	序号	内　　容	责任人	备注
	1	作业人员必须掌握《国家电网公司电力安全工作规程（线路部分）》相关知识，并经年度考试合格；高空作业人员必须具备从事高空作业的身体素质；所有工作人员必须精神状态良好		
	2	所有作业人员必须取得带电作业资格证并审验合格		

5.3　作业分工

√	序号	工作岗位	人数	职　　责	备注
	1	工作负责（监护）人	1	负责本次工作任务的人员分工、工作前的现场查勘、作业方案的制订、工作票的填写、办理工作许可手续、召开工作班前会、正确安全地组织工作、负责作业过程中的安全监督、工作中突发情况的处理、工作质量的监督、工作后的总结	
	2	杆上电工（1号）	1	负责杆上主要工作：绝缘措施，断引线	
	3	杆上电工（2号）	1	杆上辅助作业，配合1号电工断引线，杆上传递工器具	
	4	地面电工	1	负责地面辅助工作，传递工器具	

5.4　工器具及材料

√	序号	名　　称		型号/规格	单位	数量	备注
	1	绝缘防护用具	绝缘安全帽		顶	4	
	2		绝缘手套（外套羊皮手套）		副	2	
	3	绝缘遮蔽、隔离用具	导线绝缘遮蔽罩		只	若干	
	4	绝缘工具	绝缘传递绳		根	1	
	5		绝缘锁杆		副	1	
	6		并沟线夹装拆杆		副	1	
	7		并沟线夹夹持工具		副	1	
	8		遮蔽罩安装杆		副	1	
	9	防潮布			块	1	
	10	脚扣			副	2	
	11	安全带			副	2	
	12	绝缘高阻表		2500V及以上	只	1	
	13	安全遮栏、安全围绳、标示牌					

5.5 危险点分析及控制措施

√	序号	防范类型	危险点	控制措施	备注
	1	防触电类	分支线路倒送电，杆上工作人员站位较高碰触分支线路	（1）工作前，应确认分支线有防倒送电措施（如分支线应挂设接地线）； （2）如有同杆架设的低压线路，应确认低压线已采取停电、接地措施	
	2		气象条件不符合《国家电网公司电力安全工作规程（线路部分）》要求，引起绝缘工器具表面泄漏电流增大	遇到天气突然变化，工作负责人应立即命令杆上作业人员停止作业，并恢复线路装置状态	
	3		绝缘工器具不合格，作业时绝缘工器具表面泄漏电流增大	（1）出库时检查试验标签应在试验周期内； （2）现场作业前对绝缘工器具进行表面检查和表面绝缘电阻检测； （3）作业时必须戴绝缘手套，而且绝缘手套仅作辅助绝缘	
	4		带负荷断引线，电弧灼伤工作人员	到达现场后，应首先确认支线开关如跌落式熔断器已断开，熔管已取下	
	5		作业时，安全距离不足引起触电	（1）作业时，作业工具最小有效绝缘长度应大于或等于0.7m； （2）人身与带电作业体的安全距离不得小于0.4m，不能满足以上距离时，应采用绝缘遮蔽、隔离措施； （3）为避免引起相间短路和相对地短路，先拆两边相的引线，再拆中间相引线； （4）在断（拆）、接中间相引线时为避免引线脱落同时碰触边相导线和电杆或横担，从而导致相对地短路，应先在边相导线上设置导线绝缘遮蔽罩； （5）线路停电仍然当作有电处理	
	6		过电压	禁止在有雷电活动（听见雷声、看见闪电）时进行作业，在以电缆为主的城市10kV配电网络的架空线路上进行作业，作业前应联系调度停用线路重合闸	
	7	防高空坠落类	登高工具有损伤，或超出试验周期	登杆前，检查脚扣（登高板）和安全带并作冲击试验	
	8		登杆、作业时不按要求使用安全工具	杆上作业人员登杆过程中应全程使用安全带	
	9	防意外打击类	倒杆	登杆作业前，检查拉线和杆根	
	10		高空落物	上下传递工器具吊绳应捆绑牢固；拆引线时，动作幅度要小，避免线夹、螺杆等掉落。正确穿戴安全帽、现场围好围栏并做好警示标志	

6 作业程序和工艺标准

6.1 开工准备

√	序号	作业内容	步骤及要求	危险点控制措施、注意事项
	1	工作负责人现场复勘	工作负责人核对工作线路双重命名、杆号	
			工作负责人检查环境是否符合作业要求	
			工作负责人检查线路装置是否具备带电作业条件	（1）电杆杆根、埋深应符合登杆要求； （2）应确认跌落式熔断器处于拉开状态，熔管已取下； （3）确认主干线扎线绑扎牢固； （4）确认分支线已挂好接地线
			工作负责人检查气象条件	（1）天气应晴好，无雷、雨、雪、雾； （2）气温：−5～35℃； （3）风力：小于10.7m/s； （4）空气相对湿度小于80%
			检查工作票所列安全措施，必要时在工作票上补充安全技术措施	

续表

√	序号	作业内容	步骤及要求	危险点控制措施、注意事项
	2	工作负责人执行工作许可制度	工作负责人与调度联系，获得调度工作许可	确定作业线路重合闸已退出。必须注意的是： （1）如为多回路线路，必要时应同时停用重合闸； （2）如作业点联络开关，应同时停用两侧线路的重合闸； （3）需事先判明作业线路所在配电网络的中性点运行方式，如是以电缆为主的城市电网，则必须退出该线路的重合闸
	3	工作负责人召开现场站班会	工作负责人宣读工作票	
			工作负责人检查工作班组成员精神状态、交代工作任务进行分工、交代工作中的安全事项和措施	工作班成员应佩戴袖标
			工作负责人检查班组各成员对工作任务分工、工作中的安全和措施是否明确	
			班组各成员在工作票和作业卡上签字确认	
	4	布置工作现场	工作现场设置安全护栏、作业标志和相关警示标志	
	5	工作负责人组织班组成员检查工器具	班组成员按要求将绝缘工器具摆放在防潮布上	防潮布应清洁、干燥； 绝缘工器具不能与金属工具、材料混放
			班组成员对绝缘工器具进行外观检查：绝缘工具应不变形损坏，操作灵活，测量准确；个人安全防护用具和遮蔽、隔离用具应无针孔、砂眼、裂纹；对安全带、脚扣作冲击试验	检查人员应戴清洁、干燥的手套
			使用绝缘高阻表对绝缘工器具进行表面绝缘电阻检测：阻值不得低于700MΩ	正确使用绝缘高阻表； 测量电极应符合《国家电网公司电力安全工作规程（线路部分）》要求
	6	检查跌落式熔断器	外观检查合格；绝缘摇测合格	阻值不得低于300MΩ

6.2　作业过程

√	序号	作业内容	步骤及要求	危险点控制措施、注意事项
	1	登杆	杆上作业人员携带绝缘吊绳及工具袋登杆至合适位置	（1）应在距离地面不高于0.5m的高度开始登杆； （2）杆上作业人员应交错登杆； （3）杆上作业人员应注意保持与带电体间有足够的作业安全距离
	2	拆除两边相跌落式熔断器上引线	杆上作业人员相互配合拆除两边相跌落式熔断器上引线的异型并沟线夹。方法如下： （1）用绝缘锁杆夹紧引线； （2）用套筒操作杆拆下异型并沟线夹； （3）将引线牵引至跌落式熔断器下方并固定	（1）上下传递工器具应使用绝缘吊绳； （2）杆上作业人员应戴绝缘手套，注意动作幅度，应与带电体保持足够的安全距离（0.4m及以上），绝缘杆的有效绝缘长度应大于0.7m； （3）引流线拆除过程中应防止触碰带电体
	3	设置绝缘遮蔽、隔离措施	杆上1号作业人员在2号作业人员的配合下，用导线罩、绝缘子罩中间相引线两侧主导线进行绝缘遮蔽	（1）上下传递工器具应使用绝缘吊绳； （2）杆上作业人员应戴绝缘手套，注意动作幅度，应与带电体保持足够的安全距离（0.4m及以上），绝缘杆的有效绝缘长度应大于0.7m； （3）绝缘遮蔽材料之间的重叠部分不能少于15cm； （4）防止高空落物
	4	拆除中间相跌落[illegible]	杆上作业人员相互配合拆除两边[illegible]	（1）上下传递工器具应使用绝缘吊绳； （2）杆上作业人员应戴绝缘手套，注意动作幅度，应与带电体[illegible]

模块2

ZY0800203002

续表

√	序号	作业内容	步骤及要求	危险点控制措施、注意事项
	5	撤除两边相的绝缘遮蔽、隔离措施	杆上1号作业人员在2号作业人员的配合下，拆除两边相导线绝缘遮蔽	（1）上下传递工器具应使用绝缘吊绳； （2）杆上作业人员应戴绝缘手套，注意动作幅度，应与带电体保持足够的安全距离（0.4m及以上），绝缘杆的有效绝缘长度应大于0.7m； （3）防止高空落物
	6	撤离杆塔	杆上作业人员确认杆上无遗留物，逐次下杆	防止高空跌落

6.3 工作结束

√	序号	作业内容	步骤及要求	危险点控制措施、注意事项
	1	工作负责人组织班组成员清理工具和现场	整理工具、材料，将工器具清洁后放入专用的箱(袋)中，清理现场	
	2	工作负责人进行工作终结	向调度汇报工作结束，并终结工作票	
	3	工作负责人召开收工会		
	4	作业人员撤离现场		

7 验收记录

记录检修中发现的问题	
存在问题及处理意见	

8 作业指导书执行情况评估

<table>
<tr><td rowspan="4">评估内容</td><td rowspan="2">符合性</td><td>优</td><td></td><td>可操作项</td><td></td></tr>
<tr><td>良</td><td></td><td>不可操作项</td><td></td></tr>
<tr><td rowspan="2">可操作性</td><td>优</td><td></td><td>修改项</td><td></td></tr>
<tr><td>良</td><td></td><td>遗漏项</td><td></td></tr>
<tr><td>存在问题</td><td colspan="5"></td></tr>
<tr><td>改进意见</td><td colspan="5"></td></tr>
</table>

9 附录

（二）绝缘杆作业法接直线分支引线作业指导书

以下为绝缘工具间接作业法带电搭接跌落式熔断器上桩头引线（异型线夹）的现场标准化作业指导书的示例。

1 范围

本作业指导书适用于××供电公司10kV××线××杆采用间接作业法搭接跌落式熔断器（断开状态）分支引线用。

2 引用文件

下列文件中的条款通过本作业指导书的引用而成为本作业指导书的条款。

GB/T 2900.55—2002 电工术语 带电作业

GB/T 14286—2008 带电作业工具设备术语

GB/T 18857—2008 配电线路带电作业技术导则

模块2 ZY0800203002

GB 50061—2010 66kV 及以下架空电力线路设计规范

国家电网公司现场标准化作业指导书编制导则

国家电网公司电力安全工作规程（线路部分）

3 人员组合

本作业项目工作人员共计 4 名，其中工作负责人 1 名（监护人）、杆上电工 2 名、地面电工 1 名。

4 作业方法

绝缘杆作业法。

5 作业前准备

5.1 准备工作安排

√	序号	内 容	标 准	责任人	备注
	1	明确作业项目、确定作业人员、合理进行任务分工，并组织学习作业指导书	作业人员必须认真听取工作任务布置，对作业任务及存在的危险点做到心中有数，明确人员分工；认真学习工作票内容，对作业任务及存在的危险点做到心中有数，作业前认真学习作业指导书并签名确认		
	2	确定作业所需材料和工器具及相关技术要求，并按要求准备	所有工器具准备齐全，满足作业项目需要；所有带电作业工器具应满足如下试验周期： 电气试验：预防性试验每年一次，检查性试验每年一次，两次试验间隔半年。 机械试验：绝缘工具每年一次，金属工具两年一次		

5.2 人员要求

√	序号	内 容	责任人	备注
	1	作业人员必须掌握《国家电网公司电力安全工作规程（线路部分）》相关知识，并经年度考试合格；高空作业人员必须具备从事高空作业的身体素质；所有工作人员必须精神状态良好		
	2	所有作业人员必须取得带电作业资格证并审验合格		

5.3 作业分工

√	序号	工作岗位	人数	职 责	备注
	1	工作负责（监护）人	1	负责本次工作任务的人员分工、工作前的现场查勘、作业方案的制订、工作票的填写、办理工作许可手续、召开工作班前会、正确安全地组织工作、负责作业过程中的安全监督、工作中突发情况的处理、工作质量的监督、工作后的总结	
	2	杆上电工（1 号）	1	负责杆上主要工作：绝缘措施，搭接引线	
	3	杆上电工（2 号）	1	杆上辅助作业，配合 1 号电工搭接引线，杆上传递工器具	
	4	地面电工	1	负责地面辅助工作，传递工器具	

5.4 工器具及材料

√	序号	名 称		型号/规格	单位	数量	备注
	1	绝缘防护用具	绝缘安全帽		顶	2	
	2		绝缘手套（外套防穿刺手套，如羊皮手套等）		副	2	
	3	绝缘遮蔽、隔离用具	导线绝缘遮蔽罩		只	若干	
	4	绝缘工具	绝缘传递绳		根	1	
	5		绝缘测距杆	3m	副	1	
	6		遮蔽罩安装杆	3m	副	1	
	7		导线清洁刷	3m	副	1	
	8		线夹操作杆	3m	副	1	

续表

√	序号	名　称		型号/规格	单位	数量	备注
	11	防潮布			块	1	
	12	脚扣			副	2	
	13	安全带			副	2	
	14	绝缘高阻表		2500V 及以上	只	1	
	15	安全遮栏、安全围绳、标示牌			副	若干	
	16	干燥清洁布			块	1	
	17	绝缘柄扳手			把	1	
	18	剥线钳			把	1	
	19	压接钳			把	1	
	20	断线钳			把	1	
	21	材料	并沟线夹		只	6	
	22		绝缘导线		m	若干	
	23		铜铝接头		只	3	

5.5 危险点分析及控制措施

√	序号	防范类型	危　险　点	控　制　措　施	备注
	1	防触电类	分支线路倒送电，杆上工作人员站位较高碰触分支线路	（1）工作前，应确认分支线有防倒送电措施（如分支线应挂设接地线）； （2）如有同杆架设的低压线路，应确认低压线已采取停电、接地措施	
	2		气象条件不符合《国家电网公司电力安全工作规程（线路部分）》要求，引起绝缘工器具表面泄漏电流增大	遇到天气突然变化，工作负责人应立即命令杆上作业人员停止作业，并恢复线路装置状态	
	3		绝缘工器具不合格，作业时绝缘工器具表面泄漏电流增大； 在接引线工作时，由于跌落式熔断器绝缘损坏，泄漏电流过大或导致相对地短路	（1）出库时检查试验标签应在试验周期内； （2）现场作业前对绝缘工器具进行表面检查和表面绝缘电阻检测； （3）作业时必须戴绝缘手套，而且绝缘手套仅作辅助绝缘； （4）在接引线工作前应确认跌落式熔断器绝缘完好，上下接线板间应大于或等于 300MΩ，上、下接线板与安装板之间应大于或等于 150MΩ	
	4		带负荷断、接引线，电弧灼伤工作人员	到达现场后，应首先确认支线开关如跌落式熔断器已断开，熔管已取下	
	5		作业时，安全距离不足引起触电	（1）作业时，作业工具最小有效绝缘长度应大于或等于 0.7m； （2）人身与带电作业体的安全距离不得小于 0.4m，不能满足以上距离时，应采用绝缘遮蔽、隔离措施； （3）为避免引起相间短路和相对地短路，先拆两边相的引线，再拆中间相引线； （4）在断（拆）、接中间相引线时为避免引线脱落同时碰触边相导线和电杆或横担，从而导致相对地短路，应先在边相导线上设置导线绝缘遮蔽罩； （5）线路停电仍然当作有电处理	
	6		过电压	禁止在有雷电活动（听见雷声、看见闪电）时进行作业，在以电缆为主的城市 10kV 配电网络的架空线路上进行作业，作业前应联系调度停用线路重合闸	
	7	防高空坠落类	登高工具有损伤，或超出试验周期	登杆前，检查脚扣（登高板）和安全带并作冲击试验	
	8		登杆、作业时不按要求使用安全工具	杆上作业人员登杆过程中应全程使用安全带	

续表

√	序号	防范类型	危险点	控制措施	备注
	9	防意外打击类	倒杆	登杆作业前，检查拉线和杆根	
	10		高空落物	上下传转递工器具吊绳应捆绑牢固；拆引线时，动作幅度要小，避免线夹、螺杆等掉落。正确穿戴安全帽、现场围好围栏并做好警示标志	

6 作业程序和工艺标准

6.1 开工准备

√	序号	作业内容	步骤及要求	危险点控制措施、注意事项
	1	工作负责人现场复勘	工作负责人核对工作线路双重命名、杆号	
			工作负责人检查环境是否符合作业要求	
			工作负责人检查线路装置是否具备带电作业条件	（1）电杆杆根、埋深应符合登杆要求； （2）应确认跌落式熔断器处于拉开状态，熔管已取下； （3）确认主干线扎线绑扎牢固； （4）确认分支线已挂好接地线
			工作负责人检查气象条件	（1）天气应晴好，无雷、雨、雪、雾； （2）气温：-5～35℃； （3）风力：小于5级； （4）空气相对湿度小于80%
			检查工作票所列安全措施，必要时在工作票上补充安全技术措施	
	2	工作负责人执行工作许可制度	工作负责人与调度联系，获得调度工作许可，确认线路重合闸已停用	
	3	工作负责人召开现场站班会	工作负责人宣读工作票	
			工作负责人检查工作班组成员精神状态、交代工作任务进行分工、交代工作中的安全事项和措施	工作班成员应佩戴袖标
			工作负责人检查班组各成员对工作任务分工、工作中的安全和措施是否明确	
			班组各成员在工作票和作业卡上签名确认	
	4	布置工作现场	工作现场设置安全护栏、作业标志和相关警示标志	
	5	工作负责人组织班组成员检查工器具	班组成员按要求将绝缘工器具摆放在防潮布上	（1）防潮布应清洁、干燥； （2）绝缘工器具不能与金属工具、材料混放

6.2 作业过程

√	序号	作业内容	步骤及要求	危险点控制措施、注意事项
	1	杆上1、2号作业人员登杆	杆上1、2号作业人员携带绝缘吊绳及工具袋登杆至合适位置	（1）应在距离地面不高于0.5m的高度开始登杆； （2）杆上作业人员应交错登杆； （3）杆上作业人员应注意保持与带电体间有足够的作业安全距离
	2	检测跌落式熔断器	杆上作业人员使用绝缘高阻表检测跌落式熔断器的绝缘电阻，如不满足上下接线板之间的绝缘电阻大于或等于300MΩ，上下接线板与安装板之间的绝缘电阻大于或等于150MΩ的要求，则应更换跌落式熔断器	杆上作业人员应注意站位高度，与带电体保持足够的安全作业距离（大于0.7m）
	3	测量、制作引线	杆上1号作业人员用绝缘测距杆测量跌落式熔断器上接线板到相应导线的距离	（1）杆上1号作业人员测距时应戴绝缘手套； （2）杆上1号作业人员测距时与带电体保持足够的距离，绝缘测距杆有效绝缘长度应大于0.7m

续表

√	序号	作业内容	步骤及要求	危险点控制措施、注意事项
	4	清除导线上的氧化膜	杆上作业人员使用导线清洁刷清洁主导线的引线搭接部位氧化膜	杆上作业人员清洁导线氧化膜时，应戴绝缘手套；与带电体保持足够的距离（大于 0.4m），遮蔽罩安装杆的有效绝缘长度应大于 0.7m
	5	安装引流线	杆上 2 号作业人员登杆至适当位置	
			杆上1号作业人员在杆上2号作业人员配合下，把三相引流线安装在对应的跌落式熔断器上的接线板上	（1）杆上作业人员安装引线时，应注意保持与带电体间有足够的作业安全距离。 （2）安装引线时，防止引线弹跳，与带电导线之间的空气距离应小于 0.4m
	6	设置绝缘遮蔽	杆上 1 号作业人员用遮蔽罩安装杆将导线遮蔽罩设置在（需搭接中间相引线一侧的）两边相导线上进行绝缘遮蔽	（1）上下传递工器具应使用绝缘吊绳。 （2）杆上 1 号作业人员设置绝缘遮蔽措施时应戴绝缘手套；与带电体保持足够的距离（大于 0.4m），遮蔽罩安装杆的有效绝缘长度应大于 0.7m。 （3）绝缘遮蔽应严实、牢固，导线遮蔽罩间重叠部分应大于 15cm。 （4）防止高空落物
	7	搭接引流线	杆上 1 号作业人员用绝缘锁杆试搭三相引线，调整好三相引线的长度，并将三相引线自然垂放，尾端进行固定防止跳动	（1）杆上 1 号作业人员在试搭时，应戴绝缘手套；与带电体保持足够的距离（大于 0.4m），遮蔽罩安装杆的有效绝缘长度应大于 0.7m。 （2）注意两边相引线应向装置外部垂放，避免中间相引线搭接后，取边相引线时安全距离不够
			杆上1号作业人员与杆上2号作业人员配合搭接中间相引线： （1）每相引线使用 2 个异型线夹； （2）引线与电杆之间的距离应大于 30cm； （3）引线露出线夹的长度不大于 5cm。 搭接方法如下： 用线夹传送杆将异型线夹传送到主导线上，用绝缘锁杆将引线放入异型线夹线槽内，最后用套筒操作杆固定	（1）杆上作业人员在搭接引线时，应戴绝缘手套；与带电体保持足够的距离（大于 0.4m），绝缘杆的有效绝缘长度应大于 0.7m。 （2）防止高空落物
			杆上1号作业人员与杆上2号作业人员配合搭接邻相引线： （1）每相引线使用 2 个异型线夹； （2）引线间距离应大于 30cm； （3）引线露出线夹的长度不大于 5cm	（1）杆上作业人员在搭接引线时，应戴绝缘手套；与带电体保持足够的距离（大于 0.4m），绝缘杆的有效绝缘长度应大于 0.7m。 （2）防止高空落物
			杆上1号作业人员与杆上2号作业人员配合搭接另边相引线： （1）每相引线使用 2 个异型线夹； （2）引线与电杆之间的距离应大于 30cm； （3）引线露出线夹的长度不大于 5cm	（1）杆上作业人员在搭接引线时，应戴绝缘手套；与带电体保持足够的距离（大于 0.4m），绝缘杆的有效绝缘长度应大于 0.7m。 （2）防止高空落物
	8	撤除绝缘遮蔽措施	杆上 1 号作业人员用遮蔽罩安装杆撤除导线上的导线遮蔽罩	（1）上下传递工器具应使用绝缘吊绳。 （2）杆上 1 号作业人员撤除绝缘遮蔽措施时应戴绝缘手套；与带电体保持足够的距离（大于 0.4m），遮蔽罩安装杆的有效绝缘长度应大于 0.7m。 （3）防止高空落物
			杆上作业人员确认杆上无遗留物，逐次下杆	防止高空跌落

6.3 工作结束

√	序号	作业内容	步骤及要求	危险点控制措施、注意事项
	1	工作负责人组织班组成员清理工具和现场	整理工具、材料，将工器具清洁后放入专用的箱（袋）中，清理现场	
	2	工作负责人办理工作终结	向调度汇报工作结束，并终结工作票	
	3	工作负责人召开收工会		
	4	作业人员撤离现场		

7　验收记录

记录检修中发现的问题	
存在问题及处理意见	

8　作业指导书执行情况评估

评估内容	符合性	优		可操作项	
		良		不可操作项	
	可操作性	优		修改项	
		良		遗漏项	
存在问题					
改进意见					

9　附录

【思考与练习】

1. 本章涉及的间接作业法带电作业中通过人体的电流回路有哪些？在安全距离和绝缘杆有效长度上怎样保证作业人员的安全？

2. 实施标准化现场作业指导书的意义是什么？

3. 联系实际，根据本单位具体工作编写作业指导书。

4. 您认为在实施带电作业工作的过程中，哪些节点应是工作负责人监护的重点，应怎样指挥或实施？

第十章　绝缘手套作业法断、接引线

模块 1　绝缘手套作业法断、接引线（ZY0800204001）

【模块描述】本模块介绍绝缘手套作业法断、接引线工作程序及相关安全注意事项。通过流程和操作要点讲解，了解绝缘手套作业法断、接引线作业中的危险点预控措施，掌握绝缘手套作业法断、接引线作业的操作技能、工艺标准和质量要求。

【正文】

绝缘手套作业法断、接引线由于作业简单，安全系数较高，在常规配网带电作业中占很大比例，以下仅介绍一些常规做法，由于各地配电线路选型的不同，导线排列方式、线间距离、导线连接方式区别很大，工器具也形式多样，所以做法不尽相同。各地可根据实际情况因地制宜，有针对性地借鉴以下方法，切忌生搬硬套。

一、作业内容

本模块以典型的“直线支接、跳线线夹连接”为例讲解绝缘手套作业法断、接引线。与绝缘杆作业法不同，不同引线连接方式（缠绕、跳线线夹、穿刺线夹、并沟线夹、安普线夹等）对绝缘手套作业法的影响不大，特别是对绝缘导线的处理，绝缘手套作业法更为便利。

图 ZY0800204001-1　10kV 双回路直线支接断、接引线现场作业图

二、作业方法

绝缘手套作业法通常使用绝缘斗臂车作为主绝缘平台，如图 ZY0800204001-1 所示，某些场合也可采用绝缘梯、绝缘平台，工作人员穿着全套防护用具进行作业。

三、作业前准备

1. 作业条件

作业应在满足《国家电网公司电力安全工作规程（线路部分）》和相关标准规定的良好天气下进行，如遇雷电（听见雷声、看见闪电）、雪雹、雨雾和空气相对湿度超过 80%、风力大于 5 级（10m/s）时，不宜进行本作业。作业前现场勘察确定满足绝缘斗臂车绝缘手套作业法作业环境条件，主要指停用重合闸、绝缘斗臂车作业条件等，确认线路的终端开关［断路器（开关）或隔离开关（刀闸）］确已断开，接入线路侧的变压器、电压互感器确已退出运行，断引线前作业点后段无负载，接引线前作业点后段无短路、接地。

2. 人员组成

作业人员应由具备配网带电作业资格的工作人员所组成，本项目一般需 4 名。其中工作负责人（监护人）1 名、斗内电工 2 名、地面电工 1 名。工作班成员明确工作内容、工作流程、安全措施、工作中的危险点，并履行确认手续。

3. 工器具及材料准备

绝缘手套作业法断、接引线所需工器具及材料准备见表 ZY0800204001-1。

表 ZY0800204001-1　　　绝缘手套作业法断、接引线所需主要工器具及材料

序号	名称		型号/规格	单位	数量	备注
1	绝缘工具	绝缘绳		条	若干	
2		绝缘操作杆		根	若干	安装鹰爪钳等，视工作需要
3		绝缘斗臂车		辆	1	
4		绝缘遮蔽工具		块	若干	绝缘毯、绝缘挡板、绝缘导线罩等，视工作需要
5	防护用具	安全防护用具		套	2	绝缘袖套、绝缘服、绝缘靴、绝缘手套等，视工作需要
6	其他工具	钳形电流表	mA 级	只	1	测量导线电流，判定支线后段无负载，视工作需要
7		绝缘电阻表	5000V	只	1	检查绝缘：测量相间、对地绝缘，判定支线后段无相间短路、接地，视工作需要
8		防潮布		块	1	
9		压机		台	1	电动液压机，视工作需要
10		破皮器		把	1	剥离绝缘导线绝缘层，视工作需要
11		剪刀		把	1	绝缘断线剪或棘轮剪刀，视工作需要
12		钢丝刷		把	1	清除导线氧化层，视工作需要
13	所需材料	跳线线夹		副	3	连接引线
14		自黏带		圈	若干	恢复导线绝缘，视工作需要

注　绝缘工器具的机械及电气强度均应满足《国家电网公司电力安全工作规程（线路部分）》要求，预防性、检查性试验合格。

4. 作业流程图

绝缘手套作业法断、接引线作业流程见图 ZY0800204001-2。

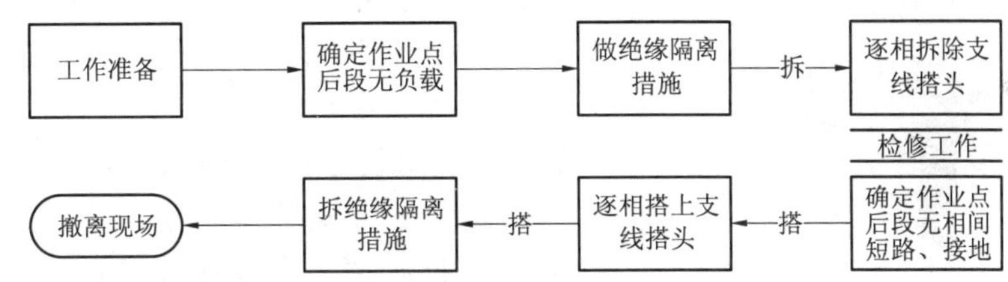

图 ZY0800204001-2　绝缘手套作业法断、接引线作业流程图

四、危险点分析及控制措施

危险点分析及控制措施见表 ZY0800204001-2。

表 ZY0800204001-2　　　危险点分析及控制措施

序号	防范类型	危险点	控制措施	备注
1	防触电类	人身触电	作业过程中，不论线路是否停电，都应始终认为线路有电	
2			必须停用重合闸	
3			保持对地最小距离为 0.4m，对邻相导线的最小距离为 0.6m，绝缘绳索类工具有效绝缘长度不小于 0.4m，绝缘操作杆有效绝缘长度不小于 0.7m	
4			必须在天气良好条件下进行	
5		感应电触电	引线未全部断开时，已断开的导线应视为有电，严禁在无措施下直接触及	
6	防高处坠落类	不规范使用登高工具	设专职监护人	
7			作业前，绝缘斗臂车应进行空斗操作，确认液压传动、升降、伸缩、回转系统工作正常、操作灵活，制动装置可靠	
8			安全带应系在牢固的构件上[illegible]	

五、作业步骤及工艺标准和质量要求

（1）工作负责人召开现场开工会，布置安措，必要时提问；选择合适位置停放绝缘斗臂车，接地；斗内电工正确穿戴安全防护用具，进入绝缘斗，系好安全带。

（2）检查作业点后段无负载，可以采取人员现场确认或仪表测定两种检查确认形式。

（3）斗内电工操作绝缘斗臂车进入工作位置，视情况对导线、电杆、横担等做绝缘隔离措施，安装原则“由近至远、从大到小、从低到高”。

（4）斗内电工解开一相引线连接（握住跳线线夹，拆除连接螺栓，单手或预先用操作杆夹住引线），迅速脱离（拆除过程中必须保证待拆引线与主线不脱开，做好准备脱开时动作迅速，防止人体串入电路），拆开的引线线头固定牢靠，严禁接地；一相作业完毕，按前重复操作，拆开其余两相搭头。一般先拆两边相，最后拆中相。

（5）支线搭头拆毕，进行相关检修工作，检修人员与带电部位保持最小 0.7m 的安全距离。

（6）确定作业点后段无相间短路、接地，检查工作可以采取人员现场确认或仪表测定两种检查确认形式。

（7）斗内电工解开一相线头（单手握住跳线线夹或预先用操作杆夹住引线），恢复支线连接（迅速接触，必须保证作业过程中引线与主线不脱开，防止人体串入电路）；一相作业完毕，按前重复操作，恢复其余两相搭头，一般先恢复中相，最后恢复两边相。

（8）拆绝缘隔离措施，拆除原则“由远至近、从小到大、从高到低”。

（9）撤离现场，工作负责人检查后，召开现场收工会，人员、工器具撤离现场。

六、其他应用

绝缘手套作业法断、接引线作业，从其作业原理可视为串入一断路器，断、接引线的过程可视为操作断路器，除了操作直线支接引线、耐张引线的断、接外，线路元件“跌落式熔断器、柱上隔离开关（刀闸）、柱上负荷开关、避雷器等”的常规带电安装更换，只要断、接引线前确定线路、设备无异常均可采用此方法作业，如图 ZY0800204001-3 所示。

图 ZY0800204001-3 绝缘平台作业法更换柱上隔离开关现场作业图

其作业方式基本同断、接直线支接引线，预先必须选择好便于作业的连接点，不一定要在待更换元件作业点，可以预先选择前段的连接点进行断、接作业。

本项作业中开关类设备必须处于分闸位置。

作业中必须选择合适的绝缘隔离方式、绝缘隔离工具，确保作业中可能发生间隙不足的部位均隔离到位，安装原则“由近至远、从大到小、从低到高”。

作业中拆开的引线必须选择同相合适的部位固定牢靠，一般不宜固定在横担等接地部位。

恢复引线连接要求同上，拆除绝缘隔离措施的原则“由远至近、从小到大、从高到低”。

某些作业点后段空载电流（电容电流）较大的场合，应用此方式断、接引线已不满足安全要求的情况下，可以利用安装旁路灭弧开关设备达到断、接引线的作业目的，虽然还属于绝缘手套作业法断、接引线，但其作业原理已是旁路法作业范畴，在此不再重复。

【思考与练习】

1. 绝缘手套作业法断引线作业前为什么要确定作业点后段无负载？一般可采用哪几种方式？如采用仪表测定方式应如何操作？

2. 绝缘手套作业法接引线作业前为什么要确定作业点后段无相间短路、接地？如采用仪表测定方式应如何操作？

3. 思考本地 10kV 双回垂直排列直线杆直接支接带电接引线工作应如何开展。

模块 2　编写绝缘手套作业法断、接引线作业指导书（ZY0800204002）

【模块描述】本模块介绍绝缘手套作业法原理、现场作业指导书编写要求和绝缘手套作业法断、接引线的基本方法。通过原理讲解、要点介绍和实例展示，掌握绝缘手套作业法断、接引线的现场标准化作业指导书编写的注意事项、格式及其要求。

【正文】

一、绝缘手套作业法断、接引线原理

绝缘手套作业法属于直接作业，作业人员穿戴绝缘防护用具，以绝缘斗臂车的绝缘臂（超过 1m 的有效绝缘）或绝缘梯等绝缘平台为主绝缘，以绝缘罩、绝缘毯等绝缘遮蔽措施为辅助绝缘，通过绝缘手套对带电设备进行检修和维护作业。作业中无论作业人员与接地体或邻相的间隙是否满足安全距离要求，均需对人体可能触及范围内的带电体和接地体进行绝缘遮蔽，必要时还要增加绝缘挡板等限位措施。

绝缘手套作业法断、接引线作业可视为“在断、接点串入一模拟断路器，断、接引线的过程相当于模拟断路器的分、合闸”。在断、接较短线路（电容电流较小）时，会产生一定的过电压和暂态过电流，但随着线路长度增加，其暂态过程增长，出现明显的拉弧现象，开断过程中电弧重燃次数也增多，暂态电流峰值也变大，开断与闭合中都会出现较高的过电压，这都因为空气间隙灭弧方式依靠自然熄弧，消弧能力较差，作业人员断、接动作的快慢也直接影响断、接过程中的暂态电流峰值、燃弧时间和过电压。

有关实验表明，线路的稳态电容电流达 0.52A 时，断、接引线时的暂态电流峰值可达十几安培，燃弧时间也突然变长，是一个跳跃点。由于人工操作随意性较大，从安全角度考虑，还应预留足够的安全系数。结合断、接空载线路实际操作经验，建议测量稳态电容电流值小于 0.1A 时可采用直接消弧方式，即作业人员单手持引线迅速脱离，利用空气间隙灭弧；测量稳态电容电流值大于 0.1A 小于 0.3A 时，建议作业人员采用绝缘操作杆夹持引线迅速脱离，利用空气间隙灭弧的直接消弧方式；测量稳态电容电流值大于 0.3A 时，应安装消弧开关，利用消弧开关灭弧。

二、标准化作业指导书编写要求

带电作业标准化作业指导书和现场标准化作业指导书虽然只差现场两个字，但两者的内容有较大区别。由于 10kV 配电线路地区之间的差别很大，很难做到各地区之间统一，相应的工具、工艺也变化很大，所以一般由网省一级编制带电作业标准化作业指导书，着重原理，作为框架性的文件，而由地市公司在相对狭小的环境针对本地区的配电线路、工具、工艺编制现场标准化作业指导书，着重实用，针对计划、准备、实施等环节，明确相对具体操作的方法、步骤、措施、标准和人员责任，对带电作业现场全过程细化、量化、标准化，保证作业过程处于“可控、在控”状态。

配电线路带电作业标准化作业指导书，是对配电线路带电作业全过程控制指导的约束性文件，它针对作业前、作业中和作业后的各个作业环节进行了规范，使作业计划翔实、人员安排妥当、现场勘察清楚、工器具准备齐全、材料准备充足、危险点分析到位、防范措施严密、工艺标准全面，充分体现了现场带电作业全过程、全方位、全员的管理，以获得最佳秩序与效果，各作业环节层次分明、连接可靠，做到作业闭环管理、作业有程序、安全有措施、质量有标准、考核有依据。具体在编写标准化作业指导书时，应重点注意以下几点要求：

（1）指导书编写人员必须参加现场勘察，主要包括：查明作业范围、核对杆名、杆号；查看作业杆塔周边环境、杆塔结构形式、电气关系（相序、分支、回路排列、相邻线路、交叉跨越、绝缘配置）、导线型号、导线损伤情况、杆塔运行工况等。如绝缘手套作业法断、接引线中，必须明确断、接过程中不同空载电容电流条件下灭弧方式的选择。

确定危险点控制和安全防范措施及注意事项。如断引线前必须确定后段无负载，接引线前必须确定后段无短路接地，根据现场情况，采取人员现场确认明显断开或仪表测定两种不同检查确认形式。

（3）根据作业内容合理安排带电作业人员，应安排工作经验丰富的作业人员担任工作负责人，并配备足够的工作班成员。

（4）根据作业内容配备工器具、材料，注意选用的工器具和使用的材料规格要与现场设备相符，使用的绝缘工器具应满足《国家电网公司电力安全工作规程（线路部分）》要求。

（5）针对现场实际情况和作业方法进行危险点分析，特别关注导线损伤、杆塔结构失稳、构件严重变形、绝缘配置损坏等情况并制订相应的防范措施，危险点分析要考虑作业全过程，防范措施要体现对设备及人员行为的全过程预控。

（6）根据现场实际情况必要时应补充特殊的安全技术措施。如标准化指导书在执行过程中，发现不切合实际、与相关图纸及有关规定不符等情况，应立即停止工作。作业负责人根据现场实际情况及时修改指导书，履行审批手续并做好记录后，按修改后的标准化指导书继续工作。

（7）在编写标准化作业指导书时，还要使其语言标准化，其原则是：语言简练、通俗易懂、避免口语、语法严谨、标点正确。必要时可制定编写标准化作业指导书的标准化典型词句库。

三、标准化作业指导书编写

标准化作业指导书可依据《国家电网公司现场标准化作业指导书编制导则》中规定的格式与要求而进行，一般由封面、适用范围、引用文件、作业前准备（包括1份现场勘察记录）、流程图、作业程序和工艺标准（包括危险点和控制措施）、验收记录、作业指导书执行情况评估和附录等组成，结合现场实际情况与需要可作适当的删减与合并。

以下为绝缘手套作业法断、接引线标准化作业指导书的编写示例：

【标准化作业指导书——封面】

编号：Q/××××-××-××

10kV××线带电断、接引线作业指导书

批准：<u>×××</u>　<u>×</u>年<u>×</u>月<u>×</u>日

审核：<u>×××</u>　<u>×</u>年<u>×</u>月<u>×</u>日

编写：<u>×××</u>　<u>×</u>年<u>×</u>月<u>×</u>日

作业负责人：<u>×××</u>

作业时间：<u>×</u>年<u>×</u>月<u>×</u>日<u>×</u>时至<u>×</u>年<u>×</u>月<u>×</u>日<u>×</u>时

××供电公司×××

【标准化作业指导书——内文】

1　适用范围

本指导书适用于××供电公司绝缘手套法断、接引线作业。

2　引用文件

GB/T 2900.55—2002　电工术语　带电作业

GB/T 12168—2006　带电作业用遮蔽罩

GB/T 13035—2008　带电作业用绝缘绳索

GB 13398—2008　带电作业用空心绝缘管、泡沫填充绝缘管和实心绝缘棒

GB/T 14286—2008　带电作业工具设备术语
GB/T 17620—2008　带电作业用绝缘硬梯
GB/T 17622—2008　带电作业用绝缘手套
GB/T 18037—2008　带电作业工具基本技术要求与设计导则
GB/T 18857—2008　配电线路带电作业技术导则
GB 50061—2010　66kV 及以下架空电力线路设计规范
GB 50173—1992　电气装置安装工程 35kV 及以下架空电力线路施工及验收规范
DL 409—1991　电业安全工作规程（电力线路部分）
DL/T 602—1996　架空绝缘配电线路施工及验收规程
DL 778—2001　带电作业用绝缘袖套
DL 779—2001　带电作业用绝缘绳索类工具
DL/T 803—2002　带电作业用绝缘毯
DL/T 854—2004　带电作业用绝缘斗臂车的保养维护及在使用中的试验
DL/T 880—2004　带电作业用导线软质遮蔽罩
国家电网生［2007］751 号　国家电网公司带电作业工作管理规定（试行）
国家电网公司电力安全工作规程（线路部分）
国家电网公司现场标准化作业指导书编制导则

3　人员组合

本作业项目工作人员共计 4 名，其中工作负责人 1 名（监护人）、斗内电工 2 名、地面电工 1 名。

4　作业方法

绝缘手套作业法。

5　作业前准备

5.1　准备工作安排

√	序号	内　容	标　准	责任人	备注
	1	明确作业项目、确定作业人员、合理进行任务分工，并组织学习作业指导书	作业人员必须认真听取工作任务布置，对作业任务及存在的危险点做到心中有数，明确人员分工；认真学习工作票内容，对作业任务及存在的危险点做到心中有数，作业前认真学习作业指导书并签名确认		
	2	确定作业所需材料和工器具及相关技术要求，并按要求准备	所有工器具准备齐全，满足作业项目需要；所有带电作业工器具应满足如下试验周期。 （1）电气试验：预防性试验每年一次，检查性试验每年一次，两次试验间隔半年。 （2）机械试验：绝缘工具每年一次，金属工具两年一次		

5.2　人员要求

√	序号	内　容	责任人	备注
	1	作业人员必须掌握《国家电网公司电力安全工作规程（线路部分）》相关知识，并经年度考试合格；高空作业人员必须具备从事高空作业的身体素质；所有工作人员必须精神状态良好		
	2	所有作业人员必须取得带电作业资格证并审验合格		

5.3　作业分工

√	序号	工作岗位	人数	职　责	备注
	1	工作负责（监护）人	1	负责整个施工过程、工艺标准、质量要求及施工安全	

5.4　工器具及材料

√	序号	名　称		型号/规格	单位	数量	备　注
	1	绝缘工具	绝缘绳		条	若干	
	2		绝缘操作杆		根	若干	安装鹰爪钳等，视工作需要
	3		绝缘斗臂车		辆	1	
	4		绝缘遮蔽工具		块	若干	绝缘毯、绝缘挡板、绝缘导线罩等，视工作需要
	5	防护用具	安全防护用具		套	2	绝缘袖套、绝缘服、绝缘靴、绝缘手套等，视工作需要
	6	其他工具	钳形电流表	mA 级	只	1	测量导线电流，判定支线后段无负载，视工作需要
	7		绝缘电阻表	5000V	只	1	检查绝缘：测量相间、对地绝缘，判定支线后段无相间短路、接地，视工作需要
	8		防潮布		块	1	
	9		压机		台	1	电动液压机，视工作需要
	10		破皮器		把	1	剥离绝缘导线绝缘层，视工作需要
	11		剪刀		把	1	绝缘断线剪或棘轮剪刀，视工作需要
	12		钢丝刷		把	1	清除导线氧化层，视工作需要
	13	所需材料	跳线线夹		副	3	连接引线
	14		自黏带		圈	若干	恢复导线绝缘，视工作需要

5.5　危险点分析及控制措施

√	序号	防范类型	危险点	控　制　措　施	备注
	1	防触电类	人身触电	作业过程中，不论线路是否停电，都应始终认为线路有电	
	2			必须停用重合闸	
	3			保持对地最小距离为0.4m，对邻相导线的最小距离为0.6m，绝缘绳索类工具有效绝缘长度不小于0.4m，绝缘操作杆有效绝缘长度不小于0.7m	
	4			必须在天气良好条件下进行	
	5		感应电触电	引线未全部断开时，已断开的导线应视为有电，严禁在无措施下直接触及	
	6	防高处坠落类	不规范使用登高工具	设专职监护人	
	7			作业前，绝缘斗臂车应进行空斗操作，确认液压传动、升降、伸缩、回转系统工作正常及操作灵活，制动装置可靠	
	8			安全带应系在牢固的构件上，扣牢扣环	
	9			斗内电工应系好安全带，戴好安全帽	

6　作业程序

6.1　开工

√	序号	作　业　内　容	作业步骤及标准	作业人员签字
	1	办理工作票、履行工作许可手续	按工作票制度要求进行	
	2	宣读工作票、安全注意事项及任务分工	按开工会要求进行	
	3	工器具检测	按《国家电网公司电力安全工作规程（线路部分）》要求进行	
	4	线路名称、杆塔基础及作业环境检查	按《国家电网公司电力安全工作规程（线路部分）》要求进行	

续表

√	序号	作 业 内 容	作业步骤及标准	作业人员签字
	5	安全防护用具冲击试验检查	冲击三次	
	6	开工申请	按要求进行	

6.2 作业内容及标准

√	序号	作业内容	作业步骤及标准	安全措施注意事项	作业人员签字
	1	工作准备	选择合适位置停放绝缘斗臂车，接地； 斗内电工正确穿戴安全防护用具，进入绝缘斗，系好安全带		
	2	确定作业点后段无负载	检查作业点后段无负载，人员现场确认或仪表测定	确认线路的终端开关[断路器（开关）或隔离开关（刀闸）]确已断开，接入线路侧的变压器、电压互感器确已退出运行	
	3	做绝缘隔离措施	斗内电工操作绝缘斗臂车进入工作位置，视情况对导线、电杆、横担等做绝缘隔离措施；由近至远、从大到小、从低到高	绝缘臂有效绝缘长度大于1.0m，保持对地最小距离为0.4m，对邻相导线的最小距离为0.6m，绝缘绳索类工具有效绝缘长度不小于0.4m，绝缘操作杆有效绝缘长度不小于0.7m	
	4	逐相拆除支线搭头	斗内电工解开一相引线连接，迅速脱离，拆开的引线线头固定牢靠，严禁接地；一相作业完毕，按前重复操作，拆开其余两相搭头	拆除过程中必须保证待拆引线与主线不脱开，脱开时动作迅速，防止人体串入电路	
	5	检修工作	支线搭头拆毕，进行相关检修工作	检修人员与带电部位保持最小0.7m的安全距离	
	6	确定作业点后段无相间短路、接地	检查作业点后段无相间短路、接地		
	7	逐相搭上支线搭头	斗内电工解开一相线头，恢复支线连接；一相作业完毕，按前重复操作，恢复其余两相搭头	动作迅速，防止人体串入电路	
	8	拆绝缘隔离措施	拆除绝缘隔离措施	由远至近、从小到大、从高到低	
	9	撤离现场	工作负责人检查后，召开现场收工会，人员、工器具撤离现场		

6.3 竣工

√	序号	内 容	负责人员签字
	1	清理现场及工具，检查杆（塔）上有无留遗物，工作负责人全面检查工作完成情况，无误后撤离现场，做到人走场清	
	2	办理工作终结手续	

6.4 消缺记录

√	序号	缺 陷 内 容	消除人员签字
	1	作业结束，无缺陷	

7 验收总结

序号	作 业 总 结

模块2

ZY0800204002

8　指导书执行情况评估

评估内容	符合性	优	√	可操作项	全
		良		不可操作项	无
	可操作性	优	√	修改项	无
		良		遗漏项	无
存在问题	无				
改进意见	无				

9　附录

由于线路三相导线之间和导线对地之间都存在电容，在拆、搭引线时会有电容电流，故在作业前应对线路的电容电流作出验算，符合要求后方能进行。其值可按下列经验公式计算

$$I_C = KUL$$

式中　I_C——架空线路电容电流，A；

K——系数，10kV 取 0.001 8；

U——线路额定电压，kV；

L——线路长度，km。

$$I_C = \frac{95 + 1.44S}{2200 + 0.23S}U$$

式中　I_C——10kV 电缆线路电容电流，A；

S——电缆截面积，mm^2；

U——线路额定电压，kV。

模块2

ZY0800204002

【思考与练习】

1. 采用绝缘手套作业法断、接引线工艺更换柱上隔离开关（刀闸）的标准化作业指导书如何编写？
2. 结合本地实际情况，10kV 双回垂直排列直线杆直接支接带电接引线标准化作业指导书如何编写？
3. 断、接引线作业中可采用的灭弧方式有哪些？

第十一章 带电修补导线

模块1 带电修补导线（ZY0800205001）

【模块描述】本模块介绍带电修补导线工作程序及相关安全注意事项。通过流程和操作要点讲解，了解带电修补导线作业中的危险点预控措施，掌握带电修补导线作业的操作技能、工艺标准和质量要求。

【正文】

一、作业内容

带电修补 10kV××线××号—××号间损伤断股的裸导线（钢芯铝绞线）。配电线路常见的导线类型有钢芯铝绞线、架空绝缘铝绞线、架空绝缘钢芯铝绞线，根据导线类型、损伤大小，带电检修工艺有所不同。可根据实际情况因地制宜，有针对性地借鉴以下方法。

带电修补的标准：① 钢芯铝绞线：在同一截面处铝股损伤面积不超过铝面积 7%，采用缠绕方法修补；损伤面积在 7%以上、25%以下，利用补修金具修补。② 单金属导线：在同一截面处铝股损伤面积不超过铝面积 5%，采用缠绕方法修补；损伤面积在 5%以上、17%以下，利用补修金具修补。③ 连续损伤虽在允许修补范围内，但其损伤长度已超出一个修补金具所能补修的长度，必须剪断重接，不在本作业范围之内。

二、作业方法

配电线路带电修补导线通常使用绝缘斗臂车作为主绝缘平台（某些场合也可采用绝缘梯、绝缘平台），工作人员穿戴绝缘防护用具，并对作业各部位安装绝缘遮蔽后进行作业。

由于各地配电线路设计型式的不同，导线排列方式、线间距离差别很大，所以具体工作方法不尽相同，各地可根据实际情况因地制宜，有针对性地借鉴以下方法，切忌生搬硬套。

以下仅介绍采用绝缘斗臂车绝缘手套修补裸导线的常规做法，现场作业图见图 ZY0800205001-1。

图 ZY0800205001-1 采用绝缘斗臂车绝缘手套修补裸导线的现场作业图

三、作业前准备

1. 作业条件

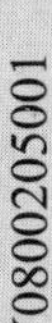

2. 人员组成

作业人员应由具备配电带电作业资格的工作人员所组成，本项目一般需4名，其中工作负责人（监护人）1名、斗内电工2名、地面电工1名。

工作班成员明确工作内容、工作流程、安全措施、工作中的危险点，并履行确认手续。

3. 工器具及材料准备

本次作业需要的主要工器具及材料见表ZY0800205001-1。

表 ZY0800205001-1　　　　主要工器具及材料

序号	名　称		型号/规格	单位	数量	备注
1	绝缘工具	绝缘斗臂车		辆	1	
2		绝缘毯、绝缘毯夹		块	若干	
3		绝缘绳		根	若干	
4		绝缘遮蔽罩		个	若干	
5		绝缘遮蔽管		根	若干	
6	防护用具	绝缘手套		双	2	
7		绝缘服		件	2	
8		绝缘鞋		双	2	
9		绝缘安全帽		顶	2	
10		绝缘安全带		条	2	
11	其他工具	绝缘电阻表		只	1	2500V
12		防潮布		块	1	
13		对讲机		台	2	
14		钢丝刷		把	1	
15		细砂纸		张	若干	
16	所需材料	预绞式修补条		根	若干	

4. 作业流程图

带电修补导线作业流程见图ZY0800205001-2。

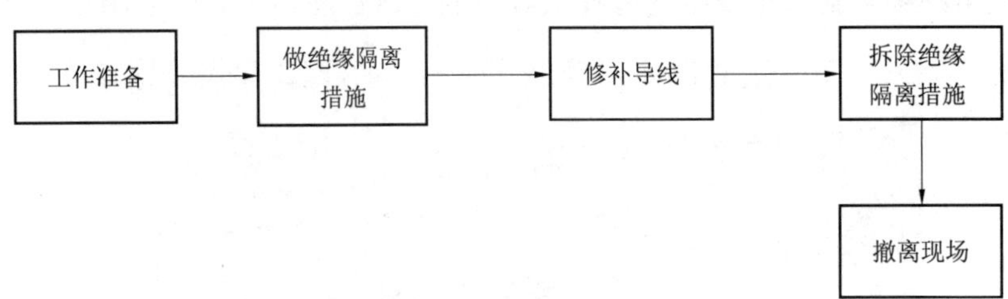

图 ZY0800205001-2　带电修补导线作业流程图

四、危险点分析与控制措施

本次作业的主要危险点及控制措施见表ZY0800205001-2。

表 ZY0800205001-2　　　　危险点分析及控制措施

序号	防范类型	危险点	控制措施
1	防触电类	人身触电	作业人员应穿戴齐合格的安全防护用品（绝缘手套、安全帽、绝缘服等），绝缘手套外应套有防刺穿的防护手套
			保持对地最小距离为0.4m，对邻相导线的最小距离为0.6m，绝缘绳索类工具有效绝缘长度不小于0.4m，绝缘操作杆有效绝缘长度不小于0.7m
			作业过程中严禁人体串入电路
			绝缘斗臂车的车体必须进行可靠接地，防止泄漏电流伤及地面作业人员

续表

序号	防范类型	危险点	控制措施
1	防触电类	短路或接地	遮蔽过程中严格按照《国家电网公司电力安全工作规程（线路部分）》进行，采取由近到远、由下到上、由大到小、先带电体后接地体的原则
			缠绕预绞式修补条时，必须逐条从一端开始安装，其他临近的导线绝缘遮蔽管长度必须大于预绞式修补条的长度
			必须停用线路重合闸
2	防高处坠落类		工作前，斗臂车应在预定位置进行空斗试操作，确认液压传动、升降、伸缩系统工作正常及操作灵活，制动装置可靠
			进入作业斗内人员，应系好绝缘安全带，将挂钩挂在指定位置
			作业车发动机不得熄火，总控制台应有专人看守，防止发生意外，进行紧急处理

五、作业步骤及工艺标准和质量要求

（1）工作负责人召开现场开工会，布置安全措施，检查工器具，必要时提问；选择合适位置停放绝缘斗臂车，并接地；斗内电工正确穿戴安全防护用具，进入绝缘斗，系好安全带。

（2）斗内电工操作绝缘斗臂车进入工作位置，认真检查导线损伤情况，确定导线遮蔽措施及处理方法。

（3）对作业范围内的导线做绝缘遮蔽隔离措施，安装原则“由近至远、从大到小、从低到高”。导线遮蔽范围必须大于预绞式修补条的长度，若修补中相导线，则三相导线必须全部遮蔽；若修补位置临近杆塔或横担，还必须对作业范围内的杆塔和横担进行遮蔽；在工作斗上升的过程中，对可能触及的低压带电部件也必须进行遮蔽。采取绝缘遮蔽措施现场作业见图 ZY0800205001-3。

图 ZY0800205001-3　采取绝缘遮蔽措施现场作业图

（4）调整工作斗的位置，移开修补位置的导线绝缘遮蔽罩，修补导线过程中，绝缘手套外应套有防刺穿的防护手套，见图 ZY0800205001-4。

（5）斗内电工先清除导线氧化层，然后缠绕预绞式修补条，缠绕预绞式修补条应采取防止相间短路的措施，预绞式修补条缠绕长度应超出损伤部分两端各 30mm，见图 ZY0800205001-5 和图 ZY0800205001-6。

图 ZY0800205001-5 修补损伤导线现场作业图

图 ZY0800205001-6 修补后效果图

（6）一处修补完毕后，应迅速恢复其绝缘遮蔽，然后进行另一处作业。

（7）作业结束后，斗内电工按由远至近、从小到大、从高到低，依次拆除所有绝缘遮蔽隔离措施。

（8）工作负责人检查后，召开现场收工会，人员、工器具撤离现场。

六、带电修补绝缘导线操作过程介绍

绝缘导线的带电修补过程和裸导线的基本相同，只是在修补工艺上的要求不同，具体要求如下：

（1）绝缘导线绝缘层损伤深度在绝缘厚度的 10%及以上时，应采用绝缘自黏带修补。绝缘自黏带每圈搭接 1/2，厚度应大于绝缘层损伤深度，且不少于两层。

（2）也可采用绝缘护罩将绝缘层损伤部位罩好，并将开口部位用绝缘自黏带缠绕封住。

（3）如导线损伤断股，则应做好绝缘遮蔽措施后，剥离受伤导线绝缘皮，满足修补条修补长度要求，按裸线修补过程进行修补，然后用绝缘自黏带或热缩管进行绝缘恢复。

【思考与练习】

1. 简述绝缘导线外绝缘损伤、导线断 2 股的修补作业程序。
2. 简述修补中相导线的绝缘遮蔽措施及注意事项。
3. 讨论修补带电导线的其他方法。

模块 2　编写带电修补导线作业指导书（ZY0800205002）

【模块描述】本模块介绍带电修补导线原理、现场作业指导书编写要求和带电修补导线的基本方法。通过原理讲解、要点介绍和实例展示，掌握带电修补导线的现场标准化作业指导书编写的注意事项、格式及其要求。

【正文】

一、带电修补导线原理

绝缘手套作业法属于直接作业，作业人员穿戴绝缘防护用具，以绝缘斗臂车的绝缘臂（超过 1m 的有效绝缘）或绝缘梯等绝缘平台为主绝缘，以绝缘罩、绝缘毯等绝缘遮蔽措施为辅助绝缘，通过绝缘手套对带电设备进行检修和维护作业。作业中无论作业人员与接地体或邻相的间隙是否满足安全距离要求，均需对人体可能触及范围内的带电体和接地体进行绝缘遮蔽，必要时还要增加绝缘挡板等限位措施。

带电修补导线中需要着重解决的是对作业范围内的带电导线、绝缘子、横担应进行有效遮蔽，根据导线损伤程度确定修补方案，然后按照检修工艺要求修补损伤的导线。重点防止修补过程中由于预绞式线条舞动造成相间短路或接地，所以临近相或地电位设备一定要遮蔽完全，保证绝对的空间操作范围。

带电补修的标准：① 钢芯铝绞线：在同一截面处铝股损伤面积不超过铝面积 7%，采用缠绕方法修补；损伤面积在 7%以上、25%以下，利用补修金具补修。② 单金属导线：在同一截面处铝股损伤面积不超过铝面积 5%，采用缠绕方法修补；损伤面积在 5%以上、17%以下，利用补修金具补修。③ 连续损伤虽在允许修补范围内，但其损伤长度已超出一个修补金具所能补修的长度，必须剪断重接。不在本作业范围之内。

二、作业指导书编写要求

10kV 配电线路带电作业现场标准化作业指导书针对每一次作业按照全过程控制的要求，对作业计划、准备、实施、总结等各个环节，明确具体操作的方法、步骤、措施、标准和人员责任，依据工作流程组合成的执行文件。指导书使用的语言必须概念清楚、表达准确、文字简练、格式统一，抓住重点环节，说得明白准确。体现对现场作业的全过程控制，体现对设备及人员行为的全过程管理，交代清楚任务性质、来源，人员组织，技术措施、安全措施，做到头绪清楚，层次清晰，条理分明。

指导书编写人员必须参加现场勘察，主要包括杆塔周围环境、地形状况、杆塔形式、电气关系、导线型号情况等，在编写本次作业指导书时，着重做好以下几点：

（1）根据杆塔形式、现场环境确定修补导线作业方法。安排作业步骤，明确工艺标准，根据作业内容、作业步骤明确安全措施注意事项。量化、细化、标准化每项作业内容，做到作业有程序、安全有措施、质量有标准、考核有依据。

（2）根据作业内容和班组人员实际情况，合理安排工作负责人和工作班成员，保证作业人员充足，并明确其工作职责。

（3）根据作业内容配备工器具、材料，工器具、材料规格要与现场设备相符，绝缘工器具的机械及电气强度均应满足《国家电网公司电力安全工作规程（线路部分）》要求，预防性、检查性试验合格。

（4）针对现场实际情况和作业方法进行危险点分析，制订相应的防范措施，危险点分析要考虑作业全过程，防范措施要体现对设备及人员行为的全过程预控。本次作业的主要危险点有：高空坠落和人身触电。

（5）根据现场实际情况必要时应补充特殊的安全技术措施，每一相完成后，应迅速恢复遮蔽，然后再对另一相作业，作业过程中绝缘手套外要套羊皮手套，防止被损伤导线划伤。

三、标准化作业指导书的编写

标准化作业指导书的编写，可依据《国家电网公司现场标准化作业指导书编制导则》中规定的格式与要求而进行。它一般由封面、适用范围、引用文件、作业前准备（包括1份现场勘察记录）、流程

以下为带电修补钢芯铝绞线标准化作业指导书的编写示例：

【标准化作业指导书——封面】

编号：Q/××××-××-××

带电修补10kV××线××杆导线作业指导书

批准：________ _____年__月__日

审核：________ _____年__月__日

编写：________ _____年__月__日

作业负责人：__________________

作业时间：_____年__月__日__时至____年__月__日__时

××供电公司×××

【标准化作业指导书——内文】

1 适用范围

本作业指导书针对采用绝缘手套作业法带电修补××供电公司10kV××线××杆导线工作编写而成，仅适用于该项工作。

2 引用文件

GB/T 2900.55—2002 带电作业术语

GB/T 14286—2008 带电作业工具设备术语

GB/T 18857—2008 配电线路带电作业技术导则

GB 50061—2010 66kV及以下架空电力线路设计规范

DL/T 602—1996 架空绝缘配电线路施工及验收规程

国家电网生［2007］751号 国家电网公司带电作业工作管理规定（试行）

国家电网公司电力安全工作规程（线路部分）

国家电网公司现场标准化作业指导书编制导则

3 人员组合

本作业项目工作人员共计4名，其中工作负责人1名（监护人）、斗内电工2名、地面电工1名。

4 作业方法

绝缘手套直接作业法。

5 作业前准备

5.1 准备工作安排

√	序号	内 容	标 准	备 注
	1	明确作业项目、确定作业人员、合理进行任务分工，并组织学习作业指导书	作业人员必须认真听取工作任务布置，对作业任务及存在的危险点做到心中有数，明确人员分工；认真学习工作票内容，对作业任务及存在的危险点做到心中有数，作业前认真学习作业指导书并签名确认	
	2	确定作业所需材料和工器具及相关技术要求，并按要求准备	所有工器具准备齐全，满足作业项目需要；所有带电作业工器具应满足如下试验周期： （1）电气试验：预防性试验每年一次，检查性试验每年一次，两次试验间隔半年。 （2）机械试验：绝缘工具每年一次，金属工具两年一次	

5.2　人员要求

√	序号	内　　容	备注
	1	作业人员必须掌握《国家电网公司电力安全工作规程（线路部分）》相关知识，并经年度考试合格；高空作业人员必须具备从事高空作业的身体素质；所有工作人员必须精神状态良好	
	2	所有作业人员必须取得带电作业资格证并审验合格	

5.3　作业分工

√	序号	工作岗位	人数	职　　责	备注
	1	工作负责（监护）人	1	负责整个施工过程、工艺标准、质量要求及施工安全	
	2	斗内电工	2	负责进行绝缘遮蔽、更换绝缘子及其他斗上作业	
	3	地面电工	1	负责做好地面的安全设施及向杆上作业人员传递工具、材料	

5.4　工器具及材料

√	序号	名　　称		型号/规格	单位	数量	备注
	1	绝缘工具	绝缘斗臂车		辆	1	
	2		绝缘毯		块	若干	
	3		蚕丝绳		根	若干	
	4		绝缘遮蔽罩		个	若干	
	5		绝缘遮蔽管		根	若干	
	6		绝缘毯夹		个	若干	
	7	防护用具	绝缘手套		双	2	
	8		绝缘服（绝缘披肩）		件	2	
	9		绝缘靴		双	2	
	10		绝缘安全帽		顶	2	
	11		羊皮手套		双	2	
	12		绝缘安全带		条	2	
	13	其他工具	绝缘电阻表		块	1	2500V
	14		钢丝刷		把	1	
	15		对讲机		台	3	
	16	所需材料	预绞式修补条		套	若干	
	17		细砂纸		张	若干	

5.5　危险点分析及控制措施

√	序号	防范类型	危　险　点	控　制　措　施	备注
	1	防触电类	人身触电	作业人员应穿戴齐合格的安全防护用品（绝缘手套、安全帽、绝缘服等）	
				保持对地最小距离为0.[illegible]m，对邻相导线的最小距离为0.6m，绝缘绳索类工具有效绝缘长度不小于0.4m，绝缘操作杆有效绝缘长度不小于0.7m	
				作业过程中严禁人体串入电路	
			发生短路或接地事故	遮蔽过程中严格按照《国家电网公司电力安全工作规程（线路部分）》进行，采取由近到远、由下到上、由大到小、先带电体后接地体的原则	

续表

√	序号	防范类型	危险点	控制措施	备注
	2	防高处坠落类	从斗内跌落	进入作业斗内人员，应系好绝缘安全带，将挂钩挂在指定位置	
			作业动作失稳：重心、站立、动作过大等	工作前，斗臂车应在预定位置进行空斗试操作，确认液压传动、升降、伸缩系统工作正常及操作灵活，制动装置可靠	

6 作业程序

6.1 开工

√	序号	作业内容	作业步骤及标准
	1	办理工作票、履行工作许可手续	
	2	宣读工作票、安全注意事项及任务分工	
	3	工器具检测	
	4	线路名称、杆塔基础及作业环境检查	
	5	安全防护用具冲击试验检查	
	6	开工申请	

6.2 作业内容及标准

√	序号	作业内容	作业步骤及标准	安全措施注意事项
	1	许可开工	停用重合闸后，工作许可人向工作负责人许可开工	必须履行工作票许可手续
	2	杆下准备工作	进入现场，工作负责人核对线路名称及杆号，绝缘斗臂车停放合适位置，车底接地，作业现场装设安全围栏。带电作业人员戴好绝缘手套，穿好绝缘披肩或绝缘服后进入工作现场，做好工作前的一切准备工作	（1）高空绝缘斗臂车工作位置应选择适当，支撑应稳固可靠，检查各部液压系统是否正常。 （2）绝缘工具使用前，应仔细检查其是否损坏、变形、失灵。并应用2500V绝缘电阻表进行绝缘检测，电阻值应不低于700MΩ。 （3）工作区域装设安全围栏
	3	进入工作点	高空带电作业人员系好安全带进入绝缘斗系好安全扣，操作绝缘斗送入合适位置	（1）在高空作业时，必须使用安全带和戴安全帽。 （2）绝缘斗臂车总控制台应有专人看守，防止发生意外，进行紧急处理。 （3）在工作过程中高空绝缘作业车发动机不得熄火
	4	安装绝缘遮蔽工具	带电作业人员操作绝缘斗臂车将自己送到合适的工作位置后，对邻近带电导线和接地体分类分项，先带电部件，后接地部件，由近到远、由下到上、由大到小，进行全绝缘遮蔽	（1）作业时，作业人员严禁同时接触两相导线，严禁同时进行两项作业。 （2）对导线进行遮蔽时，导线遮蔽管开口必须向下，用绝缘毯遮蔽时，毯夹必须夹牢，导线绝缘遮蔽长度必须大于预绞式护线条的长度。 （3）作业人员动作必须按严肃、严细、稳重、规范进行，并保持与带电体的安全距离
	5	检查破损导线	处理导线前，应认真检查导线损坏情况，采取合理的处理方法。如导线严重损伤，停止工作	（1）作业时，作业人员严禁同时接触两相导线，严禁同时进行两项作业。 （2）作业人员动作必须按严肃、严细、稳重、规范进行，并保持与带电体的安全距离
	6	进行导线修补	调整工作斗的位置，带电作业人员先清除导线氧化层，然后缠绕预绞式护线条，预绞式护线条缠绕长度应超出损伤部分两端各30mm	（1）严格加强监护，必要时增设监护人（上下联系）。 （2）修补导线不得用力过大，防止预绞式护线条碰其他导线，造成相间短路
	7	拆除绝缘遮蔽用具	作业结束后，带电作业人员将各部位绝缘遮蔽按分项分类，由远到近、由上到下、由小到大，依次拆除所有绝缘遮蔽用具	（1）作业时，作业人员严禁同时接触两相导线，严禁同时进行两项作业。 （2）作业人员动作必须按严肃、严细、稳重、规范进行并保持与带电体的安全距离
	8	工作结束	（1）遮蔽装置全部拆除后，带电作业人员操作绝缘斗臂车返回地面，将绝缘斗臂车收回，清理工作现场。 （2）工作负责人应进行全面检查，确认工作完成无误后，向工作许可人汇报。 （3）工作许可人验收工作无误后，联系调度恢复本回路重合闸，工作全部结束，人员全部撤离现场	绝缘斗臂车操作时要平稳，不能猛进猛退，要注意与导线距离，防止触碰其他物体

6.3 竣工

√	序号	内　　容	负责人员签字
	1	清理现场及工具，认真检查杆（塔）上有无留遗物，工作负责人全面检查工作完成情况，无误后撤离现场，做到人走场清	
	2	办理工作终结手续	

6.4 消缺记录

√	序号	缺　陷　内　容	消除人员签字
	1		
	2		

7 验收总结

<table>
<tr><th>序号</th><th colspan="2">作　业　总　结</th></tr>
<tr><td>1</td><td>验收评价</td><td></td></tr>
<tr><td>2</td><td>存在问题及处理意见</td><td></td></tr>
</table>

8 指导书执行情况评估

<table>
<tr><td rowspan="4">评估内容</td><td rowspan="2">符合性</td><td>优</td><td></td><td>可操作项</td><td></td></tr>
<tr><td>良</td><td></td><td>不可操作项</td><td></td></tr>
<tr><td rowspan="2">可操作性</td><td>优</td><td></td><td>修改项</td><td></td></tr>
<tr><td>良</td><td></td><td>遗漏项</td><td></td></tr>
<tr><td>存在问题</td><td colspan="5"></td></tr>
<tr><td>改进意见</td><td colspan="5"></td></tr>
</table>

9 附录

现场勘察图。

【思考与练习】

1. 结合当地导线排列方式编写修补中相导线的现场标准化作业指导书。
2. 简述如何使用预绞式修补条修补导线。
3. 讨论绝缘导线如何修补绝缘层。

第十二章 带电更换直线绝缘子

模块 1 带电更换直线绝缘子（ZY0800206001）

【模块描述】本模块介绍带电更换直线绝缘子工作程序及相关安全注意事项。通过流程和操作要点讲解，了解带电更换直线绝缘子作业中的危险点预控措施，掌握带电更换直线绝缘子作业的操作技能、工艺标准和质量要求。

【正文】

一、作业内容

配电线路常见的直线绝缘子包括瓷横担、棒形绝缘子、针式绝缘子等，受各地配电线路导线排列方式、线间距离等因素影响，带电检修工艺略有差异。各地可根据实际情况因地制宜，有针对性地借鉴以下方法。

带电更换直线绝缘子通常使用绝缘斗臂车作为主绝缘平台，利用绝缘斗臂车自带的吊机提升导线完成作业。某些场合也可采用绝缘梯、绝缘平台，工作人员穿着全套防护用具进行作业，或者使用羊角抱杆等提升导线，绝缘杆作业法进行作业。几种作业方法中，采用绝缘斗臂车工效最高。

二、作业方法

绝缘斗臂车绝缘手套作业法。本模块以“三角排列，PS-15 棒形绝缘子”为例讲解带电更换直线绝缘子，现场作业见图 ZY0800206001-1。

图 ZY0800206001-1 带电更换直线绝缘子现场作业图

三、作业前准备

1. 作业条件

作业应在满足《国家电网公司电力安全工作规程（线路部分）》和相关标准规定的良好天气下进行，如遇雷电（听见雷声、看见闪电）、雪雹、雨雾和空气相对湿度超过 80%、风力大于 5 级（10m/s）时，不宜进行本作业。作业前现场勘察确定满足绝缘斗臂车绝缘手套作业法作业环境条件，主要指停用重合闸、绝缘斗臂车作业条件等。

2. 人员组成

作业人员应由具备配网带电作业资格的工作人员所组成，本项目一般需 4 名，其中工作负责人（监护人）1 名、斗内电工 2 名、地面电工 1 名。工作班成员明确工作内容、工作流程、安全措施、工作中的危险点，并履行确认手续。

3. 工器具及材料准备

带电更换直线绝缘子工器具及材料准备见表 ZY0800206001-1。

表 ZY0800206001-1　　带电更换直线绝缘子主要工器具及材料

序号	名称		型号/规格	单位	数量	备注
1	绝缘工具	绝缘绳		条	若干	
2		绝缘操作杆		根	若干	5000V 绝缘电阻表进行分段绝缘检测，2cm 电极间电阻值应不低于 700MΩ，视工作需要
3		绝缘斗臂车		辆	1	绝缘工作平台
4		绝缘支架		副	1	绝缘斗臂车车载，支撑导线，或采用安装在电杆上的绝缘横担，视工作需要
5		绝缘遮蔽工具		块	若干	绝缘毯、绝缘挡板、绝缘导线罩等，视工作需要
6	防护用具	安全防护用具		套	1～2	绝缘袖套、绝缘服、绝缘靴、绝缘手套等，视工作需要
7	其他工具	防潮布		块	1	
8	所需材料	直线绝缘子		只	若干	针式、蝶式、瓷横担，视工作需要
9		扎线		圈	若干	

注　绝缘工器具的机械及电气强度均应满足《国家电网公司电力安全工作规程（线路部分）》要求，预防性、检查性试验合格。

4. 作业流程图

带电更换直线绝缘子作业流程见图 ZY0800206001-2。

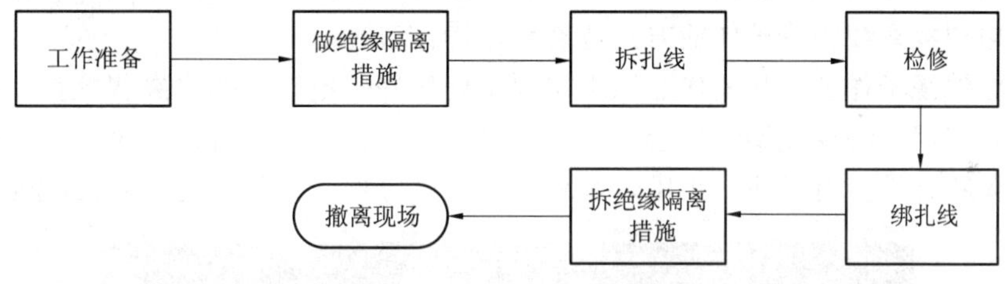

图 ZY0800206001-2　带电更换直线绝缘子作业流程图

四、危险点分析及控制措施

危险点分析及控制措施见表 ZY0800206001-2。

表 ZY0800206001-2　　危险点分析及控制措施

序号	防范类型	危险点	控制措施	备注
1	防触电类	人身触电	作业过程中，不论线路是否停电，都应始终认为线路有电	
2			必须停用重合闸	
3			保持对地最小距离为 0.4m，对邻相导线的最小距离为 0.6m，绝缘绳索类工具有效绝缘长度不小于 0.4m，绝缘操作杆有效绝缘长度不小于 0.7m	
4			必须在天气良好条件下进行	
5	防高处坠落类	登高工具不合格及不规范使用登高工具	设专职监护人	
6			作业前，绝缘斗臂车应进行空斗操作，确认液压传动、升降、伸缩、回转系统工作正常及操作灵活，制动装置可靠	
7			安全带应系在牢固的构件上，扣牢扣环	
8			斗内电工应系好安全带，戴好安全帽	

五、作业步骤及工艺标准和质量要求

（1）工作负责人召开现场开工会，布置安措，必要时提问；选择合适位置停放绝缘斗臂车，接地；斗内电工正确穿戴安全防护用具，进入绝缘斗，系好安全带。

（2）斗内电工操作绝缘斗臂车进入工作位置，对横担作绝缘隔离措施，安装原则“由近至远、从大到小、从低到高”。如更换中相绝缘子，则尚需对边相导线作绝缘隔离措施。

（3）斗内电工操作绝缘斗臂车自带的吊钩钩住导线并使其略微受力，安装隔离挡板对直线绝缘子作限位隔离后，拆除扎线。

（4）斗内电工将导线吊离约40cm后，更换或纠正直线绝缘子。

（5）斗内电工安装隔离挡板对直线绝缘子作限位隔离后，缓慢放落导线，绑扎线，如图ZY0800206001-3所示。

图ZY0800206001-3 限位隔离后绑扎线现场作业图

（6）拆绝缘隔离措施，拆除原则“由远至近、从小到大、从高到低”。

（7）撤离现场，工作负责人检查后，召开现场收工会，人员、工器具撤离现场。

六、其他带电更换直线绝缘子作业方式危险点、操作过程

带电更换直线绝缘子作业，从其作业原理主要是处理好带电导线的脱离和恢复，在绝缘斗臂车行不便的地区，也可采用绝缘梯或绝缘平台，工作人员穿着全套防护用具，采用绝缘手套作业法进行作业，或者使用羊角抱杆等提升导线，采用绝缘杆作业法进行作业，如图ZY0800206001-4所示。

图ZY0800206001-4 绝缘杆作业法更换直线中相绝缘子现场作业图

采用绝缘梯或绝缘平台绝缘手套作业法，其作业方式基本同绝缘斗臂车绝缘手套作业法，差别主要在绝缘隔离、限位措施的选择及安装工艺上，导线的脱离提升可另行安装绝缘横担或羊角抱杆。

采用绝缘杆作业法的操作过程一般为：① 作业人员安装绝缘隔离措施，在合适位置安装导线转移装置（羊角抱杆、三角横担、平横担、带绝缘滑车组等工具，可转移或支撑导线）；② 钩住导线使之稍稍受力，用操作杆或剪刀拆除扎线，拆除过程中注意保证空气间隙；③ 吊或顶升导线0.4m以上，用操作杆或做好绝缘隔离措施后直接更换直线绝缘子；④ 平稳下落导线入槽，用操作杆绑好扎线后，脱开吊线钩；⑤ 拆除工具，人员撤离。

【思考与练习】

1. 使用绝缘斗臂车自带的吊钩钩导线时，工作斗、吊点、吊绳应处于怎样的位置和状态？

2. 结合本地实际，采用绝缘杆作业法（绝缘平台）更换中相直线绝缘子的作业步骤有哪些？

3. 线路前段遭车撞致直线杆绝缘子歪斜（见图 ZY0800206001-5），此缺陷应如何带电处理？

图 ZY0800206001-5　线路前段直线杆绝缘子歪斜现场处理图

模块 2　编写带电更换直线绝缘子作业指导书（ZY0800206002）

【模块描述】本模块介绍带电更换直线绝缘子原理、现场作业指导书编写要求和带电更换直线绝缘子的基本方法。通过原理讲解、要点介绍和实例展示，掌握带电更换直线绝缘子的现场标准化作业指导书编写的注意事项、格式及其要求。

【正文】

一、带电更换直线绝缘子原理

带电更换直线绝缘子作业原理就是通过对作业范围内的带电导线、绝缘子、横担应进行有效遮蔽，使用绝缘斗臂车小吊臂、羊角抱杆或吊、支杆等荷载转移工具移出导线，更换绝缘子后，回放导线入槽固定。

绝缘手套作业法带电更换直线绝缘子中，作业人员穿戴绝缘防护用具，以绝缘斗臂车的绝缘臂（超过 1m 的有效绝缘）或绝缘梯等绝缘平台为主绝缘，以绝缘罩、绝缘毯等绝缘遮蔽措施为辅助绝缘，其作业核心就是对固定在直线绝缘子上的带电导线开展脱离和恢复作业。作业中无论作业人员与接地体或邻相的间隙是否满足安全距离要求，均需对人体可能触及范围内的带电体和接地体进行绝缘遮蔽，必要时还要增加绝缘挡板等限位措施。

二、作业指导书编写要求

配电线路带电作业标准化作业指导书，是对配电线路带电作业全过程控制指导的约束性文件，它针对作业前、作业中和作业后的各个作业环节进行了规范，使作业计划翔实、人员安排妥当、现场勘察清楚、工器具准备齐全、材料准备充足、危险点分析到位、防范措施严密、工艺标准全面，充分体现了现场带电作业全过程、全方位、全员的管理，保证了作业过程处于“能控、在控、可控”状态，以获得最佳秩序与效果，各作业环节层次分明、连接可靠、各作业内容细化、量化和标准化，做到作业闭环管理、作业有程序、安全有措施、质量有标准、考核有依据。具体在编写标准化作业指导书时，应重点注意以下几点要求：

（1）指导书编写人员必须参加现场勘察，主要包括：查明作业范围，核对杆名、杆号；查看作业杆塔周边环境、杆塔结构形式、电气关系（相序、分支、回路排列、相邻线路、交叉跨越、绝缘配置）、

（2）根据杆塔、线路运行工况，现场环境等确定带电作业方法，设计作业步骤，明确工艺标准，确定危险点控制和安全防范措施及注意事项。如确定垂直荷载不超过绝缘斗臂车小吊机作业状态的额定值。

（3）根据作业内容合理安排带电作业人员，应安排工作经验丰富的作业人员担任工作负责人，并配备足够的工作班成员。

（4）根据作业内容配备工器具、材料，注意选用的工器具和使用的材料规格要与现场设备相符，使用的绝缘工器具应满足《国家电网公司电力安全工作规程（线路部分）》要求。

（5）针对现场实际情况和作业方法进行危险点分析，特别关注导线损伤、杆塔结构失稳、构件严重变形、绝缘配置损坏等情况并制定相应的防范措施，危险点分析要考虑作业全过程，防范措施要体现对设备及人员行为的全过程预控。

（6）根据现场实际情况必要时应补充特殊的安全技术措施。如标准化指导书在执行过程中，发现不切合实际、与相关图纸及有关规定不符等情况，应立即停止工作。作业负责人根据现场实际情况及时修改指导书，履行审批手续并做好记录后，按修改后的标准化指导书继续工作。

（7）在编写标准化作业指导书时，还要使其语言标准化，其原则是：语言简练、通俗易懂、避免口语、语法严谨、标点正确。

三、标准化作业指导书编写

标准化作业指导书可依据《国家电网公司现场标准化作业指导书编制导则》中规定的格式与要求而进行，一般由封面、适用范围、引用文件、作业前准备（包括1份现场勘察记录）、流程图、作业程序和工艺标准（包括危险点和控制措施）、验收记录、作业指导书执行情况评估和附录等组成，结合现场实际情况与需要可作适当的删减与合并。

以下为绝缘手套作业法带电更换直线绝缘子标准化作业指导书的编写示例：

【标准化作业指导书——封面】

编号：Q/××××-××-××

带电更换10kV××线直线绝缘子现场作业指导书

批准：×××　×年×月×日

审核：×××　×年×月×日

编写：×××　×年×月×日

作业负责人：×××

作业时间：×年×月×日×时至×年×月×日×时

××供电公司×××

【标准化作业指导书——内文】

1　适用范围

本指导书适用于××供电公司带电更换10kV线路直线绝缘子作业。

2　引用文件

GB/T 2900.55—2002　电工术语　带电作业

GB /T 12168—2006　带电作业用遮蔽罩

GB /T 13035—2008　带电作业用绝缘绳索

GB 13398—2008 带电作业用空心绝缘管、泡沫填充绝缘管和实心绝缘棒
GB/T 14286—2008 带电作业工具设备术语
GB/T 17622—2008 带电作业用绝缘手套
GB/T 18037—2008 带电作业工具基本技术要求与设计导则
GB/T 18857—2008 配电线路带电作业技术导则
GB 50061—2010 66kV 及以下架空线路设计规范
GB 50173—1992 电气装置安装工程 35kV 及以下架空电力线路施工及验收规范
DL 409—1991 电业安全工作规程（电力线路部分）
DL/T 602—1996 架空绝缘配电线路施工及验收规程
DL 778—2001 带电作业用绝缘袖套
DL 779—2001 带电作业用绝缘绳索类工具
DL/T 803—2002 带电作业用绝缘毯
DL/T 854—2004 带电作业用绝缘斗臂车的保养维护及在使用中的试验
DL/T 880—2004 带电作业用导线软质遮蔽罩
国家电网生［2007］751 号 国家电网公司带电作业工作管理规定（试行）
国家电网公司电力安全工作规程（线路部分）
国家电网公司现场标准化作业指导书编制导则

3 人员组合

本作业项目工作人员共计 4 名，其中工作负责人 1 名（监护人）、斗内电工 2 名、地面电工 1 名。

4 作业方法

绝缘手套作业法。

5 作业前准备

5.1 准备工作安排

√	序号	内　容	标　准	责任人	备注
	1	明确作业项目、确定作业人员、合理进行任务分工，并组织学习作业指导书	作业人员必须认真听取工作任务布置，对作业任务及存在的危险点做到心中有数，明确人员分工；认真学习工作票内容，对作业任务及存在的危险点做到心中有数，作业前认真学习作业指导书并签名确认		
	2	确定作业所需材料和工器具及相关技术要求，并按要求准备	所有工器具准备齐全，满足作业项目需要；所有带电作业工器具应满足如下试验周期： （1）电气试验：预防性试验每年一次，检查性试验每年一次，两次试验间隔半年。 （2）机械试验：绝缘工具每年一次，金属工具两年一次		

5.2 人员要求

√	序号	内　容	责任人	备注
	1	作业人员必须掌握《国家电网公司电力安全工作规程（线路部分）》相关知识，并经年度考试合格；高空作业人员必须具备从事高空作业的身体素质；所有工作人员必须精神状态良好		
	2	所有作业人员必须取得带电作业资格证并审验合格		

5.3 作业分工

√	序号	工作岗位	人数	职　责	备注
	1	工作负责（监护）人	1	负责整个施工过程、工艺标准、质量要求及施工安全	

5.4 工器具及材料

√	序号	名称		型号/规格	单位	数量	备注
	1	绝缘工具	绝缘绳		条	若干	
	2		绝缘操作杆		根	若干	5000V 绝缘电阻表进行分段绝缘检测，2cm 电极间电阻值应不低于 700MΩ，视工作需要
	3		绝缘斗臂车		辆	1	绝缘工作平台
	4		绝缘支架		副	1	绝缘斗臂车车载，支撑导线，视工作需要
	5		绝缘遮蔽工具		块	若干	绝缘毯、绝缘挡板、绝缘导线罩等，视工作需要
	6	防护用具	安全防护用具		套	1～2	绝缘袖套、绝缘服、绝缘靴、绝缘手套等，视工作需要
	7	其他工具	防潮布		块	1	
	8	所需材料	直线绝缘子		只	若干	针式、蝶式、瓷横担，视工作需要
	9		扎线		圈	若干	

5.5 危险点分析及控制措施

√	序号	防范类型	危险点	控制措施	备注
	1	防触电类	人身触电	作业过程中，不论线路是否停电，都应始终认为线路有电	
	2			必须停用重合闸	
	3			保持对地最小距离为 0.4m，对邻相导线的最小距离为 0.6m，绝缘绳索类工具有效绝缘长度不小于 0.4m，绝缘操作杆有效绝缘长度不小于 0.7m	
	4			必须天气良好条件下进行	
	5	防高处坠落类	登高工具不合格及不规范使用登高工具	设专职监护人	
	6			作业前，绝缘斗臂车应进行空斗操作，确认液压传动、升降、伸缩、回转系统工作正常及操作灵活，制动装置可靠	
	7			安全带应系在牢固的构件上，扣牢扣环	
	8			斗内电工应系好安全带，戴好安全帽	
	9	防机械失灵类	斗臂车机械失灵	绝缘斗臂车除空斗试验外检查自带小吊机、绝缘支架（如使用）	

6 作业程序

6.1 开工

√	序号	作业内容	作业步骤及标准	作业人员签字
	1	办理工作票、履行工作许可手续	按工作票制度要求进行	
	2	宣读工作票、安全注意事项及任务分工	按开工会要求进行	
	3	工器具检测	按《国家电网公司电力安全工作规程（线路部分）》要求进行	
	4	线路名称、杆塔基础及作业环境检查	按《国家电网公司电力安全工作规程（线路部分）》要求进行	
	5	安全防护用具冲击试验检查	冲击三次	
	6	开工申请	按要求进行	

6.2 作业内容及标准

√	序号	作业内容	作业步骤及标准	安全措施注意事项	作业人员签字
	1	工作准备	选择合适位置停放绝缘斗臂车，接地；斗内电工正确穿戴安全防护用具，进入绝缘斗，系好安全带		

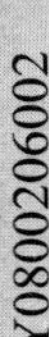

续表

√	序号	作业内容	作业步骤及标准	安全措施注意事项	作业人员签字
	2	做绝缘隔离措施	斗内电工操作绝缘斗臂车进入工作位置，对横担作绝缘隔离措施，如更换中相绝缘子，则尚需对边相导线作绝缘隔离措施	绝缘臂有效绝缘长度大于1.0m，保持对地最小距离为0.4m，对邻相导线的最小距离为0.6m，绝缘绳索类工具有效绝缘长度不小于0.4m	
	3	拆扎线	斗内电工操作绝缘斗臂车自带的吊钩钩住导线并使其略微受力，安装隔离挡板对直线绝缘子作隔离后，拆除扎线		
	4	检修	斗内电工将导线吊离约 40cm 后，更换或纠正直线绝缘子		
	5	绑扎线	斗内电工安装隔离挡板对直线绝缘子作隔离后，缓慢放落导线，绑扎线		
	6	拆绝缘隔离措施	拆除绝缘隔离措施		
	7	撤离现场	工作负责人检查后，召开现场收工会，人员、工器具撤离现场		

6.3　竣工

√	序号	内　容	负责人员签字
	1	清理现场及工具，检查杆（塔）上有无留遗物，工作负责人全面检查工作完成情况，无误后撤离现场，做到人走场清	
	2	办理工作终结手续	

6.4　消缺记录

√	序号	缺　陷　内　容	消除人员签字
	1	作业结束，无缺陷	

7　验收总结

序号	作　业　总　结	
1	验收评价	按指导书要求完成工作
2	存在问题及处理意见	无

8　指导书执行情况评估

评估内容	符合性	优	√	可操作项	全
		良		不可操作项	无
	可操作性	优	√	修改项	无
		良		遗漏项	无
存在问题	无				
改进意见	无				

9　附录

无。

【思考与练习】

1. 带电更换三角排列方式直线边相瓷横担的标准化作业指导书如何编写？
2. 带电更换水平排列方式直线中相棒形绝缘子的标准化作业指导书如何编写？

第十三章 带电更换直线横担

模块1 带电更换直线横担（ZY0800207001）

【模块描述】本模块介绍带电更换直线横担工作程序及相关安全注意事项。通过流程和操作要点讲解，了解带电更换直线横担作业中的危险点预控措施，掌握带电更换直线横担作业的操作技能、工艺标准和质量要求。

【正文】

一、作业内容

带电更换10kV××线××号杆直线横担。导线三角排列，横担长度为1.5m，头铁高度为0.7m。

二、作业方法

绝缘手套作业法通常使用绝缘斗臂车作为主绝缘平台（某些场合也可采用绝缘梯、绝缘平台），工作人员穿戴绝缘防护用具，并对作业各部位安装绝缘遮蔽进行作业。

由于各地配电线路设计型式的不同，导线排列方式、线间距离、导线连接方式区别很大，工器具也形式多样，所以做法不尽相同，各地可根据实际情况因地制宜，有针对性地借鉴以下方法，切忌生搬硬套。

以下仅介绍采用绝缘斗臂车绝缘手套更换直线横担的常规做法，导线排列方式为三角排列，中相采用头铁方式安装，现场作业见图ZY0800207001-1。

图ZY0800207001-1 带电更换直线横担现场作业图

三、作业前准备（包含器材、作业条件、场地、工器具）

1. 作业条件

本作业应在良好天气下进行，如遇雷电（听见雷声、看见闪电）、雪雹、雨雾和空气相对湿度超过80%、风力大于5级（10m/s）时，不宜进行本作业。

2. 人员组成

本作业项目作业人员应由具备带电作业资格并审验合格的工作人员所组成，本作业项目共计4名，其中工作负责人1名（监护人）、斗内电工2名、地面电工1名。

3. 工器具及材料准备

带电更换直线横担工器具及材料准备见表ZY0800207001-1。

表 ZY0800207001-1 带电更换直线横担主要工器具及材料

序号	名称		型号/规格	单位	数量	备注
1	绝缘工具	绝缘斗臂车		辆	1	
2		绝缘毯		块	若干	
3		绝缘蚕丝绳		根	若干	
4		绝缘遮蔽罩		个	若干	
5		绝缘遮蔽管		根	若干	
6		绝缘夹		个	若干	
7	防护用具	绝缘手套		双	2	
8		绝缘服（绝缘披肩）		件	2	
9		绝缘靴		双	2	
10		绝缘安全帽		顶	2	
11		羊皮手套		双	2	
12		绝缘安全带		条	2	
13		护目镜		副	2	
14	其他工具	绝缘电阻表		块	1	2500V
15		对讲机		台	2	
16		绝缘横担		套	1	带U型抱箍
17	所需材料	横担				

4. 作业流程图

带电更换直线横担作业流程见图 ZY0800207001-2。

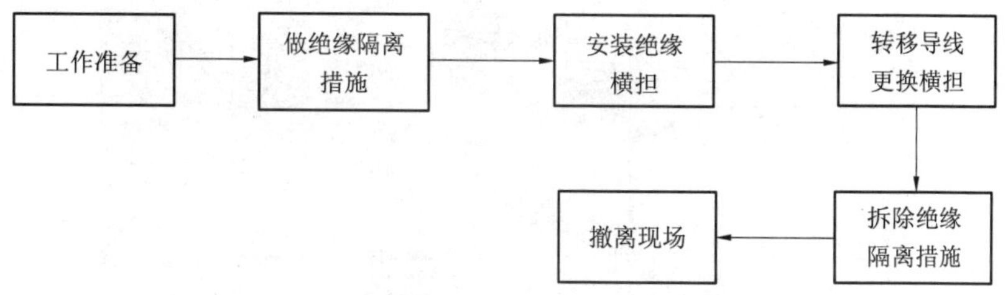

图 ZY0800207001-2 带电更换直线横担作业流程图

四、危险点分析及控制措施

危险点分析及控制措施见表 ZY0800207001-2。

表 ZY0800207001-2 危险点分析及控制措施

序号	防范类型	危险点	预控措施
1	防触电类	人身触电	作业人员应穿戴齐合格的安全防护用品（绝缘手套、安全帽、绝缘服等）
			保持对地最小距离为 0.4m，对邻相导线的最小距离为 0.6m，绝缘绳索类工具有效绝缘长度不小于 0.4m，绝缘操作杆有效绝缘长度不小于 0.7m
			作业过程中严禁人体串入电路
			绝缘斗臂车的车体必须进行可靠接地，防止泄漏电流伤及地面作业人员
		发生短路或接地	遮蔽过程中严格按照《国家电网公司电力安全工作规程（线路部分）》进行，采取由近到远、由下到上、由大到小、先带电体后接地体……

续表

序号	防范类型	危险点	预 控 措 施
1	防触电类	发生短路或接地	绑线的伸展长度不应大于 0.1m
			必须停用线路重合闸
2	防高处坠落类	登高工具不合格及不规范使用登高工具	作业前，斗臂车应在预定位置进行空斗试操作，确认液压传动、升降、伸缩系统工作正常及操作灵活，制动装置可靠
			进入作业斗内人员，应系好绝缘安全带，将挂钩挂在指定位置
			作业车发动机不得熄火，总控制台应有专人看守，防止发生意外，进行紧急处理

五、操作过程及工艺质量要求

（1）工作负责人召开现场开工会，布置安全措施，检查工器具，必要时提问；选择合适位置停放绝缘斗臂车，并接地；进行空斗试操作完毕后，斗内作业人员正确穿戴安全防护用具，进入绝缘斗，系好安全带。

（2）斗内作业人员操作绝缘斗臂车进入工作位置，对导线、横担、绝缘子做绝缘遮蔽隔离措施，安装原则“从近至远、从大到小、从低到高”。

（3）将绝缘横担安装于斗臂车液压小吊臂上。

（4）拆除边线绝缘子上绑线，并将导线进行全绝缘遮蔽，将导线提升到绝缘横担上，并固定在绝缘槽内；另一侧边线同样处理。

（5）拆除中间线绝缘子上绑线，拆除过程中应避免接触其他两相导线，并将导线进行全绝缘遮蔽，将导线放落到绝缘横担上，并固定在绝缘槽内。

（6）利用斗臂车绝缘臂上升将导线提升 0.4m 左右，使导线离开杆头、横担、绝缘子，现场作业见图 ZY0800207001-3。

图 ZY0800207001-3　利用绝缘横担提升导线现场作业图

（7）更换横担及铁帽，并对横担、绝缘子做绝缘遮蔽隔离措施。

（8）恢复导线，过程与（4）、（5）相反，每恢复一相，应及时做好绝缘遮蔽隔离措施。

（9）拆除绝缘横担。

（10）作业结束后，斗内作业人员按由远到近、由上到下、由小到大，依次拆除所有绝缘遮蔽隔离措施。

（11）工作负责人检查后，召开现场收工会，人员、工器具撤离现场。

六、其他作业法更换横担操作过程介绍

（1）如果条件允许，现场开阔，绝缘横担可以采用另一台绝缘作业车直接吊起，两边导线直接固定在绝缘横担上，再拆除绑线，绝缘横担提升到中相导线高度时同样处理，导线保持在距离杆头上方

0.4m 以上的安全距离，则工作更为简便。

（2）如受条件限制，也可以采用绝缘羊角抱杆代替另一台绝缘作业车，作业方法基本同上。

【思考与练习】

1. 简述采用两台绝缘作业车更换直线横担的好处。
2. 简述采用绝缘横担临时固定在杆塔上更换直线横担的步骤。
3. 讨论若采用单台绝缘作业车和单台普通吊车的配合方法，普通吊车应采取的绝缘措施。

模块 2 编写带电更换直线横担作业指导书（ZY0800207002）

【模块描述】本模块介绍带电更换直线横担原理、现场作业指导书编写要求和带电更换直线横担的基本方法。通过原理讲解、要点介绍和实例展示，掌握带电更换直线横担的现场标准化作业指导书编写的注意事项、格式及其要求。

【正文】

一、带电更换直线横担原理

绝缘手套作业法属于直接作业，作业人员穿戴绝缘防护用具，以绝缘斗臂车的绝缘臂（超过 1m 的有效绝缘）或绝缘梯等绝缘平台为主绝缘，以绝缘罩、绝缘毯等绝缘遮蔽措施为辅助绝缘，通过绝缘手套对带电设备进行检修和维护作业。作业中无论作业人员与接地体或邻相的间隙是否满足安全距离要求，均需对人体可能触及范围内的带电体和接地体进行绝缘遮蔽，必要时还要增加绝缘挡板等限位措施。

带电更换直线横担中需要着重解决的是对带电导线、绝缘子、横担应进行有效遮蔽，特别是作业过程中导线转移前后的绝缘遮蔽隔离措施，需要反复重复几次。

二、作业指导书编写要求

10kV 配电线路带电作业现场标准化作业指导书针对每一次作业按照全过程控制的要求，对作业计划、准备、实施、总结等各个环节，明确具体操作的方法、步骤、措施、标准和人员责任，依据工作流程组合成的执行文件。指导书使用的语言必须概念清楚、表达准确、文字简练、格式统一，抓住重点环节，说得明白准确。体现对现场作业的全过程控制，体现对设备及人员行为的全过程管理，交待清楚任务性质、来源，人员组织，技术措施、安全措施，做到头绪清楚，层次清晰，条理分明。

指导书编写人员必须参加现场勘察，主要包括杆塔周围环境、地形状况、杆塔形式、电气关系、导线型号、绝缘子型号、横担型号等情况，在编写本次作业指导书时，着重做好以下几点：

（1）根据杆塔形式、现场环境确定更换横担作业方法。安排作业步骤，明确工艺标准，根据作业内容、作业步骤明确安全措施注意事项。量化、细化、标准化每项作业内容，做到作业有程序、安全有措施、质量有标准、考核有依据。

（2）根据作业内容和班组人员实际情况，合理安排工作负责人和工作班成员，保证作业人员充足，并明确其工作职责。

（3）根据作业内容配备工器具、材料，工器具、材料规格要与现场设备相符，绝缘工器具的机械及电气强度均应满足《国家电网公司电力安全工作规程（线路部分）》要求，预防性、检查性试验合格。

（4）针对现场实际情况和作业方法进行危险点分析，制订相应的防范措施，危险点分析要考虑作业全过程，防范措施要体现对设备及人员行为的全过程预控。本次作业的主要危险点有：高空坠落和人身触电。

现场标准化作业指导书是在标准化作业指导书框架内，由地市一级检修单位编制。一般由封面、适用范围、引用文件、作业前准备（包括 1 份现场勘察记录）、流程图、作业程序和工艺标准（包括危险点和控制措施）、

【标准化作业指导书——封面】

编号：Q/××××-××-××

带电更换10kV××线××杆横担作业指导书

批准：________ ____年__月__日

审核：________ ____年__月__日

编写：________ ____年__月__日

作业负责人：______________

作业时间：____年__月__日__时至____年__月__日__时

××供电公司×××

【标准化作业指导书——内文】

1 适用范围

本作业指导书针对采用绝缘手套作业法带电更换××供电公司 10kV××线××杆横担工作编写而成，仅适用于该项工作。

2 引用文件

GB/T 2900.55—2002 电工术语 带电作业

GB/T 14286—2008 带电作业工具设备术语

GB/T 18857—2008 配电线路带电作业技术导则

GB 50061—2010 66kV及以下架空电力线路设计规范

DL/T 854—2004 带电作业用绝缘斗臂车的保养维护及在使用中的试验

DL/T 858—2004 架空配电线路带电安装及作业工具设备

DL/T 877—2004 带电作业工具、装置和设备使用的一般要求

国家电网生［2007］751号 国家电网公司带电作业工作管理规定（试行）

国家电网公司电力安全工作规程（线路部分）

国家电网公司现场标准化作业指导书编制导则

3 人员组合

本作业项目工作人员共计4名，其中工作负责人1名（监护人）、斗内电工2名、地面电工1名。

4 作业方法

绝缘手套直接作业法。

5 作业前准备

5.1 准备工作安排

√	序号	内 容	标 准	备注
	1	明确作业项目、确定作业人员、合理进行任务分工，并组织学习作业指导书	作业人员必须认真听取工作任务布置，对作业任务及存在的危险点做到心中有数，明确人员分工；认真学习工作票内容，对作业任务及存在的危险点做到心中有数，作业前认真学习作业指导书并签名确认	
	2	确定作业所需材料和工器具及相关技术要求，并按要求准备	所有工器具准备齐全，满足作业项目需要；所有带电作业工器具应满足如下试验周期： （1）电气试验：预防性试验每年一次，检查性试验每年一次，两次试验间隔半年。 （2）机械试验：绝缘工具每年一次，金属工具两年一次	

5.2　人员要求

√	序号	内　　容	备注
	1	作业人员必须掌握《国家电网公司电力安全工作规程（线路部分）》相关知识，并经年度考试合格；高空作业人员必须具备从事高空作业的身体素质；所有工作人员必须精神状态良好	
	2	所有作业人员必须取得带电作业资格证并审验合格	

5.3　作业分工

√	序号	工作岗位	人数	职　　责	备注
	1	工作负责（监护）人	1	负责整个施工过程、工艺标准、质量要求及施工安全	
	2	斗内电工	2	负责进行绝缘遮蔽、更换横担及其他斗上作业	
	3	地面电工	1	负责做好地面的安全设施及向杆上作业人员传递工具、材料	

5.4　工器具及材料

√	序号	名　　称		型号/规格	单位	数量	备注
	1	绝缘工具	绝缘斗臂车		辆	1	
	2		绝缘毯		块	若干	
	3		蚕丝绳		根	若干	
	4		绝缘遮蔽罩		个	若干	
	5		绝缘遮蔽管		根	若干	
	6		绝缘夹		个	若干	
	7	防护用具	绝缘手套		双	2	
	8		绝缘服（绝缘披肩）		件	2	
	9		绝缘靴		双	2	
	10		绝缘安全帽		顶	2	
	11		羊皮手套		双	2	
	12		绝缘安全带		条	2	
	13	其他工具	绝缘电阻表		块	1	2500V
	14		对讲机		台	2	
	15		绝缘横担		套	1	
	16	所需材料	横担		套	1	

5.5　危险点分析及控制措施

√	序号	防范类型	危险点	控　制　措　施	备注
	1	防触电类	人身触电	作业人员应穿戴齐合格的安全防护用品（绝缘手套、安全帽、绝缘服等）	
				保持对地最小距离为 0.4m，对邻相导线的最小距离为 0.6m，绝缘绳索类工具有效绝缘长度不小于 0.4m，绝缘操作杆有效绝缘长度不小于 0.7m	
				绝缘斗臂车的车体必须进行可靠接地，防止泄漏电流伤及地面作业人员	
				作业过程中严禁人体串入电路	
			发生短路或接地事故	遮蔽过程中严格按照《国家电网公司电力安全工作规程（线路部分）》进行，采取由近到远、由下到上、由大到小、先带电体后接地体的原则	
				导线转移前后必须做好绝缘遮蔽隔离措施	

续表

√	序号	防范类型	危险点	控制措施	备注
	2	防高处坠落类	人员由斗内跌落	进入作业斗内人员，应系好绝缘安全带，将挂钩挂在指定位置	
			作业动作失稳：重心、站立、动作过大等	工作前，斗臂车应在预定位置进行空斗试操作，确认液压传动、升降、伸缩系统工作正常及操作灵活，制动装置可靠	

6 作业程序

6.1 开工

√	序号	作业内容	作业步骤及标准
	1	办理工作票、履行工作许可手续	
	2	宣读工作票、安全注意事项及任务分工	
	3	工器具检测	
	4	线路名称、杆塔基础及作业环境检查	
	5	安全防护用具冲击试验检查	
	6	开工申请	

6.2 作业内容及标准

√	序号	作业内容	作业步骤及标准	安全措施注意事项
	1	许可开工	停用重合闸后，工作许可人向工作负责人许可开工	必须履行工作票许可手续
	2	杆下准备工作	进入现场，工作负责人核对线路名称及杆号，绝缘斗臂车停放合适位置，车底接地，作业现场装设安全围栏。带电作业人员戴好绝缘手套，穿好绝缘披肩或绝缘服后进入工作现场，做好工作前的一切准备工作	（1）高空绝缘斗臂车工作位置应选择适当，支撑应稳固可靠，检查各部液压系统是否正常。 （2）绝缘工具使用前，应仔细检查其是否损坏、变形、失灵。并应用 2500V 绝缘电阻表进行绝缘检测，电阻值应不低于 700MΩ。 （3）工作区域装设安全围栏
	3	进入工作点	高空带电作业人员系好安全带进入绝缘斗系好安全扣。操作绝缘斗送入合适位置	（1）在高空作业时，必须使用安全带和戴安全帽。 （2）绝缘斗臂车总控制台应有专人看守，防止发生意外，进行紧急处理。 （3）在工作过程中高空绝缘作业车发动机不得熄火
	4	安装绝缘遮蔽工具	带电作业人员操作绝缘斗臂车将自己送到合适的工作位置后，对邻近带电导线和接地体分类分项，先带电部件，后接地部件，由近到远、由下到上、由大到小，进行全绝缘遮蔽	（1）作业时，作业人员严禁同时接触两相导线，严禁同时进行两项作业。 （2）对导线进行遮蔽时，导线遮蔽管开口必须向下，用绝缘毯遮蔽时，毯夹必须夹牢。 （3）作业人员动作必须按严肃、严细、稳重、规范进行并保持与带电体的安全距离
	5	安装绝缘横担	（1）在液压小吊臂上安装绝缘横担。 （2）拆除边线绝缘子上绑线，并将导线进行全绝缘遮蔽，将导线提升到绝缘横担上，并固定在绝缘槽内；另一侧边线同样处理。 （3）拆除中间线绝缘子上绑线，并将导线进行全绝缘遮蔽，将导线放落到绝缘横担上，并固定在绝缘槽内	（1）作业时，作业人员严禁同时接触两相导线，严禁同时进行两项作业。 （2）作业人员动作必须按严肃、严细、稳重、规范进行，并保持与带电体的安全距离。 （3）拆除绑线过程中应避免接触其他两相导线。 （4）导线转移前进行全绝缘遮蔽
	6	更换横担	更换新横担，并做好绝缘遮蔽措施	新横担安装后，必须及时做好绝缘遮蔽措施
	7	拆除绝缘横担	（1）恢复导线，过程与 5 相反，每恢复一相，应及时做好绝缘遮蔽隔离措施。 （2）拆除绝缘横担	（1）作业时，作业人员严禁同时接触两相导线，严禁同时进行两项作业。 （2）作业人员动作必须按严肃、严细、稳重、规范进行，并保持与带电体的安全距离。 （3）拆除绑线过程中应避免接触其他两相导线。 （4）导线转移前进行全绝缘遮蔽
	8	拆除绝缘遮蔽用具	作业结束后，带电作业人员将各部位绝缘遮蔽按分项分类，由远到近、由上到下、由小到大，依次拆除所有绝缘遮蔽用具	（1）作业时，作业人员严禁同时接触两相导线，严禁同时进行两项作业。 （2）作业人员动作必须按严肃、严细、稳重、规范进行并保持与带电体的安全距离

续表

√	序号	作业内容	作业步骤及标准	安全措施注意事项
	9	工作结束	（1）遮蔽装置全部拆除后，带电作业人员操作绝缘斗臂车返回地面，将绝缘斗臂车收回，清理工作现场。 （2）工作负责人应进行全面检查，确认工作完成无误后，向工作许可人汇报。 （3）工作许可人验收工作无误后，联系调度恢复本回路重合闸，工作全部结束，人员全部撤离现场	绝缘斗臂车操作时要平稳，不能猛进猛退，要注意与导线距离，防止触碰其他物体

注　在进行程序编写时注意顺序不能反，环环相扣要闭环。

6.3　竣工

√	序号	内　　容	负责人员签字
	1	清理现场及工具，认真检查杆（塔）上有无留遗物，工作负责人全面检查工作完成情况，无误后撤离现场，做到人走场清	
	2	办理工作终结手续	

6.4　消缺记录

√	序号	缺　陷　内　容	消除人员签字
	1		

7　验收总结

序号	作　业　总　结	
1	验收评价	
2	存在问题及处理意见	

8　指导书执行情况评估

<table>
<tr><td rowspan="4">评估内容</td><td rowspan="2">符合性</td><td>优</td><td></td><td>可操作项</td><td></td></tr>
<tr><td>良</td><td></td><td>不可操作项</td><td></td></tr>
<tr><td rowspan="2">可操作性</td><td>优</td><td></td><td>修改项</td><td></td></tr>
<tr><td>良</td><td></td><td>遗漏项</td><td></td></tr>
<tr><td>存在问题</td><td colspan="5"></td></tr>
<tr><td>改进意见</td><td colspan="5"></td></tr>
</table>

9　附录

现场勘察图。

【思考与练习】

1. 结合当地配电线路直线横担的具体型式编写现场带电作业指导书。
2. 简述带电更换直线横担作业的危险点有哪些。
3. 讨论为什么新装的横担必须及时做好绝缘遮蔽措施。

国家电网公司
生产技能人员职业能力培训专用教材

第十四章 带电立、撤杆

模块 1 带电立、撤杆作业（ZY0800208001）

【模块描述】本模块介绍带电立、撤杆工作程序及相关安全注意事项。通过流程和操作要点讲解，了解带电立、撤杆作业中的危险点预控措施，掌握带电立、撤杆作业的操作技能、工艺标准和质量要求。

【正文】

一、作业内容

带电立、撤杆作业是除绝缘手套作业法断、接引线外，常规配网带电作业最实用的项目。由于各地配电线路结构的差异，导线排列方式、线间距离、档距、高差等因素对带电立、撤杆作业工艺有直接影响，不尽相同，实际作业中应根据实际情况因地制宜，有针对性地借鉴以下方法，切忌生搬硬套。

二、作业方法

绝缘斗臂车绝缘手套作业法。带电立、撤杆作业通常使用 1～2 辆绝缘斗臂车作为主绝缘平台，吊车立杆，如图 ZY0800208001-1 所示。某些特定场合也可由工作人员穿着全套防护用具，采用绝缘梯、绝缘平台作为主绝缘工具，抱杆立杆，由于作业较复杂，一般不采用此种方式带电立杆。

图 ZY0800208001-1 2 辆绝缘斗臂车联合作业带电立杆现场作业图

本模块以 1 辆绝缘斗臂车、吊车配合，线档内插立 12m 电杆为例讲解带电立杆，线档内拔 12m 直线杆为例讲解带电撤杆。

三、作业前准备

1. 作业条件

作业应在满足《国家电网公司电力安全工作规程（线路部分）》和相关标准规定的良好天气下进行， 如遇雷电（听见雷声、看见闪电）、雪雹、雨雾和空气相对湿度超过 80%、风力大于 5 级（10m/s）时，不宜进行本作业。带电立杆前现场勘察，必须查勘现场具备带电作业条件，档距合适，待立电杆完好到位，朝向正确，坑洞合适。带电撤杆前现场勘察，检查电杆符合拔杆要求，必要时稳固加强杆身后开挖基础。

2. 人员组成

作业人员应由具备配网带电作业资格的工作人员所组成，本项目一般需 5～6 名。其中工作负责人（监护人）1 名、斗内电工 2 名、地面电工 2～3 名。工作班成员明确工作内容、工作流程、安全措施、工作中的危险点，并履行确认手续。

选用有带电立撤杆经验的吊车操作员，预先明确由专人发出“起重臂升降、伸缩，吊钩收放”等能精确控制电杆运动的起重指挥信号。

3. 工器具及材料准备

带电立、撤杆作业工器具及材料准备见表 ZY0800208001-1。

表 ZY0800208001-1　　带电立、撤杆作业主要工器具及材料

序号	名称		型号/规格	单位	数量	备注
1	绝缘工具	绝缘绳		条	若干	
2		绝缘操作杆		根	若干	视工作需要
3		绝缘斗臂车		辆	1	绝缘工作平台
4		绝缘遮蔽工具		块	若干	绝缘毯、绝缘挡板、绝缘导线罩等，视工作需要
5	起重工具	吊车		辆	1	起立电杆
6	防护用具	安全防护用具		套	2	绝缘袖套、绝缘服、绝缘靴、绝缘手套等，视工作需要
7	其他工具	角铁横担		块	1	立杆辅助装置，链式安装，用于扶正杆身、连接电杆接地线
8	所需材料	电杆		根	1	
9		直线绝缘子		只	若干	针式、蝶式、瓷横担，视工作需要
10		直线角铁横担		块	若干	视工作需要
11		扎线		圈	若干	视工作需要

注　绝缘工器具的机械及电气强度均应满足《国家电网公司电力安全工作规程（线路部分）》要求，预防性、检查性试验合格。

4. 作业流程图

带电立、撤杆作业流程分别见图 ZY0800208001-2、图 ZY0800208001-3。

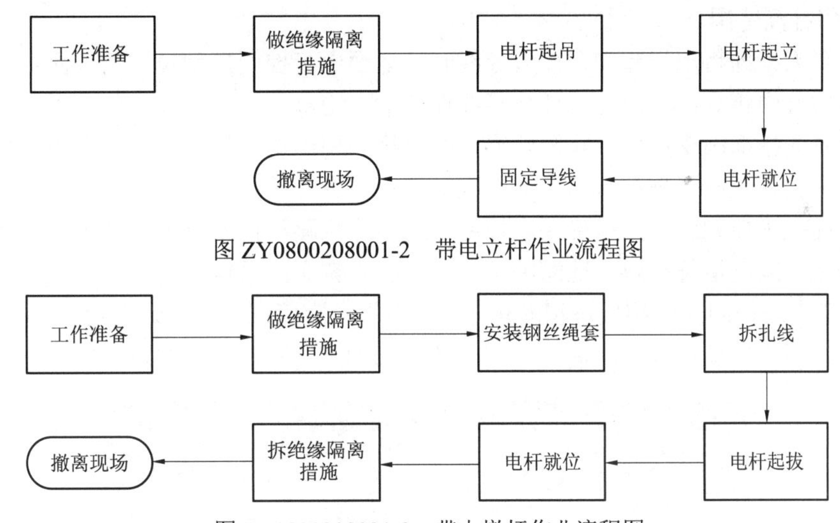

图 ZY0800208001-2　带电立杆作业流程图

图 ZY0800208001-3　带电撤杆作业流程图

四、危险点分析及控制措施

危险点分析及控制措施见表 ZY0800208001-2。

表 ZY0800208001-2　　危险点分析及控制措施

序号	防范类型	危险点	控制措施	备注
1	防触电类	人身触电	作业过程中，不论线路是否停电，都应始终认为线路有电	
2			必须停用重合闸	
3			保持对地最小距离为 0.4m，对邻相导线的最小距离为 0.6m，绝缘绳索类工具有效绝缘长度不小于 0.4m，绝缘操作杆有效绝缘长度不小于 0.7m	
4			必须在天气良好条件下进行	

续表

序号	防范类型	危险点	控 制 措 施	备注
6	防高处坠落类	登高工具不合格及不规范使用登高工具	作业前，绝缘斗臂车应进行空斗操作，确认液压传动、升降、伸缩、回转系统工作正常及操作灵活，制动装置可靠	
7			安全带应系在牢固的构件上，扣牢扣环	
8			斗内电工应系好安全带，戴好安全帽	
9			检查杆根、拉线应牢固可靠	
10	防机械伤害类	吊车支撑不稳，过载使用	吊车腿支撑牢固	
11			估算最大起重负载，确定杆根没有浇筑，否则开挖基础	
12	防物体打击类	物体散落	作业面边缘设置安全围栏，范围1.2倍杆高，严禁无关人员入内	
13			可能坠落范围内严禁站人	

五、作业步骤及工艺标准和质量要求

1. 带电立杆

（1）工作负责人召开现场开工会，布置安措；工作负责人交代吊车操作员检查钢丝绳套及有关注意事项，统一指挥；检查杆洞深度；选择合适位置停放绝缘斗臂车，接地；选择合适位置停放吊车，接地；斗内电工正确穿戴安全防护用具，进入绝缘斗，系好安全带。

（2）斗内电工操作绝缘斗臂车进入工作位置，对导线做绝缘隔离措施，系好辅助拉绳。

（3）工作负责人指挥在电杆合适位置安装钢丝绳套，将吊钩朝向杆梢穿入，指挥将电杆起吊，杆梢离地1m检查受力，安装横担，必要时安装绝缘隔离；合适位置安装立杆辅助装置，杆根接地；无关人员撤离1.2倍杆高范围。

（4）工作负责人指挥将电杆起立，接近导线时，地面电工控制辅助拉绳拉开两边相导线，斗内电工控制辅助拉绳拉开中相导线，保证电杆与导线保持适当距离。

（5）工作负责人指挥吊车操作员收钢丝绳，待电杆稍稍离地，指挥地面人员将杆根纳入杆洞；指挥吊车操作员松钢丝绳，电杆垂直入洞；地面人员扶正杆身，地面电工控制立杆辅助装置，使导线不被横担压住；地面电工控制辅助拉绳确保电杆两侧边相绝缘隔离措施有效；斗内电工控制辅助拉绳确保电杆两侧中相绝缘隔离措施有效，地面电工正杆，回土夯实；吊钩脱离；拆除钢丝绳套。

（6）斗内电工一般按照先中相后边相的顺序（视现场实际情况也可由远至近），逐相将导线提升至绝缘子，绑扎固定后，拆除绝缘隔离措施，如图ZY0800208001-4、图ZY0800208001-5所示。

图ZY0800208001-4 提升导线现场作业图

（7）撤离现场，工作负责人检查后，召开现场收工会，人员、工器具撤离现场。

2. 其他带电立杆作业方式危险点、操作过程

带电立杆除采用绝缘斗臂车、吊车配合方式外，在车行不便的一些特定场合，也可采用绝缘梯、绝缘平台与抱杆配合，工作人员穿着全套防护用具进行作业。

图 ZY0800208001-5　固定导线现场作业图

其绝缘隔离方式基本同绝缘斗臂车、吊车配合方式，预先必须确定现场具备带电立杆作业条件，视现场情况可选择只对电杆做绝缘隔离，只对导线做绝缘隔离或导线、电杆均做绝缘隔离。

立杆过程中必须选择合适的杆梢运动路径，同步控制导线和电杆防止直线横担压迫导线，必要时可预先开挖马道控制杆根。

正杆回土夯实后，安装绝缘梯或绝缘平台，视现场情况对电杆、导线做补充绝缘隔离、限位措施后，先中相后两边相固定带电导线。

拆除绝缘隔离措施的原则“由远至近、从小到大、从高到低”。

3. 带电撤杆

（1）工作负责人召开现场开工会，布置安措；工作负责人交待吊车操作员检查钢丝绳套及有关注意事项，统一指挥；检查电杆质量，必要时杆根处松土；选择合适位置停放绝缘斗臂车，接地；选择合适位置停放吊车，接地；斗内电工正确穿戴安全防护用具，进入绝缘斗，系好安全带。

（2）斗内电工操作绝缘斗臂车进入工作位置，对导线做绝缘隔离措施，系好辅助拉绳，逐相拆扎线，封闭绝缘隔离，视情况吊起中相或边相导线。

（3）工作负责人指挥在电杆合适位置安装钢丝绳套，将吊钩朝向杆梢穿入；合适位置安装立杆辅助装置，杆根接地；无关人员撤离 1.2 倍杆高范围。

（4）工作负责人指挥吊车操作员收钢丝绳将电杆垂直起吊，使电杆稍稍上拔后，检查各部分受力情况，指挥继续将电杆起拔，地面电工控制辅助拉绳拉开两边相导线；地面电工控制立杆辅助装置，使导线不被横担钩住；斗内电工控制辅助拉绳拉开中相导线，保证电杆与导线保持适当距离，杆根即将出洞时，工作负责人指挥吊车操作员放慢速度，使电杆平缓拔出。

（5）工作负责人指挥吊车操作员放钢丝绳将电杆垂直下落，地面电工控制立杆辅助装置，防止电杆晃动，杆洞回填。

（6）斗内电工逐相拆除绝缘隔离措施。

（7）撤离现场，工作负责人检查后，召开现场收工会，人员、工器具撤离现场。

4. 其他带电撤杆作业方式危险点、操作过程

带电撤杆除采用绝缘斗臂车、吊车配合方式外，在车行不便的一些特定场合，也可采用绝缘梯、绝缘平台与抱杆配合，工作人员穿着全套防护用具进行作业。

其绝缘隔离方式基本同绝缘斗臂车、吊车配合方式，预先必须确定现场满足带电撤杆作业条件，一般导线、电杆均需做绝缘隔离，脱开导线后，拆除直线横担，再做杆梢绝缘隔离。

撤杆过程中必须选择合适的杆梢运动路径，同步控制导线和电杆防止间隙不足，必要时可稳定电杆后开挖马道控制杆根运动。

【思考与练习】

2. 带电立、撤杆作业中，保证电杆及其附件与带电导线的间隙是作业安全成功的关键，正文中仅简单讲解了作业原理，请结合本地实际思考间隙控制有哪些措施及具体实施的工艺和流程。

3. 结合本地实际情况，10kV 双回垂直排列线档中带电插立电杆应如何开展？

模块 2 编写带电立、撤杆作业指导书（ZY0800208002）

【模块描述】本模块介绍带电立、撤杆原理、现场作业指导书编写要求和带电立、撤杆的基本方法。通过原理讲解、要点介绍和实例展示，掌握带电立、撤杆的现场标准化作业指导书编写的注意事项、格式及其要求。

【正文】

一、带电立、撤杆原理

带电立、撤杆作为一项实用的配网带电作业技术，其起重技术与常规检修无异，带电立、撤杆技术更着重的是带电立、撤杆过程中对绝缘隔离方式和杆梢运动的控制。

绝缘隔离技术包括三种：① 在线间距离足够并得到控制的前提下，只对杆梢作绝缘隔离；② 在线间距离足够并得到控制的前提下，只对杆梢运动过程中可能接触到的带电导线做绝缘隔离；③ 为增加安全系数，对杆梢和带电导线均作绝缘隔离。

二、标准化作业指导书编写要求

配电线路带电作业标准化作业指导书，是对配电线路带电作业全过程控制指导的约束性文件，它针对作业前、作业中和作业后的各个作业环节进行了规范，使作业计划翔实、人员安排妥当、现场勘察清楚、工器具准备齐全、材料准备充足、危险点分析到位、防范措施严密、工艺标准全面，充分体现了现场带电作业全过程、全方位、全员的管理，以获得最佳秩序与效果，各作业环节层次分明、连接可靠，各作业内容细化、量化和标准化，保证作业过程处于“可控、在控”状态，做到作业闭环管理、作业有程序、安全有措施、质量有标准、考核有依据。具体在编写标准化作业指导书时，应重点注意以下几点要求：

（1）指导书编写人员必须参加现场勘察，主要包括：查明作业范围，核对杆名、杆号；查看作业杆塔周边环境、杆塔结构形式、电气关系（相序、分支、回路排列、相邻线路、交叉跨越、绝缘配置）、导线型号、导线损伤情况、杆塔运行工况等。如带电立、撤杆工作中，必须明确相邻杆塔的高度，线间距离，立杆处导线垂直荷载，绝缘斗臂车、吊车的作业位置等情况。

（2）根据杆塔、线路运行工况，现场环境等确定带电作业方法，设计作业步骤，明确工艺标准，确定危险点控制和安全防范措施及注意事项。如带电立杆工作中，电杆的状况，根据绝缘斗臂车、吊车的作业位置确定电杆的运动路径，采取哪种绝缘隔离技术；带电撤杆工作中，电杆的强度状况，杆根是否浇筑等。

（3）根据作业内容合理安排带电作业人员，应安排工作经验丰富的作业人员担任工作负责人，并配备足够的工作班成员。

（4）根据作业内容配备工器具、材料，注意选用的工器具和使用的材料规格要与现场设备相符，使用的绝缘工器具应满足《国家电网公司电力安全工作规程（线路部分）》要求。

（5）针对现场实际情况和作业方法进行危险点分析，特别关注导线损伤、杆塔结构失稳，构件严重变形、绝缘配置损坏等情况并制订相应的防范措施，危险点分析要考虑作业全过程，防范措施要体现对设备及人员行为的全过程预控。

（6）根据现场实际情况必要时应补充特殊的安全技术措施。如标准化指导书在执行过程中，发现不切合实际、与相关图纸及有关规定不符等情况，应立即停止工作。作业负责人根据现场实际情况及时修改指导书，履行审批手续并做好记录后，按修改后的标准化指导书继续工作。

（7）在编写标准化作业指导书时，还要使其语言标准化，其原则是：语言简练、通俗易懂、避免口语、语法严谨、标点正确。必要时可制定编写标准化作业指导书的标准化典型词句库。

三、标准化作业指导书编写

标准化作业指导书可依据《国家电网公司现场标准化作业指导书编制导则》中规定的格式与要求而进行，一般由封面、适用范围、引用文件、作业前准备（包括1份现场勘察记录）、流程图、作业程序和工艺标准（包括危险点和控制措施）、验收记录、作业指导书执行情况评估和附录等组成，结合现场实际情况与需要可作适当的删减与合并。

以下为带电立杆标准化作业指导书的编写示例：

【标准化作业指导书——封面】

编号：Q/××××-××-××

10kV××线带电立杆作业指导书

批准：________　____年__月__日

审核：________　____年__月__日

编写：________　____年__月__日

作业负责人：________________

作业时间：____年__月__日__时至__年__月__日__时

××供电公司×××

【标准化作业指导书——内文】

1　适用范围

本指导书适用于××供电公司带电立杆作业。

2　引用文件

GB/T 2900.55—2002　电工术语　带电作业

GB/T 12168—2006　带电作业用遮蔽罩

GB/T 13035—2008　带电作业用绝缘绳索

GB 13398—2008　带电作业用空心绝缘管、泡沫填充绝缘管和实心绝缘棒

GB/T 14286—2008　带电作业工具设备术语

GB/T 17622—2008　带电作业用绝缘手套

GB/T 18037—2008　带电作业工具基本技术要求与设计导则

GB/T 18857—2008　配电线路带电作业技术导则

GB 50061—2010　66kV及以下架空电力线路设计规范

GB 50173—1992　电气装置安装工程35kV及以下架空电力线路施工及验收规范

DL 409—1991　电业安全工作规程（电力线路部分）

DL/T 602—1996　架空绝缘配电线路施工及验收规程

DL 778—2001　带电作业用绝缘袖套

DL 779—2001　带电作业用绝缘绳索类工具

DL/T 803—2002　带电作业用绝缘毯

DL/T 854—2004　带电作业用绝缘斗臂车的保养维护及在使用中的试验

国家电网公司电力安全工作规程（线路部分）

国家电网公司现场标准化作业指导书编制导则

3 人员组合

本作业项目工作人员共计6名，其中工作负责人1名（监护人）、斗内电工2名、地面电工3名。

4 作业方法

绝缘手套作业法。

5 作业前准备

5.1 准备工作安排

√	序号	内容	标准	责任人	备注
	1	明确作业项目、确定作业人员、合理进行任务分工，并组织学习作业指导书	作业人员必须认真听取工作任务布置，对作业任务及存在的危险点做到心中有数，明确人员分工；认真学习工作票内容，对作业任务及存在的危险点做到心中有数，作业前认真学习作业指导书并签名确认		
	2	确定作业所需材料和工器具及相关技术要求，并按要求准备	所有工器具准备齐全，满足作业项目需要；所有带电作业工器具应满足如下试验周期： （1）电气试验：预防性试验每年一次，检查性试验每年一次，两次试验间隔半年。 （2）机械试验：绝缘工具每年一次，金属工具两年一次		

5.2 人员要求

√	序号	内容	责任人	备注
	1	作业人员必须掌握《国家电网公司电力安全工作规程（线路部分）》相关知识，并经年度考试合格；高空作业人员必须具备从事高空作业的身体素质；所有工作人员必须精神状态良好		
	2	所有作业人员必须取得带电作业资格证并审验合格		

5.3 作业分工

√	序号	工作岗位	人数	职责	备注
	1	工作负责（监护）人	1	负责整个施工过程、工艺标准、质量要求及施工安全	
	2	斗内电工	2	负责操作斗臂车，安装、控制绝缘隔离措施，固定导线	
	3	地面电工	1	负责下部操作台，传递工器具、材料	

5.4 工器具及材料

√	序号	名称		型号/规格	单位	数量	备注
	1	绝缘工具	绝缘绳		条	若干	
	2		绝缘操作杆		根	若干	视工作需要
	3		绝缘斗臂车		辆	1	绝缘工作平台
	4		绝缘遮蔽工具		块	若干	绝缘毯、绝缘挡板、绝缘导线罩等，视工作需要
	5	起重工具	吊车		辆	1	起立电杆
	6	防护用具	安全防护用具		套	2	绝缘袖套、绝缘服、绝缘靴、绝缘手套等，视工作需要
	7	其他工具	角铁横担		块	1	立杆辅助装置，链式安装，用于扶正杆身、连接电杆接地线
	8	所需材料	电杆		根	1	
	9		直线绝缘子		只	若干	针式、蝶式、瓷横担，视工作需要
	10		直线角铁横担		块	若干	视工作需要
	11		扎线		圈	若干	视工作需要

5.5　危险点分析及控制措施

√	序号	防范类型	危险点	控制措施	备注
	1	防触电类	人身触电	作业过程中，不论线路是否停电，都应始终认为线路有电	
	2			必须停用重合闸	
	3			保持对地最小距离为 0.4m，对邻相导线的最小距离为 0.6m，绝缘绳索类工具有效绝缘长度不小于 0.4m，绝缘操作杆有效绝缘长度不小于 0.7m	
	4			必须在天气良好条件下进行	
	5	防高处坠落类	登高工具不合格及不规范使用登高工具	设专职监护人	
	6			作业前，绝缘斗臂车应进行空斗操作，确认液压传动、升降、伸缩、回转系统工作正常及操作灵活，制动装置可靠	
	7			安全带应系在牢固的构件上，扣牢扣环	
	8			斗内电工应系好安全带，戴好安全帽	
	9			检查杆根、拉线应牢固可靠	
	10	防机械伤害类	吊车支撑不稳，过载使用	吊车腿支撑牢固	
	11			估算最大起重负载	
	12	防物体打击类	物体散落	作业面边缘设置安全围栏，范围 1.2 倍杆高，严禁无关人员入内	
	13			可能坠落范围内严禁站人	

6　作业程序

6.1　开工

√	序号	作业内容	作业步骤及标准	作业人员签字
	1	办理工作票、履行工作许可手续	按工作票制度要求进行	
	2	宣读工作票、安全注意事项及任务分工	按开工会要求进行	
	3	工器具检测	按《国家电网公司电力安全工作规程（线路部分）》要求进行	
	4	线路名称、杆塔基础及作业环境检查	按《国家电网公司电力安全工作规程（线路部分）》要求进行	
	5	安全防护用具冲击试验检查	冲击三次	
	6	开工申请	按要求进行	

6.2　作业内容及标准

√	序号	作业内容	作业步骤及标准	安全措施注意事项	作业人员签字
	1	工作准备	工作负责人交代吊车操作员检查钢丝绳套及有关注意事项，统一指挥； 检查杆洞深度； 选择合适位置停放绝缘斗臂车，接地； 选择合适位置停放吊车，接地； 斗内电工正确穿戴安全防护用具，进入绝缘斗，系好安全带		
	2	做绝缘隔离措施	斗内电工操作绝缘斗臂车进入工作位置，对导线做绝缘隔离措施，系好辅助拉绳	绝缘臂有效绝缘长度大于1.[illegible]m，保持对地最小距离为0.[illegible]m，对邻相导线的最小距离为0.[illegible]m，绝缘绳索类工具有效绝缘长度不小于0.[illegible]m，绝缘操作杆有效绝缘长度不小于0.7m	
			工作负责人指挥在电杆合适位置安装钢丝绳套，将吊钩朝向杆梢穿入，指挥将电杆起吊，杆	[illegible]	

续表

√	序号	作业内容	作业步骤及标准	安全措施注意事项	作业人员签字
	4	电杆起立	工作负责人指挥将电杆起立，接近导线时，地面电工控制辅助拉绳拉开两边相导线，斗内电工控制辅助拉绳拉开中相导线，保证电杆与导线保持适当距离	保持对地最小距离为0.4m	
	5	电杆就位	工作负责人指挥吊车操作员收钢丝绳，待电杆稍稍离地，指挥地面人员将杆根纳入杆洞；指挥吊车操作员松钢丝绳，电杆垂直入洞；地面人员扶正杆身，地面电工控制立杆辅助装置，使导线不被横担压住；地面电工控制辅助拉绳确保电杆两侧边相绝缘隔离措施有效；斗内电工控制辅助拉绳确保电杆两侧中相绝缘隔离措施有效，地面电工正杆，回土夯实；吊钩脱离；拆除钢丝绳套		
	6	固定导线	斗内电工先中相后边相，逐相将导线提升至绝缘子，绑扎固定后，拆除绝缘隔离措施	由远至近、从小到大、从高到低	
	7	撤离现场	工作负责人检查后，召开现场收工会，人员、工器具撤离现场		

6.3 竣工

√	序号	内　容	负责人员签字
	1	清理现场及工具，检查杆（塔）上有无留遗物，工作负责人全面检查工作完成情况，无误后撤离现场，做到人走场清	
	2	办理工作终结手续	

6.4 消缺记录

√	序号	缺　陷　内　容	消除人员签字
	1	作业结束，无缺陷	

7　验收总结

序号	作　业　总　结	
1	验收评价	按指导书要求完成工作
2	存在问题及处理意见	无

8　指导书执行情况评估

评估内容	符合性	优	√	可操作项	全
		良		不可操作项	无
	可操作性	优	√	修改项	无
		良		遗漏项	无
存在问题	无				
改进意见	无				

9　附录

【思考与练习】

1. 带电撤杆的标准化作业指导书如何编写？

2. 带电换杆的标准化作业指导书如何编写？（原位12m直线杆换15m杆，两侧杆高12m，两侧档距分别为45、60m，LGJ-185导线）

3. 结合本地实际情况，10kV双回垂直排列线档中带电插立电杆的标准化作业指导书如何编写？

第十五章　带电更换耐张绝缘子

模块1　绝缘手套作业法更换耐张绝缘子（ZY0800209001）

【模块描述】本模块介绍带电更换耐张绝缘子工作程序及相关安全注意事项。通过流程和操作要点讲解，了解带电更换耐张绝缘子作业中的危险点预控措施，掌握带电更换耐张绝缘子作业的操作技能、工艺标准和质量要求。

【正文】

一、作业内容

带电更换10kV××线××号耐张绝缘子。

二、作业方法

绝缘手套作业法通常使用绝缘斗臂车作为主绝缘平台（某些场合也可采用绝缘梯、绝缘平台），工作人员穿戴绝缘防护用具，并对作业各部位安装绝缘遮蔽进行作业。

由于各地配电线路设计型式的不同，导线排列方式、线间距离、导线连接方式区别很大，工器具也形式多样，所以做法不尽相同，各地可根据实际情况因地制宜，有针对性地借鉴以下方法，切忌生搬硬套。

以下仅介绍采用绝缘斗臂车绝缘手套更换耐张绝缘子的常规做法，以终端耐张杆型更换边相悬式绝缘子为例，现场作业见图ZY0800209001-1。

图ZY0800209001-1　绝缘手套作业法更换耐张绝缘子现场作业图

三、作业前准备（包含器材、作业条件、场地、工器具）

1. 作业条件

作业应在满足《国家电网公司电力安全工作规程（线路部分）》和相关标准规定的良好天气下进行。

2. 人员组成

本作业项目作业人员应由具备带电作业资格并审验合格的工作人员所组成，本作业项目共计4名，

3. 工器具及材料准备（表 ZY0800209001-1）

绝缘手套作业法更换耐张绝缘子工器具及材料准备见表 ZY0800209001-1。

表 ZY0800209001-1　　主要工器具及材料

序号	名称		型号/规格	单位	数量	备注
1	绝缘工具	绝缘斗臂车		辆	1	
2		绝缘毯		块	若干	
3		蚕丝绳		根	若干	
4		绝缘遮蔽罩		个	若干	
5		绝缘遮蔽管		根	若干	
6		绝缘夹		个	若干	
7		绝缘拉板		套	2	
8	防护用具	绝缘手套		双	2	
9		绝缘服（绝缘披肩）		件	2	
10		绝缘靴		双	2	
11		绝缘安全帽		顶	2	
12		羊皮手套		双	2	
13		绝缘安全带		条	2	
14		护目镜		副	2	
15	其他工具	绝缘电阻表		块	1	2500V
16		对讲机		台	3	
17		绝缘紧线器		套	1	带绝缘绳套
18		绝缘滑轮		套	1	带绝缘绳套
19	所需材料	绝缘子				根据需要

4. 作业流程图

绝缘手套作业法更换耐张绝缘子作业流程见图 ZY0800209001-2。

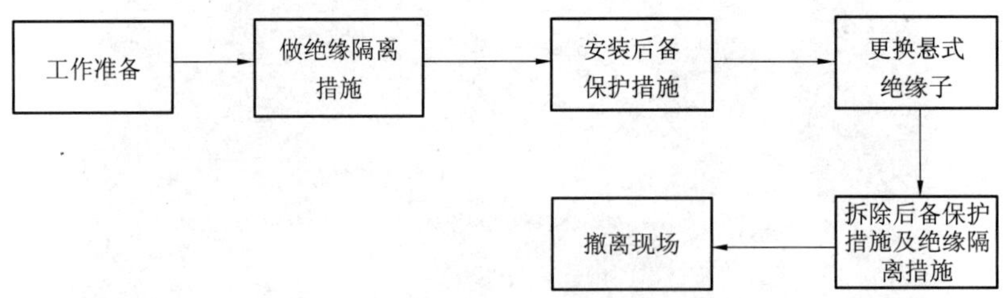

图 ZY0800209001-2　绝缘手套作业法更换耐张绝缘子作业流程图

四、操作过程及工艺质量要求

（1）工作负责人召开现场开工会，布置安全措施，检查工器具，必要时提问；选择合适位置停放绝缘斗臂车，并接地；进行空斗试操作完毕后，斗内作业人员正确穿戴安全防护用具，进入绝缘斗，系好安全带。

（2）斗内作业人员操作绝缘斗臂车进入工作位置，对导线、引线、横担、绝缘子做绝缘遮蔽隔离措施，安装原则“由近至远、从大到小、从低到高”，现场作业见图 ZY0800209001-3。

（3）斗内作业人员在杆塔上安装好绝缘滑轮，装好绝缘绳，绝缘绳的一端固定在耐张线夹的线路侧，另一端穿过滑车放至地面，指挥地面作业人员收紧绝缘绳，防止导线脱落，现场作业见图 ZY0800209001-4。

图 ZY0800209001-3　现场作业图（一）

图 ZY0800209001-4　现场作业图（二）

（4）斗内作业人员在杆塔上安装好绝缘拉板、绝缘紧线器，紧线器卡头装在待更换绝缘子串相的导线上，收紧紧线器使绝缘子串处在合适的松弛状态，更换绝缘子，及时做好绝缘遮蔽隔离措施，现场作业见图 ZY0800209001-5。

（5）重复（3）、（4）项，更换其他两相的绝缘子。

（6）地面电工松开绝缘绳，斗内作业人员拆除紧线器、绝缘滑车。

（7）作业结束后，斗内作业人员按由远到近、由上到下、由小到大，依次拆除所有绝缘遮蔽隔离措施。

（8）工作负责人检查后，召开现场收工会，人员、工器具撤离现场。

【思考与练习】

1. 为什么地面作业人员不允许直接用手向中间电位作业人员传递物品？

2. 简述直线分支杆更换分支侧中相悬式绝缘子的作业步骤。

3. 讨论还可以采用什么方法代替绝缘紧线器。

模块 2　编写带电更换耐张绝缘子作业指导书（ZY0800209002）

【模块描述】本模块介绍带电更换耐张绝缘子原理、现场作业指导书编写要求和带电更换耐张绝缘子的基本方法。通过原理讲解、要点介绍和实例展示，掌握带电更换耐张绝缘子的现场标准化作业指导书编写的注意事项、格式及其要求。

【正文】

一、带电更换耐张绝缘子原理

绝缘手套作业法属于直接作业，作业人员穿戴绝缘防护用具，以绝缘斗臂车的绝缘臂（超过 1m 的有效绝缘）或绝缘梯等绝缘平台为主绝缘，以绝缘罩、绝缘毯等绝缘遮蔽措施为辅助绝缘，通过绝缘手套对带电设备进行检修和维护作业。作业中无论作业人员与接地体或邻相的间隙是否满足安全距离要求，均需对人体可能触及范围内的带电体和接地体进行绝缘遮蔽，必要时还要增加绝缘挡板等限位措施。

带电更换耐张绝缘子中需要着重解决的是对带电导线、引线、绝缘子、横担应进行有效遮蔽，并须特别注意做好防止导线脱落的后备防护措施。

二、作业指导书编写要求

10kV 配电线路带电作业现场标准化作业指导书针对每一次作业按照全过程控制的要求，对作业计划、准备、实施、总结等各个环节，明确具体操作的方法、步骤、措施、标准和人员责任，依据工作流程组合成的执行文件。指导书使用的语言必须概念清楚、表达准确、文字简练、格式统一，抓住重点环节，说得明白准确。体现对现场作业的全过程控制，体现对设备及人员行为的全过程管理，交代清楚任务性质、来源，人员组织，技术措施、安全措施，做到头绪清楚，层次清晰，条理分明。

指导书编写人员必须参加现场勘察，主要包括杆塔周围环境、地形状况、杆塔形式、电气关系、导线型号、绝缘子型号情况等，在编写本次作业指导书时，着重做好以下几点：

（1）根据杆塔形式、现场环境确定更换绝缘子作业方法。安排作业步骤，明确工艺标准，根据作业内容、作业步骤明确安全措施注意事项。量化、细化、标准化每项作业内容，做到作业有程序、安全有措施、质量有标准、考核有依据。

（2）根据作业内容和班组人员实际情况，合理安排工作负责人和工作班成员，保证作业人员充足，并明确其工作职责。

（3）根据作业内容配备工器具、材料，工器具、材料规格要与现场设备相符，绝缘工器具的机械及电气强度均应满足《国家电网公司电力安全工作规程（线路部分）》要求，预防性、检查性试验合格。

（4）针对现场实际情况和作业方法进行危险点分析，制订相应的防范措施，危险点分析要考虑作业全过程，防范措施要体现对设备及人员行为的全过程预控。本次作业的主要危险点有：高空坠落和人身触电。

现场标准化作业指导书是在标准化作业指导书框架内，由地市一级检修单位编制。一般由封面、适用范围、引用文件、作业前准备（包括 1 份现场勘察记录）、流程图、作业程序和工艺标准（包括危险点和控制措施）、验收记录、作业指导书执行情况评估和附录等组成，结合现场实际情况与需要可作适当的删减与合并。示例如下：

【标准化作业指导书——封面】

编号：Q/××××-××-××
带电更换10kV××线××杆耐张绝缘子作业指导书
批准：________　____年__月__日
审核：________　____年__月__日
编写：________　____年__月__日
作业负责人：______________
作业时间：____年__月__日__时至____年__月__日__时
××供电公司×××

【标准化作业指导书——内文】

1　适用范围

本作业指导书针对采用绝缘手套作业法带电更换××供电公司10kV××线××杆耐张绝缘子工作编写而成，仅适用于该项工作。

2　引用文件

GB/T 2900.55—2002　电工术语　带电作业

GB/T 14286—2002　带电作业工具设备术语

GB/T 18857—2008　配电线路带电作业技术导则

GB 50061—2010　66kV及以下架空电力线路设计规范

DL/T 854—2004　带电作业用绝缘斗臂车的保养维护及在使用中的试验

DL/T 858—2004　架空配电线路带电安装及作业工具设备

DL/T 877—2004　带电作业工具、装置和设备使用的一般要求

国家电网生［2007］751号　国家电网公司带电作业工作管理规定（试行）

国家电网公司电力安全工作规程（线路部分）

国家电网公司现场标准化作业指导书编制导则

3　人员组合

本作业项目工作人员共计4名，其中工作负责人1名（监护人）、斗内电工2名、地面电工1名。

4　作业方法

绝缘手套作业法。

5　作业前准备

5.1　准备工作安排

√	序号	内　容	标　准	备　注
	1	明确作业项目、确定作业人员、合理进行任务分工，并组织学习作业指导书	作业人员必须认真听取工作任务布置，对作业任务及存在的危险点做到心中有数，明确人员分工；认真学习工作票内容，对作业任务及存在的危险点做到心中有数，作业前认真学习作业指导书并签名确认	
	[illegible]	确定作业所需材料和工[illegible]	所有工器具准备齐全，满足作业项目需要；所有带电作业工器具应满足如下试验周期：[illegible]	

模块2

ZY0800209002

5.2 人员要求

√	序号	内 容	备 注
	1	作业人员必须掌握《国家电网公司电力安全工作规程（线路部分）》相关知识，并经年度考试合格；高空作业人员必须具备从事高空作业的身体素质；所有工作人员必须精神状态良好	
	2	所有作业人员必须取得带电作业资格证并审验合格	

5.3 作业分工

√	序号	工作岗位	人数	职 责	备 注
	1	工作负责（监护）人	1	负责整个施工过程、工艺标准、质量要求及施工安全	
	2	斗内电工	2	负责进行绝缘遮蔽、更换绝缘子及其他斗上作业	
	3	地面电工	1	负责做好地面的安全设施及向杆上作业人员传递工具、材料	

5.4 工器具及材料

√	序号	名 称		型号/规格	单位	数 量	备 注
	1	绝缘工具	绝缘斗臂车		辆	1	
	2		绝缘毯		块	若干	
	3		蚕丝绳		根	若干	
	4		绝缘遮蔽罩		个	若干	
	5		绝缘遮蔽管		根	若干	
	6		绝缘夹		个	若干	
	7		绝缘拉板		套	2	
	8	防护用具	绝缘手套		双	2	
	9		绝缘服（绝缘披肩）		件	2	
	10		绝缘靴		双	2	
	11		绝缘安全帽		顶	2	
	12		羊皮手套		双	2	
	13		绝缘安全带		条	2	
	14		护目镜		副	2	
	15	其他工具	绝缘电阻表		块	1	2500V
	16		对讲机		台	2	
	17		绝缘紧线器		套	1	带绝缘绳套
	18		绝缘滑轮		套	1	带绝缘绳套
	19	所需材料	绝缘子		套	若干	根据需要

5.5 危险点分析及控制措施

√	序号	防范类型	危险点	控 制 措 施	备 注
	1	防触电类	人身触电	作业人员应穿戴齐合格的安全防护用品（绝缘手套、安全帽、绝缘服等）	
				保持对地最小距离为 0.4m，对邻相导线的最小距离为 0.6m，绝缘绳索类工具有效绝缘长度不小于 0.4m，绝缘操作杆有效绝缘长度不小于 0.7m	
				作业过程中严禁人体串入电路	
			短路或接地	遮蔽过程中严格按照《国家电网公司电力安全工作规程（线路部分）》进行，采取由近到远、由下到上、由大到小、先带电体后接地体的原则	

续表

√	序号	防范类型	危险点	控制措施	备注
	1	防触电类	短路或接地	更换绝缘子时必须采用后备保护措施	
				必须停用线路重合闸	
	2	防高处坠落类	从斗内跌落	进入作业斗内人员，应系好绝缘安全带，将挂钩挂在指定位置	
			作业动作失稳：重心、站立、动作过大等	工作前，斗臂车应在预定位置进行空斗试操作，确认液压传动、升降、伸缩系统工作正常及操作灵活，制动装置可靠	

6 作业程序

6.1 开工

√	序号	作业内容	作业步骤及标准
	1	办理工作票、履行工作许可手续	
	2	宣读工作票、安全注意事项及任务分工	
	3	工器具检测	
	4	线路名称、杆塔基础及作业环境检查	
	5	安全防护用具冲击试验检查	
	6	开工申请	

6.2 作业内容及标准

√	序号	作业内容	作业步骤及标准	安全措施注意事项
	1	许可开工	停用重合闸后，工作许可人向工作负责人许可开工	必须履行工作票许可手续
	2	杆下准备工作	进入现场，工作负责人核对线路名称及杆号，绝缘斗臂车停放合适位置，车底接地，作业现场装设安全围栏。带电作业人员戴好绝缘手套，穿好绝缘披肩或绝缘服后进入工作现场，做好工作前的一切准备工作	（1）高空绝缘斗臂车工作位置应选择适当，支撑应稳固可靠，检查各部液压系统是否正常。 （2）绝缘工具使用前，应仔细检查其是否损坏、变形、失灵。并应用 2500V 绝缘电阻表进行绝缘检测，电阻值应不低于 700MΩ。 （3）工作区域装设安全围栏
	3	进入工作点	高空带电作业人员系好安全带，进入绝缘斗系好安全扣。操作绝缘斗送入合适位置	（1）在高空作业时，必须使用安全带和戴安全帽。 （2）绝缘斗臂车总控制台应有专人看守，防止发生意外，进行紧急处理。 （3）在工作过程中高空绝缘作业车发动机不得熄火
	4	安装绝缘遮蔽工具	带电作业人员操作绝缘斗臂车将自己送到合适的工作位置后，对邻近带电导线和接地体分类分项，先带电部件，后接地部件，由近到远、由下到上、由大到小，进行全绝缘遮蔽	（1）作业时，作业人员严禁同时接触两相导线，严禁同时进行两项作业。 （2）对导线进行遮蔽时，导线遮蔽管开口必须向下，用绝缘毯遮蔽时，毯夹必须夹牢。 （3）作业人员动作必须按严肃、严细、稳重、规范进行并保持与带电体的安全距离
	5	安装绝缘滑轮	（1）在杆塔上安装绝缘滑轮。 （2）装好防止导线脱落的绝缘绳，绝缘绳的一端固定在耐张线夹的线路侧，另一端穿过滑车放至地面，指挥地面作业人员收紧绝缘绳	（1）作业时，作业人员严禁同时接触两相导线，严禁同时进行两项作业。 （2）作业人员动作必须按严肃、严细、稳重、规范进行，并保持与带电体的安全距离
	6	更换绝缘子	（1）在杆塔上安装绝缘紧线器。 （2）收紧紧线器使绝缘子串处在合适的松弛状态，更换绝缘子	（1）作业时，作业人员严禁同时接触两相导线，严禁同时进行两项作业。 （2）作业人员动作必须按严肃、严细、稳重、规范进行，并保持与带电体的安全距离。 （3）新绝缘子安装后，必须及时做好绝缘遮蔽措施
				（1）作业时，作业人员严禁同时接触两相导线，严禁同

续表

√	序号	作业内容	作业步骤及标准	安全措施注意事项
	8	拆除绝缘遮蔽用具	作业结束后，带电作业人员将各部位绝缘遮蔽按分项分类，由远到近、由上到下、由小到大，依次拆除所有绝缘遮蔽用具	（1）作业时，作业人员严禁同时接触两相导线，严禁同时进行两项作业。 （2）作业人员动作必须按严肃、严细、稳重、规范进行，并保持与带电体的安全距离
	9	工作结束	（1）遮蔽装置全部拆除后，带电作业人员操作绝缘斗臂车返回地面，将绝缘斗臂车收回，清理工作现场。 （2）工作负责人应进行全面检查，确认工作完成无误后，向工作许可人汇报。 （3）工作许可人验收工作无误后，联系调度恢复本回路重合闸，工作全部结束，人员全部撤离现场	绝缘斗臂车操作时要平稳，不能猛进猛退，要注意与导线距离，防止触碰其他物体

注 在进行程序编写时注意顺序不能反，环环相扣要闭环。

6.3 竣工

√	序号	内　容	负责人员签字
	1	清理现场及工具，认真检查杆（塔）上有无遗留物，工作负责人全面检查工作完成情况，无误后撤离现场，做到人走场清	
	2	办理工作终结手续	

6.4 消缺记录

√	序号	缺陷内容	消除人员签字
	1		

7 验收总结

序号	作 业 总 结	
1	验收评价	
2	存在问题及处理意见	

8 指导书执行情况评估

评估内容	符合性	优		可操作项	
		良		不可操作项	
	可操作性	优		修改项	
		良		遗漏项	
存在问题					
改进意见					

9 附录

现场勘察图。

【思考与练习】

1. 结合当地导线排列、金具形式，编写一份更换直线耐张中相悬式绝缘子的现场标准化作业指导书。

2. 简述本项作业防高空坠落的安全防范措施。

3. 列举带电更换耐张绝缘子作业使用的绝缘工具。

第十六章　旁路作业法应用

模块 1　导线连接器发热处理（ZY0800210001）

【模块描述】本模块介绍带电处理导线连接器发热工作程序及相关安全注意事项。通过作业流程和操作要点讲解，了解带电处理导线连接器发热作业中的危险点预控措施，掌握带电处理导线连接器发热的操作技能、工艺标准和质量要求。

【正文】

"旁路作业法"一词一般认为源出日本，也称"迂回作业法"或"不停电检修"，是一种运用旁路器材实现不停电检修的带电作业方法。狭义上的旁路作业法一般指在配电线路上使用一个旁路系统（该旁路系统包括各种型式的旁路柔性电缆、连接线、连接器，旁路负荷开关、旁路隔离开关，旁路配电变压器或发电车，安装旁路系统用的各种附件等），将旁路系统安装在待检修配电线路两端后，由旁路系统代役，在保证待检修配电线路范围内所有用户连续用电的状态下，将待检修配电线路退出运行后实施检修作业，恢复运行后拆除旁路系统。狭义的旁路作业法所使用的旁路器材较多，负载的切换通过旁路负荷开关的投切实现，其安装、检测、使用、核相操作过程比较复杂，除了超出旁路系统额定负荷需要采取限制配电线路负荷的措施外，作业过程中不发生中断供电的行为。

广义的旁路作业法是指在线路元件两端安装旁路系统，通过旁路系统的投切，持续供电状态下实现线路元件的更换。所使用的旁路器材可以很简单（如一根线），负载的切换不一定需要旁路负荷开关，其安装、使用、操作过程可以很简单。

本章所述的是广义旁路作业法。由于 GB/T 18857—2008《配电线路带电作业技术导则》中对配电线路带电作业只定义了绝缘杆作业法和绝缘手套作业法两种，为免歧义，将"旁路作业法"统一称为"旁路法作业"。以下介绍最简单的旁路法作业——导线连接器发热处理。

一、作业内容

10kV 配电线路导线连接器有很多种类，常见的导线连接方式有跳线线夹、并沟线夹、安普线夹、穿刺线夹等连接器，如果施工时安装不到位（紧固）在通过较大负荷电流时，会发生过热现象，在夜间可以观察到连接器发红，像点了一盏"红灯笼"，不及时处理，会导致引线、连接器损坏造成事故。

二、作业方法

采用带电作业方式处理导线连接器发热，一般采用绝缘斗臂车绝缘手套作业法。本模块以"直线支接、跳线线夹连接"为例讲解绝缘手套作业法处理导线连接器发热。

三、作业前准备

1. 作业条件

作业应在满足《国家电网公司电力安全工作规程（线路部分）》和相关标准规定的良好天气下进行，如遇雷电（听见雷声、看见闪电）、雪雹、雨雾和空气相对湿度超过 80%、风力大于 5 级（10m/s）时，不宜进行本作业。作业前现场勘察确定满足绝缘斗臂车绝缘手套作业法作业环境条件，主要指停用重合闸、绝缘斗臂车作业条件等。

2. 人员组成

作业人员应由具备配网带电作业资格的工作人员所组成，本项目一般需 3 名，其中工作负责人（监护人）1 名、斗内电工 2 名。工作班成员明确工作内容、工作流程、安全措施、工作中的危险点，并履行确认手续。

表 ZY0800210001-1　　导线连接器发热处理主要工器具及材料

序号	名　称		型号/规格	单位	数量	备　注
1	绝缘工具	绝缘绳		条	若干	
2		绝缘操作杆		根	若干	绝缘支杆，5000V 绝缘电阻表进行分段绝缘检测，2cm 电极间电阻值应不低于 700MΩ，视工作需要
3		绝缘斗臂车		辆	1	
4		绝缘遮蔽工具		块	若干	绝缘毯、绝缘挡板、绝缘导线罩等，视工作需要
5	防护用具	安全防护用具		套	2	绝缘袖套、绝缘服、绝缘手套等，视工作需要
6	其他工具	引流线		根	1	旁路引流，普通软铜线或绝缘引流线，视工作需要
7		钳形电流表		只	1	测量导线电流，判定旁路引流线安装到位，视工作需要
8		防潮布		块	1	
9		压机		台	1	电动液压机，视工作需要
10		破皮器		把	1	剥离绝缘导线绝缘层，视工作需要
11		剪刀		把	1	绝缘断线剪或棘轮剪刀，视工作需要
12		钢丝刷		把	1	清除导线氧化层，视工作需要
13		砂纸		张	若干	0 号，打磨受损导线，视工作需要
14	所需材料	导线连接器		只	若干	视工作需要
15		自黏带		圈	若干	恢复导线绝缘，视工作需要

注　绝缘工器具的机械及电气强度均应满足《国家电网公司电力安全工作规程（线路部分）》要求，预防性、检查性试验合格。

4. 作业流程图

导线连接器发热处理作业流程见图 ZY0800210001-1。

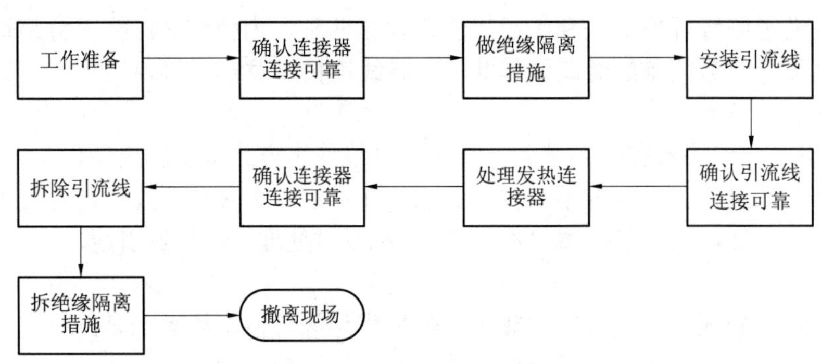

图 ZY0800210001-1　导线连接器发热处理作业流程图

四、危险点分析及控制措施

危险点分析及控制措施见表 ZY0800210001-2。

表 ZY0800210001-2　　危险点分析及控制措施

序号	防范类型	危险点	控 制 措 施	备注
1	防触电类	人身触电	作业过程中，不论线路是否停电，都应始终认为线路有电	
2			必须停用重合闸	
3			保持对地最小距离为 0.4m，对邻相导线的最小距离为 0.6m，绝缘绳索类工具有效绝缘长度不小于 0.4m，绝缘操作杆有效绝缘长度不小于 0.7m	
4			必须在天气良好条件下进行	
5			人体严禁串入电路	

续表

序号	防范类型	危险点	控制措施	备注
6	防高处坠落类	登高工具不合格及不规范使用登高工具	设专职监护人	
7			作业前，绝缘斗臂车应进行空斗操作，确认液压传动、升降、伸缩、回转系统工作正常及操作灵活，制动装置可靠	
8			安全带应系在牢固的构件上，扣牢扣环	
9			斗内电工应系好安全带，戴好安全帽	

五、作业步骤及工艺标准和质量要求

（1）工作负责人召开现场开工会，布置安措，必要时提问；选择合适位置停放绝缘斗臂车，接地；斗内电工正确穿戴安全防护用具，进入绝缘斗，系好安全带。

（2）斗内电工操作绝缘斗臂车进入工作位置，观察发热点线夹是否连接良好，确定没有在后续作业中突然脱开的可能。

（3）斗内电工视情况对导线、电杆、横担等做绝缘隔离措施，安装原则“由近至远、从大到小、从低到高”。如果上一步检查中发现有脱开的可能，应采取相应的导线固定措施，操作杆夹持或绝缘绳绑扎。

（4）斗内电工核对相位安装引流线。视发热点处理工艺需要，如仅需紧固螺栓，不必安装旁路措施；如仅需打磨处理，可以只安装软铜线作为引流线；如需开断重接，则可以直接跨接安装绝缘引流线，常见绝缘引流线有额定 200、400A 两种规格，按带电作业 1.2 倍安全系数，作业时允许通过 167、333A 的负荷电流，否则必须采取限制系统电流的措施。

（5）引流线安装完毕，确认连接可靠，绝缘引流线可采用钳形电流表测试电流确定导通。如遇裸导线，安装前必须清除导线氧化层，确保接触良好，作业后涂敷电力脂；如遇绝缘导线，安装中损坏的绝缘层作业后必须用绝缘自黏带恢复，见图 ZY0800210001-2。

（6）按照发热点处理工艺，紧固螺栓、打磨处理或开断重接。如图 ZY0800210001-2 所示位置引线损伤的处理方法，可以不安装绝缘引流线，首先在支线耐张线夹前安装 T 型线夹，在原跳线线夹和 T 型线夹间安装软铜线旁路引流，丈量尺寸后做好新引线，打开原跳线线夹安装新引线。

图 ZY0800210001-2　绝缘引流线安装测试现场作业图

（7）处理完毕，确认连接紧固。

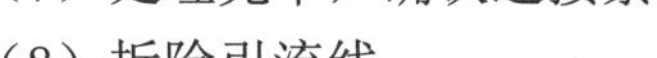

（8）拆除引流线。

（9）拆绝缘隔离措施，拆除原则“由远至近、从小到大、从高到低”。

（10）撤离现场，工作负责人检查后，召开现场收工会，人员、工器具撤离。

【思考与练习】

1. 绝缘引流线的安装要求、工艺有哪些?

2. 采用带电开断重接工艺时的作业步骤有哪些?

3. 如柱上隔离开关上桩头，导线连接器为设备线夹出现过热现象，连接处部分损坏，带电处理的步骤有哪些?

模块 2　旁路法作业更换柱上隔离开关（ZY0800210002）

【模块描述】本模块介绍旁路法作业更换柱上隔离开关工作程序及相关安全注意事项。通过作业流

【正文】

一、作业内容

10kV 配电线路常在负荷开关进线侧、配电台架（电缆）进线或与用户分界点安装柱上隔离开关，可形成明显断开点，不允许开断负荷电流。柱上隔离开关常因外力破坏或年久失修操纵失灵而需要更换。

二、作业方法

采用带电作业方式更换柱上隔离开关，一般采用绝缘斗臂车绝缘手套作业法，在切除隔离开关后段负荷后按照断、接引线工艺更换，如果不能切除后段负荷，则必须采用旁路法作业工艺进行更换工作。本模块以直线支接，旁路法作业更换支线中相柱上隔离开关为例讲解操作工艺。

三、作业前准备

1. 作业条件

作业应在满足《国家电网公司电力安全工作规程（线路部分）》和相关标准规定的良好天气下进行，如遇雷电（听见雷声、看见闪电）、雪雹、雨雾和空气相对湿度超过 80%、风力大于 5 级（10m/s）时，不宜进行本作业。作业前现场勘察确定满足绝缘斗臂车绝缘手套作业法作业环境条件，主要指停用重合闸、绝缘斗臂车作业条件等。

2. 人员组成

作业人员应由具备配网带电作业资格的工作人员所组成，本项目一般需 4 名，其中工作负责人（监护人）1 名、斗内电工 2 名、地面电工 1 名。工作班成员明确工作内容、工作流程、安全措施、工作中的危险点，并履行确认手续。

3. 工器具及材料准备

旁路法作业更换柱上隔离开关工器具及材料准备见表 ZY0800210002-1。

表 ZY0800210002-1 旁路法作业更换柱上隔离开关主要工器具及材料

序号	名称		型号/规格	单位	数量	备注
1	绝缘工具	绝缘绳		条	若干	
2		绝缘杆		根	若干	绝缘支杆，5000V 绝缘电阻表进行分段绝缘检测，2cm 电极间电阻值应不低于 700MΩ，视工作需要
3		绝缘斗臂车		辆	1	绝缘工作平台
4		绝缘遮蔽工具		块	若干	绝缘毯、绝缘挡板、绝缘导线罩等，视工作需要
5	防护用具	安全防护用具		套	2	绝缘袖套、绝缘服、绝缘手套等，视工作需要
6	旁路器材	绝缘引流线		根	若干	转移负荷
7	其他工具	钳形电流表		只	1	测量电流，视工作需要
8		防潮布		块	1	
9		钢丝刷		把	1	清除导线氧化层
10	所需材料	隔离开关		只	若干	视工作需要

注 绝缘工器具的机械及电气强度均应满足《国家电网公司电力安全工作规程（线路部分）》要求，预防性、检查性试验合格。

4. 作业流程图

旁路法作业更换柱上隔离开关作业流程见图 ZY0800210002-1。

四、危险点分析及控制措施

危险点分析及控制措施见表 ZY0800210002-2。

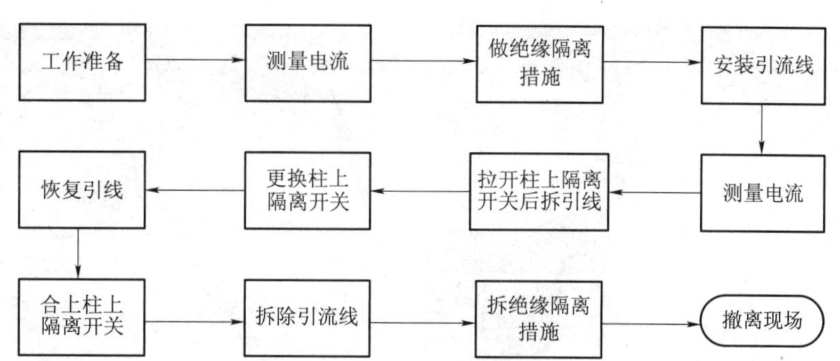

图 ZY0800210002-1　旁路法作业更换柱上隔离开关作业流程图

表 ZY0800210002-2　　危险点分析及控制措施

序号	防范类型	危险点	控　制　措　施	备注
1			作业过程中，不论线路是否停电，都应始终认为线路有电	
2			必须停用重合闸	
3	防触电类	人身触电	保持对地最小距离为 0.4m，对邻相导线的最小距离为 0.6m，绝缘绳索类工具有效绝缘长度不小于 0.4m，绝缘操作杆有效绝缘长度不小于 0.7m	
4			必须在天气良好条件下进行	
5			人体严禁串入电路	
6			设专职监护人	
7	防高处坠落类	登高工具不合格及不规范使用登高工具	作业前，绝缘斗臂车应进行空斗操作，确认液压传动、升降、伸缩、回转系统工作正常及操作灵活，制动装置可靠	
8			安全带应系在牢固的构件上，扣牢扣环	
9			斗内电工应系好安全带，戴好安全帽	

五、作业步骤及工艺标准和质量要求

（1）工作负责人召开现场开工会，布置安措，必要时提问；选择合适位置停放绝缘斗臂车，接地；斗内电工正确穿戴安全防护用具，进入绝缘斗，系好安全带。

（2）斗内电工操作绝缘斗臂车进入工作位置，使用钳形电流表测量电流，确认在绝缘引流线的使用范围内。

（3）斗内电工视情况对导线、电杆、横担等做绝缘隔离措施，安装原则“由近至远、从大到小、从低到高”。更换中相前必须先对两边相安装绝缘隔离，可采用绝缘挡板、绝缘毯、绝缘导线罩、专用隔离开关隔离罩等，初始安装绝缘毯前最好使用操作杆将绝缘毯挑入安装，无论做什么动作，都必须注意避免出现人员侵犯间隙的现象，见图 ZY0800210002-2。

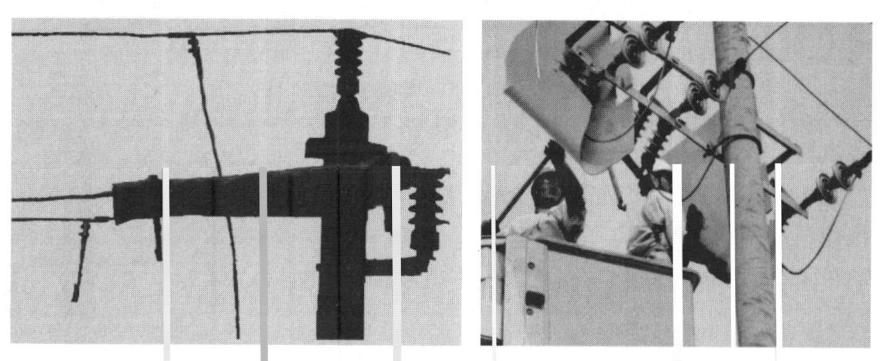

图 ZY0800210002-2　现场作业图（一）

（4）斗内电工安装引流线绝缘[illegible]

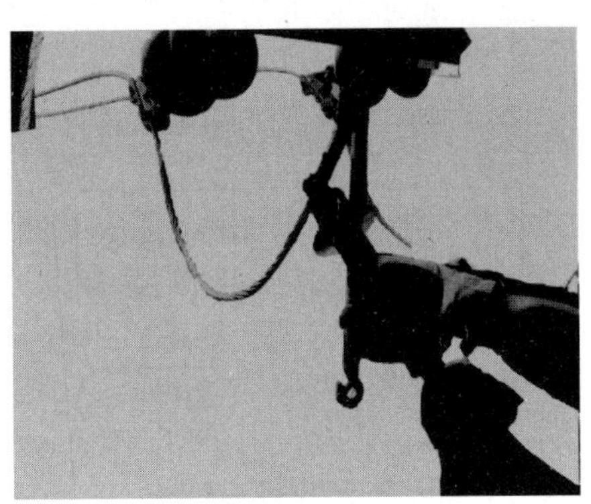

图 ZY0800210002-3 现场作业图（二）

（5）斗内电工使用钳形电流表测量绝缘引流线及隔离开关中的电流，如果两部分电流基本相等，则可以确认为绝缘引流线安装到位，见图 ZY0800210002-4。

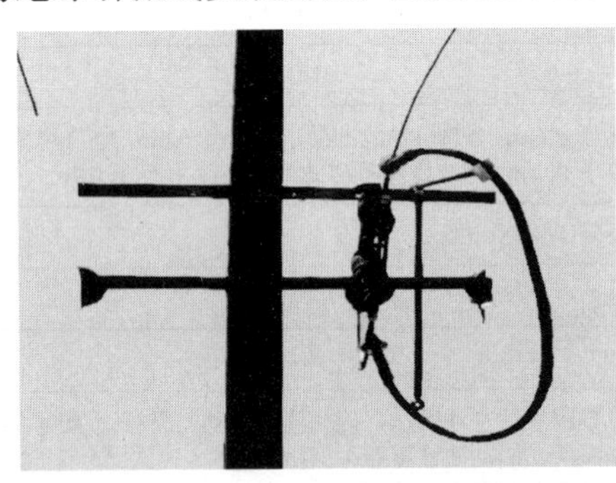

图 ZY0800210002-4 现场作业图（三）

（6）斗内电工使用绝缘操作杆拉开隔离开关，安装绝缘隔离限位挡板，先拆开隔离开关上引线绝缘包裹后固定在绝缘撑杆上，或视作业方便将带电线头绝缘包裹后绝缘绳吊挂；将绝缘隔离限位挡板移下，再拆开隔离开关下引线绝缘包裹后固定在绝缘撑杆上，或视作业方便将带电线头绝缘包裹后绝缘绳吊挂。作业中严禁出现人体串入电路现象，见图 ZY0800210002-5。

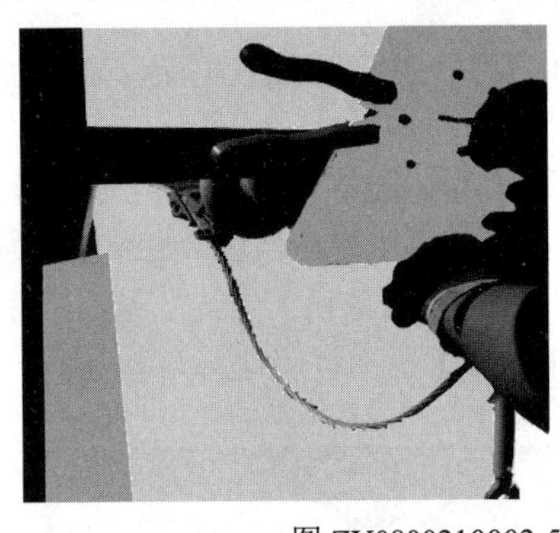
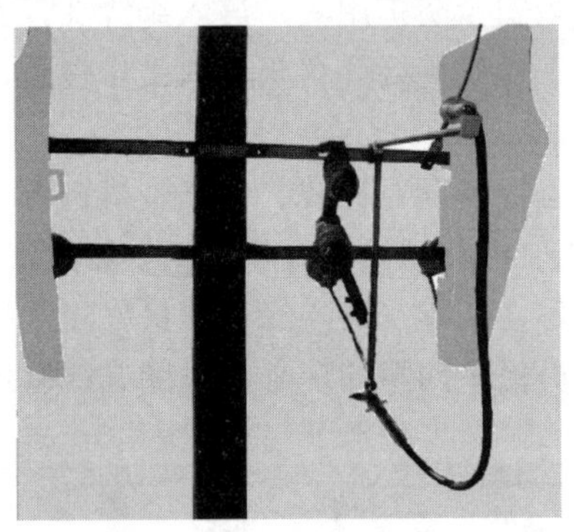

图 ZY0800210002-5 现场作业图（四）

（7）更换隔离开关。

（8）斗内电工安装绝缘隔离限位挡板，先恢复下引线，后恢复上引线，作业要求同第（6）步。

（9）斗内电工使用绝缘操作杆合上隔离开关，见图 ZY0800210002-6。

（10）斗内电工使用钳形电流表测量绝缘引流线中的电流及隔离开关的电流，确认新隔离开关安装到位。

（11）斗内电工拆除绝缘引流线及引流线绝缘支撑杆。

（12）拆绝缘隔离措施，拆除原则“由远至近、从小到大、

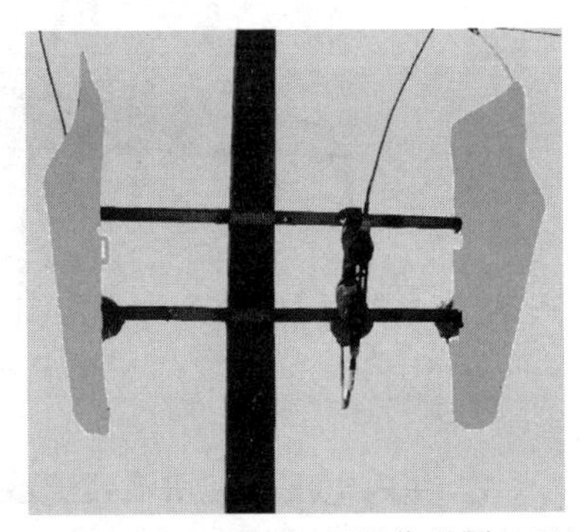

图 ZY0800210002-6 现场作业图（五）

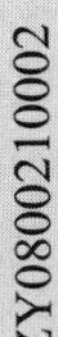

从高到低”。

（13）撤离现场，工作负责人检查后，召开现场收工会，人员、工器具撤离现场。

六、其他说明

旁路法作业更换柱上隔离开关通常而言，作业难度从单边相、另一边相、中相逐步进阶，本模块讲解中相作业工艺，边相作业工艺可参考实施。作业中所采用的绝缘隔离措施视结构不同也可采用软质的绝缘毯，文中采用硬质绝缘罩相对而言通用性不强。

【思考与练习】

1. 旁路法作业更换柱上隔离开关绝缘隔离措施的安装要求、工艺有哪些?
2. 旁路法作业更换边相柱上隔离开关的作业步骤有哪些?
3. 旁路法作业更换柱上隔离开关作业中要求一般测量几次电流，其测量目的各有哪些？

模块 3　旁路法作业更换跌落式熔断器（ZY0800210003）

【模块描述】本模块介绍旁路法作业更换跌落式熔断器检修工作程序及相关安全注意事项。通过作业流程和操作要点讲解，了解旁路法作业更换跌落式熔断器作业中的危险点预控措施，掌握旁路法作业更换跌落式熔断器的操作技能、工艺标准和质量要求。

【正文】

一、作业内容

10kV 配网常在配电台架、电缆进线或某些支线安装跌落式熔断器，可开断额定负荷电流。运行中跌落式熔断器常因瓷体损坏或操纵失灵而需要更换。

二、作业方法

采用带电作业方式更换跌落式熔断器，一般采用绝缘斗臂车绝缘手套作业法，在更换配电台架跌落式熔断器时也可采用绝缘梯作为绝缘平台，见图 ZY0800210003-1。常规更换工作是在切除跌落式熔断器后段负荷后按照断、接引线工艺更换。

图 ZY0800210003-1　旁路法作业更换跌落式熔断器现场工作图

如果不能切除后段负荷，必须采用旁路法作业工艺进行更换工作时，与更换柱上隔离开关不同，必须注意更多环节：跌落式熔断器绝缘件的绝缘有效性，拆除上下引线时的间隙保持，作业中其余两相的跌落固定等。

本模块以直线支接，旁路法作业更换支线中相跌落式熔断器为例讲解操作工艺。

三、作业前准备

1. 作业条件

作业应在满足《国家电网公司电力安全工作规程（线路部分）》和相关标准规定的良好天气下进行，如遇雷电（听见雷声、看见闪电）、雪雹、雨雾和空气相对湿度超过 80%、风力大于 5 级（10m/s）时，不宜进行本作业。作业前现场勘察确定满足绝缘斗臂车绝缘手套作业法作业环境条件，主要指停用重合闸、绝缘斗臂车作业条件等，注意察看跌落式熔断器满足旁路法作业法要求。

2. 人员组成

作业人员应由具备配网带电作业资格的工作人员所组成，本项目一般需 4 名，其中工作负责人（监护人）1 名、斗内电工 2 名、地面电工 1 名。工作班成员明确工作内容、工作流程、安全措施、工作中的危险点，并履行确认手续。

表 ZY0800210003-1　　旁路法作业更换跌落式熔断器主要工器具及材料

序号	名　称		型号/规格	单位	数量	备　注
1	绝缘工具	绝缘绳		条	若干	
2		绝缘操作杆		根	若干	绝缘支杆，5000V 绝缘电阻表进行分段绝缘检测，2cm 电极间电阻值应不低于 700MΩ，视工作需要
3		绝缘斗臂车		辆	1	绝缘工作平台
4		绝缘遮蔽工具		块	若干	绝缘毯、绝缘挡板、绝缘导线罩等，视工作需要
5	防护用具	安全防护用具		套	2	全封闭绝缘服、绝缘手套等，视工作需要
6	旁路器材	绝缘引流线		根	若干	转移负荷
7	其他工具	钳形电流表		只	1	测量电流，视工作需要
8		防潮布		块	1	
9		钢丝刷		把	1	清除导线氧化层
10	所需材料	跌落式熔断器		只	若干	视工作需要

注　绝缘工器具的机械及电气强度均应满足《国家电网公司电力安全工作规程（线路部分）》要求，预防性、检查性试验合格。

4. 作业流程图

旁路法作业更换跌落式熔断器作业流程见图 ZY0800210003-2。

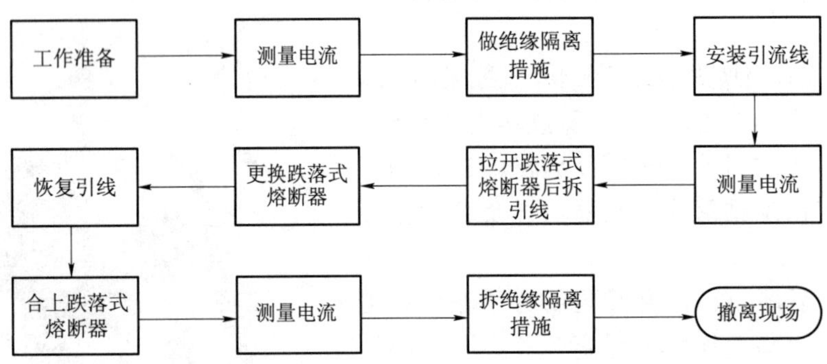

图 ZY0800210003-2　旁路法作业更换跌落式熔断器作业流程图

四、危险点分析及控制措施

危险点分析及控制措施见表 ZY0800210003-2。

表 ZY0800210003-2　　危险点分析及控制措施

序号	防范类型	危险点	控　制　措　施	备注
1	防触电类	人身触电	作业过程中，不论线路是否停电，都应始终认为线路有电	
2			必须停用重合闸	
3			保持对地最小距离为 0.4m，对邻相导线的最小距离为 0.6m，绝缘绳索类工具有效绝缘长度不小于 0.4m，绝缘操作杆有效绝缘长度不小于 0.7m	
4			必须在天气良好条件下进行	
5			人体严禁串入电路	
6	防高处坠落类	登高工具不合格及不规范使用登高工具	设专职监护人	
7			作业前，绝缘斗臂车应进行空斗操作，确认液压传动、升降、伸缩、回转系统工作正常及操作灵活，制动装置可靠	
8			安全带应系在牢固的构件上，扣牢扣环	
9			斗内电工应系好安全带，戴好安全帽	

五、作业步骤及工艺标准和质量要求

（1）工作负责人召开现场开工会，布置安措，必要时提问；选择合适位置停放绝缘斗臂车，接地；斗内电工正确穿戴安全防护用具，进入绝缘斗，系好安全带。

（2）斗内电工操作绝缘斗臂车进入工作位置，使用钳形电流表测量电流，确认在绝缘引流线的使用范围内。

（3）斗内电工视情况对导线、电杆、横担等做绝缘隔离措施，安装原则“由近至远、从大到小、从低到高”。更换中相前必须先对两边相安装绝缘隔离，可采用绝缘挡板、绝缘毯、绝缘导线罩、专用跌落式熔断器隔离罩等，初始安装绝缘毯前最好使用操作杆将绝缘毯挑入安装，无论做什么动作，都必须注意避免出现人员侵犯间隙的现象。作业前采取相应措施确保作业中不会出现跌落现象，可以采取专用短接器或用绝缘绳固定等措施。

（4）斗内电工安装引流线绝缘支撑杆，清除导线氧化层，核对相位安装引流线跨接于跌落式熔断器两侧。

（5）斗内电工使用钳形电流表测量绝缘引流线及跌落式熔断器中的电流，如果两部分电流基本相等，则可以确认为绝缘引流线安装到位。

（6）斗内电工使用绝缘操作杆拉开跌落式熔断器，安装绝缘隔离限位挡板，先拆开跌落式熔断器上引线绝缘包裹后固定在绝缘撑杆上，或视作业方便将带电线头绝缘包裹后绝缘绳吊挂；将绝缘隔离限位挡板移下，再拆开跌落式熔断器下引线绝缘包裹后固定在绝缘撑杆上，或视作业方便将带电线头绝缘包裹后绝缘绳吊挂。作业中严禁出现人体串入电路现象。

（7）更换跌落式熔断器。

（8）斗内电工安装绝缘隔离限位挡板，先恢复下引线，后恢复上引线，作业要求同第（6）步。

（9）斗内电工使用绝缘操作杆合上跌落式熔断器。

（10）斗内电工使用钳形电流表测量绝缘引流线中的电流及熔断器的电流，确认新跌落式熔断器安装到位。

（11）斗内电工拆除绝缘引流线及引流线绝缘支撑杆。

（12）拆跌落固定措施，拆绝缘隔离措施，拆除原则“由远至近、从小到大、从高到低”。

（13）撤离现场，工作负责人检查后，召开现场收工会，人员、工器具撤离现场。

六、其他说明

旁路法作业更换跌落式熔断器通常而言，作业难度从单边相、另一边相、中相逐步进阶，本模块讲解中相作业工艺，边相作业工艺可参考实施。

从跌落式熔断器结构来看其瓷体绝缘间隙有限，且从作业目的而言可能绝缘损坏，作业前必须对其绝缘有效性进行验证，可采用询问调度线路运行状况正常和现场验明无泄漏电流、无接地等措施，作业中宜穿着全封闭式的绝缘服，为防止短间隙不使用绝缘手套防护用的羊皮手套。

【思考与练习】

1. 旁路法作业更换跌落式熔断器绝缘隔离措施的安装要求、工艺有哪些？
2. 旁路法作业更换跌落式熔断器上下引线的拆、装要求及工艺有哪些？
3. 旁路法作业更换配电台架边相跌落式熔断器的主要步骤有哪些？

模块4　旁路法作业更换柱上负荷开关（ZY0800210004）

【模块描述】本模块包含旁路法作业更换柱上负荷开关工作程序及相关安全注意事项。通过作业流程和操作要点讲解，了解旁路法作业更换柱上负荷开关作业中的危险点预控措施，掌握旁路法作业更换柱上负荷开关的操作技能、工艺标准和质量要求。

【正文】

柱上负荷开关常因外力破坏、操纵失灵而需要更换。

二、作业方法

采用带电作业方式更换柱上负荷开关，一般采用绝缘斗臂车绝缘手套作业法，在切除开关后段负荷后按照断、接引线工艺更换，如果不能切除后段负荷，则必须采用旁路法作业工艺进行更换工作。下面以旁路法作业更换支线柱上负荷开关为例讲解操作工艺，见图 ZY0800210004-1。

图 ZY0800210004-1 旁路法作业更换柱上负荷开关现场作业图

三、作业前准备

1. 作业条件

作业应在满足《国家电网公司电力安全工作规程（线路部分）》和相关标准规定的良好天气下进行，如遇雷电（听见雷声、看见闪电）、雪雹、雨雾和空气相对湿度超过 80%、风力大于 5 级（10m/s）时，不宜进行本作业。作业前现场勘察确定满足绝缘斗臂车绝缘手套作业法作业环境条件，主要指停用重合闸、绝缘斗臂车作业条件等。

2. 人员组成

作业人员应由具备配网带电作业资格的工作人员所组成，本项目一般需 4～5 名。其中工作负责人（监护人）1 名、斗内电工 2 名、辅助电工 1～2 名。工作班成员明确工作内容、工作流程、安全措施、工作中的危险点，并履行确认手续。

3. 工器具及材料准备

旁路法作业更换柱上负荷开关工器具及材料准备见表 ZY0800210004-1。

表 ZY0800210004-1 旁路法作业更换柱上负荷开关主要工器具及材料

序号	名称		型号/规格	单位	数量	备注
1	绝缘工具	绝缘绳		条	若干	
2		绝缘操作杆		根	若干	5000V 绝缘电阻表进行分段绝缘检测，2cm 电极间电阻值应不低于 700MΩ，视工作需要
3		绝缘斗臂车		辆	1	绝缘工作平台
4		绝缘遮蔽工具		块	若干	绝缘毯、绝缘挡板、绝缘导线罩等，视工作需要
5	防护用具	安全防护用具		套	2	绝缘袖套、绝缘服、绝缘手套等，视工作需要
6	旁路器材	绝缘引流线	400A	根	若干	转移负荷
7	其他工具	钳形电流表		只	1	测量电流，视工作需要
8		防潮布		块	1	
9		钢丝刷		把	1	清除导线氧化层
10	所需材料	柱上负荷开关		台	1	视工作需要

注 绝缘工器具的机械及电气强度均应满足《国家电网公司电力安全工作规程（线路部分）》要求，预防性、检查性试验合格。

4. 作业流程图

旁路法作业更换柱上负荷开关作业流程见图 ZY0800210004-2。

四、危险点分析及控制措施

危险点分析及控制措施见表 ZY0800210004-2。

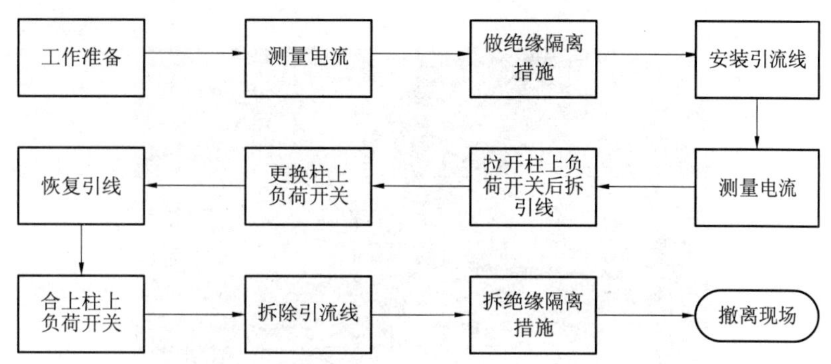

图 ZY0800210004-2　旁路法作业更换柱上负荷开关作业流程图

表 ZY0800210004-2　　危险点分析及控制措施

序号	防范类型	危险点	控 制 措 施	备注
1	防触电	人身触电	作业过程中，不论线路是否停电，都应始终认为线路有电	
2			必须停用重合闸	
3			保持对地最小距离为 0.4m，对邻相导线的最小距离为 0.6m，绝缘绳索类工具有效绝缘长度不小于 0.4m，绝缘操作杆有效绝缘长度不小于 0.7m	
4			必须在天气良好条件下进行	
5			人体严禁串入电路	
6	高处坠落	登高工具不合格及不规范使用登高工具	设专职监护人	
7			作业前，绝缘斗臂车应进行空斗操作，确认液压传动、升降、伸缩、回转系统工作正常及操作灵活，制动装置可靠	
8			安全带应系在牢固的构件上，扣牢扣环	
9			斗内电工应系好安全带，戴好安全帽	

五、作业步骤及工艺标准和质量要求

（1）工作负责人召开现场开工会，布置安措，必要时提问；选择合适位置停放绝缘斗臂车，接地；斗内电工正确穿戴安全防护用具，进入绝缘斗，系好安全带。

（2）斗内电工操作绝缘斗臂车进入工作位置，使用钳形电流表测量电流，确认柱上负荷开关导通，确认在绝缘引流线的使用范围内。常见绝缘引流线有额定 200、400A 两种规格，按带电作业 1.2 倍安全系数，作业时允许通过 167、333A 的负荷电流，否则必须采取限制系统电流的措施。

（3）斗内电工视情况对导线、电杆、横担等做绝缘隔离措施，安装原则“由近至远、从大到小、从低到高”。

（4）斗内电工清除导线氧化层，逐相安装绝缘引流线跨接于耐张杆两侧，见图 ZY0800210004-3。

（5）斗内电工使用钳形电流表测量绝缘引流线及柱上负荷开关中的电流，如果两部分电流基本相等，则可以确认为绝缘引流线安装到位。

（6）斗内电工使用绝缘操作杆拉开柱上负荷开关。通常柱上负荷开关进线侧安装了柱上隔离开关，继续拉开柱上隔离开关。如无柱上隔离开关，则逐相拆除柱上负荷开关与主导线的引线连接，通常先拆两边相，后拆中相。拆除时按照绝缘手套法断、接引线工艺断开引线，由于柱上负荷开关桩头间隙有限，拆下的引线须用绝缘绳或操作杆吊挂在导线上（0.7m）。逐相拆除毕，转到另一侧，同样拆除另外三相引线。作业中严禁出现人体串入电路现象。

（7）斗内电工与另外增派的杆上作业人员配合拆除桩头引线，接地线等，更换柱上负荷开关，恢复引线、接地线连接。注意采用绝缘斗臂车自带吊机作业时的有效荷载和垂直起吊。

（8）斗内电工逐相两侧引线连接，作业要求同第（6）步。

（9）斗内电工使用绝缘操作杆合上柱上负荷开关。

（10）斗内电工使用钳形电流表测量绝缘引流线中的电流及隔离开关的电流，确认新柱上负荷开关

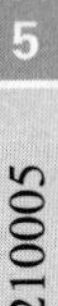

图 ZY0800210004-3 斗内电工清除导线氧化层，逐相安装绝缘引流线跨接于耐张两侧现场作业图

（12）拆绝缘隔离措施，拆除原则“由远至近、从小到大、从高到低”。

（13）撤离现场，工作负责人检查后，召开现场收工会，人员、工器具撤离现场。

六、其他说明

在环境温度较高、负荷电流较大的作业环境，须注意绝缘遮蔽、隔离用具封闭空间内的局部过热现象，可能灼伤绝缘用具致绝缘损坏。

【思考与练习】

1. 旁路法作业更换柱上负荷开关绝缘隔离措施的安装要求、工艺有哪些？
2. 旁路法作业更换柱上负荷开关引线断、接的要求、工艺有哪些？
3. 旁路法作业更换有脱扣柱上负荷开关的作业步骤有哪些？

模块 5 编写旁路法作业指导书（ZY0800210005）

【模块描述】本模块介绍旁路作业法原理和现场作业指导书的编写要求。通过原理讲解、要点介绍和实例展示，掌握旁路作业法的现场标准化作业指导书编写的注意事项、格式及其要求。

【正文】

一、旁路法作业原理

10kV 配电线路元件，特别是导通电流的元件带电更换，常规作业都是先切断元件后段负荷，采用绝缘手套作业法断、接引线工艺进行更换，如果元件后段负荷不能切除，则必须采取旁路法作业，也就是俗称的带负荷作业。由于《国家电网公司电力安全工作规程（线路部分）》中有明文严禁带负荷作业，为避免歧义，所以广义的采用旁路法作业的名称。

旁路法作业的原理是在线路元件两端安装旁路系统，通过旁路系统的投切，达到更换线路元件的同时保证持续供电的目的。其原理可简述为如图 ZY0800210005-1 所示的流程。

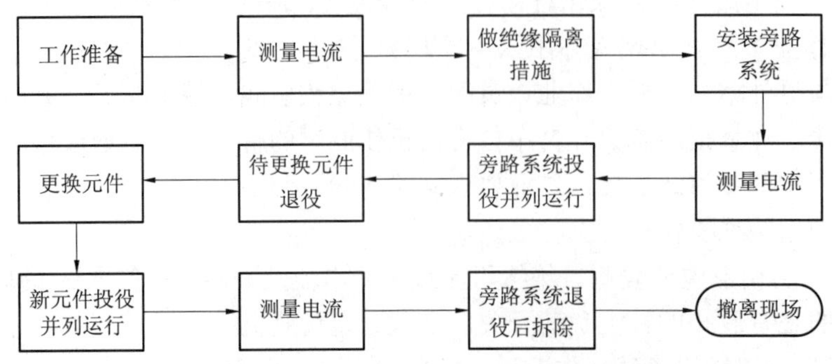

图 ZY0800210005-1 旁路法作业原理流程图

进一步简化可表述为如图 ZY0800210005-2 所示的流程。

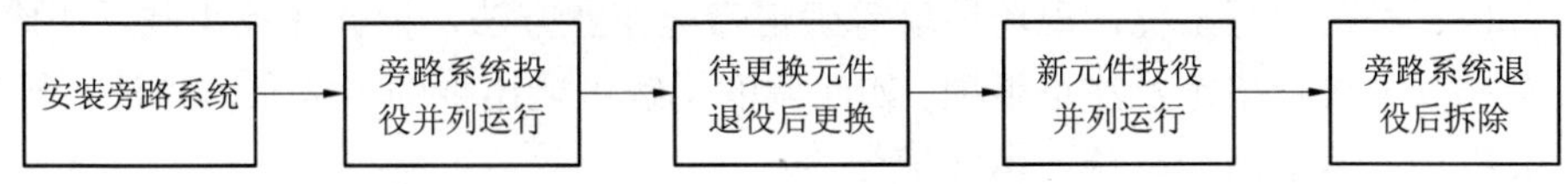

图 ZY0800210005-2　旁路法作业原理简化流程图

所有的旁路法作业都可以归纳为几个环节，各环节电路变化如表 ZY0800210005-1 所示。

表 ZY0800210005-1　　旁路法作业电路变化表

序号	步　骤	电路变化示意图
1	确定旁路系统满足作业要求，在待更换元件两端安装旁路系统（此时待更换元件电路导通）	待更换元件；旁路系统
2	旁路系统投役，此时旁路系统与待更换元件并列运行（此时待更换元件电路和旁路系统导通，并列运行）	待更换元件；旁路系统
3	待更换元件退役后更换新元件（此时待更换元件电路断路，旁路系统导通）	待更换元件；旁路系统
4	新元件投役与旁路系统并列运行（此时新元件电路和旁路系统导通，并列运行）	新元件；旁路系统
5	旁路系统退役，拆除（此时新元件电路导通）	新元件；旁路系统

不同的旁路作业所使用的旁路系统，最简单的可以只是一根软铜线或绝缘引流线，复杂的旁路系统可以包含很多元件，绝缘引流线（旁通辅助电缆）、旁路负荷开关、旁路柔性电缆、各型号柔性电缆连接器、安装旁路系统用的各种附件支架等，但其作业原理都可以简化为表 ZY0800210005-1 的五个步骤。

二、标准化作业指导书编写要求

配电线路带电作业标准化作业指导书，是对配电线路带电作业全过程控制指导的约束性文件，它针对作业前、作业中和作业后的各个作业环节进行了规范，使作业计划详实、人员安排妥当、现场勘察清楚、工器具准备齐全、材料准备充足、危险点分析到位、防范措施严密、工艺标准全面，充分体现了现场带电作业全过程、全方位、全员的管理，保证了作业过程处于“能控、在控、可控”状态，以获得最佳秩序与效果，各作业环节层次分明、连接可靠，各作业内容细化、量化和标准化，做到作业闭环管理、作业有程序、安全有措施、质量有标准、考核有依据。具体在编写标准化作业指导书时，应重点注意以下几点要求：

导线型号、导线损伤情况、杆塔运行工况等，确定旁路器材的安装位置。

（2）根据杆塔、线路运行工况，现场环境等确定带电作业方法，设计作业步骤，明确工艺标准，确定危险点控制和安全防范措施及注意事项。如向调度了解可能出现的最大负荷电流、出现的时间段、旁路器材的安装程序、运动路径、统一指挥信号等。

（3）根据作业内容合理安排带电作业人员，应安排工作经验丰富的作业人员担任工作负责人，并配备足够的工作班成员。

（4）根据作业内容配备工器具、材料，注意选用的工器具和使用的材料规格要与现场设备相符，使用的绝缘工器具应满足《国家电网公司电力安全工作规程（线路部分）》要求。

（5）针对现场实际情况和作业方法进行危险点分析，特别关注导线损伤、杆塔结构失稳、构件严重变形、绝缘配置损坏等情况，并制订相应的防范措施，危险点分析要考虑作业全过程，防范措施要体现对设备及人员行为的全过程预控。

（6）根据现场实际情况必要时应补充特殊的安全技术措施。如标准化指导书在执行过程中，发现不切合实际、与相关图纸及有关规定不符等情况，应立即停止工作。作业负责人根据现场实际情况及时修改指导书，履行审批手续并做好记录后，按修改后的标准化指导书继续工作。

（7）在编写标准化作业指导书时，还要使其语言标准化，其原则是：语言简练、通俗易懂、避免口语、语法严谨、标点正确。

三、标准化作业指导书编写

标准化作业指导书可依据《国家电网公司现场标准化作业指导书编制导则》中规定的格式与要求而进行，一般由封面、适用范围、引用文件、作业前准备（包括1份现场勘察记录）、流程图、作业程序和工艺标准（包括危险点和控制措施）、验收记录、作业指导书执行情况评估和附录等组成，结合现场实际情况与需要可作适当的删减与合并。

以下为旁路法作业更换柱上隔离开关标准化作业指导书的编写示例：

【标准化作业指导书——封面】

编号：Q/××××-××-××

旁路法作业更换10kV××线柱上隔离开关作业指导书

批准：________ ____年__月__日

审核：________ ____年__月__日

编写：________ ____年__月__日

作业负责人：____________________

作业时间：____年__月__日__时至____年__月__日__时

××供电公司×××

【标准化作业指导书——内文】

1 适用范围

本指导书适用于××供电公司旁路法作业更换柱上隔离开关。

2 引用文件

GB/T 2900.55—2002 电工术语 带电作业

GB/T 14286—2008 带电作业工具设备术语

GB/T 18037—2008 带电作业工具基本技术要求与设计导则
GB/T 18857—2008 配电线路带电作业技术导则
GB/T 12168—2006 带电作业用遮蔽罩
GB /T 13035—2008 带电作业用绝缘绳索
GB 13398—2008 带电作业用空心绝缘管、泡沫填充绝缘管和实心绝缘棒
GB T/ 17622—2008 带电作业用绝缘手套
GB 50061—2010 66kV 及以下架空线路设计规范
GB 50173—1992 电气装置安装工程 35kV 及以下架空电力线路施工及验收规范
DL 409—1991 电业安全工作规程（电力线路部分）
DL/T 602—1996 架空绝缘配电线路施工及验收规程
DL 778—2001 带电作业用绝缘袖套
DL 779—2001 带电作业用绝缘绳索类工具
DL/T 803—2002 带电作业用绝缘毯
DL/T 854—2004 带电作业用绝缘斗臂车的保养维护及在使用中的试验
DL/T 880—2004 带电作业用导线软质遮蔽罩
国家电网生［2007］751 号 国家电网公司带电作业工作管理规定（试行）
国家电网公司电力安全工作规程（线路部分）
国家电网公司现场标准化作业指导书编制导则

3 人员组合

本作业项目工作人员共计 4 名，其中工作负责人 1 名（监护人）、斗内电工 2 名、地面电工 1 名。

4 作业方法

绝缘手套作业法。

5 作业前准备

5.1 准备工作安排

√	序号	内　容	标　准	责任人	备注
	1	明确作业项目、确定作业人员、合理进行任务分工，并组织学习作业指导书	作业人员必须认真听取工作任务布置，对作业任务及存在的危险点做到心中有数，明确人员分工；认真学习工作票内容，对作业任务及存在的危险点做到心中有数，作业前认真学习作业指导书并签名确认		
	2	确定作业所需材料和工器具及相关技术要求，并按要求准备	所有工器具准备齐全，满足作业项目需要；所有带电作业工器具应满足如下试验周期： （1）电气试验：预防性试验每年一次，检查性试验每年一次，两次试验间隔半年。 （2）机械试验：绝缘工具每年一次，金属工具两年一次		

5.2 人员要求

√	序号	内　容	责任人	备注
	1	作业人员必须掌握《国家电网公司电力安全工作规程（线路部分）》相关知识，并经年度考试合格；高空作业人员必须具备从事高空作业的身体素质；所有工作人员必须精神状态良好		
	2	所有作业人员必须取得带电作业资格证并审验合格		

5.3 作业分工

√	序号	工作岗位	人数	职　责	备注
	1	工作负责（监护）人	1	负责整个施工过程、工艺标准、质量要求及施工安全	

5.4 工器具及材料

√	序号	名称		型号/规格	单位	数量	备注
	1	绝缘工具	绝缘绳		条	若干	
	2		绝缘杆		根	若干	绝缘支杆，5000V 绝缘电阻表进行分段绝缘检测，2cm 电极间电阻值应不低于 700MΩ，视工作需要
	3		绝缘斗臂车		辆	1	绝缘工作平台
	4		绝缘遮蔽工具		块	若干	绝缘毯、绝缘挡板、绝缘导线罩等，视工作需要
	5	防护用具	安全防护用具		套	2	绝缘袖套、绝缘服、绝缘手套等，视工作需要
	6	旁路器材	绝缘引流线		根	若干	转移负荷
	7	其他工具	钳形电流表		只	1	测量电流，视工作需要
	8		防潮布		块	1	
	9		钢丝刷		把	1	清除导线氧化层
	10	所需材料	隔离开关		只	若干	视工作需要

5.5 危险点分析及控制措施

√	序号	防范类型	危险点	控制措施	备注
	1	防触电类	人身触电	作业过程中，不论线路是否停电，都应始终认为线路有电	
	2			必须停用重合闸	
	3			保持对地最小距离为 0.4m，对邻相导线的最小距离为 0.6m，绝缘绳索类工具有效绝缘长度不小于 0.4m，绝缘操作杆有效绝缘长度不小于 0.7m	
	4			必须在天气良好条件下进行	
	5			人体严禁串入电路	
	6	防高处坠落类	登高工具不合格及不规范使用登高工具	设专职监护人	
	7			作业前，绝缘斗臂车应进行空斗操作，确认液压传动、升降、伸缩、回转系统工作正常及操作灵活，制动装置可靠	
	8			安全带应系在牢固的构件上，扣牢扣环	
	9			斗内电工应系好安全带，戴好安全帽	

6 作业程序

6.1 开工

√	序号	作业内容	作业步骤及标准	作业人员签字
	1	办理工作票、履行工作许可手续	按工作票制度要求进行	
	2	宣读工作票、安全注意事项及任务分工	按开工会要求进行	
	3	工器具检测	按《国家电网公司电力安全工作规程（线路部分）》要求进行	
	4	线路名称、杆塔基础及作业环境检查	按《国家电网公司电力安全工作规程（线路部分）》要求进行	
	5	安全防护用具冲击试验检查	冲击三次	
	6	开工申请	按要求进行	

6.2 作业内容及标准

√	序号	作业内容	作业步骤及标准	安全措施注意事项	作业人员签字
	1	工作准备	选择合适位置停放绝缘斗臂车，接地； 斗内电工正确穿戴安全防护用具，进入绝缘斗，系好安全带		
	2	测量电流	斗内电工操作绝缘斗臂车进入工作位置，使用钳形电流表测量电流，确认在绝缘引流线的使用范围内	绝缘臂有效绝缘长度大于 1.0m，保持对地最小距离为 0.4m，对邻相导线的最小距离为 0.6m，绝缘绳索类工具有效绝缘长度不小于 0.4m，绝缘操作杆有效绝缘长度不小于 0.7m	
	3	做绝缘隔离措施	斗内电工视情况对导线、电杆、横担等做绝缘隔离措施	由近至远、从大到小、从低到高	
	4	安装绝缘引流线	斗内电工安装引流线绝缘支撑杆，清除导线氧化层，安装引流线跨接于柱上隔离开关两侧		
	5	测量电流	斗内电工使用钳形电流表测量绝缘引流线中的电流及柱上隔离开关中的电流，如果两部分电流基本相等，则可以确认为绝缘引流线安装到位		
	6	拉开隔离开关后拆引线	斗内电工使用绝缘操作杆拉开柱上隔离开关，安装绝缘隔离限位挡板，先拆开柱上隔离开关上引线并固定在绝缘撑杆上；将绝缘隔离限位挡板移下，再拆开柱上隔离开关下引线并固定在绝缘撑杆上	防止人体串入电路	
	7	更换隔离开关	斗内电工更换柱上隔离开关		
	8	恢复引线	斗内电工安装绝缘隔离限位挡板，先恢复下引线，后恢复上引线	防止人体串入电路	
	9	合上隔离开关	斗内电工使用绝缘操作杆合上柱上隔离开关		
	10	测量电流	斗内电工使用钳形电流表测量绝缘引流线中的电流及隔离开关的电流，确认新隔离开关安装到位		
	11	拆绝缘引流线	斗内电工拆除绝缘引流线和绝缘支撑杆		
	12	拆绝缘隔离措施	拆除缘隔离措施	由远至近、从小到大、从高到低	
	13	撤离现场	工作负责人检查后，召开现场收工会，人员、工器具撤离现场		

6.3 竣工

√	序号	内 容	负责人员签字
	1	清理现场及工具，检查杆（塔）上有无留遗物，工作负责人全面检查工作完成情况，无误后撤离现场，做到人走场清	
	2	办理工作终结手续	

6.4 消缺记录

√	序号	缺 陷 内 容	消除人员签字
	1	作业结束，无缺陷	

7 验收总结

序号	作 业 总 结

8 指导书执行情况评估

评估内容	符合性	优	√	可操作项	全
		良		不可操作项	无
	可操作性	优	√ .	修改项	无
		良		遗漏项	无
存在问题	无				
改进意见	无				

9 附录

由于旁路法作业通常作业步骤、操作程序较多，且前后顺序要求严格，一般为便于现场实际操作，可编写更细化的程序卡。以下为旁路法作业更换台架式柱上三相变压器工作程序卡的编写示例：

【程序卡——旁路法作业更换台架式柱上三相变压器】

一、查勘准备	现场查勘，确定各工作点位置	高压柔性电缆接入点 旁路负荷开关安装点 全绝缘配电变压器安置点 低压柔性电缆接入点 高低压相位	已完成（ ） 已完成（ ） 已完成（ ） 已完成（ ） 已完成（ ）
	判别符合变压器临时并列运行条件	接线组别相同 额定变比相同 全绝缘配电变压器容量大于待换配电变压器 分接头相等	已完成（ ） 已完成（ ） 已完成（ ） 已完成（ ）
	测量低压负荷电流	确定旁路系统满足运行要求：$I<400$A	低压最高负荷电流（ ）A
二、旁路系统安装	绝缘斗臂车检查，绝缘工器具检查	绝缘斗臂车检查伸缩、升降、回转系统，车辆接地 绝缘工具摇测绝缘 安全防护用具外观检查	已完成（ ） 已完成（ ） 已完成（ ）
	安置全绝缘配电变压器	位置合适，装设围栏	已完成（ ）
	全绝缘配电变压器中性点接地	摇测接地电阻小于 4Ω	接地电阻（ ）Ω
	安装旁路负荷开关支架	支架安装牢固，位置合适	已完成（ ）
	安装旁路负荷开关	旁路负荷开关安装牢固，开关处于“分”状态，外壳接地	已完成（ ）
	安装高压柔性电缆固定支架	支架安装牢固，位置合适	已完成（ ）
	展放、固定高压柔性电缆	展放高压柔性电缆，在支架上固定	已完成（ ）
	安装绝缘引流线（上）	将绝缘引流线（上）一端接入旁路负荷开关，另一端固定在支架上，抓手端吊挂在混凝土杆适当位置	已完成（ ）
	安装低压柔性电缆固定支架	在电杆上安装低压柔性电缆固定支架	已完成（ ）
	展放、固定低压柔性电缆	展放低压柔性电缆，在支架上固定	已完成（ ）
	安装低压柔性电缆	将低压柔性电缆一端插入低压三相负荷开关，中性线插入低压单相负荷开关，抓手端吊挂在混凝土杆适当位置	已完成（ ）
	安装绝缘引流线（下）	将绝缘引流线（下）一端接入旁路负荷开关，另一端用中间接头连接高压柔性电缆，插入全绝缘配电变压器高压桩头	已完成（ ）
	旁路核相	查看已连接好的旁路系统相位	A–a（ ）B–b（ ） C–c（ ）o（ ）
	旁路系统耐压试验	用 5000V 绝缘电阻表摇测旁路系统绝缘	已完成（ ）
	旁路系统放电	试验结束，对旁路系统放电	已完成（ ）
	分旁路负荷开关、低压三相负荷开关、低压单相负荷开关（a 相）	拉开旁路负荷开关 拉开低压三相负荷开关 拉开低压单相负荷开关（a 相）	旁路负荷开关已分（ ） 低压三相负荷开关已分（ ） 低压单相负荷开关（a 相）已分（ ）

续表

三、旁路系统热备用	旁路高压搭接	做好绝缘隔离措施，将绝缘引流线（上）与主线一一连接	已完成（　　）
	旁路低压搭接	做好绝缘隔离措施，将低压柔性电缆抓手端与主线连接	已完成（　　）
四、旁路系统投役，原配电变压器退役	合旁路负荷开关	合上旁路负荷开关	旁路负荷开关已合（　　）
	旁路系统核相	在低压三相负荷开关两侧核相，全绝缘配电变压器出线端空载电压比待换配电变压器出线端电压差不大于 10V（$10\%U_N$）	全绝缘配电变压器出线端空载电压 a–n（　　）b–n（　　）c–n（　　） 待换配电变压器出线电压 a–n（　　）b–n（　　）c–n（　　） 低压三相负荷开关两侧压差 a–a（　　）b–b（　　）c–c（　　）
	合低压单相负荷开关（a 相）	合上低压单相负荷开关（a 相）	低压单相负荷开关（a 相）已合（　　）
	合低压三相负荷开关	合上低压三相负荷开关	低压三相负荷开关已合（　　）
	测负荷电流	测量流过低压柔性电缆、待换配电变压器低压侧的电流，判断旁路系统运行正常	旁路系统负荷电流 a（　　）b（　　）c（　　）o（　　） 待换配电变压器低压侧负荷电流 a（　　）b（　　）c（　　）o（　　）
	分低压开关	拉开待换配电变压器低压开关	低压开关已分（　　）
	分高压跌落式熔断器	拉开待换配电变压器高压跌落式熔断器，摘下熔丝管并做好标记	高压跌落式熔断器熔丝管已摘（　　）
	分高压隔离开关	拉开待换配电变压器高压隔离开关	高压隔离开关已分（　　）
五、更换配电变压器	低压导线做绝缘隔离	低压导线作绝缘隔离措施	已完成（　　）
	拆低压引线	逐相拆开低压引出线与主线连接，固定	已完成（　　）
	测量中性线电流，并安装中性线单相负荷开关（b 相）	测量中性线电流，确认在单相负荷开关工作范围内，在中性线接头两端安装单相负荷开关（b 相），开关处于分闸状态	中性线电流（　　）A 中性线单相负荷开关（b 相）已分（　　）
	合中性线单相负荷开关(b 相)	合上中性线单相负荷开关（b 相）	中性线单相负荷开关（b 相）已合（　　）
	测量中性线电流	测量中性线电流，确认单相负荷开关工作正常	已完成（　　）
	拆开中性线接头	拆开中性线与主线连接	已完成（　　）
	分中性线单相负荷开关(b 相)	拉开中性线单相负荷开关（b 相）	中性线单相负荷开关（b 相）已分（　　）
	拆配电变压器引线	拆开待换配电变压器高低压两侧各引线连接	高压引线已完成（　　） 低压引线已完成（　　）
	更换配电变压器	指挥吊车更换配电变压器，或安装千斤木后更换配电变压器，必要时需在待换配电变压器上方低压穿档加设绝缘隔离措施，确保对起重工具的安全距离	已完成（　　）
	恢复配电变压器引线连接	将中性点连接线、中性线、高低压引线与新配电变压器连接，核相	中性点连接线已完成（　　） 中性线连接已完成（　　） 高、低压引线连接已完成（　　） 已核相（　　）
	合中性线单相负荷开关(b 相)	合上中性线单相负荷开关（b 相）	中性线单相负荷开关（b 相）已合（　　）
	测量中性线电流	测量中性线电流，确认单相负荷开关工作正常	已完成（　　）
	搭上中性线接头	恢复中性线与主线连接	已完成（　　）
	分中性线单相负荷开关(b 相)	拉开中性线单相负荷开关（b 相）	中性线单相负荷开关（b 相）已分（　　）

续表

五、更换配电变压器	搭上低压引线	恢复低压引出线（相线）与主线连接	已完成（ ）
	拆除低压导线绝缘隔离	拆除低压导线绝缘隔离措施	已完成（ ）
六、新配电变压器投役，旁路系统退役	合高压隔离开关	合上高压隔离开关	高压隔离开关已合（ ）
	合高压跌落式熔断器	装上熔丝管，合上高压跌落式熔断器	高压跌落式熔断器已合（ ）
	合低压开关	合上低压开关	低压开关已合（ ）
	测量负荷电流	测量流过低压柔性电缆、新换配电变压器低压侧的电流，确认新换配电变压器运行正常	新换配电变压器低压侧负荷电流 a（ ）b（ ）c（ ）o（ ） 旁路系统负荷电流 a（ ）b（ ）c（ ）o（ ）.
	分低压三相负荷开关	拉开低压三相负荷开关	低压三相负荷开关已分（ ）
	分低压单相负荷开关（a 相）	拉开低压单相负荷开关（a 相）	已完成（ ）
	分旁路负荷开关	拉开旁路负荷开关	旁路负荷开关已分（ ）
七、拆除旁路系统	拆开低压旁路电缆与导线连接	逐相拆开低压旁路电缆与导线的连接	已完成（ ）
	拆开高压旁路电缆与导线连接	逐相拆开高压旁路电缆与导线的连接	已完成（ ）
	拆除高压旁路柔性电缆	放电后，拆除高压旁路柔性电缆及支架	已放电（ ） 已拆除（ ）
	拆除低压旁路柔性电缆	放电后，拆除低压旁路柔性电缆及支架	已放电（ ） 已拆除（ ）
	拆除旁路系统		已完成（ ）

【思考与练习】

1. 旁路法作业原理应如何表述？

2. 旁路法作业更换柱上负荷开关作业指导书如何编写？

3. 规划思考一份旁路法作业更换 10kV 导线的现场标准化作业指导书或程序卡。现场条件：3×6 档单回耐张段，耐张段中有一 315kVA 配电变压器台架（低压出线不同杆），两端三角排列耐张，中间三角排列棒形绝缘子。

模块 6 带电直线装置改耐张装置（ZY0800210006）

【模块描述】本模块包含带电直线装置改耐张装置工作程序及相关安全注意事项。通过作业流程和操作要点讲解，了解带电直线装置改耐张装置作业中的危险点预控措施，掌握带电直线装置改耐张装置的操作技能、工艺标准和质量要求。

【正文】

一、作业内容

10kV 配电线路因加设分段开关、联络开关等需求，需要将直线装置改为耐张装置，采用旁路法作业可以避免全线停电。

二、作业方法

带电直线装置改耐张装置作业，一般采用 2 辆绝缘斗臂车，绝缘手套直接作业法，通常结合加装柱上隔离开关、柱上负荷开关进行。本模块以三角排列直线装置（中相顶箍，边相直线横担，PS–15 棒形绝缘子）改三角排列耐张装置（中相扁铁箍，边相耐张横担，XP–70 悬式绝缘子）为例讲解操作工艺。

三、作业前准备

1. 作业条件

作业应在满足《国家电网公司电力安全工作规程（线路部分）》和相关标准规定的良好天气下进行，如遇雷电（听见雷声、看见闪电）、雪雹、雨雾和空气相对湿度超过 80%、风力大于 5 级（10m/s）时，不宜进行本作业。作业前现场勘察确定满足绝缘斗臂车绝缘手套作业法作业环境条件，主要指停用重合闸、绝缘斗臂车作业条件等，检查线路直线结构满足旁路法作业要求。

2. 人员组成

作业人员应由具备配网带电作业资格的工作人员所组成，本项目一般需 5～6 名，其中工作负责人 1 名、监护人 1 名、斗内电工 2 名、辅助电工 1～2 名。工作班成员明确工作内容、工作流程、安全措施、工作中的危险点，并履行确认手续。

3. 工器具及材料准备

带电直线装置改耐张装置工器具及材料准备见表 ZY0800210006-1。

表 ZY0800210006-1　　带电直线装置改耐张装置主要工器具及材料

序号	名称		型号/规格	单位	数量	备注
1	绝缘工具	绝缘绳		条	若干	
2		绝缘操作杆		根	若干	5000V 绝缘电阻表进行分段绝缘检测，电阻值应不低于 700MΩ，视工作需要
3		绝缘斗臂车		辆	2	绝缘工作平台
4		绝缘遮蔽工具		块	若干	绝缘毯、绝缘挡板、绝缘导线罩等，视工作需要
5	防护用具	安全防护用具		套	2	绝缘袖套、绝缘服、绝缘手套等，视工作需要
6	旁路器材	绝缘引流线		根	3	转移负荷
7	其他工具	钳形电流表		只	1	测量电流
8		紧线器		只	2	扁带式绝缘紧线器或绝缘滑车组，一般使用扁带式绝缘紧线器
9		绝缘保险装置		套	1	导线后备保险
10		压机		把	2	电动液压机
11		剪刀		把	1	绝缘断线剪或绝缘棘轮剪刀
12		防潮布		块	1	
13	所需材料	耐张角铁横担		套	1	三角形排列，安装两边相，附相应金具
14		扁铁箍		副	1	三角形排列，安装中相，附相应金具
15		悬式绝缘子	XP-70	片	若干	电阻值应不低于 500MΩ，附耐张线夹等相应金具
16		导线连接器		组	3	接续引线
17		导线		m	若干	引线接续

注　绝缘工器具的机械及电气强度均应满足《国家电网公司电力安全工作规程（线路部分）》要求，预防性、检查性试验合格。

4. 作业流程图

带电直线装置改耐张装置作业流程见图 ZY0800210006-1。

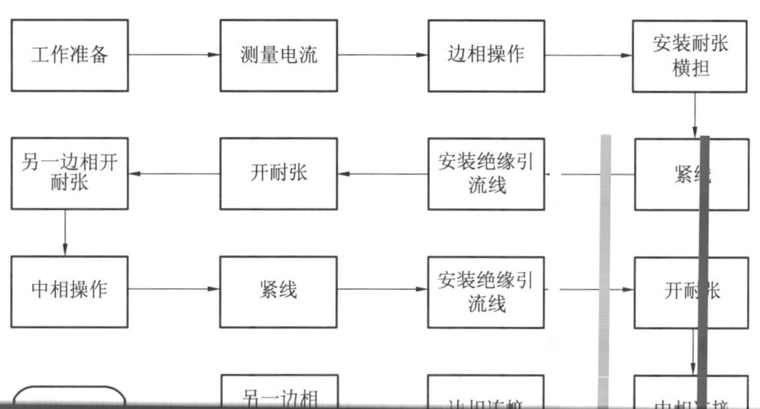

四、危险点分析及控制措施

危险点分析及控制措施见表 ZY0800210006-2。

表 ZY0800210006-2 危险点分析及控制措施

序号	防范类型	危险点	控制措施	备注
1	防触电类	人身触电	作业过程中，不论线路是否停电，都应始终认为线路有电	
2			必须停用重合闸	
3			保持对地最小距离为 0.4m，对邻相导线的最小距离为 0.6m，绝缘绳索类工具有效绝缘长度不小于 0.4m，绝缘操作杆有效绝缘长度不小于 0.7m	
4			必须在天气良好条件下进行	
5			人体严禁串入电路	
6	防高处坠落类	登高工具不合格及不规范使用登高工具	设专职监护人	
7			作业前，绝缘斗臂车应进行空斗操作，确认液压传动、升降、伸缩、回转系统工作正常及操作灵活，制动装置可靠	
8			安全带应系在牢固的构件上，扣牢扣环	
9			斗内电工应系好安全带，戴好安全帽	

五、作业步骤及工艺标准和质量要求

（1）工作负责人召开现场开工会，布置安措，必要时提问；选择合适位置停放绝缘斗臂车，接地；斗内电工正确穿戴安全防护用具，进入绝缘斗，系好安全带。

（2）斗内电工操作绝缘斗臂车进入工作位置，测量三相导线电流，确认在引流线适用范围内。常见绝缘引流线有额定 200、400A 两种规格，按 1.2 倍安全系数，作业时允许通过 167、333A 的负荷电流，否则必须采取限制系统电流的措施。

（3）斗内电工对一侧边相导线进行绝缘隔离，操作绝缘斗臂车自带的吊钩钩住导线并使其略微受力，然后用绝缘隔离限位挡板对直线绝缘子作限位后，拆除导线扎线，将导线略微吊起后，在绝缘导线罩中间再加一张绝缘毯。视情况拆除直线绝缘子，对直线横担作绝缘隔离措施。

（4）斗内电工相互配合安装耐张横担，将导线落在耐张横担上，视情况对耐张横担另一边作绝缘隔离措施。

（5）斗内电工安装耐张绝缘子串（3 片）、耐张线夹、扁带式绝缘紧线器，两侧斗内电工同时将耐张绝缘子串收紧至水平，使其间导线略微松弛后，安装绝缘保险装置。松脱吊钩。

（6）斗内电工清除边相导线氧化层，安装绝缘引流线跨接于内侧边相耐张两侧，用钳形电流表测量绝缘引流线中的电流以及导线的电流，如果两部分电流基本相等，则可以确认为绝缘引流线安装正确到位。

（7）斗内电工相互配合在导线和耐张横担间插入绝缘挡板，拆除导线中间的绝缘软毯，露出导线拟开断点，用断线剪开断，将开断的导线纳入耐张线夹紧固，拆除绝缘挡板、绝缘保险装置、扁带式绝缘紧线器。对耐张线夹尾线作绝缘隔离固定措施。制作过程中不能大幅晃动，要严格监护。

（8）斗内电工转移至另一侧边相导线，重复步骤（5）～步骤（7），中间视情况拆除直线横担。

（9）斗内电工转移至中相，对导线、杆顶进行绝缘隔离，操作绝缘斗臂车自带的吊钩钩住导线并使其略微受力，然后用绝缘隔离限位挡板对直线绝缘子作限位后，拆除导线扎线，将导线略微吊起后，在绝缘导线罩中间再加一张绝缘软毯，拆除中相直线装置，安装中相扁铁抱箍，挂上耐张绝缘子串，对杆顶作绝缘隔离。

（10）两侧斗内电工同时将耐张绝缘子串收紧至水平，使其间导线略微松弛后，安装绝缘保险装置。松脱吊钩。

（11）斗内电工清除中相导线氧化层，安装绝缘引流线跨接于中相耐张两侧，用钳形电流表测量绝缘引流线中的电流以及导线的电流，如果两部分电流基本相等，则可以确认为绝缘引流线安装正确到位。

（12）斗内电工拆除中相导线中间的绝缘软毯，露出导线拟开断点，用断线剪开断，斗内电工将开断的导线拆除绝缘措施后，纳入耐张线夹紧固，拆除绝缘保险装置、扁带式绝缘紧线器。对耐张线夹尾线作绝缘隔离固定措施。制作过程中不能大幅晃动，要严格监护。

至此直线改耐张工作基本结束，如需加装柱上隔离开关、柱上负荷开关，可视情况由斗内电工与杆上作业人员相互配合进行安装，隔离开关、负荷开关处于分闸位置，进行引线连接，测量电流后倒闸操作，拆除绝缘引流线。

（13）斗内电工连接中相导线（必要时安装跳线绝缘子），用钳形电流表测量绝缘引流线中的电流以及中相引线的电流，如果两部分电流基本相等，则可以确认为中相引线安装正确到位，拆除中相绝缘引流线，杆顶绝缘隔离。

（14）斗内电工连接边相导线，用钳形电流表测量绝缘引流线中的电流以及边相引线的电流，如果两部分电流基本相等，则可以确认为边相引线安装正确到位，拆除边相绝缘引流线。

（15）斗内电工转移至另一侧边相导线，重复上一步操作，完成另一侧边相导线连接工作。

（16）检查工作部位有无工器具、材料遗漏，检查工作质量，工作负责人检查后，召开现场收工会，人员、工器具撤离现场。

六、其他说明

耐张绝缘子选用每串 3 片主要是考虑耐张制作和尾线直接接入柱上隔离开关的需求，可根据实际情况确定片数。

实际操作中单纯的改耐张，只要能做好绝缘隔离固定措施，可以使用与主线同规格导线代替绝缘引流线，直接作为开断后的耐张引线。

在环境温度较高、负荷电流较大的作业环境，须注意绝缘遮蔽、隔离用具封闭空间内的局部过热现象，可能灼伤绝缘用具致绝缘损坏。

【思考与练习】

1. 带电直线装置改耐张装置绝缘隔离措施的安装要求、工艺有哪些？

2. 带电直线装置改耐张装置时耐张制作的要求、工艺有哪些？如不使用绝缘引流线，其作业步骤有哪些？

3. 水平排列方式的直线装置改耐张装置工具和工艺要求有哪些？

模块 7　10kV 配电特殊项目带电作业（ZY0800210007）

【模块描述】本模块包含旁路法作业更换导线、台架式柱上三相变压器检修工作程序及相关安全注意事项。通过作业流程和操作要点讲解，了解配电特殊项目旁路法作业的危险点预控措施、工艺标准和质量要求。

【正文】

常规配网带电作业通常局限于业扩和抢修等工作，其效能、作用还没有完全发挥，针对“常规的配网大修工作还是需要停电进行”的现状，若应用旁路法开展大型配网带电作业，将大大减少配网线路检修的大面积停电时间，所谓特殊项目主要是相对常规典型带电作业项目和简单的旁路法作业而言，旁路器材投入大，作业程序步骤复杂，操作程序要求严格，作业开展频率较低。

一、旁路法作业更换导线

旁路法作业更换导线属大型配网带电作业，按使用的旁路系统可简单的分为普通电缆旁路法作业和全绝缘柔性电缆旁路法作业两类。顾名思义，普通电缆旁路法作业主要使用常规聚氯乙烯绝缘、聚氯乙烯护套电力电缆作为旁路通道，缺点是更换有分支线的耐张段时比较麻烦，需要另外放一条电缆从电源点接入，旁路系统的通用性比较差，使用的人员以及安装的难度比较大；优点是绝大多数旁路元件可以直接使用常规工程材料。全绝缘柔性电缆旁路法作业使用专用的旁路柔性电缆、负荷开关，开展旁路法作业更换导线，应将之视为系统工程，综合考虑现场的协调组织措施，特别是核相、测电流和操作工作，对程序要求不能出错，有些环节必须严格按顺序执行，最好将整项工程编制成程序卡，逐项打钩，以免忙中出错。对作业人员要事先进行严格的训练，在现场施工时应集中注意力，严格服从工作负责人的统一指挥。

以下仅介绍全绝缘柔性电缆旁路法作业更换导线。

1. 作业内容

更换10kV架空线路导线及其间设备（可包含分支线）。

2. 作业方法

绝缘手套作业法。

作业组成部分：

（1）线路运行状态下预展放旁路柔性电缆，安装旁路负荷开关。

（2）搭上绝缘引流线（上），拆开耐张引线，负荷电流转移至旁路系统。

（3）安装绝缘组合拉线，更换导线，压接引线设备线夹。

（4）搭上耐张引线，拆开绝缘引流线（上），拆除旁路系统。

3. 工器具及材料准备

全绝缘柔性电缆旁路法作业更换导线工器具及材料准备见表ZY0800210007-1。

表ZY0800210007-1　　全绝缘柔性电缆旁路法作业更换导线主要工器具及材料

序号	名称		型号/规格	单位	数量	备注
1	绝缘工具	绝缘绳		条	若干	
2		绝缘杆		根	若干	5000V绝缘电阻表进行分段绝缘检测，2cm电极间电阻值应不低于700MΩ，视工作需要
3		绝缘斗臂车		辆	2	绝缘工作平台
4		绝缘遮蔽工具		块	若干	绝缘毯、绝缘挡板、绝缘导线罩等，视工作需要
5	防护用具	安全防护用具		套	4	绝缘袖套、绝缘服、绝缘手套等，视工作需要
6	旁路系统（参见图ZY0800210007-1）	柔性电缆	8.7/15kV，35或$50mm^2$	盘	若干	每盘30～60m，正常允许温度100℃
7		旁路负荷开关	SF$_6$，12kV，400A	台	2	
8		核相仪		只	2	
9		支线旁路柱上隔离开关		台	若干	常规柱上隔离开关
10		柔性电缆展放装置		套	1	
11		柔性电缆牵引装置		套	1	
12		柔性电缆直线固定装置		台	若干	
13		绝缘引流线（上）		根	6	旁通辅助电缆，连接导线和旁路负荷开关
14		绝缘引流线（下）		根	6	旁通辅助电缆，连接旁路负荷开关和柔性电缆
15		柔性电缆连接器	8.7/15kV，200A	只	若干	
16		柔性电缆T型连接器	8.7/15kV，200A	只	若干	
17		绝缘承力绳固定器		台	1	
18		绝缘承力绳		m	若干	
19		绝缘牵引绳		m		
20		领线滑车		只		
21		滑车牵引绳	2m	根	若干	
22	其他工具	卷扬机		台	1	
23		钳形电流表		只	1	测量电流，视工作需要

续表

序号	名称		型号/规格	单位	数量	备注
24	其他工具	绝缘电阻表	5000V	只	1	
25		电动液压机		把	2	
26		对讲机		只	若干	
27		防潮布		块	若干	
28	所需材料					视检修工作需要

注 绝缘工器具的机械及电气强度均应满足《国家电网公司电力安全工作规程（线路部分）》要求，预防性、检查性试验合格，旁路负荷开关、旁路柔性电缆和旁路连接器等主要设备的技术要求、试验方法和检验规则等可参见 Q/GDW 249—2009《10kV 旁路作业设备技术条件》。

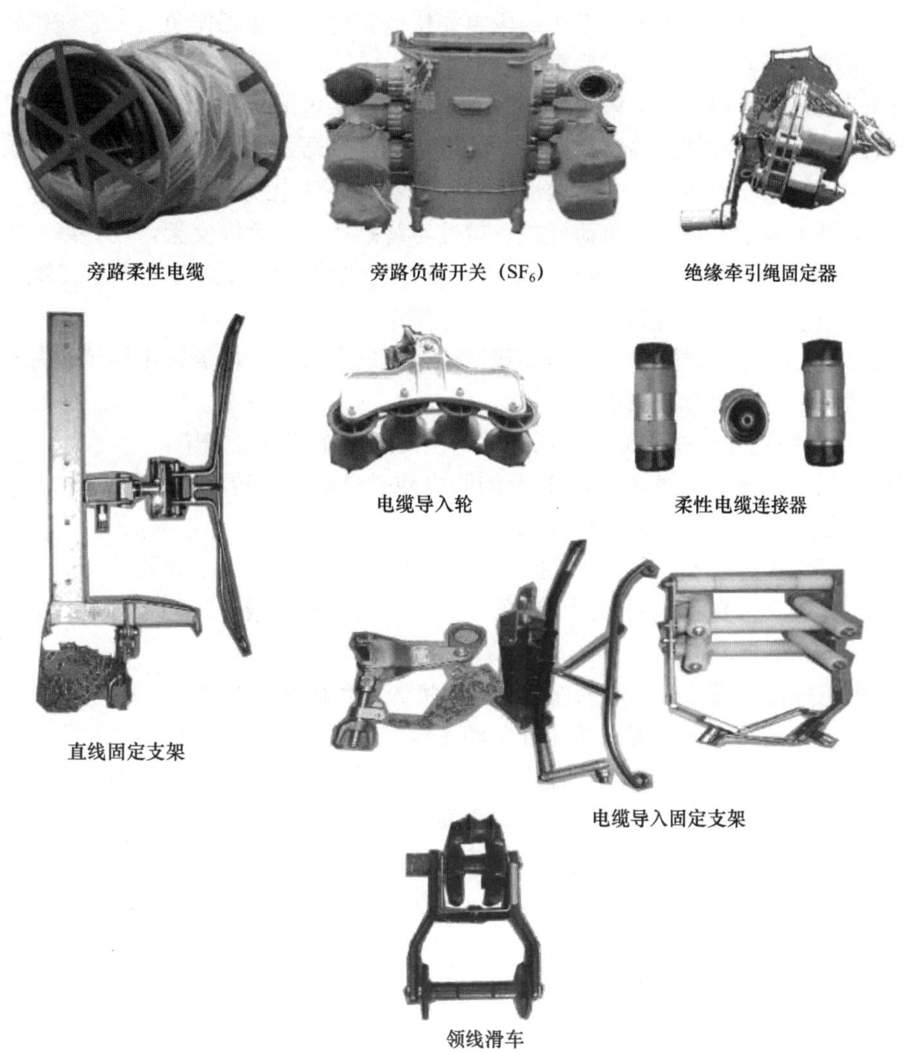

图 ZY0800210007-1 旁路系统部分工具图

第一部分：线路运行状态下预展放旁路柔性电缆，安装旁路负荷开关。

核对更换线路导线所带负荷，线路电流不大于 200A，确定旁路柔性电缆截面合适、安全后，提前半个工作日展放柔性电缆、安装旁路负荷开关，完成电缆与旁路负荷开关的连接，核对两侧相位一致，并保持旁路负荷开关处于分闸状态，进行电缆试验，确保电气性能满足要求。

人员组成：工作负责人 1 名，专职监护人 1 名，其他电工若干。

现场操作步骤：

绝缘牵引绳盘；放线端耐张杆上安装电缆导入固定支架，地面组装绝缘承力绳固定支架；直线杆上安装直线固定支架。

（3）地面电工展放绝缘承力绳、绝缘牵引绳；直线杆上电工将绝缘承力绳、绝缘牵引绳放入直线固定支架；紧线端耐张杆上电工用紧线器收紧绝缘承力绳，地面电工将绝缘牵引绳绕入卷扬机。

（4）放线端地面电工组装柔性电缆，将三相电缆头固定牢靠，拴上牵引绳，纳入固定支架，挂上承力绳，后段再挂上3只领线滑车备用。

（5）牵引系统安装完毕，两端地面电工在工作负责人统一指挥下进行旁路柔性电缆牵引工作；放线端地面电工不断挂上领线滑车，拴上滑车牵引绳，绳长以2m为宜；紧线端地面电工操作卷扬机匀速牵引，遇有情况立即停车，与工作负责人联系后再继续牵引；电缆头过杆上支架时需密切注意，切忌卡住。

（6）牵引过程中，放线端地面电工在一段电缆快放完前，通知工作负责人紧线端停止牵引，安装好柔性电缆连接器，接上另一段电缆后再继续牵引。

（7）电缆牵引至紧线端，杆上电工拴上防滑绳后，拆除电缆头牵引绳，牵引工作结束。

（8）紧线端杆上电工安装旁路负荷开关、柔性电缆连接器、余缆支架，用绝缘引流线（下）连接旁路负荷开关和柔性电缆连接器，并将柔性电缆连接器与柔性电缆头连接。

（9）放线端杆上电工安装旁路负荷开关、柔性电缆连接器、余缆支架，用绝缘引流线（下）连接旁路负荷开关和柔性电缆连接器，待电缆牵引完毕，将电缆头插入柔性电缆连接器，余缆纳入余缆支架。

（10）在支接杆上安装柔性电缆T型连接器，在支线上再放一段旁路电缆至相邻杆塔，与安装在该杆塔的支线旁路柱上隔离开关相连。

（11）对旁路电缆进行核相、工频耐压试验。至此旁路系统安装完毕。

第二部分：搭上绝缘引流线（上），拆开耐张引线，负荷电流转移至旁路系统。

作业方式：绝缘斗臂车绝缘手套作业法。

人员组成：工作负责人1名，专职监护人1～2名，斗内电工4名，地面电工6～10名，共分三个作业小组，两个小组分别负责两端的断引工作，一个小组负责支线旁路柱上隔离开关的操作。

现场操作步骤：

（1）斗内电工操作绝缘斗臂车进入作业位置，将旁路负荷开关绝缘引流线（上）、支线旁路柱上隔离开关上引线与导线连接。此时旁路负荷开关和支线旁路柱上隔离开关处于“分”闸状态。

（2）工作负责人在得知旁路系统连接均已准确可靠后，先通知一侧斗内电工合上旁路负荷开关，然后通知另一侧作业人员核相，确认无误后，再命令合上另一侧的旁路负荷开关及支线旁路柱上隔离开关。

（3）工作人员分别测量流过旁路负荷开关、支线旁路柱上隔离开关、导线的电流并汇报工作负责人。

（4）工作负责人比较导线及旁路系统电流，确认正常无误后，命令斗内电工对旁路范围内的耐张横担、绝缘子、引线进行绝缘隔离，分别拆开耐张引线，并对引线重新进行绝缘隔离，同时还必须对支线导线作绝缘隔离措施。至此负荷电流已全部转移至旁路系统，可以进行更换导线的工作。

安全措施及注意事项：

（1）旁路电缆必须在施工前核准相位并做好相应相色标志；一侧旁路负荷开关合上后，其他旁路负荷开关、支线旁路柱上隔离开关只有在电气核相完成并确认无误后，方可在工作负责人的指挥下合闸。

（2）因旁路电缆的接入，先解开的一端应始终保持足够的对地距离和对邻相的线间距离，只有当所有耐张均拆开后，方可认为该耐张段架空线路退出运行。支线可拉开原有的隔离开关开关，防止倒供。

（3）斗内电工作业中需注意保持对地0.4m、相间0.6m的最小安全距离，绝缘工具有效绝缘长度不少于0.7m。

（4）绝缘斗臂车工作前必须检查伸缩、回转、升降系统，发动机不得熄火以保证液压系统处于随时可工作状态，车体应可靠接地，斗臂操作要平稳，不得大幅晃动。绝缘斗臂车绝缘臂有效绝缘长度大于 1.0m。

第三部分： 安装绝缘组合拉线，更换导线，压接引线设备线夹。

人员组成：工作负责人 1 名，专职监护人 1 名，斗内电工 4 名，杆上电工若干，地面电工若干，共分两个作业小组。

现场操作步骤：

（1）两侧斗内电工分别在地面电工的配合下，安装绝缘组合拉线。

（2）直线杆加装临时接地线，将导线移入金属滑车内。

（3）按常规配电架空线路作业法更换导线。

安全措施及注意事项：

（1）斗内电工作业中需注意保持对地 0.4m、相间 0.6m 的最小安全距离，绝缘工具有效绝缘长度不少于 0.7m。

（2）绝缘斗臂车工作前必须检查伸缩、回转、升降系统，发动机不得熄火以保证液压系统处于随时可工作状态，车体应可靠接地，斗臂操作要平稳，不得大幅晃动。绝缘斗臂车绝缘臂有效绝缘长度大于 1.0m。

（3）严禁采用突然开断导线的方式松线。

（4）新导线架线工作结束后，应随即拆除绝缘组合拉线。

第四部分： 搭上耐张引线，拆开绝缘引流线（上），拆除旁路系统。

作业方法：绝缘斗臂车绝缘手套作业法。

人员组成：工作负责人 1 名，专职监护人 1 名，斗内电工 4 名，地面电工若干。

现场操作步骤：与第二部分操作步骤相反。

安全措施及注意事项：

（1）拆除旁路电缆时应先放电，然后才允许接触。

（2）其他安全措施及注意事项与前面相同。

二、旁路法作业更换台架式柱上三相变压器

配网运行中常有配电变压器因大修、技改、过负荷、外力破坏等原因导致需要更换，传统施工方法需要将待换配电变压器低压侧负荷全部切除后停电更换，这样势必影响由待换配电变压器供电客户的生活与生产；甚至有些配电变压器在更换时必须拉开线路上级断路器，这样就会影响整个分断断路器后段线路上的用户，尤其是对一些重要负荷或敏感负荷影响更大。

从目前的配网带电作业需求而言，旁路法作业更换变压器的实用价值并不是很大，可以将之视为 10kV 配网旁路法作业序列的补充，作为技术储备可应用于越来越多的杆上单相变压器的旁路法更换。

旁路系统的构建：包括高压开关、旁路配电变压器、低压开关、10kV 高压电网→高压开关→旁路配电变压器间的连接线、旁路配电变压器→低压开关→400V 低压电网间的连接线。

与旁路法作业更换导线类似，可以采用普通器材和专用旁路器材两套构建方案，见表 ZY0800210007-2。

表 ZY0800210007-2　　构建方案对照表

<table>
<tr><td rowspan="5">10kV
高压
电网</td><td>连接线</td><td>高压开关</td><td>连接线</td><td>变压器</td><td>连接线</td><td>低压开关</td><td>连接线</td><td rowspan="5">0.4kV
低压
电网</td></tr>
<tr><td colspan="7">普通器材</td></tr>
<tr><td>普通 10kV 电缆</td><td>跌落式熔断器</td><td>JKLYJ 绝缘导线</td><td>旁路配电变压器</td><td>JKV 绝缘导线</td><td>低压负荷开关</td><td>低压电缆</td></tr>
<tr><td colspan="7">专用旁路器材</td></tr>
<tr><td>高压柔性电缆</td><td>旁路负荷开关</td><td>高压柔性电缆</td><td>旁路配电变压器</td><td>低压柔性电缆</td><td>低压负荷开关</td><td>低压柔性电缆</td></tr>
</table>

项目作业中将实施两个“配变并列运行”的过程和两个旁路代役的过程：

（1）两个“配变并列运行”的过程指旁路配电变压器和待换配电变压器并列运行、新换配电变压器和旁路配电变压器两个短时并列运行过程。

（2）两个旁路代役过程是指一个旁路系统的“大”代役过程和一个中性线上单相负荷开关的“小”代役过程。

1. 作业内容

旁路法作业更换台架式柱上三相变压器。

其作业范围“自跌落式熔断器下桩头至低压开关引出线与低压电网连接点”之间的电气设备，本项目可以实现其间所有设备的旁路（带负荷）更换。

2. 作业方法

旁路法作业，绝缘斗臂车绝缘手套作业。

作业组成部分：

（1）预展放及安装旁路系统。

（2）旁路系统与待换配电变压器并列运行。

（3）更换新配电变压器，并使之与旁路系统并列运行。

（4）拆除旁路系统。

3. 工器具及材料准备

旁路法作业更换台架式柱上三相变压器工器具及材料准备见表 ZY0800210007-3。

表 ZY0800210007-3　　旁路法作业更换台架式柱上三相变压器主要工器具及材料

序号	名　称		型号/规格	单位	数量	备　注
1	绝缘工具	绝缘绳		条	若干	
2		绝缘杆		根	若干	5000V 绝缘电阻表进行分段绝缘检测，2cm 电极间电阻值应不低于 700MΩ，视工作需要
3		绝缘斗臂车		辆	1～2	绝缘工作平台
4		绝缘遮蔽工具		块	若干	绝缘毯、绝缘挡板、绝缘导线罩等，视工作需要
5	防护用具	安全防护用具		套	4	绝缘袖套、绝缘服、绝缘手套等，视工作需要
6	旁路系统	柔性电缆	8.7/15kV，35mm^2	盘	若干	每盘 30m，正常允许温度 100℃
7		低压柔性电缆	0.4kV	盘	若干	每盘 30m
8		立式卷铁芯组合式全绝缘配电变压器	315kVA	台	1	带低压三相负荷开关，600A；带低压单相负荷开关，125A
9		旁路负荷开关	SF_6，12kV，400A	台	1	
10		核相仪		只	1	10kV 核相，视工作需要
11		旁路负荷开关固定支架		套	1	
12		柔性电缆展放装置		套	1	
13		柔性电缆固定支架		台	若干	
14		绝缘引流线（上）		根	3	旁通辅助电缆，连接导线和旁路负荷开关
15		绝缘引流线（下）		根	3	旁通辅助电缆，连接旁路负荷开关和柔性电缆
16		配电变压器高压旁通辅助电缆		根	3	旁通辅助电缆，连接柔性电缆和配电变压器高压桩头
17		柔性电缆连接器	8.7/15kV，200A	只	若干	
18		低压单相负荷开关	125A	只	1	

续表

序号	名　称		型号/规格	单位	数量	备　注
19	其他工具	钳形电流表		只	1	
20		接地电阻表		只	1	
21		绝缘电阻表	5000V	只	1	
22		对讲机		只	若干	
23		防潮布		块	若干	
24	所需材料					视检修工作需要

注　绝缘工器具的机械及电气强度均应满足《国家电网公司电力安全工作规程（线路部分）》要求，预防性、检查性试验合格，旁路负荷开关、旁路柔性电缆和旁路连接器等主要设备的技术要求、试验方法和检验规则等可参见 Q/GDW 249—2009《10kV 旁路作业设备技术条件》。

旁路系统部分器材图片见图 ZY0800210007-2。

高压柔性电缆

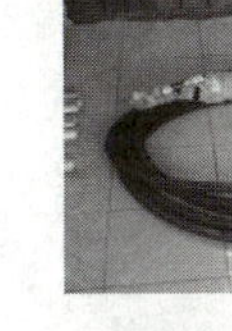
绝缘引流线（上）

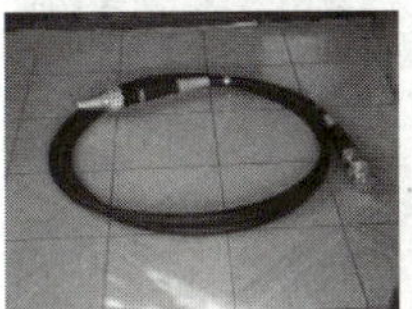
绝缘引流线（下）

配电变压器高压旁通辅助电缆

低压柔性电缆

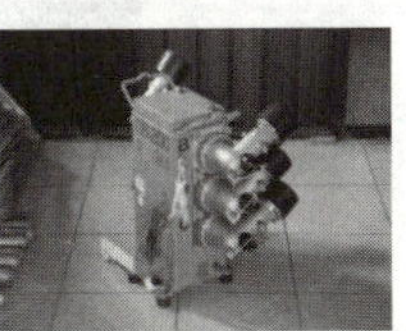
旁路负荷开关

低压负荷开关

中性线单相负荷开关

柔性电缆固定支架

柔性电缆展放装置

全绝缘配电变压器

柔性电缆连接器

图 ZY0800210007-2　旁路系统部分器材图片

第一部分：预展放及安装旁路系统。

核对拟更换配电变压器所带负荷，确定在旁路系统各元件的有效范围内，选择适当位置展放高、低压柔性电缆，安装旁路负荷开关，安置立式卷铁芯组合式全绝缘配电变压器（简称全绝缘配电变压器），完成旁路系统连接。

进行旁路系统试验，确保电气性能满足要求。试验结束后，将旁路系统处于分闸状态。

现场操作步骤：

（1）作业现场合适位置（一般为台架杆前一根电杆）安放电缆支架、柔性电缆盘，装设围栏，安置全绝缘配电变压器，中性点接地，见图 ZY0800210007-3。

（2）杆上电工安装支架及旁路负荷开关，见图 ZY0800210007-4。

（3）地面电工展放高压柔性电缆，见图 ZY0800210007-5，杆上电工在杆上合适位置安装柔性电缆固定支架。

图 ZY0800210007-3 现场作业图（一）

图 ZY0800210007-4 现场作业图（二）

（5）斗内电工安装绝缘引流线（下），一端接入旁路负荷开关，另一端用柔性电缆连接器连接高压柔性电缆，然后插入全绝缘配电变压器高压桩头，见图 ZY0800210007-7。

图 ZY0800210007-5 现场作业图（三）

图 ZY0800210007-6 现场作业图（四）

（6）地面电工展放低压柔性电缆，斗内电工在杆上合适位置安装柔性电缆固定支架，固定好低压柔性电缆后将一端接入全绝缘配电变压器低压侧，抓手端逐相吊挂在混凝土杆适当位置。

（7）旁路系统的旁路负荷开关、低压三相负荷开关、低压单相负荷开关处于分路位置，见图 ZY0800210007-8。

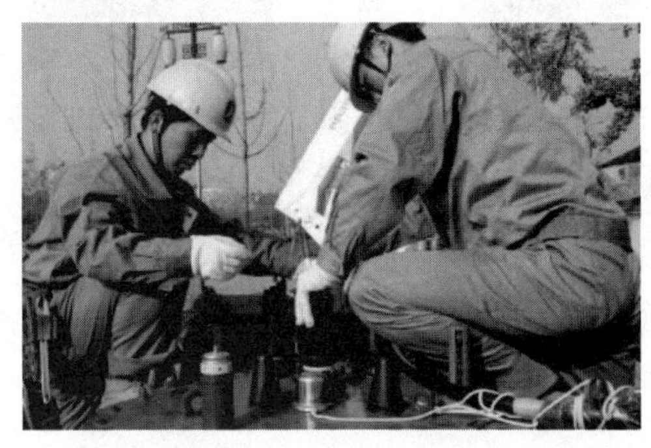
图 ZY0800210007-7 现场作业图（五）

图 ZY0800210007-8 现场作业图（六）

安全措施及注意事项：

（1）绝缘斗臂车工作前必须检查伸缩、回转、升降系统，发动机不得熄火以保证液压系统处于随时可工作状态，车体应可靠接地，斗臂操作要平稳，不得大幅晃动。

（2）中性点接地电阻小于 4Ω。

（3）全绝缘配电变压器分接头为 5 挡（出厂设置为 3），一般配电变压器为 3 挡（出厂设置为 2），以此为准，确认两者一致。如果需调节全绝缘配电变压器分接头，则必须重新测量，确认调节到位。

第二部分：搭上高低压两侧引流线，旁路系统与待换配电变压器并列运行。

作业方式：绝缘斗臂车绝缘手套作业法。

现场操作步骤：

（1）斗内电工操作绝缘斗臂车进入作业位置，做好绝缘隔离措施后，将三相绝缘引流线（上）抓手端一一与导线连接，见图 ZY0800210007-9。

（2）斗内电工操作绝缘斗臂车进入作业位置，做好绝缘隔离措施后，将四相低压柔性电缆抓手端一一与导线连接，先接中性线，后接相线，见图 ZY0800210007-10。

图 ZY0800210007-9　现场作业图（七）

图 ZY0800210007-10　现场作业图（八）

（3）工作负责人在确认旁路系统连接均已准确可靠后，通知斗内电工合上旁路负荷开关，再通知地面电工在全绝缘配电变压器的低压三相负荷开关两侧核相［全绝缘配电变压器的出线端空载电压值应比待换配电变压器出线端电压略高，在制定指导书时定可为 10V（5%）］，确认无误后，命令地面电工先合全绝缘配电变压器的低压单相负荷开关，再合上低压三相负荷开关，见图 ZY0800210007-11。

图 ZY0800210007-11　现场作业图（九）

（4）地面电工分别测量流过低压柔性电缆、待换配电变压器低压侧的电流并汇报工作负责人，见图 ZY0800210007-12。

（5）工作负责人比较导线及旁路系统电流，确认正常无误，至此旁路系统与待换配电变压器并列运行完成。

安全措施及注意事项：

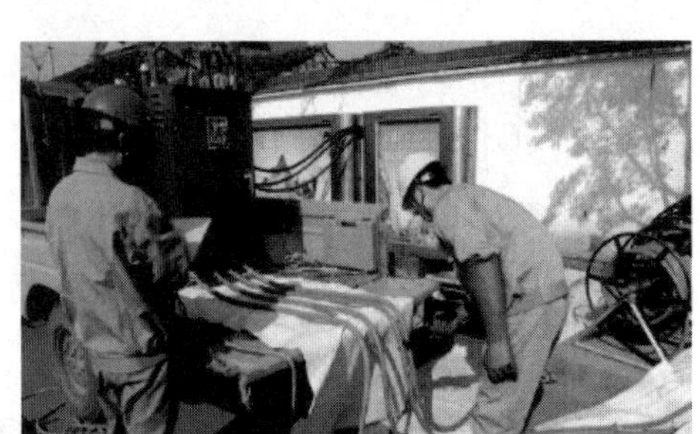

图 ZY0800210007-12 现场作业图（十）

（2）绝缘斗臂车工作前必须检查伸缩、回转、升降系统，发动机不得熄火以保证液压系统处于随时可工作状态，车体应可靠接地，斗臂操作要平稳，不得大幅晃动。绝缘斗臂车绝缘臂有效绝缘长度大于 1.0m。

（3）旁路系统各元件的通流能力应符合现场实际情况，否则系统应采取适当的限流措施。

（4）低压单相负荷开关、低压三相负荷开关只有在电气核相完成并确认无误后，方可在工作负责人的指挥下合闸。电气核相可采取测量开关两侧相电压和线电压的方式进行。

（5）严格执行操作顺序。

第三部分：更换新配电变压器，并使之与旁路系统并列运行。

作业方法：绝缘斗臂车绝缘手套作业法。

现场操作步骤：

（1）工作负责人命令拉开待换配电变压器低压开关、高压跌落式熔断器，并摘下熔丝管，见图 ZY0800210007-13。

图 ZY0800210007-13 现场作业图（十一）

（2）斗内电工操作绝缘斗臂车进入作业位置，对低压导线做好绝缘隔离措施后，拆除低压开关三相引出线与低压电网相线的连接，见图 ZY0800210007-14。

（3）斗内电工测量待换配电变压器中性线电流，确认在单相负荷开关工作范围内。

（4）斗内电工在待换配电变压器中性线与低压电网中性线接头两侧安装单相负荷开关，单相负荷开关处于分闸状态，见图 ZY0800210007-15。

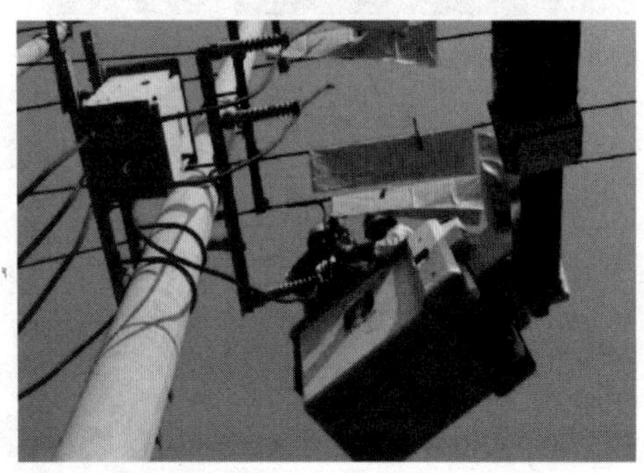

图 ZY0800210007-14 现场作业图（十二）

图 ZY0800210007-15 现场作业图（十三）

（5）斗内电工合上单相负荷开关，测量中性线电流，确认开关有效，拆除中性线连接后，拉开单相负荷开关，见图 ZY0800210007-16。

（6）拆开待换配电变压器高低压两侧各引线连接并固定，见图 ZY0800210007-17。

图 ZY0800210007-16　现场作业图（十四）

图 ZY0800210007-17　现场作业图（十五）

（7）更换配电变压器。

（8）恢复新配电变压器高低压两侧各引线连接，见图 ZY0800210007-18。

图 ZY0800210007-18　现场作业图（十六）

（9）斗内电工合上单相负荷开关，测量中性线电流，确认开关有效，恢复中性线连接。

（10）斗内电工拉开单相负荷开关，拆除单相负荷开关。

（11）斗内电工恢复低压开关三相低压引出线与低压电网相线的连接，然后拆除绝缘隔离措施。

（12）工作负责人在确认新配电变压器连接均已准确可靠后，命令装上熔丝管合上高压跌落式熔断器，再命令在低压负荷开关两侧核相，确认无误后，再命令合上低压负荷开关。

（13）斗内电工测量新配电变压器低压侧的电流、全绝缘配电变压器低压柔性电缆的电流，并汇报工作负责人，确认正常无误，至此新配电变压器与旁路系统并列运行完成。

（2）对中性线操作前必须测量中性线电流，确认在单相负荷开关工作范围内。

（3）低压负荷开关只有在电气核相完成并确认无误后，方可在工作负责人的指挥下合闸。

（4）严格执行操作顺序。

第四部分：拆除旁路系统。

作业方法：绝缘斗臂车绝缘手套作业法。

现场操作步骤：

（1）工作负责人命令拉开全绝缘配电变压器低压三相负荷开关、低压单相负荷开关、旁路负荷开关。

（2）斗内电工逐相拆开低压柔性电缆与低压电网导线连接。

（3）斗内电工拆开绝缘引流线（上）与导线连接，逐相吊下，地面电工对其放电后，重新合上全绝缘配电变压器低压三相负荷开关、低压单相负荷开关、旁路负荷开关对旁路系统放电。

（4）拆除旁路系统，至此工作全部结束。

安全措施及注意事项：

（1）只有在对旁路系统放电后，才能拆开旁路系统各元件之间的连接。

（2）斗内电工在 10kV 作业中需注意保持对地 0.4m、相间 0.6m 的安全距离，绝缘工具有效绝缘长度不少于 0.7m。

（3）绝缘斗臂车工作前必须检查伸缩、回转、升降系统，发动机不得熄火以保证液压系统处于随时可工作状态，车体应可靠接地，斗臂操作要平稳，不得大幅晃动。绝缘斗臂车绝缘臂有效绝缘长度大于 1.0m。

（4）全绝缘配电变压器的低压单相负荷开关、低压三相负荷开关只有在电气核相完成并确认无误后，方可在工作负责人的指挥下分闸。

（5）严格执行操作顺序。

【思考与练习】

1. 旁路法作业更换导线项目中旁路系统的安装要求、工艺，投役、退役实现的过程顺序有哪些？

2. 旁路法作业更换台架式柱上三相变压器中两个并列运行、两个旁路代役过程包括哪些内容？

3. 参照旁路法作业更换台架式柱上三相变压器作业思路，编制旁路法作业更换柱上单相变压器作业指导书。

第十七章　带电作业综合技能

模块 1　带电作业查勘（ZY0800211001）

【模块描述】本模块包含带电作业查勘一般要求。通过要点讲解和归纳，熟悉配电线路带电作业查勘内容，掌握带电作业查勘质量要求。

【正文】

一、现场勘察的意义

现场勘察是判断能否采取带电作业方式进行检修、安装和调试工作，并确定作业方法和作业所需工具以及应采取的安全和技术措施，制订作业方案的基本依据。现场勘察由带电作业工作票签发人或工作负责人组织，参与勘察的人员必须有实际带电作业经验，并熟悉相关的规程或规定。现场作业环境会影响到作业方法的选取，如采取绝缘斗臂车的直接作业法还是间接作业法等，并且影响到是否具有可供作业前进行绝缘工器具检查的空间等。装置结构决定了作业时高低压导线间、不同回路之间、相间和相对地之间的距离等，对工作人员作业中的安全距离和绝缘遮蔽措施等至关重要，也会影响到带电导体的绝缘遮蔽范围和作业的顺序。工器具的选取应满足装置设备或材料的型号规格等要求。装置的运行情况也对作业安全具有非常重要的作用，如带负荷的带电作业项目，绝缘引流线的通流能力必须满足线路最大负荷电流。以往不少带电作业人员特别是新人员对作业设备不熟悉，又未到现场查勘，凭主观想象决定作业方法和措施，难免脱离实际，以致带到现场的工具往往不适用。所以带电作业前的现场勘察是必要的。以下讲述勘察包括的内容。

（一）查阅资料

通过查阅资料应了解作业设备的导、地线的规格、型号、设计所取的安全系数及载荷；杆塔结构、档距和相位；系统接线及运行方式等。必要时还应验算导线应力、导线电流（空载电流、环流）和电位差、计算作业时的弧垂并校核对地或被跨物的安全距离。

了解作业设备的型号、规格有助于准备合适的材料和工器具。如在带负荷更换开关设备时，短接设备用的引流线（或其他设备）的载荷能力必须满足负荷电流的要求。如断、接引线时，如空载导线距离较长、空载电流较大时必须采取有效的消弧措施；如进行更换耐张绝缘子的工作，档距太短导线张力较大不利于紧线，必须充分考虑作业中防止导线突然逃脱的后备保护措施；如进行综合性旁路作业，则必须了解工作区段两侧是否为耐张杆（有必要时必须先进行开分段），中间有无分支负荷（考虑合适的设备如车载变压器、发电车等对分支负荷持续供电）等。

（二）查勘现场

1. 了解作业地形状况、周围环境等环境条件

环境条件会影响到现场的工作开展，如：

（1）现场工器具检测。

（2）如道路宽敞、线路在道路两侧，则可使用绝缘斗臂车进行作业，此时绝缘斗臂车的作业半径非常重要，如绿化带、周围建筑、绝缘斗臂车的停放位置都会改变杆上带电作业中绝缘遮蔽、隔离措施和具体的步骤；当影响到交通时，需提前与交通部门联系。如在乡间道路狭小或稻田等农作物、丘陵地带则需采用脚扣、登高板等登高工具进行间接作业或使用绝缘平台进行直接、间接作业。

2. 了解设备各种间距、交叉跨越等

模块 1

ZY0800211001

在联络开关处的工作，则要考虑停用两侧线路的重合闸装置。

（3）当有同杆架设的低压线路或通信线路时，必须考虑在作业前联系有关部门对低压线路进行停电，以及在作业时对低压线路和通信线路进行遮蔽保护。也可能无法顺利地采用脚扣、登高板、绝缘平台等进行登高，或绝缘斗臂车无法到达作业位置。

（4）由于线路设计和改造或高低压线路、通信线路同杆架设等原因，作业中不能保证安全距离甚至无法有效实施绝缘遮蔽、隔离措施的，则无法安全进行带电作业。

3. 了解缺陷性质以及部位和严重程度

了解缺陷性质以及部位和严重程度有助于进行危险点分析和控制，并有针对性地制订作业方法、作业步骤。

如设备绝缘子损伤，泄漏电流大，则作业中必须考虑泄漏电流引起的电弧造成的影响，并且工作前对装置接地部位进行验电，加强“相对地”之间的绝缘遮蔽和隔离。

如更换柱上开关设备，则要了解开关是否可以操作，可以操作的开关可以采用一般的方法在不带负荷的情况下进行更换，不可操作的开关则需采用带负荷更换的方式进行。

4. 了解装置条件

拉线、杆根状况会危及（特别是）采用脚扣、登高板、绝缘平台作业中可能发生倒杆事故。绑扎线突然断裂可能导致导线弹跳发生短路事故。对于在作业中需要牵引、提升导线的作业，还要检查作业点两侧相邻电杆上绝缘子帮扎线的情况。

如更换绝缘子，要考虑横担及其部件的强度。

工作勘察应做好记录。工作票签发人根据查勘结果判定是否具备带电作业条件，并认证工作的必要性。然后，工作票签发人确定作业方法以及应采取的安全措施，并做出是否需要停用重合闸的决定，签发《带电作业工作票》。工作票签发人对工作的必要性和工作班成员是否合适负有相应的安全责任。工作负责人考虑作业中的技术难点、重点及危险点，参照本标准制订相应的现场标准化作业卡。

处理紧急缺陷虽可免去现场查勘一环，但工作负责人应考虑几套施工方案，携带多种工具，以保证抢修作业的安全。如所带工具不适应设备需要时，亦不得蛮干。

二、现场勘察记录表

各单位使用的带电作业现场勘察记录单格式都不统一，现按照勘察要素举例见表 ZY0800211001-1，可能不太完整，仅作参考。

表 ZY0800211001-1　　配电线路带电作业勘察记录表

配电线路带电作业勘察记录表

作业内容：________________　　查勘时间：________________

变 电 站：________________　　记 录 人：________________

设备名称：________________

√	序号	勘 察 项 目			记录	是否合格
	1	环境条件	线路走向	如是否沿道路架设		
				杆塔位置、周围建筑、绿化		
			回路（多回路）排列方式，同杆低压线路或通信线路	回路排列方式，低压线距离 10kV 下层导线不小于 1.5m		
			道路	是否适于停放绝缘斗臂车		
				是否有现场检测工器具的场所		
				是否会影响交通		
				……		
			……	……		
	2	装置条件	电杆	杆高不大于 15m		
				电杆埋深不少于杆高的 1/6		

续表

√	序号	勘察项目			记录	是否合格
	2	装置条件	电杆	电杆表面无开裂损伤痕迹		
				……		
			横担、扎线	横担无锈蚀、变形、零件脱落		
			拉线	无锈蚀、断裂现象		
			……	……		
	3	设备参数	线路配电容量或负荷电流			
			导线	（主线、支线）型号		
			线夹	型号		
			……	……		
	4	设备缺陷或故障情况		如设备绝缘子有无损伤及其损伤部位、开关是否可以操作及其引起的原因等		
	……	……		……		

现场接线方式（可用接线图、照片等，必要时应注明相序）：

【思考与练习】

1. 如采用绝缘平台绝缘手套直接作业法搭接分支引线，主要的勘察内容有哪些，对开展作业有什么影响？

2. 如采用绝缘斗臂车进行绝缘手套直接作业法更换耐张绝缘子，主要的勘察内容有哪些，对开展作业有什么影响？

模块2　带电作业案例分析（ZY0800211002）

【模块描述】本模块介绍带电作业典型事故案例。通过事故案例陈述及案例分析，熟悉事故产生的原因、违反规程的条款，掌握同类事故的防范措施。

【正文】

案例一　带电作业中遇下雨，造成接地跳闸。

1. 事故简况

某电力公司10kV线路进行带电更换耐张绝缘子。由工作负责人甲带领工作班5人进行操作。当斗臂车上人员挂好绝缘紧线器，拔出弹簧销子，拟将导线脱离绝缘子时，天突然下起小雨（当他们出工时，天气就不好），工作负责人说“我们不要干了！”作业班成员说：“没有下大雨，这点小雨不要紧！”（注：作业点离单位较远，往返需45min，他们不愿再往返一次），工作负责人便附和说：“好，免得明天再来。”就这样，他们把需要更换的绝缘子串脱离了导线，并将新绝缘子串吊至杆上。准备组装时，雨下大。杆上人员说：“有麻电感觉。”工作负责人说：“你们马上下来。”他们下来不久，由于泄漏电流引起弧光接地，“砰”的一声，全线跳闸，事故后检查，绝缘保险绳烧断，绝缘紧线器的绝缘带烧断一部分。

2. 事故原因分析

（1）作业开始前天气就不好，有下雨的预兆，在这种情况下，根据《国家电网公司电力安全工作规程（线路部分）》“带电作业应在良好天气下进行”的规定，不应进行带电作业。但由于路途远，怕

（2）工作负责人对高处作业一般安全规定不熟悉，遇有天气突然变化，不能采取果断、正确措施。严重违反了 GB/T 18857—2008《配电线路带电作业技术导则》规定的“作业中如发生天气变化或其他异常情况，威胁人身或设备安全时，工作负责人应立即采取紧急措施，恢复设备原有状态或临时停止工作”。反而继续作业，是发生事故的重要原因。

（3）在天下大雨时，作业人员提出“有麻电感觉”后，工作负责人由于缺乏带电作业经验，没有做到既要考虑作业人员的安全，又要考虑设备安全，单纯的下令让作业人员停止作业。如果能在作业人员下来的同时，迅速地将绝缘滑车组和保险绳脱离导体，就可以既保证作业人员的人身安全，又可以保证设备安全。由于工作负责人没有采取这一正确措施进行处理，对发生这次事故应负有主要责任。

3. 防范措施

这起带电作业中发生的设备事故，发生在天空突然下雨造成带电作业使用的绝缘工具被雨淋湿后泄漏电流增大，将绝缘用具烧断放电乃至接地短路。为避免类似事故的重演，应认真做到以下几点：

（1）做好带电作业现场气象观测。出发作业前，应向有关气象部门查询好作业现场周围的天气预报和变化趋势。如天气预报有雷、雨天气，除非遇有特殊紧急情况，需在雷、雨、雾等恶劣天气情况下进行带电抢修外（恶劣天气情况下带电抢修，必须对作业方法进行充分讨论，采取相应的安全措施，并经局总工程师批准后方可作业），均不应进行带电作业。

（2）带电作业能否安全进行与很多因素有关，稍不注意就可能发生事故。湿度大、浓雾等天气都不允许进行带电作业，下雨天就更不应该进行带电作业。雷雨季节气候多变，要随时掌握和观察气候情况，不能马虎从事，坚决克服图省事、怕麻烦、下点小雨不在乎、快点干不会出事的侥幸心理。

（3）工作负责人是带电作业能否安全完成任务的组织者和领导者。当遇有天气突变或其他异常情况时，必须认真执行规程制度的有关规定，态度要坚决，采取措施要正确、果断。决不能随意听信工作人员的错误意见。因为身为工作负责人，是现场第一安全责任人，如能正确地发布操作命令，复杂的异常情况也能处理得当，安全无恙。否则，即使是简单的作业，由于指挥错误也会造成事故。

（4）外出工作前应开好班前会，分析工作中可能出现的异常现象和事故预想，集思广益。使大家充分讨论制订完善可靠的作业方案，指出作业中的危险点。

（5）如特殊天气需要带电作业时，应采用防雨工具，并制订相应的安全措施。

案例二　绝缘斗臂车停放不当，致使人员跌落死亡。

1. 事故简况

×年×月×日，××供电公司配电带电班对 10kV 电厂线 5 号分支线进行带电接引线作业。工作负责人蒋×带领程×和王×，驾驶单人双斗型绝缘斗臂车进行工作。到达现场后，工作负责人蒋×与调度值班员联系，办理了工作许可手续，并停用了重合闸。宣读完工作票后进行了分工，程×为斗内作业电工，王×为地面电工。绝缘斗臂车在支腿时将靠近电杆侧后腿支撑在排污沟的水泥盖板上。程×在斗内系好安全带，进入工作位置，接入两相引线时，由于连接较远一相引线时，位置够不到。程×对工作负责人说，我有办法，工作负责人没有回应，程×解开安全带从一侧工作斗跳至另一侧。由于斗臂车重心发生转移，同时斗臂车支腿处的水泥盖板突然断裂，斗臂车剧烈震动，程×从斗内被颠出坠落地面，当场死亡。试分析事故原因，提出控制措施。

2. 事故原因分析

（1）违反了《国家电网公司电力安全工作规程（线路部分）》中绝缘斗臂车支撑应稳固可靠，并有防倾覆措施的规定。

（2）违反了《国家电网公司电力安全工作规程（线路部分）》中高处作业人员在转移作业位置时不准失去安全保护和绝缘斗中的作业人员应正确使用安全带和绝缘工具的规定。

（3）违反了《国家电网公司电力安全工作规程（线路部分）》中绝缘斗臂车操作人员应服从工作负责人指挥的规定。

（4）工作负责人带电作业经验不丰富，现场安全措施落实不到位。在作业人员出现不安全情况和危险动作时，没有及时制止，在事故中负主要责任。

（5）工作票签发人没有履行核对所派工作负责人和工作班人员是否适当和充足的规定。

（6）作业人员安全意识淡薄、自我保护意识差，作业时不服从负责人指挥，不熟悉相关规程和操作程序，严重违章，在本次事故中负有直接责任。

3. 控制措施

（1）工作负责人是现场第一责任人，应由带电作业经验丰富的人员担任，遇到不安全因素和危险情况时，要采取坚决、果断的措施。对作业中可能出现的问题有一定的预见性，并有相当的处理异常问题的能力。

（2）对发生事故单位进行停产整顿，加强工作票签发人、工作负责人、作业人员的安全学习和业务培训，认真吸取本次事故教训，经考试合格后才能重新参加作业。

（3）现场作业人员应相互关心，作业前认真学习相关资料，对危险点制订出相应措施。

（4）绝缘斗臂车应安装防倾覆装置，杜绝再次发生此类事故。

（5）严格执行现场勘察制度，充分了解现场周边障碍物和地下管线的情况，防止作业时意外发生。

案例三　工具管理不到位，使用时造成泄漏电流增大。

1. 事故简况

某电力公司线路工区带电班在对 35kV 带电拆除导线遗物时，在工作前没有对工具进行检查，到达工作现场后甲某将绝缘小绳抛过有遗物导线，之后有将绝缘小绳循环拉至遗物点处，至使受潮的绝缘绳靠近导线并在工作中泄漏电流增大，幸好本工作人员反应快及时摆脱了潮湿的绝缘绳，没有导致工作人员被击伤。事后得知该绝缘绳在前天工作中另一班组使用受潮后归还仓库时，没有告知仓库管理员。

2. 事故原因分析

（1）现场工作负责人及工作人员没有对工器具进行绝缘部分外观检查及测试。

（2）仓库管理员没有按规定对入库的绝缘工器具进行检查。

（3）工作班在工作中使绝缘工器具受潮归还仓库时，没有按规定对已不合格的绝缘工器具进行及时清理，并与合格的工器具混放。

（4）暴露出多班组共同使用同一仓库工器具时，管理混乱，对带电绝缘工器具没有履行告知手续，班组间缺乏沟通彼此不了解工器具在其他班组使用情况。

3. 防范措施

（1）工作开始前要对绝缘工具进行外观检查及绝缘测试。

（2）仓库管理员要履行职责，保证绝缘库出入工具的合格，严格按照《国家电网公司电力安全工作规程（线路部分）》要求对带电作业工具保管、使用。

（3）工作中工器具意外损坏或受潮时要及时处理，不能及时解决的要告知仓库管理员，严格禁止带电作业库放置不合格的工器具。

案例四　引流线固定不良，作业中松脱，造成电弧烧伤作业人员。

1. 事故简况

某供电公司带电进行带负荷更换单相隔离开关的操作，工作负责人赵×指挥工作班成员张×和李×操作绝缘斗臂车进行作业，张×用绝缘引流线将隔离开关短接，李×用钳形电流表检查了电流，然后张×和李×配合将损坏的隔离开关上引线拆除，但当张×转移工位去拆除下引线时，斗臂车碰到绝缘引流线，绝缘引流线一头松脱，电弧将张×和李×烧伤。试分析事故原因，提出控制措施。

2. 事故原因分析

（1）违反了《国家电网公司电力安全工作规程（线路部分）》中组装分流线的导线处应清除氧化层，且线夹接触应牢固可靠的规定。

（3）工作负责人带电作业经验不丰富，现场安全措施落实不到位。在作业人员出现不安全情况和危险动作时，没有及时制止。

（4）作业人员安全意识淡薄、自我保护意识差，不熟悉相关规程和操作程序。

3. 控制措施

（1）工作负责人是现场第一责任人，应由带电作业经验丰富的人员担任，遇到不安全因素和危险情况时，要采取坚决、果断的措施。对作业中可能出现的问题有一定的预见性，并有相当的处理异常问题的能力。

（2）现场作业人员应相互关心，作业前认真学习相关资料，对危险点制订出相应措施。

（3）使用绝缘引流线应清除氧化层，线夹应接触牢固可靠，最好有闭锁装置。

（4）引流线应支撑固定好，以防被碰到或摆动造成短路或接地。

案例五 带电作业人员站在固定不牢的绝缘平台上，作业中发生倾斜，触电致死。

1. 事故简况

某供电公司所辖带电班在10kV丰乐路15号杆配电变压器，进行搭接高压引流线工作。中间电位人员××，把绝缘平台安装完毕后，未检查安装是否牢固，就踏上绝缘平台，当作业人员正在做接引的准备工作。此时，绝缘平台倾斜，××手里所持引流线的绑线甩向中相导线，引起弧光。由于未穿全套绝缘服，作业人员××衣服着火，伤者烧伤面积达40%，抢救无效死亡。

2. 事故原因分析

（1）作业中使用的绝缘用具——绝缘平台未按《国家电网公司电力安全工作规程（线路部分）》规定的“承力工具使用前应详细检查……确认灵活可靠方能使用”，在作业前未将其固定牢固，因而作业中发生倾斜，是发生事故的主要原因。

（2）作业人员没有严格遵守《国家电网公司电力安全工作规程（线路部分）》中规定的“应穿着合格的绝缘防护用具（绝缘服或绝缘披肩、绝缘手套、绝缘鞋）”，只是穿着普通的棉质工作服，贴身穿尼龙背心，着火后使作业人员的烧伤面积达40%，是发生事故的重要原因。

3. 防范措施

（1）带电作业中所使用的绝缘用具必须组装牢固，特别是承力工具，在组装后应经监护人严格检查，确认牢固、可靠后方可正式开始作业。

（2）为保证作业安全，作业人员应穿着合格的绝缘防护用具（绝缘服或绝缘披肩、绝缘手套、绝缘鞋）；使用的安全带、安全帽应有良好的绝缘性能，必要时戴护目镜。使用前应对绝缘防护用具进行外观检查。作业过程中禁止摘下绝缘防护用具。

案例六 带电更换耐张绝缘子，发生电弧灼伤事故。

1. 事故简况

×月×日上午，××局配电带电作业班作业人员刘×在带电检修过程中，发生电弧灼伤事故。检修的线路是10kV铁南中路线路9号杆，9号杆是一基直线杆绝缘线路，中相耐张绝缘子安装在杆头环形包箍上，由于发生松脱，需带电处理松脱的绝缘子。带电班刘×与另一名作业人员操作斗臂车上去后，刘×在未对带电体和接地体进行遮蔽的情况下，直接用金属工具去拧绝缘子的螺栓。刘×用两只手拧紧螺母后，腾开右手习惯性的去晃动导线，只听“啪”一声，刘×握工具的左手直接接地，被电弧严重灼伤，送医院救治截去三只手指。

2. 事故原因分析

（1）作业人员刘×在未对带电体和接地体进行遮蔽的情况下，直接用金属工具去拧耐张绝缘子的螺母，并用手去晃动导线，实属严重习惯性违章，是造成此次事故的主要原因，负有直接责任。

（2）斗内另一作业人员相互保护的安全意识差，未实施监护，对刘×的行为不加以制止，应负此次事故的主要责任。

（3）工作负责人作为现场第一安全责任人，掉以轻心、粗心大意，认为小活儿没啥大事，未认真履行职责，没有做好现场监护，应负此次事故的主要责任。

3. 防范措施

（1）对班组生产人员进行严格的安全教育和技能培训，经考试合格后，才能重新上岗作业。工作班成员要加强自我保护意识，劳记“四不伤害”，加强自身的业务技术学习和安全意识。

（2）工作负责人作为现场第一安全责任人，应加强工作负责人培训，提高工作负责人的安全意识，技术水平和组织领导能力，选用安全意识高、责任心强的人员作为工作负责人。

（3）对辅助电工应加强安全监督和技能培训，提高自我保护意识，做好监督和辅助工作。

（4）现场作业人员应相互关心，作业前认真学习相关资料，对危险点制订出相应措施。

（5）加大反习惯性违章的力度，加强操作的过程控制，加强危险点分析及控制措施的落实，确保安全生产组织和技术措施的落实，真正做到安全生产的预控、可控、在控。

案例七　带电抢修发生断线事故，造成全线停电。

1. 事故简况

某局带电班带电抢修某落雷线路。该线路因落雷致 1 号杆三相高压隔离开关上引线严重烧伤，其中一相引线烧断，带电班到达现场后即开始抢修。由于是夏天天气炎热，电工 A 某与 B 某上车时均未穿绝缘服，只戴了双绝缘手套。A 某与 B 某修复完一相准备干第二相，当作业车车斗刚靠近导线烧伤面时，突然“铛”的一声响，一个大火球从 A 某左胳膊旁掠过，该受伤导线突然断开落地，A 某左胳膊轻微灼伤，下来后吓了一身冷汗。此次断线导致该线路板上跳闸，全线停电。

2. 事故原因分析

（1）未执行现场勘察制度，违反《国家电网公司电力安全工作规程（线路部分）》，对危险性、复杂性和困难程度较大的作业项目，应编制组织、技术、安全措施的规定。

（2）对受伤导线没有做事故预想，没有采取防范措施。

（3）作业人员 A 某与 B 某严重违章不穿防护服，造成 A 某被灼伤，负有主要责任。

（4）违反《国家电网公司电力安全工作规程（线路部分）》中带电断、接引线时，作业人员应戴护目镜，并采取消弧措施的规定。

（5）违反带电《国家电网公司电力安全工作规程（线路部分）》中断、接引线时，作业人员与断开点应保持 4m 以上距离的规定。

3. 防范措施

（1）对班组进行安全生产整顿，经安全教育和技能培训，考试合格后，才能恢复作业。

（2）工作班成员要加强自我保护意识，加强自身的业务技术学习和安全意识，任何工作都要把安全措施放在第一位。

（3）根据现场勘察结果，工作负责人应针对现场气候和工作条件，组织全体作业人员充分讨论，制订可靠的安全措施，对危险性、复杂性和困难程度较大的作业项目，应编制组织、技术、安全措施。

（4）严格执行标准化作业指导书和作业程序卡。杜绝在不明确工作内容、工作流程、安全措施以及工作中的危险点的情况下盲目工作。

（5）杜绝现场工作中危险点分析与控制流于形式，工作票签发人、工作负责人、工作班成员都走过场。

案例八　带电处理松脱拉线，造成人员触电受伤。

1. 事故简况

×月×日上午，××局配电带电班作业人员检修松脱拉线，地面电工两人，绝缘斗臂车上电工两人，计划上下两端一块紧。松脱的拉线两侧有低压线和低压电缆，错综复杂。由于该拉线年久，螺栓部位被埋在土里，地面电工先挖土才能紧螺栓，再加上螺栓生锈，很不好处理。地面电工一人拧螺栓，一人坐在地上辅助。当拧螺栓的电工憋足劲使劲时，活动扳手突然滑脱，拉线猛的舞动开来，只听“啊”了一声，辅助电工躺在地上。原来舞动的拉线碰到了低压电缆，造成辅助电工被电击，所幸受了点轻伤。

模块 2　ZY0800211002

（2）斗内电工违反《国家电网公司电力安全工作规程（线路部分）》，未对松脱的拉线采取可靠固定和有效支撑，也是造成地面电工被电击的主要原因，负有主要责任。

（3）未严格执行标准化作业指导书和作业程序卡，习惯性违章，工作负责人现场安全监督工作流于形式，未认真履行职责，没有做好现场监护，应负此次事故的主要责任。

3. 防范措施

（1）工作班成员要加强自我保护意识，加强自身的业务技术学习和安全意识，任何工作都要把安全措施放在第一位。

（2）对辅助电工应加强安全监督和技能培训，提高自我保护意识，做好监督和辅助工作。

（3）对班组进行安全生产整顿，经安全教育和技能培训，考试合格后，才能恢复作业。

（4）工作过程中，开好班前会、班后会及危险点分析预控工作。班前会详细交代工作任务、地点、带电部位、安全措施、注意事项。工作过程中找准危险点并做好预防控制工作，做到“想好了再干”，避免盲目蛮干行为。班后会做好总结，针对存在的问题提出防范措施，并抓好落实工作。

案例九 带电更换电杆，发生电杆坠落停电事故。

1. 事故简况

某局配电带电班前去更换被过往车辆撞伤的电杆。被撞伤的电杆为12m杆，由于路基被经常修整、垫高，致使该电杆埋设较深而没被过往车辆撞倒。到达现场后，带电斗臂车对线路进行遮蔽并脱离电杆，8t吊车就位开始拔出电杆，随着吊车吊臂的伸出，电杆被一点一点的拔出。就在电杆被拔出约有0.5m的时候，8t吊车开始内倾，钢丝绳“啪“的一声断开，电杆由受伤露钢筋的部位往上，顺线路方向开始下折，并挂断离电杆较近的边相导线落地，该线路随即跳闸停电。因起吊电杆时现场人员较少，无人员伤亡。

2. 事故原因分析

（1）根据现场调查，由于电杆埋设较深，所选吊杆用的钢丝绳直径过小，难以承受拔出电杆的力量，致使钢丝绳在拔出过程中断裂，造成此次事故。

（2）所选用的吊车吨位较小，也是造成此次事故的主要原因。

（3）未对抢修现场进行勘察，对危险性、复杂性和困难程度较大的作业项目，应组织全体作业人员充分讨论，编制组织、技术、安全措施的规定。

（4）工作负责人未严格执行《国家电网公司电力安全工作规程（线路部分）》之规定，对有触电危险、施工复杂容易发生事故的工作，应增设专责监护人和明确被监护的人员。专责监护人不得兼做其他工作。

3. 防范措施

（1）对班组进行安全生产整顿，经安全教育和技能培训，考试合格后，才能恢复作业。

（2）工作负责人作为现场第一安全责任人，应加强工作负责人培训，提高工作负责人的安全意识，技术水平和组织领导能力，选用安全意识高、责任心强、有带电作业经验的人员作为工作负责人。

（3）严格执行标准化作业指导书和作业程序卡。杜绝在不明确工作内容、工作流程、安全措施以及工作中的危险点的情况下盲目工作。

（4）杜绝现场工作中危险点分析与控制流于形式，工作票签发人、工作负责人、工作班成员都走过场。

案例十 未按规定使用个人保安线，感应电造成烧伤。

1. 事故简况

×年×月×日，××供电公司线路检修班趁35kV柳科线全线停电检修期间，进行4号杆A相小号侧防震锤复位工作，4号杆为耐张杆塔，位于220kV柳庄变电站附近，周围有较多运行线路。工作负责人为刘×，工作班成员王×负责登杆作业，工作班成员梁×为地面电工，负责传递工具。为防止感应电，工作负责人刘×要求在作业相加挂一根接地线，然后离开，并指定梁×监护。王×为图省事，将接地线挂在4号杆A相小号侧耐张线夹处。王×挂好接地线后，利用过桥到达导线侧，并将已经滑跑的防震锤恢复到正确位置。正当王×收拾工具，准备离开作业点时，不小心将接地线碰脱，脱落的接地线线夹挂到了王×的裤腿上，感应电将王×棉裤点着，并将王×击昏，王×被安全带挂在导线上。梁×一时不知所措，过了一会儿才反应过来，连忙电话通知工作负责人刘×，然后赶快从汽车上拿出一个灭火器，登上杆塔，将王×身上火苗扑灭。这时，刘×赶到，指挥梁×在4号杆重新挂好地线，并将已经昏迷的王×救下来，紧急救护后，送至医院。经医疗专家诊断，下半身深度烧伤面积达70%。

2. 事故原因分析

（1）工作负责人（监护人）应由有一定工作经验、熟悉《国家电网公司电力安全工作规程（线路部分）》、熟悉工作范围内的设备情况，并经工区（所、公司）生产领导书面批准的人员担任。工作负责人还应熟悉工作班成员的工作能力。本事故中，工作负责人刘×脱离监护岗位，指定经验不足、不具备监护能力的梁×从当监护人，致使发生事故。

（2）工作负责人工作前应对工作班成员进行危险点告知、交代安全措施和技术措施，并确认每一个工作班成员都已知晓。同时工作负责人应督促、监护工作班成员遵守《国家电网公司电力安全工作规程（线路部分）》、正确使用劳动防护用品和执行现场安全措施。工作负责人刘×组织工作不严肃，没有交代好危险点及采取相应的预防措施，对自己的安全责任不明确。

（3）工作班成员应正确使用安全工器具和劳动防护用品。王×自我防范意识差，没有正确使用接地线，致使触电受伤。

（4）工作负责人应确认所有工作接地线均已挂设完成方可宣布开工。本案例中工作负责人没有落实安全措施是否到位。

（5）工作地段如有邻近、平行、交叉跨越及同杆塔架设线路，为防止停电检修线路上感应电压伤人，在需要接触或接近导线工作时，应使用个人保安线。本事故中，没有使用个人保安线，出现感应电伤人。

（6）梁×技术能力差，经验缺乏，出现问题惊慌失措，没有迅速采取正确方法将王×脱离电源，使王×受到较长时间伤害。

（7）工作人员缺乏安全意识，存在麻痹大意和侥幸心理。对安全措施没有深刻认识，流于形式。

3. 防范措施

（1）加大反习惯违章力度，切实加强安全教育培训，增强员工安全思想意识，提高安全技能。

（2）规范工作负责人管理，切实落实危险点管理，严格执行监护制度，使安全监护真正起到作用。

（3）加强“两票三制”的学习，深刻理解验电、挂接地和使用个人保安线的作用，开展规范化操作。

（4）深刻吸取事故教训，从人员思想入手，挖根源、找隐患，切实落实安全责任。

（5）在感应电较强的场所作业，可采用带电作业的方式进行。

【思考与练习】

如何分析带电作业中出现的危险点并制定预控措施？

模块3　班组生产、技术管理协调能力（ZY0800211003）

【模块描述】本模块介绍如何做好班组生产的技术管理和协调工作。通过案例陈述和分析，掌握在复杂的带电作业现场情况和气象条件下组织生产和管理的方法。

【正文】

一、配电带电作业班组应具备的生产能力

（1）应熟悉配电线路地理走径图，了解线路的各类技术参数（线路名称、杆号、导线截面、环网柜参数、电缆截面和电缆头型号、断路器及隔离开关型号、变压器容量、重要用户等信息）。

（2）掌握配电线路巡视、检测、检修、带电作业、工程验收的方法，其中配电带电作业应达到培训合格，持证上岗。

（5）全员具备办理工作票和操作票。

（6）全员具备熟练掌握带电作业常规项目使用的工器具的操作方法和操作程序。

二、配电带电作业班组应具备的技术管理能力

（1）应掌握配电线路运行基本知识（电气知识、巡视方法与故障查找）。

（2）应掌握线路维护基本知识（一般识图和绘图、检修工艺、检测方法、带电作业方法）。

（3）应掌握安全知识［《国家电网公司电力安全工作规程（线路部分）》］。

（4）应掌握检修操作技能（线路测量、基础浇制、排杆焊接、附件安装、导线展放、设备安装调试、故障检修等）。

（5）应掌握带电作业基本知识和技能，如：① 绝缘材料基本知识（配电带电作业绝缘工器具相关材料的绝缘和机械特性知识）；② 带电作业操作程序标准化；③ 绝缘斗臂车操作标准化；④ 带电作业常规项目实施方法；⑤ 带电测量相关方法。

三、配电带电作业班组应具备的分析协调能力

（1）具备配电专业事故查找方法和分析判断能力。

（2）熟悉涉及配网继电保护相关知识和具体参数。

（3）具备多个作业组同时从事相关带电作业工作的协调配合能力。

（4）具备小型配电工程简要设计的能力。

（5）具备配电带电作业统计能力。

四、配电带电作业操作案例分析

带电作业工作的实施过程中，由于现场情况或气象条件的变化，对作业安全带来极大影响，工作负责人应具备紧急应变和技术管理、协调的能力。对于事故应急抢修，对作业中可能存在的危险点必须有足够的预见性，在制订作业方案时应全面、具体、操作性强。

1. 气象条件变化

以下案例虽然为输电带电作业中由于天气原因导致的事故，但对配电带电作业同样有警示的作用。

×年×月×日，预报有雨，工作负责人×某带领工作班成员前往×线×号直线杆塔更换双串绝缘子中的一串。更换方法是用绝缘滑轮承受导线荷重，用绝缘操作杆拔出弹簧销子，杆塔上、下人员相互配合将绝缘子换下。当杆上人员挂好绝缘滑轮组，拔出弹簧销子，拟将绝缘子串脱离球头准备更换时，天突然下起小雨。工作负责人指挥作业班成员停止工作，但由于雨较小，在作业班成员的坚持下，工作负责人同意继续工作。在准备组装新绝缘子串时，雨下大了，杆上人员有麻电感觉，工作负责人才指挥作业人员下杆。下杆不久，由于泄漏电流引起弧光接地，线路跳闸。事后检查，绝缘保险绳烧断，绝缘滑轮组的绝缘绳烧断一部分。

根据《国家电网公司电力安全工作规程（线路部分）》“带电作业应在良好天气下进行”的规定，当天气象预报有雨，且在出工前天气状况也不良，不应进行带电作业。但由于路途远、怕麻烦，到现场后还是开始了带电作业。下雨后，但工作负责人没有严格遵守规定，抱着侥幸心理，不能当机立断采取果断、正确措施，马上停止作业，直至雨下大，泄漏电流增大烧断绝缘绳，是发生此次事故的主要原因。

在天下大雨时，作业人员有麻电感觉后，工作负责人由于缺乏带电作业经验，没有做到既要考虑作业人员人身安全，又要考虑设备安全。如果能在作业人员下杆的同时，迅速地将绝缘滑轮组和保险绳脱离导体，就可以既保证作业人员的人身安全，又可以保证设备安全。就本次作业而言，在拆除绝缘滑轮组和保险绳后，尽管只剩下一串绝缘子，但它还是能承受导线的垂直荷重，且有较大的安全裕度。由于工作负责人没有采取这一正确措施进行处理，对发生这次事故负有重要责任。

对于本案例，工作负责人正确的处理方式为：立即停止作业，让杆（塔）上作业人员撤除绝缘工器具并下杆，联系工作票签发人和值班调度，执行工作间断制度。在天气转晴后，再实施作业。工作间断恢复工作前，应再次联系值班调度，并对班组成员重新进行工作和安全的“交查”，对绝缘工器具进行充分的检查后进行作业。

2. 现场环境条件变化

某供电所于×年×月×日，对10kV×线×号电杆进行带电搭接分支引线。到了作业现场，发现现场环境与勘察时已发生了变化，原来预备停放绝缘斗臂车的位置地面由于市政施工被破坏。工作负责人在没有增加安全措施的情况下，无视绝缘斗臂车的规范操作要求，不伸水平支腿，仅用垂直支腿来平衡带电作业车，作业中发生车辆侧翻事故。工作人员从绝缘斗内被抛出，幸好安全带的保护没有造成人身重伤事故。

对于本案例，工作负责人正确的处理方式为：根据现场环境条件的变化，重新作出能否进行带电作业的判断。如果现场无法停放绝缘斗臂车，工作负责人必须联系工作票签发人，在征得同意的情况下取消该次作业。如果可以实施，则应在工作票上补充安全措施，并在现场作业指导书中增加相关的作业步骤和危险点控制措施，在得到批准后，继续进行作业。在作业过程中应加强监护。斗臂车作业侧的水平支腿一定要升足，并且工作范围要相应限制，其否则应采取其他作业方式。

3. 事故抢修

由于各地电网建设水平、运行水平等方面的差异，某些地区的线路设备比较陈旧，事故抢修也就较多。某供电所于×年×月×日，由于10kV×线×号电杆上隔离开关绝缘子炸裂，需要紧急带负荷更换。在更换时由于没有合适工具，在转移绝缘斗臂车绝缘斗靠近隔离开关引线准备拆除引线时，由于斗臂车操作不平稳，引起隔离开关的闸刀部位晃动接触到电杆发生弧光放电。

对于本案例，工作负责人正确的处理方式为：应到现场进行充分勘察，并进行危险点分析，制订详细的作业方案，准备多套作业工具。由于隔离开关绝缘子炸裂无法固定其闸刀，绝缘遮蔽隔离措施的实施也就比较困难，应充分预见到作业中隔离开关的闸刀部位晃动可能触碰电杆或其他构件而引发接地短路，一是不可以采取带负荷更换的方式（即使加装绝缘引流线短接隔离开关后，隔离开关任一侧引线脱离主回路后还是具有电压的，其晃动均可能导致接地短路的发生）；二是为避免弧光对作业人员的影响，作业人员对隔离开关应有一定的距离；三是作业中动作幅度应尽量的小。在确认隔离开关处于空载（隔离开关无法操作使其分闸，但必须保证其负荷侧的开关已断开，没有负荷电流）下，应用操作杆固定住隔离开关后，用另一操作杆断开其电源侧引线，断开引线时即使隔离开关的闸刀部分失去控制也不会引发接地短路。

事故抢修虽然可以不使用带电作业专用工作票，但必须到现场进行勘察、危险点分析、并制订切实可靠的作业方案。如带电作业应在良好天气下进行，若在恶劣天气情况下带电抢修，必须对作业方法进行充分讨论，采取相应的安全措施，并经局总工程师批准后方可作业。雨天必须使用防雨、防潮型工具。如在夜间进行带电作业抢修，现场必须有足够的照明，特别要保证杆上人员的视线足够清晰。如短时风力可能大于5级时，杆上的绝缘遮蔽、隔离措施必须牢固可靠，并考虑上下呼应通畅。事故抢修必须进行工作许可。

【思考与练习】

1. 你对在带电作业前，对 GB/T 18857—2008《配电线路带电作业技术导则》中验电的要求怎样理解，特别是在事故抢修中有何实际意义？

2. 现场作业前，为什么还必须进行现场复勘？

3. 事故应急抢修与常规带电作业在执行保证作业安全的组织措施上有哪些不同？

附录 A 《配电线路带电作业》培训模块教材各等级引用关系表

部分名称	章	模块名称（模块编码）	模块描述	等级		
				Ⅰ	Ⅱ	Ⅲ
配电线路带电作业专业图识读	配电带电作业施工、安装图的识读	识读线路平面图和杆型图（TYBZ00507001）	本模块介绍线路路径图和杆型一览图。通过图文讲解，掌握线路路径图和杆型一览图的识读方法和技巧，掌握线路路径图和杆型一览图在工程中的运用	√		
		识读线路系统图（TYBZ00507002）	本模块介绍线路系统图。通过图文讲解，掌握线路系统图的概念、识读方法和技巧，掌握线路系统图在工程中的应用		√	
		识读线路杆塔结构和金具安装图（TYBZ00507003）	本模块介绍线路杆塔结构和金具安装图。通过图文介绍，掌握线路杆塔结构和金具安装图的识读方法和技巧，掌握线路杆塔结构和金具安装图在工程中的运用			√
线路结构型式及受力分析计算	配电线路组成及型式	配电线路基本知识（ZY0800101001）	本模块包含配电网概述、配电线路各组成元件的类型和要求等内容。通过概念描述、分类介绍和要点讲解，熟悉配电网的分类和结构，掌握配电线路各组成元件的类型和要求	√		
		配电线路各种杆塔结构型式（ZY0800101002）	本模块包含杆塔分类和型式、杆塔构件的设计标准和质量检查等内容。通过概念描述、结构型式介绍和要点讲解，熟悉杆塔的分类及杆塔型式、型号，掌握电杆和铁塔构件的设计标准和质量检查项目	√		
	配电线路受力分析及计算	杆塔外形几何尺寸的确定（ZY0800102001）	本模块包含确定杆塔外形几何尺寸的因素、杆塔高的确定、导线在杆塔上的排列方式及线间距离确定、导线与杆塔之间的空气间隙校验等内容。通过要素分析和要点归纳，掌握根据最大弧垂、安全距离确定杆塔高、根据导线排列方式确定线间距离以及用导线和杆塔之间的空气间隙进行校验等确定杆塔外形几何尺寸的方法	√		
		弧垂应力计算的简化方程（ZY0800102002）	本模块包含导线的悬链线精确计算方程式以及斜抛物线和平抛物线的简化计算方程式。通过对三种方程式的介绍，熟悉悬链线、斜抛物线和平抛物线三种方程式的使用条件，掌握平抛物线方程式在导线弧垂和应力分析计算中的应用		√	
		弧垂与应力的关系（ZY0800102003）	本模块包含导线弧垂、应力和线长的计算等内容。通过定量分析，掌握导线弧垂和应力的概念、弧垂与应力的关系以及弧垂、应力和线长的计算方法		√	
		杆塔荷载的分析与计算（ZY0800102004）	本模块介绍气象条件的选择、导线比载和荷载的计算、杆塔档距的计算以及杆塔荷载的分类、分析与计算。通过概念描述和定量分析，了解气象条件的选择、比载的分类和档距的概念，熟悉比载的概念和用比载表查取比载的方法，掌握导线荷载的计算、杆塔荷载的分类和计算方法			√
		杆塔基础受力分析与计算（ZY0800102005）	本模块介绍土壤的力学特性、混凝土特性以及杆塔基础的受力分析与计算。通过概念解释、要点讲解和计算公式应用介绍，熟悉土壤的力学特性和混凝土特性，掌握杆塔基础形式及其受力分析与计算的方法			√
		安全系数和最大使用应力（ZY0800102006）	本模块包含导线的机械特性、最大允许应力、最大使用应力与最小允许安全系数等内容。通过概念讲解和定量分析，熟悉导线的最大允许应力、最大使用应力和最小允许安全系数的概念，掌握最大使用应力的确定方法和规程对确定最小允许安全系数的要求			√
		电线集中荷载的受力分析与计算（ZY0800102007）	本模块介绍有集中荷载时导线弧垂和应力的特点、导线弧垂和应力的计算。通过定性和定量分析，熟悉有集中荷载时导线弧垂和应力的特点，了解有集中荷载时导线弧垂和应力的计算方法			√
		导线断线张力的概念（ZY0800102008）	本模块介绍导线断线张力的概念和计算。通过概念讲解和方程式介绍，掌握导线断线张力的概念，了解导线断线张力计算的方法			√

续表

部分名称	章	模块名称（模块编码）	模块描述	等级 I	等级 II	等级 III
配电线路结构及其元件	配电线路元件的运行、检修要求	配电线路元件的运行、检修规程要求（ZY0800301001）	本模块介绍相关规程对配电线路元件的运行、检修基本要求。通过要点归纳和分类说明，熟悉配电线路元件的运行要求和线路检修的基本原则，掌握有关规范和规程中对配电线路元件检修的基本要求	√		
		配电线路直线杆塔组件安装导线固定（ZY0800301002）	本模块包含配电线路直线杆塔组件安装、导线的固定等内容。通过结构及安装工艺介绍，掌握配电线路直线杆塔组件安装、导线固定的操作步骤、工艺标准和质量要求	√		
		配电线路耐张杆塔组件安装导线固定（ZY0800301003）	本模块包含配电线路耐张杆塔组件安装、导线的固定等内容。通过结构及安装工艺介绍，掌握配电线路耐张杆塔组件安装、导线固定的操作步骤、工艺标准和质量要求	√		
		配电线路导线接续（ZY0800301004）	本模块包含导线的连接要求和连接工艺、绝缘线的连接和绝缘处理等内容。通过操作工艺介绍，掌握配电线路导线接续的方法、工艺标准和质量要求	√		
		配电线路杆塔组立（ZY0800301005）	本模块介绍架空线路的杆顶组装图、配电线路杆塔的组立。通过操作工艺介绍，熟悉架空线路的杆顶组装图，掌握配电线路杆塔组立的操作方法、工艺标准和质量要求		√	
		配电线路导线的架设（ZY0800301006）	本模块介绍架线前准备工作、放线、紧线、导线在绝缘子上的固定和架线工艺的质量要求。通过操作工序及工艺介绍，掌握配电线路导线架设的操作方法、工艺标准和质量要求		√	
带电作业基础知识	带电作业安全技术	气象条件对带电作业的影响（GYDD00101001）	本模块介绍不同气象条件对带电作业的影响。通过概念描述和常识性介绍，掌握雷电、雪雹、雨雾、风力等气象情况对带电作业的影响	√		
规程、规范及标准	配电带电作业规程、规范及标准	带电作业相关标准和导则（ZY0800401001）	本模块介绍配电线路带电作业基础类、绝缘材料类、防护和作业工具类等相关国家标准、行业标准和国家电网公司企业标准。通过术语解释和要点归纳，掌握配电线路带电作业相关标准和导则的有关内容与要求	√		
配电带电操作技能	带电作业工器具	协助进行带电作业工器具的试验（ZY0800201001）	本模块介绍带电作业工器具电气试验场地布置和电气试验人员的要求、10kV 配电线路带电作业工器具电气预防性试验。通过概念讲解和要点介绍，熟悉协助进行 10kV 配电线路带电作业用工器具的电气预防性试验场地布置和要求	√		
		带电作业工器具的试验（ZY0800201002）	本模块介绍带电作业工器具的试验规则、机械试验、电气试验以及预防性试验报告。通过要点讲解和试验方法介绍，掌握带电作业工器具的机械试验、电气试验的试验项目、方法和标准		√	
		带电作业工器具的使用（ZY0800201003）	本模块介绍带电作业常用的工器具及其使用方法。通过使用说明讲解和要点介绍，熟悉带电作业工器具的分类、掌握绝缘操作杆、绝缘绳、承力工具、断接引工具、载人工具、雨天操作杆、防护工具等带电作业常用工器具的使用方法及要求	√		
		带电作业工器具的运输和保管（ZY0800201004）	本模块包含带电作业工器具专用库房的设计标准、带电作业工器具的保管与管理制度、带电作业工器具现场使用的运输与保管要求等内容。通过要点归纳和分类说明，了解带电作业工器具库房设计的技术标准，熟悉带电作业工器具的管理与保管制度以及现场使用的运输与保管要求	√		
		配电带电作业工器具的选择和匹配（ZY0800201005）	本模块介绍常用带电作业工器具的选择和匹配，通过性能介绍和要点讲解，掌握人身防护用具、绝缘遮蔽工具等常用带电作业工器具的选择原则和匹配要求		√	
		带电作业用绝缘[illegible]	本模块介绍带电作业用绝缘斗臂车的使用。通过结[illegible]	[illegible]		

续表

部分名称	章	模块名称 （模块编码）	模块描述	等级		
				I	II	III
配电带电操作技能	带电作业用绝缘斗臂车	带电作业用绝缘斗臂车的维护及试验 （ZY0800202002）	本模块介绍带电作业用绝缘斗臂车的维护及试验。通过要点讲解和试验方法介绍，熟悉带电作业用绝缘斗臂车的维护及检测项目的试验方法及要求		√	
	绝缘杆间接作业法	绝缘杆作业法断、接直线支接引线 （ZY0800203001）	本模块介绍绝缘杆作业法断、接直线支接引线工作程序及相关安全注意事项。通过流程和操作要点讲解，了解绝缘杆作业法断、接直线支接引线作业中的危险点预控措施，掌握绝缘杆作业法断、接直线支接引线作业的操作技能、工艺标准和质量要求	√		
		编写绝缘杆作业法断、接直线支接引线作业指导书 （ZY0800203002）	本模块介绍绝缘杆作业法原理、现场作业指导书编写和绝缘杆作业法断、接引线。通过原理讲解、要点介绍和实例展示，掌握绝缘杆作业法断、接引线现场标准化作业指导书编写的注意事项、格式及其要求		√	
	绝缘手套作业法断、接引线	绝缘手套作业法断、接引线 （ZY0800204001）	本模块介绍绝缘手套作业法断、接引线工作程序及相关安全注意事项。通过流程和操作要点讲解，了解绝缘手套作业法断、接引线作业中的危险点预控措施，掌握绝缘手套作业法断、接引线作业的操作技能、工艺标准和质量要求	√		
		编写绝缘手套作业法断、接引线作业指导书 （ZY0800204002）	本模块介绍绝缘手套作业法原理、现场作业指导书编写要求和绝缘手套作业法断、接引线的基本方法。通过原理讲解、要点介绍和实例展示，掌握绝缘手套作业法断、接引线的现场标准化作业指导书编写的注意事项、格式及其要求		√	
	带电修补导线	带电修补导线 （ZY0800205001）	本模块介绍带电修补导线工作程序及相关安全注意事项。通过流程和操作要点讲解，了解带电修补导线作业中的危险点预控措施，掌握带电修补导线作业的操作技能、工艺标准和质量要求	√		
		编写带电修补导线作业指导书 （ZY0800205002）	本模块介绍带电修补导线原理、现场作业指导书编写要求和带电修补导线的基本方法。通过原理讲解、要点介绍和实例展示，掌握带电修补导线的现场标准化作业指导书编写的注意事项、格式及其要求		√	
	带电更换直线绝缘子	带电更换直线绝缘子 （ZY0800206001）	本模块介绍带电更换直线绝缘子工作程序及相关安全注意事项。通过流程和操作要点讲解，了解带电更换直线绝缘子作业中的危险点预控措施，掌握带电更换直线绝缘子作业的操作技能、工艺标准和质量要求		√	
		编写带电更换直线绝缘子作业指导书 （ZY0800206002）	本模块介绍带电更换直线绝缘子原理、现场作业指导书编写要求和带电更换直线绝缘子的基本方法。通过原理讲解、要点介绍和实例展示，掌握带电更换直线绝缘子的现场标准化作业指导书编写的注意事项、格式及其要求			√
	带电更换直线横担	带电更换直线横担 （ZY0800207001）	本模块介绍带电更换直线横担工作程序及相关安全注意事项。通过流程和操作要点讲解，了解带电更换直线横担作业中的危险点预控措施，掌握带电更换直线横担作业的操作技能、工艺标准和质量要求		√	
		编写带电更换直线横担作业指导书 （ZY0800207002）	本模块介绍带电更换直线横担原理、现场作业指导书编写要求和带电更换直线横担的基本方法。通过原理讲解、要点介绍和实例展示，掌握带电更换直线横担的现场标准化作业指导书编写的注意事项、格式及其要求			√
	带电立、撤杆	带电立、撤杆作业 （ZY0800208001）	本模块介绍带电立、撤杆工作程序及相关安全注意事项。通过流程和操作要点讲解，了解带电立、撤杆作业中的危险点预控措施，掌握带电立、撤杆作业的操作技能、工艺标准和质量要求		√	
		编写带电立、撤杆作业指导书 （ZY0800208002）	本模块介绍带电立、撤杆原理、现场作业指导书编写要求和带电立、撤杆的基本方法。通过原理讲解、要点介绍和实例展示，掌握带电立、撤杆的现场标准化作业指导书编写的注意事项、格式及其要求			√

续表

部分名称	章	模块名称（模块编码）	模块描述	等级 I	等级 II	等级 III
配电带电操作技能	带电更换耐张绝缘子	绝缘手套作业法更换耐张绝缘子（ZY0800209001）	本模块介绍带电更换耐张绝缘子工作程序及相关安全注意事项。通过流程和操作要点讲解，了解带电更换耐张绝缘子作业中的危险点预控措施，掌握带电更换耐张绝缘子作业的操作技能、工艺标准和质量要求		√	
		编写带电更换耐张绝缘子作业指导书（ZY0800209002）	本模块介绍带电更换耐张绝缘子原理、现场作业指导书编写要求和带电更换耐张绝缘子的基本方法。通过原理讲解、要点介绍和实例展示，掌握带电更换耐张绝缘子的现场标准化作业指导书编写的注意事项、格式及其要求			√
	旁路作业法应用	导线连接器发热处理（ZY0800210001）	本模块介绍带电处理导线连接器发热工作程序及相关安全注意事项。通过作业流程和操作要点讲解，了解带电处理导线连接器发热作业中的危险点预控措施，掌握带电处理导线连接器发热的操作技能、工艺标准和质量要求		√	
		旁路法作业更换柱上隔离开关（ZY0800210002）	本模块介绍旁路法作业更换柱上隔离开关工作程序及相关安全注意事项。通过作业流程和操作要点讲解，了解旁路法作业更换柱上隔离开关作业中的危险点预控措施，掌握旁路法作业更换柱上隔离开关的操作技能、工艺标准和质量要求		√	
		旁路法作业更换跌落式熔断器（ZY0800210003）	本模块介绍旁路法作业更换跌落式熔断器检修工作程序及相关安全注意事项。通过作业流程和操作要点讲解，了解旁路法作业更换跌落式熔断器作业中的危险点预控措施，掌握旁路法作业更换跌落式熔断器的操作技能、工艺标准和质量要求		√	
		旁路法作业更换柱上负荷开关（ZY0800210004）	本模块包含旁路法作业更换柱上负荷开关工作程序及相关安全注意事项。通过作业流程和操作要点讲解，了解旁路法作业更换柱上负荷开关作业中的危险点预控措施，掌握旁路法作业更换柱上负荷开关的操作技能、工艺标准和质量要求		√	
		编写旁路法作业指导书（ZY0800210005）	本模块介绍旁路作业法原理和现场作业指导书的编写要求。通过原理讲解、要点介绍和实例展示，掌握旁路作业法的现场标准化作业指导书编写的注意事项、格式及其要求			√
		带电直线装置改耐张装置（ZY0800210006）	本模块包含带电直线装置改耐张装置工作程序及相关安全注意事项。通过作业流程和操作要点讲解，了解带电直线装置改耐张装置作业中的危险点预控措施，掌握带电直线装置改耐张装置的操作技能、工艺标准和质量要求			√
		10kV 配电特殊项目带电作业（ZY0800210007）	本模块包含旁路法作业更换导线、台架式柱上三相变压器检修工作程序及相关安全注意事项。通过作业流程和操作要点讲解，了解配电特殊项目旁路法作业的危险点预控措施、工艺标准和质量要求			√
	带电作业综合技能	带电作业查勘（ZY0800211001）	本模块包含带电作业查勘一般要求。通过要点讲解和归纳，熟悉配电线路带电作业查勘内容，掌握带电作业查勘质量要求		√	
		带电作业案例分析（ZY0800211002）	本模块介绍带电作业典型事故案例。通过事故案例陈述及案例分析，熟悉事故产生的原因、违反规程的条款，掌握同类事故的防范措施		√	
		班组生产、技术管理协调能力（ZY0800211003）	本模块介绍如何做好班组生产的技术管理和协调工作。通过案例陈述和分析，掌握在复杂的带电作业现场情况和气象条件下组织生产和管理的方法			√

参 考 文 献

[1] 易辉. 带电作业技术标准体系及标准解读. 北京：中国电力出版社，2009.
[2] 河南省电力公司. 配电线路带电作业岗位培训题库. 北京：中国电力出版社，2010.
[3] 河南电力技师学院. 配电线路工. 北京：中国电力出版社，2008.
[4] 胡毅. 配电线路带电作业技术. 北京：中国电力出版社，2004.
[5] 胡毅. 带电作业工具及安全工具试验方法. 北京：中国电力出版社，2003.
[6] 张六荣. 带电检修. 北京：中国电力出版社，2005.

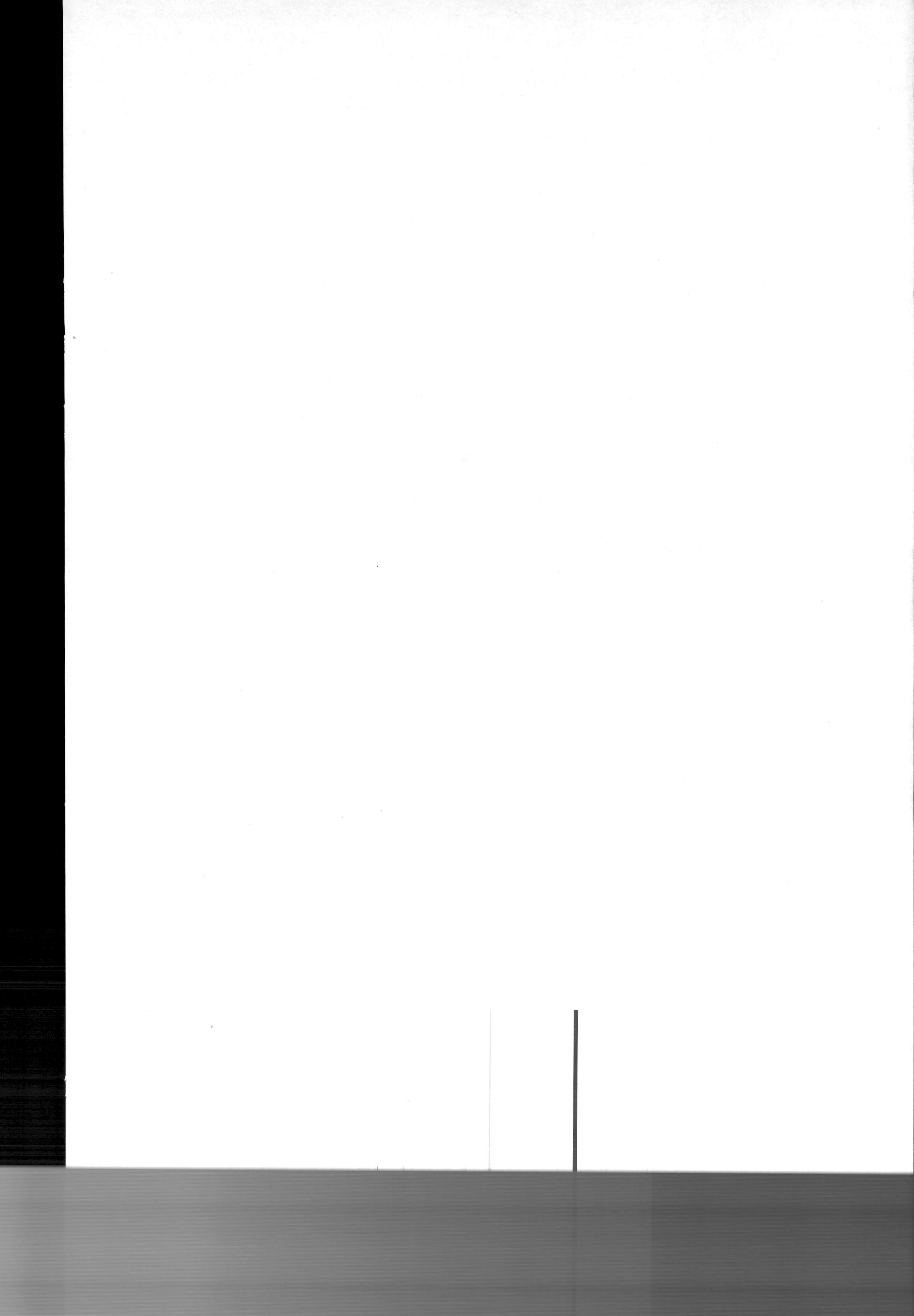